云原生落地

产品、架构与商业模式

高 磊　唐齐智 ◎著

LANDING OF CLOUD NATIVE
Business Model，Roadmap
and Technical Architecture

机械工业出版社
CHINA MACHINE PRESS

图书在版编目（CIP）数据

云原生落地：产品、架构与商业模式 / 高磊，唐齐智著 . —北京：机械工业出
版社，2023.10

（云计算与虚拟化技术丛书）

ISBN 978-7-111-73651-6

I. ①云… Ⅱ. ①高… ②唐… Ⅲ. ①云计算 Ⅳ. ① TP393.027

中国国家版本馆 CIP 数据核字（2023）第 147194 号

机械工业出版社（北京市百万庄大街 22 号 邮政编码 100037）
策划编辑：杨福川 责任编辑：杨福川 张翠翠
责任校对：梁 园 王 延 责任印制：张 博
保定市中画美凯印刷有限公司印刷
2023 年 10 月第 1 版第 1 次印刷
186mm × 240mm · 23 印张 · 1 插页 · 482 千字
标准书号：ISBN 978-7-111-73651-6
定价：109.00 元

电话服务 网络服务

客服电话：010-88361066 机 工 官 网：www.cmpbook.com
　　　　　010-88379833 机 工 官 博：weibo.com/cmp1952
　　　　　010-68326294 金 书 网：www.golden-book.com
封底无防伪标均为盗版 机工教育服务网：www.cmpedu.com

为什么要写这本书

我一直想写一本关于云原生的书籍，但迟迟未动笔。直到 2019 年，IT 界云原生技术开始普及，我意识到企业越来越重视云原生，许多企业都在谈论、投资引入或建设云原生相关平台。但是，这也让我更加迷茫和担心，因为我担心一些企业追求云原生只流于表面，而没有真正理解它的实质。在实际接触和调研企业的云原生落地情况后更证实了这一点。

我接触的企业分以下几类。

❑ 简单地认为技术是解决企业痛点或者数字化的"灵丹妙药"，最终梦想被现实打败。

❑ 简单地认为技术不重要，产品、组织能力才重要，结果在技术上没有投入，很多设想成为空中楼阁，或者技术方案只是开源产品的堆砌，身子大脚小，走得磕磕绊绊，甚至跌倒。

❑ 认为商业、组织、产品、技术都重要，但错误地理解了云原生的本质，资金投入后发现整体 IT 运营成本并没有减少多少，甚至谜一般地增加了。

那么，怎样才是正确开启云原生的"姿势"呢？

2022 年冬天，我终于坐不住了，决定写书来系统地讨论怎样才是正确开启云原生的"姿势"。

云原生只有和企业场景正确结合才能真正地落到实处，教条和本位主义只会削弱云原生的价值。云原生有着自己的一整套体系，这套体系是从 IT 的历史积淀与实践中发展而来的，并不是从象牙塔里诞生的。

只有系统地了解云原生的来龙去脉，宏观地了解企事业乃至整个国家的经济形势，深入地洞察业务场景及其价值边界，才能充分发挥云原生的价值。总而言之，落地是否成功是由企业自己的认知与现状共同决定的。

本书特色

至今，很多云原生资料都聚焦或者仅限于技术架构上的论述，对其全生命周期的完整论述很少。企业需要知道为什么自己需要云原生，将会带来什么样的收益，以及如何恰到好处地运用云原生等。本书的目的就在于帮助企业解决这些问题。

本书最大的特色是，**从客户、市场分析，到产品与技术架构，再到商业模式分析等多个维度详细阐述云原生**，让读者全方位了解云原生，并引发读者对云原生落地的更多思考。

本书的另一个特色是，为了使读者详尽、透彻地了解云原生落地的要点与细节，徐徐展开内容，而非"快餐式"讲解。因为如果读者对云原生落地的要点与细节不了解或者理解不透彻，则有可能会走弯路或者造成资源的浪费，甚至会给企业带来严重后果。基于云原生落地的数字化甚至数字化转型是一项大工程，希望读者能够耐心、仔细地研究。

本书读者对象

❑ 云平台架构师。

❑ 应用架构师。

❑ 技术产品规划师或者技术产品经理。

❑ CTO。

如何阅读本书

全书分为四部分。

第一部分　起源、演化与商业模式（第 1 ～ 3 章）：从云原生的发源剖析云原生的本质以及云原生产品的商业模式和产品形态，重点基于组织视角讨论了云原生落地的基本思路和方案。本部分旨在让读者从总体上把握云原生的落地思路。

第二部分　云原生组织与市场洞察（第 4 和第 5 章）：明确企业组织架构对云原生落地的意义以及与云原生落地适配的组织建设方法。本部分通过分析市场洞察的方法，帮助企业了解各参与方对云原生的诉求，以提高企业在组织层面、市场层面对云原生的认知，让企业在云原生落地过程中更具方向感。

第三部分　云原生底座的落地（第 6 ～ 10 章）：从产品和技术两个方面讨论云原生底座的实施和设计。这是本书最核心的部分，旨在将产品理念融合到技术方案当中，尽可能地呈现更多创新性的方案和思路，降低平台对人工操作的依赖，赋能业务应用或者其他基于云原生底座的技术产品，让企业全方位体会云原生底层技术带来的变革，更加关注自身建设，而非基础设施。

第四部分　云原生应用平台的落地（第 11 ～ 13 章）：从产品和技术两个方面讨论云原生应用架构治理平台、云原生 DevOps 研发中台的实施与设计，突破业界对云原生应用平台的普遍认识，并给出更贴合企业诉求的方案，旨在帮助企业进一步释放数字化生产力，即发挥数字化应用效能，辅助企业决策，以及降低交付成本。最后讨论了基于云原生中间件的应用落地赋能，旨在以技术平台为依托，融合产品思路，展现应用研发细节以及落地思路，使得应用研发过程更加顺畅。

勘误和支持

由于作者水平有限，书中难免会出现一些错误或者不准确的地方，恳请读者批评指正。读者可以通过邮箱 leogao2020@163.com 反馈。

特别致谢

我要特别感谢我的太太、女儿和儿子，为了写这本书，我牺牲了很多陪伴他们的时间，但也正因为有了他们的支持，我才能坚持写下去。

十分感谢我的合作者唐齐智先生，他重点参与撰写了云原生应用平台落地的相关内容，将自己从第一线得来的经验梳理并呈现出来。

高　磊

目 录 *Contents*

起源、演化与商业模式

为 云 而 生

云原生（Cloud Native）不是从象牙塔里突然被发明的，它是软件思想发展到一定阶段的一个现代化成果。只有充分理解云原生的能力（特性），才能在思想上向先进生产力看齐，从而发挥云原生这种新型架构的实际威力。

1.1 什么是云原生

云原生是一种构建和运行应用程序的方法，是一套技术体系和方法论。云原生的英文可拆解为 Cloud 和 Native。Cloud 表示应用程序位于云中，而不是传统的数据中心；Native 表示应用程序设计之初就被考虑部署到云的环境，为云而生，在云上运行，并充分利用和发挥云平台的弹性和分布式架构的优势。

概括成一句话：云原生就是为云而生、以应用为中心的现代应用新范式。

1. 云原生的技术特征

这种新的云计算范式具有以下特征。

其一，云原生除具有分布式能力外，还具有基于云的自动化资源弹性能力。

其二，不绑定任何技术，即云原生可以由任何一种语言的技术栈实现，如 C++ 技术栈或者 Golang 技术栈。只要该技术能够解决云原生场景下的问题，都可以考虑纳入云原生技术体系。

其三，不对适用的业务领域加以限制，云原生适用于所有需要数字化的领域。

其四，云原生不仅涉及技术变革，还会引发商业模式、产品和组织等的变革。

2. 为何需要云原生

为什么会出现云原生这种新范式呢？下面来看以下几个场景。

场景 1：用户用智能手机打开某网站的商品推荐页面，兴趣盎然地浏览着页面展示的商品，还时不时地进入虚拟直播间，观看导购的讲解，突然看中一件非常漂亮的衣服，便毫不犹豫地将衣服加入购物车系统，并直接通过第三方支付系统支付，也许下午就能在家收到这件漂亮的衣服了。

场景 2：小王是个上班族，吃腻了公司食堂的饭菜，于是登录某外卖 App 订餐，没过多久，热乎乎的食物就经由外卖员送到了他的手中。

这些场景已司空见惯，人们的生活已经严重地依赖于数字化工具了，但这些为了提高生活质量的 App 背后是庞大的 IT 系统。

再来看这样一个场景。

场景 3：比尔是一家著名电子商务公司的软件工程师，刚刚从工单系统那里接到一项棘手的任务，有大量的终端用户投诉"无法在 App 上下单了"。虽然事情紧急，但是比尔不得不从复杂的系统链路中寻找蛛丝马迹来修复后台的服务，经过一天的排查，最终发现故障的原因是流量过载，只需添加机器就可以解决。对这种规模的电商而言，这是一个严重的事故，一天至少损失上亿元。

这就是现代 IT 系统复杂性现状的一瞥。回过头来，为什么需要这么长时间的排查呢？

其一，现代软件系统结构大都很复杂，就像一个大型生物，比如人体，那么对大型系统的问题排查就类似于在不开刀、不使用核磁共振、不化验等情况下了解疾病的原因。

其二，现代软件系统在其生命周期内的新技术需求或功能需求层出不穷，这也使得现代软件系统越来越复杂，排查的路径越来越长，而 IT 投入是相对滞后的，其稳定性朝着失控方向发展。

比尔得知这个电商应用运行在云上时，很好奇为什么还会有流量过载的问题。

云关心的是 CPU、内存等资源的池化和虚拟化，并不关心在虚拟机操作系统上是如何开发、运维应用程序的。应用程序是运行在操作系统之上为用户提供服务的进程，比如提供订单服务的程序。应用程序无法直接管理云。应用和云之间出现了一个断层，这个空白区是由研发团队、运维团队等手工管理的。云对应用本身的资源需求完全是无感的，云无法自己做出扩展，只能由研发团队和运维团队手动拓展，所以应用程序对突发流量无能为力。而应用上云，仅仅是为了节约企业自己搭建机房的成本。

对这类应用而言，其实还有更多故障，比如应用实例因为 BUG 而崩溃、因为内存不足而拒绝服务、因为网络毛刺而影响服务质量等，而云对这些问题无感，所以云对此无能为力。技术团队努力按产品或者项目计划快速推进研发进度，这就像汽车以 120km/h 在高速上行驶，而缺陷、故障使得软件就像汽车突然下了匝道，速度又回到了 40km/h，整体效率并没有提高，整体成本并没有降低。

很明显，需要一种技术向上能够为应用上云与稳定运行提供支撑，向下能够实现以应用维度动态管理云资源（让云对应用的资源需求有感知）的能力。云原生正处于这个断层的位置，提供了一种运用云算力的新方式。

所以，云原生使得现代化应用程序能够运行在云上，利用云的优势（而不需要理会硬件故障）在应用程序出现故障时自愈，并在突发流量发生时无须担心算力不足的问题。云原生大大地降低了成本并提高了效率。

3. 云原生技术的本质

注意，云原生的电商应用在终端用户侧依然与原先的非云原生的电商应用在外观上及使用体验上保持一致，功能并没有发生变化。可以理解为，云原生平台是一种"透明"的基础设施，即电商应用还是运行在操作系统之上，操作系统运行应用的基本抽象还是进程。也许有人会问，不是说应用会运行在云原生平台之"上"吗？这个"上"的意思是管理的关系，而不是运行态堆栈的上下层级关系，云原生系统更像管理应用进程的一组非应用进程，比如 Kubernetes 的本地"运维代理"——Kubelet 这样的进程。在实现层面，云原生系统和应用程序从操作系统角度来看都是一样的。在架构层面，云原生系统是分布式的，所以从外观看，它是云的更高级形态。不同于传统的运维平台，它是实实在在的应用运行平台。

对于平台开发者来说，忠告就是：希望你能够沉下心来，不要被现代基础设施的"外壳"所迷惑，你依然需要刻苦地钻研操作系统内部的东西，比如内存管理、进程管理、多线程、网络堆栈结构、存储原理等。因为无论现在的云原生多么先进，也只是在架构思想上先进，底层的软件技术并没有实质的变化。你也应该清楚：云原生平台依旧是基于操作系统构建的现代分布式程序，你需要扎实的操作系统编程知识来构建这种新型的平台。

对于业务应用开发者来说，忠告就是：希望你能够刻苦钻研业务建模、应用架构等，如 DDD、企业应用架构、业务分布式架构等。因为无论现在的云原生多么先进，它的初衷仍旧是让用户更加充分地聚焦于业务应用领域本身，而不是基础设施。

对于 IT 运维人员来说，忠告就是：希望你能够沉下心来，将思维从对具体运维对象的管理转变为对基于云原生抽象对象的管理，这将大大减少对千差万别的物理机器的知识依赖，管理方式被替换成统一的、标准的声明性管理方式。这样就不需要学习和掌握差异性部署环境的知识，同时又及时响应了业务的需要。

对于企业客户而言，忠告就是：不要迷茫，看清云原生的能力，聚焦于商业本质，进一步依托新型 IT 工具加持自己的数字化产品，快速创新，使得在线业务发挥经济上的重要作用。

对于云原生平台提供商而言，忠告就是：要从市场的真实情况出发，构建能够为客户解决实际场景问题的平台，这才是商业本质。

1.2 云原生的历史及其原则

云原生的历史不仅揭示了它的缘起，也揭示了它的未来。

1. 云原生的演进历史

2010 年，WSO2 技术总监 Paul Fremantle 首次提出 Cloud Native 一词，这种架构描述了应用程序和中间件在云环境中具有良好的运行状态。他认为云原生有以下特性：分布式，弹性，多租户，子服务，按需计量和计费，增量部署和广义的测试能力。

2013 年，Netflix 云架构师 Adrian Cockcroft 介绍了 Netflix 在 AWS 上基于云原生的成功实践。他从目标、原则和措施 3 个方面进行了总结。

1）目标：可扩展性、高可用、敏捷、效率。

2）原则，具体如下。

原则一：不变性。服务一旦创建，不能修改，只能重建，因为修改的成本远远高于重建的成本。

原则二：关注点分离。服务通过微服务架构实现关注点分离，避免决策瓶颈，实现反脆弱性。

原则三：默认服务所有的依赖都可能会失效。这要求平台能够自动处理失效问题。

高信任的组织，倡导底层员工的自主决策权共享；透明的管理，共享能够促进技术人员的成长。

3）措施，具体如下。

❏ 利用云实现自动可扩展、高可用和可共享。

❏ 利用组织实现服务的关注点分离。

❏ 利用全息可观察性及时定位问题。

❏ 利用混沌工程实现反脆弱性。

❏ 利用开源实现敏捷和共享特性。

❏ 利用持续部署实现敏捷、不变性（将集成和部署自动化）。

❏ 利用 DevOps 实现高度信任和共享。

注意，云原生的原生概念开始并没有提到微服务和 DevOps，但是后来却出现了。为什么？因为微服务以及 DevOps 正好契合了云原生的愿景和理念，并且它们一起证明了实际工程的效果。微服务和 DevOps 的历史比云原生更加久远。

所以无论是新的还是旧的思想或者技术，只要符合云原生的理念，只要有利于云原生的实践，现在都可以称为云原生的思想或者技术。因此云原生是一种架构范式，以一种非常宽容的态度兼容了新旧技术并为己所用。

2015 年，来自 Pivotal 的 Matt Stine 进一步阐述了云原生的概念，他认为单体架构向云原生架构演进的过程中，流程、文化、技术需要共同变革。他把云原生描述为一组最佳实践，具体包含如下内容：十二因子、微服务、子服务敏捷基础设施、基于 API 的协作，以及反脆弱性。

2016 年，无论是从市场接纳度还是从技术成熟度，云计算都已经进入成熟期。人们开始关注云原生，这是因为云原生填补了应用到云之间的缝隙。

2017 年，Matt Stine 在接受媒体采访时将云原生架构归纳为模块化、可观察、可部署、可测试、可替换、可处理 6 个特质。而 Pivotal 官网又将云原生概括为 4 个要点：DevOps+持续交付 + 微服务 + 容器。

读者应注意，在云原生概念出现的同时，容器也被纳入云原生的生态。在不可变基础设施（不变性、模块化、可部署、可替换等）思想的推进过程中，人们发现容器非常适配云原生的架构理念，所以这个 20 世纪 80 年代提出的技术被纳入云原生体系中。这也导致一段时间内，凡程序员必谈容器。此刻的云原生已从概念开始全面落地。

2018 年，开源基础设施领域翘楚 Google、Redhat 等共同牵头组建了一个云原生计算基金会（CNCF）。CNCF 的目标非常明确，就是为了对抗容器圈一家独大的 Docker 公司。后来，CNCF 通过 Kubernetes 在开源容器编排领域一骑绝尘，成了容器编排领域事实上的标准。同时期有 Docker Compose、Docker Swarm、Mesos 等容器编排平台或者工具，经过激烈的竞争，最终 Kubernetes 成了目前唯一的选择。为什么会如此？正是因为它符合云原生的核心价值：**为云而生，以应用为中心**。

Kubernetes 也在此时被无可争议地纳入云原生体系中，明确了云原生分布式操作系统的发展方向。

2019 年，阿里巴巴集团的所有业务全面上云。

2020 年，阿里巴巴的核心技术进行了云原生化改造，即全面使用云产品支撑业务发展。

与此同时，工业领域的云原生技术开始落地。为什么云原生会在此刻受到如此多的关注呢？

回顾历史，Web Service 得到某巨头（作为供应商）的大力推广，但企业实际并不需要这种复杂的方案，所以 Web Service 并没有真正流行起来。而云原生不存在这样的问题，它一开始就是由开源界提出的概念，而开源界一直以来都非常关注商业界的需求，并与之密切互动。因为开源产品主要由企业的开发人员来选择，如果他们用不好或者不会用，那么这个开源产品是不会流行的。说白了，开源产品是基于民主的选择机制来确定地位的。商业组织为了适应新经济形态的快速变化，就更加需要技术创新。与此同时，业务开发人员之所以选择云原生开源产品来构建自己的数字化平台，原因就在于云原生的低成本与高效。因此，云原生作为一种技术架构，顺势而为，在 2019 年自下而上地爆发了。

而 IT 行业公认的云原生"元年"是 2015 年，但爆发于 2019 年，这一进程仅相隔 4 年。反观云、计算框架等的推进，整体的演化时间都大大地超过这个时间。这说明业界对云原生的认可度是非常高的。

2. 云原生的原则

云原生的强大能力，让人们愿意将所有类型的应用都搬到云上来。因为企业存在不同类型的应用，而不同类型的应用会相互调用，如果仅有一小部分应用被云原生化了，那么云原生就无法为企业整体赋能。表 1-1 整理了云原生功能，也可以说是原则。

表 1-1　云原生功能（原则）

分　类	功　能	说　明
资源纳管	自动化的弹性	基于应用流量角度自动满足资源需求
	自愈	服务或依赖失效时自动修复 与传统的高可用最大的不同是，对服务质量没有影响
	多云使能	支撑多种业务应用，优化云使用成本
关注点分离	微服务化	独立部署，独立升级，风险隔离
	不可变架构	修复成本大于替换，兼顾经济和效率
	自动治理	自动参数优化强于手工调参
可观察性	全息观察	全息观察强于局部观察
	主动预防	主动预防强于被动通知
开放性	拥抱开源	社区力量强于团体
	基础设施即代码	声明性强于命令
自动化流程	自动化集成	自动化强于手工，快捷、准确
	自动化发布	自动化强于手工，快捷、准确
	加强协同	关注人、组织能力强于关注技术
	自主研发和运维	关注自主构建应用，而不是通过生态整合

表 1-1 中的原则会贯穿全书，这些原则都基于云原生能力，经过了本土化，使得云原生更接地气。

1.3　谁是云原生的客户

想利用云原生支撑自己数字化产品的个人、企业、组织等，都是云原生的客户。或者可以简单地理解为，云原生客户是那些愿意为云原生产品付费的个人、企业或者组织等。

千万不要将客户和用户的含义混为一谈。对企业或者组织而言，客户和用户往往代表着不同的人。

不同类型的客户在整体市场上采用云原生的比例不同，这是受客户所在的行业、组织特点、需求或者决策等影响的。并且在云原生的产品、实施方式以及技术架构等方面，每个行业会有个性化之处。

云市场的巨大规模为云原生的实施提供了足够大的舞台，2020年的市场规模为280.5亿元，预计到2025年将突破2000亿元，年均复合增长率约为48%。

1. 基于产业链分析客户的构成

下面从云平台提供商角度的产业链来分析客户的构成，如图1-1所示。

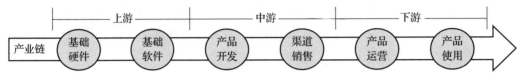

图 1-1　从产业链来分析客户的构成

云平台提供商（负责产品开发）不可能自己闭环完成如此大的云原生基础设施交付，所以需要在上游进行集成建设。

1）基础硬件：IaaS厂商、开源硬件组织等。

2）基础软件：操作系统厂商、数据库厂商、中间件厂商、开源软件组织等。

云平台提供商包括云计算厂商、开源云组织等，它们是上游厂商的客户。目前国内基础环境方面还有待提高，上游厂商是产业链的基础。没有生态的强大，也就没有云原生产品的强大。经营产业链是非常重要的，然而这一点尚未受到国内很多平台提供商的重视。

下面分析中下游的构成。

1）渠道销售：渠道代理商、咨询服务商、系统集成商。

2）产品运营：IaaS厂商运营部、其他运营商。

3）产品使用：企业客户、独立软件开发商（ISV）、个人开发者。

可以看到，以上这些都是云平台提供商的客户，不过与常识有些不符。一般认为只有"产品使用方"才是客户，其实这是错误的认识。因为一个技术产品也是一种明码标价的商品，所以中下游厂商以及最终客户都对其有具体的市场要求。并且在交易关系上，渠道销售必须从云平台提供商处采购产品并售卖，在从事"产品开发"的云平台提供商看来，渠道销售商也必须是客户。上游客户、云平台厂商自己也需要云原生的研发支撑，所以也是客户。

只有充分认识了谁是客户，才能在云原生技术产品的设计上做到全面、科学以及严谨务实，从而充分驱动产业链的良性循环，使得最终客户用上好的技术产品。

2. 基于客户分类的宏观需求分析

客户与平台提供商构成了市场或市场现象的载体。基于客户分类的宏观需求分析如表1-2所示。

表 1-2　基于客户分类的宏观需求分析

客户分类	组　　织	需求方向	背后的本质
渠道销售	渠道代理商	计费模型、执行计费	营收
	咨询服务商	最佳架构实践目录以及定价	营收
	系统集成商	平台集成能力	营收
产品开发	云平台提供商	创造有竞争力的云原生平台	营收
产品运营	IaaS 厂商运营部	资源层运营，降低管理成本（ITSM）	营收
	其他运营商		
产品使用	企业客户	应用快速上线，应用技术架构弹性、稳定性保证，安全性等	快速创新、创造更高营收
	ISV	应用研发组织赋能、应用一键上云、安全性等	应用及格交付、创造营收
	个人开发者	应用一键上云、运行态安全性等	培养未来潜在客户，吸引更多人才加入

通过表 1-2 可以看到，云原生原则会影响云平台提供商、企业客户、ISV 以及个人开发者等。但是并不是说不会间接影响渠道代理领域，这个领域属于云计算的业务领域，比如需要有新的计费模型，所以收费粒度会更加微细，收费维度会更加多样。对于咨询服务领域，从传统云卖资源的方式转变为服务的模式，那么咨询的方式就会有所变化；对于系统集成领域而言，要从传统的集成方式转变为基于声明性的、标准化的 API 对象来集成。对于产品运营领域而言，因为传统的 ITSM 管理对象将会从物理机、虚拟机等拓展到云原生平台本身，因此其管理理论和方式都会有所改变。如果我们仅仅认为"企业客户"才是真正的客户，那么是很难发现这些拓展内容的。

另外，云平台提供商是供给关系中供给侧创新的主力军。供给侧创新是充分进行竞品分析、优势赋能等的结果，云平台提供商总是希望提供差异化竞争力，以便在云平台市场中胜出。如果读者的思考再深入些，就会发现到目前为止还藏了另外两个需求来源：一是具体到某个特定行业的需求；二是具体到某个企业个体的需求。这两个需求在不同的云平台厂商、行业、企业中各有特点，可以认为是一种比较微观的需求，所以本书将这些需求涉及的相关内容放在第二部分来讨论。

接下来换个角度看谁是客户的问题，2021 年客户行业分布情况如图 1-2 所示。

从图 1-2 可知，2021 年云原生引入或者采用比例较高的有制造、电子信息、互联网、软件、金融等领域。"其他"部分是比例更小的行业总汇，因为占比太小，未被重点关注，所以这里作为整体来统计。

制造业之所以独占鳌头，是因为数字化经济对生产侧的巨大压力。消费侧早已经数字化，渠道被效率化，但是代表人类基础经济增长引擎的工业没有跟上。在这种新的经济模式下，制造业开始了数字化改革。所以云原生并不是高科技企业的专利，它也能够给其他行业赋能，这说明云原生已经不是概念了，它实实在在地进入了更深层次的经济领域。

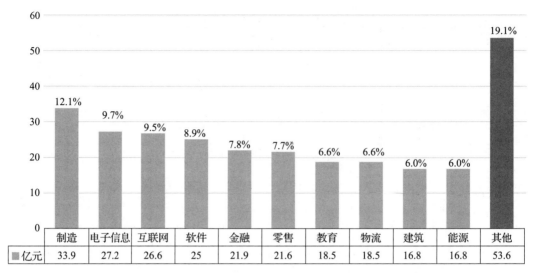

图 1-2 2021 年客户行业分布情况（市场规模与占比）

从图 1-2 中，云平台提供商也许可以得到以下信号。对新进入市场的云平台提供商而言，相对于头部的行业和企业市场，尾部的行业和企业市场是比较容易进入的，它们利用小交付场景，处于更有利的地位。老牌头部云平台提供商则可以继续深挖业务场景价值和提高创新能力，为更多头部企业提供更多的支撑。而腰部云平台提供商，则要积极地改变自己的策略，在不影响核心竞争力的情况下争取获得更多的行业份额。

可以预见的是，长尾市场（中小客户群体）将是下一轮云厂商争夺的重点。

3. 初步的云原生平台产品架构

图 1-3 是根据表 1-2 所表达的市场宏观需求方向所设计的一个初步云原生产品架构。

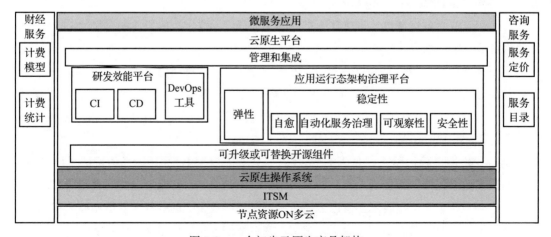

图 1-3 一个初步云原生产品架构

在云原生平台对客户的价值中会发现一个规律,即价值分割线总会划分出两个阶段:"应用如何开发并上云"阶段及"应用上云后如何保障稳定性"阶段。所以图1-3中,除了按价值诉求分层以及按云原生设计原则来组织产品架构图以外,还根据不同阶段进行了水平切分。

在图1-3中,研发效能平台代表着"应用如何开发并上云"阶段所要求的平台能力,应用运行态架构治理平台代表着"应用上云后如何保障稳定性"阶段所要求的平台能力,其他部分是作为支撑研发效能平台和应用运行态架构治理平台的能力而存在的系统性服务平台和模块。这里的产品架构图是一个初期的分析结果,它将随着后续分析的深入而逐步细化。从图1-3可以看到以下组成部分。

1)研发效能平台:负责集成、发布和研发运维的打通。

2)应用运行态架构治理平台:当应用发布后,负责管理弹性资源和实现应用运行时的稳定性。该平台和研发效能平台存在衔接关系。

3)管理和集成:为了向上提供开放式集成能力,实现了基础设施即代码的能力。

4)可升级或可替换开源组件:研发效能平台、应用运行态架构治理平台等是基于开源软件进行改造并结合自研组件集成的。这些基础组件可以根据需要进行升级或者被更强大的组件替换。无论基础组件是被升级还是被替换,对上层平台都是透明的。

5)云原生操作系统:为了支持云原生平台,底层提供了云原生操作系统。云原生操作系统向上提供抽象化的集群资源对象(以便云原生平台纳管和使用),向下纳管多云资源。

6)ITSM:IT服务管理系统,是用于管理传统云计算资源的系统,并不在本书讨论范围内。

7)财经服务:实现计费模型和计费统计。

8)咨询服务:云计算厂商根据向客户提供的具体解决方案或者服务与客户协商服务定价条款以及制定客户所需的服务目录,双方形成合同后,云计算厂商需按合同履行各项条款。

9)微服务应用:以不可变架构为基础,运行在云原生平台上。当然其他服务类型的应用也可以运行在云原生平台上,比如SOA应用或者传统ERP应用。

产品架构图不同于技术架构图,其目的是描述支撑商业战略的产品品类结构,但是带有一些"技术观感",因为毕竟套上了"云原生"这顶帽子,所以必须体现云原生原则。这种融合是基于认识论得出的结果,不能仅靠一种理论来归结。

图1-3的构成部分是相互协作的,但可以根据一定的商业策略设计成"可集成"形式,比如,云原生应用平台可能内置了项目管理系统,而当有些客户可能已经有了成熟的产品,不希望改变研发习惯,也不希望重复投资时,如果项目管理系统不能被替换,那么有可能会影响客户和用户对云原生技术平台产品的接受程度。

另外,宏观产品架构图也非常重要。

1.4 谁是云原生的用户

客户对云原生平台的需求一般是和企业业务价值息息相关的，而用户的需求往往代表一种软件实操层面的需求。在实际中，这两种需求存在着千丝万缕的联系，也最容易混淆。客户一般会混杂着提出这两种需求，云平台提供商需要基于对客户和用户的认知来对这些需求进行分辨。往往客户需求也能覆盖用户的部分需求，这就是皆大欢喜的结果。

云原生技术产品代表着这些需求的抽象，是更高级的表现，否则如果不能与具体客户的具体问题解耦，就无法作为平台存在并适用于更多场景。从需求当中分析出背后的本质正是我们要练就的硬功夫，这个过程是漫长的，但也是技术产品设计的必经之路。

分析用户构成有利于之后厘清云原生产品实现层面的具体需求。云原生产品同时浸染着客户宏观以及用户微观的需求。

这里要先分清两个关键产品实操层面的概念：用户价值体验与用户体验。用户价值体验说明的是业务实操体验，如在电商平台上，用户希望下单后在最短的时间内收到货，他并不关心软件是否操作更舒服；用户体验说明的是软件本身的操作便利性，比如软件交互设计是否人性化等。用户价值体验相当重要，在产品设计上要充分考虑用户价值所投射的技术产品诉求，所以本书并不准备对交互进行过多的讨论。所谓"投射"，是指云平台提供商从表象分析出的用户的本质需求。

1. 云原生平台的用户构成和交付关系

图 1-4 是用户的构成和交付关系，图中用"…"表示其他类型的用户，用箭头标明不同产品的交付关系。

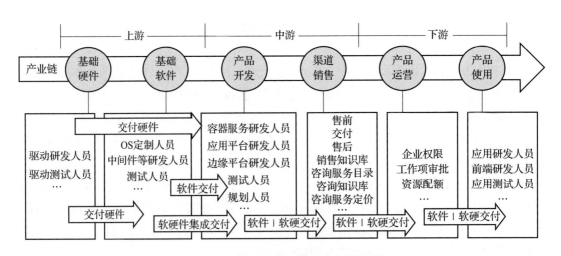

图 1-4 产业链的用户构成和交付关系

交付活动往往是被云原生平台设计者忽略的东西，实际上，交付占据着巨大的成本和资源，甚至决定了商业活动最终成功的效果。因此，云原生技术产品不得不全面地考虑交付问题。下面以一体机为例分析。

"一体机"代表的是交付的终结形态，它也许是一种硬件和其他硬件集成后的一体交付，也许是硬件和软件集成后的一体交付（后面讨论的边缘计算就是这种形式），也许是一种软件和其他软件集成后的一体交付。比如，基础硬件提供商可能会因为工艺能力、设计难度、成本风险分摊等，从它的生态企业中集成多种零部件，最终形成交付物。其他上、中、下游企业也存在这种生态集成的情况。因为现代硬件或者软件都很复杂，这种集成交付的方式必然会在社会大分工越来越细的情况下出现。

一体机对于终端客户有很大的好处，即可以降低自己集成的风险和成本。一体机也存在一些弊端，那就是一体机本身要足够强大，即要求所有的部分都很强大，如果出现一部分不强大或者不完善，就有可能无法满足终端客户多种业务的需要，那么必然会促使终端客户寻找另外的集成机会，一体机能够大幅降低成本的竞争力就大大下降了。

2. 用户对云原生技术产品的诉求

各类用户对云原生技术产品的诉求到底有哪些呢？这里暂且不涉及云平台提供商用户的内容，而是聚焦于云原生平台对其有影响或者对云原生平台有影响的用户部分。用户诉求分析如表 1-3 所示。

表 1-3　用户诉求分析

用　　户	客户类别	诉　　求	平台类型范畴
基础软件研发人员与测试人员	基础软件	□ 能够一键在单个裸机上安装计算机操作系统，并自动集成云原生操作系统相关模块，最后会自动提供兼容性报告 □ 能够一键安装云原生中间件到产品级云原生操作系统之上，并自动提供兼容性报告 □ 其他诉求	云原生操作系统支撑型
容器服务研发人员与测试人员，以及边缘计算平台研发人员与测试人员	产品开发（云平台提供商）	□ 能够通过云原生研发效能平台进行云原生操作系统组件的研发、集成和测试 □ 项目管理、测试项目管理、测试用例管理、测试效能统计等 □ 其他诉求	云原生操作系统支撑型
产品运营人员	产品运营	□ 能够通过一个面向云原生平台的 ITSM 平台对 IT 资产进行运营，比如配置、配额等 □ 其他诉求	云原生操作系统支撑型
应用平台研发人员、测试人员	产品开发（云平台提供商）	□ 能够使用一个完整的云原生研发效能平台和测试用云原生应用运行态架构治理平台来研发、验证应用平台组件 □ 项目管理、测试项目管理、测试用例管理、测试效能统计等	应用开发支撑型

（续）

用　户	客户类别	诉　求	平台类型范畴
渠道销售人员、终端客户财务部门人员	渠道销售	□ 需要一个完整的财经平台，且需要能够按售前、售中、售后来组织功能 □ 终端客户可以清晰地查看自己的合约、费用构成和计费情况，并可以及时续费或者进行费用管理 □ 销售知识库 □ 其他诉求	应用开发支撑型
产品交付人员、咨询服务人员		□ 能够自动化地进行一体化交付 □ 能够自动化运维云原生基础设施组件 □ 国产化软硬件适配 □ 安全合规支撑 □ 咨询服务目录 □ 咨询知识库 □ 咨询服务定价 □ 其他诉求	集成服务型
应用研发人员、运维人员	产品使用（终端客户）	□ 中间件低门槛申请和客户端集成 □ 需要用户访问、账号集成能力（IAM） □ 自动化数据一致性处理 □ 统一的异常处理框架 □ N-RPC 支持 □ 低代码或者零代码平台诉求 □ 应用生命周期管理 □ 架构可视化、版本化、架构经验沉淀和持续验证 □ 统一化基于流量的服务治理能力 □ 无损方式应用集成或者部署 □ 统一化运维工具：全景链路跟踪、日志分析、指标告警、根因分析和定位、业务运维工具、自动化修复框架等 □ 其他诉求	应用开发支撑型
应用测试人员	产品使用（终端客户）	□ Mock 工具、故障注入、流量复制能力、压测系统、混沌工程等 □ 可以随时支撑测试的分支集成能力 □ 测试项目管理、测试用例管理、测试效能统计等 □ 其他诉求	
应用产品规划人员	产品使用（终端客户）	□ 因业务场景需要，需要支持安全策略配置 □ 因业务场景需要，需要支撑大数据引擎或者 AI 引擎 □ 因业务场景需要，需要支撑 AIoT 和相关工具，需要支撑边缘计算平台和相关工具 □ 其他诉求	技术赋能型

　　如果说有关"谁是云原生的客户"的分析为云平台提供商带来了初步的云原生产品架构构想以及相关的一些商业决策选项，那么"谁是云原生的用户"的分析将为这个初步的构想填充更多与能力相关的细节。

　　表 1-3 中的用户需求是宏观层面调查出来的，看起来丰富多彩，但需要很多行业报告的支

持。笔者认为这个方法和很多云平台提供商的方法不一样。大部分云平台提供商的产品规划人员或者架构设计人员喜欢根据经验直接给出简洁的设计结论。表1-3基于宏观洞察与宏观用户需求进行了早期的雕琢，即先不做太多的价值判断，而是将所有可能性纳入进来，这样产品规划人员或者架构设计人员在通盘考虑之后（因为没人可以一步到位地想清楚），才能进行产品功能和能力的取舍及提升（即想清楚云原生平台产品的形态），取舍后的产品更加强大。

基于表1-3，笔者发现一个更深层次的问题——在终端客户的用户里面，隐藏着对云原生平台支撑多种应用形式的需求，这与云原生的终极目标不谋而合，不仅需要微服务云原生化，而且需要将所有应用类型全部云原生化。另外，表1-3中"平台类型范畴"列的分类有什么用处呢？

3. 云原生平台产品类型的分类

目前的用户需求分析依旧是宏观层面的，它的内容大多来自行业数据分析报告。这种分析会呈现碎片化趋势，因为云原生已经深入到了一些场景中。如果把所有的宏观需求无差别地放到产品架构中，那么企业用户可能并不需要全部云原生产品的功能，从而导致企业付出不必要的成本。对云平台提供商而言，无差别设计的方式也无法做到聚焦专业化资源分配、系统化建设。所以进行高层产品分类是有必要的，就像表1-3中"平台类型范畴"这样的项。经过市场分析，这种分类中确实存在着一些对商业决策有用的内容，图1-5是分析后的云平台提供商产品分布情况。

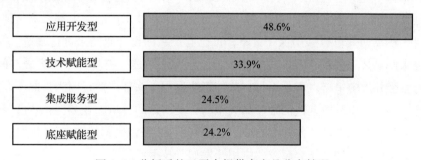

图1-5 分析后的云平台提供商产品分布情况

这里没有从客户侧去分析，而是通过云原生产品的总集来分析，这样相对比较容易。我们已然发现，这些分类在整体市场的"喜好"上是不同的。最多的是应用开发型，有近一半的提供商布局，主要因为该赛道对技术资本、资本、客户资源等的要求门槛低。位居第二的是技术赋能型，主要得益于该赛道应用场景丰富。也就是说，云平台提供商只决定做一类或者几类独立产品，这岂不是和"一体机"思路相矛盾了吗？

（1）研发独立产品或者研发"一体机"产品的方案取舍方法

首先，底部通用层并不矛盾，因为各行业、企业对底层的诉求是可以统一为底座的；其次，上层和行业、企业特性相关的诉求就要看云平台提供商的商业策略了。

云平台提供商作为云原生产品的总集，面对做独立产品还是"一体机"的问题，实际上也是比较纠结的。云平台提供商主要采用了以下几种方案。

方案1：有些提供商采取了绝对的"一体机"方案（所有需求全部黏合到一起），以降低整体集成和交付成本。

方案2：有些提供商采取了底座统一而上层产品独立的方式，以分散风险，让客户按需购买，但同时也削弱了产品竞争力。

方案3：有些提供商做了折中，比如底层是通用的，产品层则是"可拆可合"的，采用的是"可集成"策略的"一体机"形式。这种方案兼顾了前两种方案的优势，并且有些组件可以不使用云厂商的，比如集成企业已经沉淀多年的项目管理产品。

无论何种方案，底部通用层其实都涉及"集成服务型"需求和"底座支撑型"需求，因为这是技术底座的必备能力，只不过弱化了产品形态，加强了技术能力。

提供商的竞争主要集中在前两种方案所涉及的几种独立或者集成方式的产品形态上，同时技术的竞争（看不见的部分才是竞争力所在）隐藏其中。

最后，采取哪种策略更合适，完全取决于云平台提供商的优势、市场定位、客户群特点。

（2）产品定位选择策略

目前，如果要进入"应用开发型"产品领域，一来同质性竞争更加激烈，二来投入可能比早期更多，而收益却不尽如人意。所以当商业决策和技术产品需求都要求这种类型的产品来支撑时，产品研发可以采用保守策略，按已有产品的设计思路来进行改造。"技术赋能型"产品需求则需要很强的产品、技术竞争力，这方面可能会有更多市场突破空间。当然，采用折中的兼容并包的策略也不是不行，这种策略适用于头部厂商，因为头部厂商能动用的研发资源比较多。基于针对上述两种产品类型的分类所做的分析，业务型企业已经普遍装备了"应用开发型"技术产品，并强烈希望进一步降低IT综合运营成本，所以"技术赋能型"技术产品在市场中的占比可能会超越"应用开发型"技术产品。

4. 根据用户需求细化的初步云原生平台产品架构

那么，以上结论对图1-3所示的产品架构会增加哪些东西呢？根据用户需求细化的初步云原生平台产品架构如图1-6所示。

图1-6仍然是初期的产品架构版本，后续将持续优化。另外，因为不可能把所有云厂商的产品形态都讨论一遍，所以上面的分析只是让读者明白要按照自己的优势来取舍，所以本书为了说明问题，平台部分只关注常见的云原生三驾马车产品（云原生分布式操作系统、云原生应用架构治理平台（PaaS）以及云原生DevOps平台），而应用赋能部分，本书主要关注经典的云原生中间件等内容。

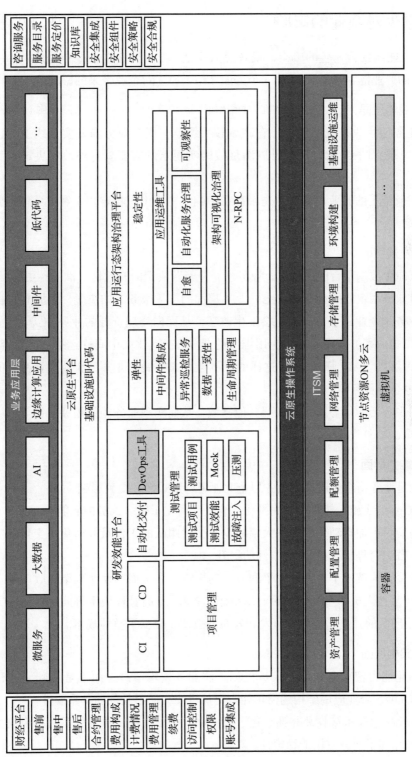

图 1-6 根据用户需求细化的初步云原生平台产品架构图

1.5 云原生对企业的影响

为了尽可能激发云原生的威力，或者说云原生"要求"终端企业相对地做出一些改变（仅针对本章的产业链客户），这里从 4 个方面介绍云原生对企业带来的影响。

1. 企业战略层面

1）对业务型企业在战略规划上存在着较大影响，因为业务需要实现线上化，企业决策时必须考虑现有的 IT 能力是否可以满足战略实现上的需要。另外，还决定着商业决策方向。

2）对产业链上的非业务型企业是否存在影响？主要由市场定位、客户群体、营销策略等变化来决定。

2. 业务发展层面

1）在云原生数据平台的加持下，业务型企业经营决策的有效性、准确性更强。

2）针对业务型企业的业务需求变更，IT 层面的支撑服务更加快捷，更加节约成本。

3）非业务型企业的业务方式也会发生改变，从面向物理资源的业务方式（比如运维物理机或者虚拟机收费）转变为基于应用维度的业务方式（比如中间件运维、服务容量规划、应用架构咨询服务、API 管理等）。这样的改革会大大拓展非业务型企业的业务空间，同时其市场空间也会同步巨幅增长。

4）利用中心云的优势顺势拓展到其他领域，从而实现业务场景拓展，比如从中心云拓展到边缘计算、AIoT 等领域。

3. 组织能力层面

1）无论是业务型企业还是非业务型企业，组织形式都会受到影响。

2）DevOps 的实施，使得组织扁平化，合并和简化了很多人员的职能。

3）因为交付更加自动化，所以大幅减少了交付团队的工作量并简化了交付团队的相关职责，IT 系统的交付质量得到了根本性的提升。

4）出现聚合式技术中台，带来了两方面的影响：一方面，使基础架构收敛到一个部门里，减少了重复性人员和重复性建设，减少了"扯皮"、高管理成本等问题；另一方面，有利于业务应用团队的独立，提高了研发和发布的效率，降低了整体成本。

4. 技术架构层面

1）自动化能力使得业务研发人员更加关注业务逻辑本身，而不是基础架构和基础设施。这使得 DDD、企业应用架构建模等能力更加重要，而不是削弱其重要性。

2）碎片化技术体系被收敛并抽象化、统一化，使得底层技术升级不会影响业务代码本身，因此大大增加了业务应用的稳定性。

3）不再面对机器进行编程，仅面对代码，避免业务研发时规划容量，容量问题交由平台进行自动化拓展或者收缩处理。可以说，云原生降低了研发门槛，同时优化了资源成本。

4）不再担心"飞行中换发动机"时影响终端用户的流量进而有损终端用户的体验等严重问题，并可以在业务验证时发现严重问题后实现及时回滚版本等操作。

5）架构师不会对架构"丛林"感到无助，平台将架构拓扑版本化并实现可视化对比能力，对架构的梳理以及演进更有据可查。

6）可观察性拓展到全局领域，没有死角，系统自动分析问题根因，加快了问题排查和修复的速度，甚至可以实现自动化修复。

7）从业务角度而不是从机器维度定义"运维"，更容易从全局视角治理应用运行态的问题。

8）拥抱开源，采取集成、升级、替换的策略后，尽可能地减少了业务团队等待平台团队排期的现象，加快了交付的速度并降低了成本。同时，尽可能解除了业务型企业对云平台提供商的技术绑定。

9）多云架构有利于企业优化自己的 IT 整体成本，同时实现了资源、数据安全的自主可控。

10）多种硬件、操作系统的底层适配，使得可以在多云环境下无损地运行应用。

11）端到端的透明化安全，减少了业务应用研发团队对安全技术能力的依赖，并在保证 DevOps 效能的情况下，使得安全检查行为合理地介入。

1.6 本章小结

本章明确了云原生的定义，并从产业链生产关系出发，明确了谁是客户、谁是用户。通过分析客户宏观需求、用户通用需求，获得了一些商业策略的提示以及实施策略的提示。读者应知道这些分析还不够充分，需要不断深入下去。本书后面的章节会深入探索落地思路、步骤和实际操作。

从这些宏观的或通用的需求中，还获得了早期的产品架构图，这个产品架构图后续会不断丰富和完善。

最后，初步分析了云原生理念和云原生架构对哪些企业可能产生影响，这些影响将决定如何落地。

第 2 章

云原生生态圈

现代经济活动的社会化协作分工越来越细，这是生产力发展的必然结果。任何一家企业或者组织都是产业链的一环，它需要其他企业或者组织的能力来补齐自己的不足，同时分享自己的能力给其他企业或者组织，这是现代的商业运作机制之一。"生态"一词其实是这种生产关系的一种表达，有点像大自然中的依存关系，生态的强弱也在很大程度上影响了最终落地的效果。

2.1 云需要怎样的云原生

云原生是为云而生的，所以它的第一个依赖的生态要素就是云。云是云原生的商业环境、产品环境，也是它的技术环境。所以要集成一个适合自己的云原生平台的云，首先要做的就是商业关系决策和产品选型。

2.1.1 云计算到底是什么

那么，云计算是什么呢？

狭义上讲，云计算就是一种提供资源的网络，使用者可以随时获取"云"上的资源（CPU、内存等），按需求量使用，并且可以将其看成无限扩展的，只要按使用量付费就可以了，使用者无须自己投入硬件资源。打个比方来说明云的价值：私家车没有油了，需要车主自己去加；私家车故障了，需要车主自己拉到 4S 店去修理，但是买车的目的是能够把车主带到他想去的地方，并不是干这些事情。那么换个方式，用户支付给网约车司机一笔合理的费用，无须操心油和故障的问题，就能到达他想去的地方。也就是说，用户只需按需使用即可，不需要负担管理资产和维护资产的工作及成本。

从广义上说，云计算是与信息技术、软件、互联网相关的一种服务，这种计算资源共享池叫作"云"。云计算能把许多计算资源集合起来，通过软件实现自动化管理，只需要很少的人参与，就能快速供给资源给用户。也就是说，计算能力作为一种服务性商品，可以在互联网上流通，就像水、电、煤气一样，可以随时方便地取用，且价格较为低廉。另外，如果云可以作为水、电、煤气一样的基础设施，就必须实现一种普适性的标准化能力，比如水不仅可以用来喝，还可以用来洗衣服等。说白了，作为基础设施，可以满足上层各类应用的要求。

对一家企业来说，一台计算机远远无法满足数据运算的算力需求，那么公司就要购置一台运算能力更强的计算机，也就是服务器。而对规模比较大的企业来说，一台服务器的运算能力显然还是不够的，那就需要购置多台服务器，甚至演变为一个具有多台服务器的数据中心，而且服务器的数量会直接影响这个数据中心的业务处理能力。除了高额的初期建设成本之外，在数据中心的持续运营支出中，花在电费上的总金额甚至要比投资成本高得多，再加上计算机硬件和网络的持续维护支出，这些费用的总和是中小型企业难以承担的，所以云计算是现代数字化经济非常必要的基础设施之一。

2.1.2　云计算平台市场和产品现状

我国云计算事业的探索始于 2007 年，先后经历了**市场导入阶段、成长阶段、成熟阶段、广泛应用阶段**等。目前正处于广泛应用阶段，也就是说，国内的云计算基础设施已经非常成熟，业界正向应用构建以及支撑方向探索，这也是云原生开始受欢迎的原因之一。从前面的顺接关系来说，云原生是云计算成熟阶段以后所产生的新的云计算形式。与传统云之间最大的区别在于，云原生更关心应用侧，而不仅是资源侧，并且在治理资源的方式上和传统云计算有着很大差别，更强调从应用维度来管理资源。

对新进入市场的云平台厂商而言，当下决定投入到"传统"云计算领域是不合时宜的，因为经过多年的兼并竞争、技术上的不断改进，以及企业不断地落地实践，云计算领域已经没有太多的市场成长空间。所以，以应用为中心的云原生事实上已经成为云平台厂商的主战场了。

另外，还需要了解云计算拥有哪些产品，因为云原生的很多产品都是由"传统"云计算产品演化出来的，其供应链在很大程度上沿袭了"传统"云计算市场的格局。所以理解云计算产品有利于后面云原生产品、技术的展开。在图 2-1 中，从传统云计算产品的协作关系角度说明了云计算产品的关系及价值（协作关系也体现了供应链关系）。

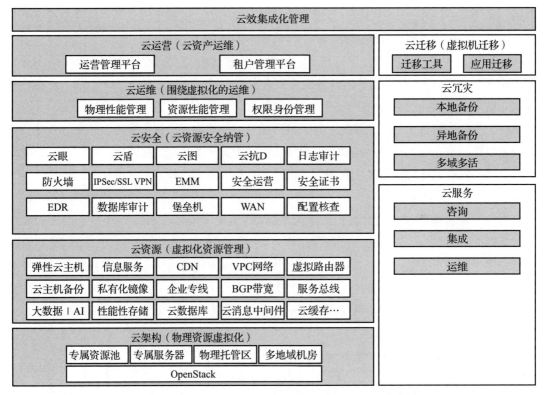

图 2-1 传统云计算产品的关系及价值

2.1.3 传统云计算平台的缺陷

传统云计算产品在云原生条件下有哪些变化呢？首先应明确传统云计算平台的缺陷。

传统云计算平台的缺陷主要如下。

1）云计算向上为用户提供的是单操作系统使用体验，那么就需要用户自己在云虚拟机操作系统上安装及卸载软件、维护网络配置等。对于复杂的应用，比如微服务这种多进程形态的部署方式，因为微服务本身没有资源治理的能力，所以需要手工维护。

2）虽然很多业务型企业也使用 Kubernetes 开源版本，但它的基础组件都是以操作系统进程的形式运行的，这意味着它和普通软件没有什么不同。业务型企业的研发团队或者运维团队对 Kubernetes 本身的运维经验不足，手工维护复杂度高。虽然可以通过自研私有化脚本集合、运维代理和平台来管理 Kubernetes，但是因为必须长期积累经验才能真正地投入生产环境，所以无论手工还是自研都存在很大的风险。这些因素是很多业务型企业采纳 Kubernetes 时所担心的。

3）业务型企业在部署应用时需要提前规划容量，这是一项比较艰巨的任务，因为与成本直接相关，也与稳定性直接相关。根据容量规划向云厂商购买虚拟机资源，然后进行上层应用的调整和部署，周期相对较长。手工升级方式会带来出错率高的问题，增加了线上业务的稳定性风险。

4）云平台厂商存在两种交付形式：一种是云厂商自己的云 + 云厂商自己的 PaaS 平台；另一种是其他厂商的云 + 云厂商自己的 PaaS 平台。业界云的建设思路已经同质化了，这是在市场上漫长的兼并斗争和技术演进进程中形成的，同行的沟通和借鉴已经非常充分，所以无论采用哪种集成交付形式，都会带着云一起交付。而云本身缺乏感知应用维度的自动化运维手段时（也就是说，PaaS 只是作为云计算的一种应用进行了部署，它们之间并没有打通，还是隔离的关系），就需要业务型企业自己来想办法，这样反而增加了业务型企业采纳或者采购的顾虑。

5）对云虚拟化资源平台周边的传统云产品而言，因为这些云产品（比如云数据库）采用的是被动运维的方式，所以需要业务型企业以人工或者私有化运维体系参与很多处理过程，缺乏恰当的自动化能力，对业务弹性的感应不足，人工或者私有化运维技术体系会带来很多问题和风险。

总结一下，传统云计算缺陷主要集中在两个方面：**缺乏标准化和缺乏自动化**。

这就提示了需要从两个方面下功夫来解决这些痛点：一方面要使云标准化、自动化；另一方面要使云上的技术产品，比如云数据库、Kubernetes 本身等，能够标准化、自动化。

由此得到一些启示：要做到端到端的标准化和自动化，即从上往下来设计整套体系。这也是云原生平台要做的事情之一，它向下纳管所有资源层的内容。Kubernetes 只是一个面向应用的"运行时"内核，人们需要拓展很多东西来实现向下纳管资源和向上支撑业务应用的使命。换个角度来看，云原生平台成为应用与云之间的"胶水"。

2.1.4　云计算与云原生

云计算与云原生今后会以一体化进行交付，核心交叉部分的诉求是从应用维度来完成云和云原生在纳管资源方面的标准化和自动化。当然，为了完成一体化交付，还需要提供面向应用研发、运行、运维的 DevOps 统一化产品（它们和云计算本身没有什么强关系，可以理解成云原生平台的更上一层的角色，至于为什么 DevOps 平台成了一体化交付的窗口，后面会有详细介绍），但只有先解决好资源纳管方面的事情，更上层的东西才能建立在一个稳固的基础上。

通常，云原生底座（比如 Kubernetes）有两个角色：**一个是向下的资源纳管，另一个是向上的支撑 DevOps 的能力**。下面先来介绍第一个角色。

云计算和云原生的资源纳管部分（原生的 Kubernetes 纳管的是容器级别的资源，云计算管理虚拟机级别的资源）原先就是分离的，因为维度不尽相同，所以分离也是有道理的。但是仔细想一想，发现其中隐含着一个大问题：需要两个团队来运营这两个平台，协作成本是相当高的。另外，从业务发展趋势来看，也需要从应用维度把两者有机地整合起来。如果不进行整合，则在技术上无法根据应用流量感知的能力来实现自动化的云基础设施纳管，整体落地效果还是会回到"老路"上去。

综上，对云平台提供商而言，就基本已经知道需要建设一个怎样的云原生平台产品了（先基于资源视角分析，即只关注云原生平台的下半层）。

1）将数据中心中的计算（虚拟机）、网络、存储向上抽象成一组对象模型（内存数据结构以及模型数据持久化结构），并和云原生平台的对象模型进行融合，从而在对象模型的融合基础上形成统一的抽象对象模型。此时，对象模型所对应的云资源规格、云资源状态对云原生平台都是"可被见的""可被理解的"。这是云原生标准的抽象方式和数据模型实现方式。同时，云原生底座也将这些"对象"发布成了标准化的 API 对象，这就使得人们能够使用一致的、可理解的方式来管理这些对象。基于统一的对象模型抽象，需要构建一套代表相应自动化逻辑的组件，这些组件根据对象的云资源规格、云资源状态的生命周期变化，动态地、自动地构建对应指令，以管理从容器到云的所有资源（计算资源、网络资源、存储资源等）。同时，基于软件仓库或者组件市场，实现一键式的云原生平台的构建。

2）除了资源纳管部分的要求之外，运行在传统云上的大部分是应用层的技术产品，比如数据库、中间件等，它们都需要进行相应的云原生改造，以便成为这种高度自动化弹性环境下能够适应大流量的新型应用层技术产品，使得云原生的威力真正显现出来。

2.2 企业需要怎样的云原生

2.1 节从云平台厂商的角度介绍了云需要怎样的云原生，那么本节从业务型企业角度来介绍。此时，从云资源视角延伸到了应用视角，"延伸"的意思是资源供给并不像很多企业思考的那样，即"云平台厂商只需要提供资源治理能力就可以了"，这是一种把云和云原生平台分类后的错觉。因为企业并不希望自己来搞定应用级别的技术组件的运营，它们只想关心业务。所以，如果说云原生平台的下半层要统一纳管资源，并把资源抽象成应用可以接收的形式，那么它的**上半层就要为应用提供基础设施**。

在分析客户与用户的过程中已经涉及了很多对云原生平台的上半层的诉求，这里不再赘述。但是却从来没有分析数字化转型或者数字化改革到底对下半层有什么影响，只有分析了这些影响，才能基于前面的一些诉求来思考企业需要怎样的云原生平台。

2.2.1 企业数字化改革到底说的是什么

时下，"数字化转型""数字化改革"的声音不绝于耳。笔者也和很多人一样，曾经在一段时间内对数字化转型的认知处于非常迷茫的状态。后来，当有人问到"信息化与数字化到底有什么区别"时，笔者似乎找到了回答数字化转型本质的钥匙。

1. 企业数字化与信息化的关系

20 世纪 90 年代中末期，我国就开始了信息化的建设。其本质是，为了**解决企业内部的协同问题而实现的计算机系统**。此时的计算机系统还只是非常单纯的工具层面的系统，最主要的诉求集中在办公自动化上，比如审核审批、统计报表等。这种系统以 MIS（管理信息系统）为代表在各个企业中进行建设。MIS 的本质是记录数据，让企业内的人通过这个系统协作起来，它很少能够参与离企业办公地点更远的业务实操，比如商场里的商品销售和营销活动。可能上面的定义会有些偏颇，但无论 MIS 在产品和技术上如何先进，它只是实现企业内部的高效协同的本质也不会改变。

数字化是最近几年才崛起的一次改革，不过这次改革从企业内部延伸到了整个经济活动中，也就是企业的外部也被包含了进来，比如电商的兴起，已经能够让原先需要在实体店里运营的业务搬到互联网上来了。数字化包含了从信息化到传统业务在线化的所有内容。很显然，从社会层面来看，数字化是信息化发展到一定程度所产生的一个新阶段。从微观层面来看，新创企业是个例外，因为它面向的业务很可能是数字化的，所以一开始这种企业就可能是数字化的。只是历史上传统企业的数量和规模要比目前的数字化企业更多和更大，所以从目前的整体来看，数字化以信息化为基础的论断还是站得住的。但是，需要指出的是，在不久的将来，信息化和数字化的提法都会消失，因为所有的企业都是基于 IT 的了，而目前还只是一个犬牙交错的发展阶段罢了。

明白了它们之间的区别之后，就基本知道数字化转型到底是怎么一回事了。它是一场更加具有深远意义的数字化经济改革，可以这样想，表象是似乎要将所有的业务全部线上化。这是一个相当艰巨的任务，产品和技术在这里充当了支撑的作用，更需要从外部市场、企业战略、运营、组织方面进行升级。

2. 数字化转型或者数字化改革对技术产品的影响

数字化转型或者数字化改革对技术产品会产生哪些影响呢？

1）应用程序自身的迭代周期缩短。云原生平台上的业务应用，其形态从内部向用户侧迁移，应用的类型从比较单一的几个到现在的几十种之多，如自动驾驶应用、边缘计算应用、IoT 应用等。这些应用类型导致云原生平台要纳管的资源类型越来越多，比如除了 Docker 外，还需要纳管虚拟机、裸金属容器、LibOS 方式的应用等。这些对云原生底座的能力提出了新的挑战。

2）因为外部需求的变化频率、方式以及碎片化的改变，企业需要一种能够解决市场需求和生产力之间矛盾的方案，包括企业战略决策、组织管理（生产力改革必然影响组织形式）、运营管理和技术等一揽子方案，所以，如果将云原生平台作为自己的生产平台，就必须将 DevOps 平台中台化。中台化使得企业决策和组织管理达到统一的视角，运营活动的需求也得到了尽可能准确的下达，并收敛了技术基础设施，减少了因为各部门不断重复研发同类系统所导致的高成本。

3）市场运力瓶颈矛盾凸显。各个企业在数字化的加持下，市场活动更加活跃，此时的市场运力还是以传统的方式来实现的（比如，供应链还是采用人工方式，运输还是采用传统车辆等），因此市场对运力方面提出了数字化转型的诉求，同时也对管理运营、离线算力、AI 算法、稳定性提出了新的要求。

4）因为外部市场的规模化，IT 运营成本已经超出企业的承受能力，甚至超出了业务营收，此时 IT 部门需要一种提高效率、降低成本的办法。与此同时，除了降本提效，企业更希望技术在业务赋能方面有所作为，比如基于数据分析的营销需要大算力支撑等。

5）数字业务下沉问题，过去在云上开展"逻辑性"业务即可，比如电商。然而自动驾驶业务在云端根本无法满足要求，因为它的算力需求在车内，要求 AI 算法就近计算并低时延反馈结果。这就需要"算力卸载"到业务现场中去，所以产生了诸如 AIoT、边缘计算等的技术平台需求，云原生平台必须能够支持这些新的应用形态，并在努力保持标准化的基础上差异化地支撑各类新的技术平台需求。

6）从数据的产生、传输到使用，业务型企业提出了现代化的要求，要求能够从积累的业务数据中提取出对经营业务有支撑作用的高维度数据集。这些数据集能够从各个角度呈现业务的运行、发展情况，甚至可以帮助指出业务问题的关键点等，从而使得企业经营长了"眼睛"，从传统依靠经验的经营方式转变为基于数据的现代化经营模式。

7）原先的安全问题在企业内部不算突出，随着企业之间通过现代数字化市场经济的联结，现在数据的流动不只是在企业内部了，从而使得数据的生产、计算和使用存在很多安全问题，亟待提供一种适合云时代的安全解决方案。

8）能耗问题凸显，可持续发展战略受到极大的挑战。因为业务线上化要提供 24 小时 ×7 天的能源供应，导致能耗、环境保护问题逐渐成为一个很大的问题。自然环境是人类赖以生存的条件，如果污染问题不能得到很好的解决，那么企业本身也会为此付出惨重的代价。碳中和领域甚至可以发展出一些产业出来，比如以智慧灯杆为代表的城市综合类基础设施。

9）在现代市场活动的加推之下，传统云计算提供的算力规模呈现指数级增长。这给云平台厂商的运营方式、组织方式、技术能力带来了前所未有的挑战。而云原生这种新的云计算架构，在传统云计算设计思路的惯性下推进可能遭遇很多阻力，因此传统思维模式也需要在认知层面进行革新。

3. 数字化改革成功的标准

怎样才算数字化改革成功了呢？

对于这个问题，不同的企业有自己的标准。但是实际上，从企业这种规模经济的生命周期及统计规律上来说，企业进入平台期之后，因为散耗与营收所产生的差值越来越小，企业可能会进入业务着陆期，所以会慢慢进入死亡期。

破解的方法就是进行业务转轨或者出现颠覆性创新，从而使得企业进入"第二曲线"，也就是进入新的一个生命周期。这是规模经济到规模经济衰退过程的一个客观规律，不是以人的意志为转移的。但是在现代经济模式下，这些转轨或者颠覆性创新一定会借助 IT 上的创新，所以人们在当下判断数字化改革何时需要进行时，是从企业规模经济到规模经济衰退中间阶段开始的（如果企业经营得非常健康，外部的变化没有对其产生巨大的反向影响，那么谁会改革呢？所以一定是出现了危机才会改革）。**数字化改革是否成功，则是要看企业的散耗与营收的差值是不是越来越大及是不是越来越稳定**。所以，数字化改革除了对技术产品层面产生了巨大的影响外，还涉及企业的其他核心方面，比如经营战略、经营方式、组织架构、组织管理方式、人才结构以及财务制度等。打个比方，数字化改革有点类似于过去手工作坊转变为机械化流水线的革命性变化。

信息化到数字化的演进如图 2-2 所示。

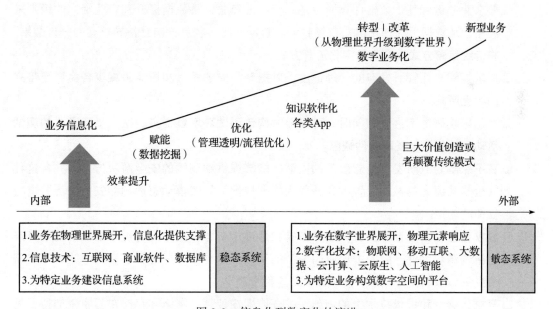

图 2-2　信息化到数字化的演进

2.2.2　数字化诉求与云原生产品架构

在了解了什么是数字化转型或者数字化改革以及它们对技术产品建设的影响后，下面介绍企业在数字化时代对云原生平台的诉求。

1. 数字化对云原生平台的诉求

☐ 能够支撑所有类型的应用简单上云、**运行时自动化解决稳定性问题**等。在大规模市场活动中，保持稳定的用户线上体验，比如用户无论何时何地都可以在线上进行交易。

☐ 能够支撑所有类型的应用研发态的高效率化，赋能组织，提升组织能效。**业务到哪里，云原生就支持到哪里。**

☐ ISV 业务交付时，无论何种交付环境都能够低成本地、自动化地进行。

☐ 要求**能够以低成本支撑足够多的算力，**同时支持各类大数据、AI 计算框架。甚至可以支撑大规模的离线自主计算，比如自动驾驶场景的计算方式和算力要求，具备离线自治计算能力的边缘计算等。

☐ 要求降低 IT 运营难度，**以自动化为核心能力降低企业的 IT 运营整体成本。**IT 运营不再像传统方式一样只能被动驱动，而是转变为主动预测和行动的模式。甚至强调数据赋能在 IT 运营中的作用。

☐ 要求业务运营基于数据计算而不是基于人的经验，将数据提升到企业资产的级别来利用，从数据里面挖掘出对市场趋势、营销方向、客户营销有指导意义的分析结果。**将传统运营方式转变为数字化运营方式。**

☐ 要求能够全托管研发态的管理进度，**以提升集成的频率和质量来减少各类变更带来的线上风险。**

☐ 在不影响研发态进度的同时，**可以随时构建测试环境以支撑测试人员递进式的测试活动，确保更早发现软件缺陷。**

☐ 在不影响企业研发、运营效率的同时，**能够提供端到端的安全解决方案。**并且这种安全是从原先的被动设置方式转变为能够根据计算规模动态地预测安全态势并进行反馈的能力。

☐ **要求精益化管理计算资源，能够按需按量提供资源，**而不是通过事前粗犷的估算来置备资源。另外，因为上层应用种类的暴增，需要资源层也具备多种形式，不仅需要提供虚拟机，甚至需要提供裸金属这种资源形式。

☐ **要求为碳中和提供技术上的创新。**综合体现在计算、网络和存储在云原生加持下的综合能耗绝对减少。

云原生统一了云资源和应用，能够实现一体化业务交付能力，以及提供精细化能耗管控能力。所以，**云原生是企业技术层面升级非常好的途径。**

2. 相对完整的云原生产品架构图

综合上述分析，这里整理出一个相对完整的云原生产品架构图，如图 2-3 所示。

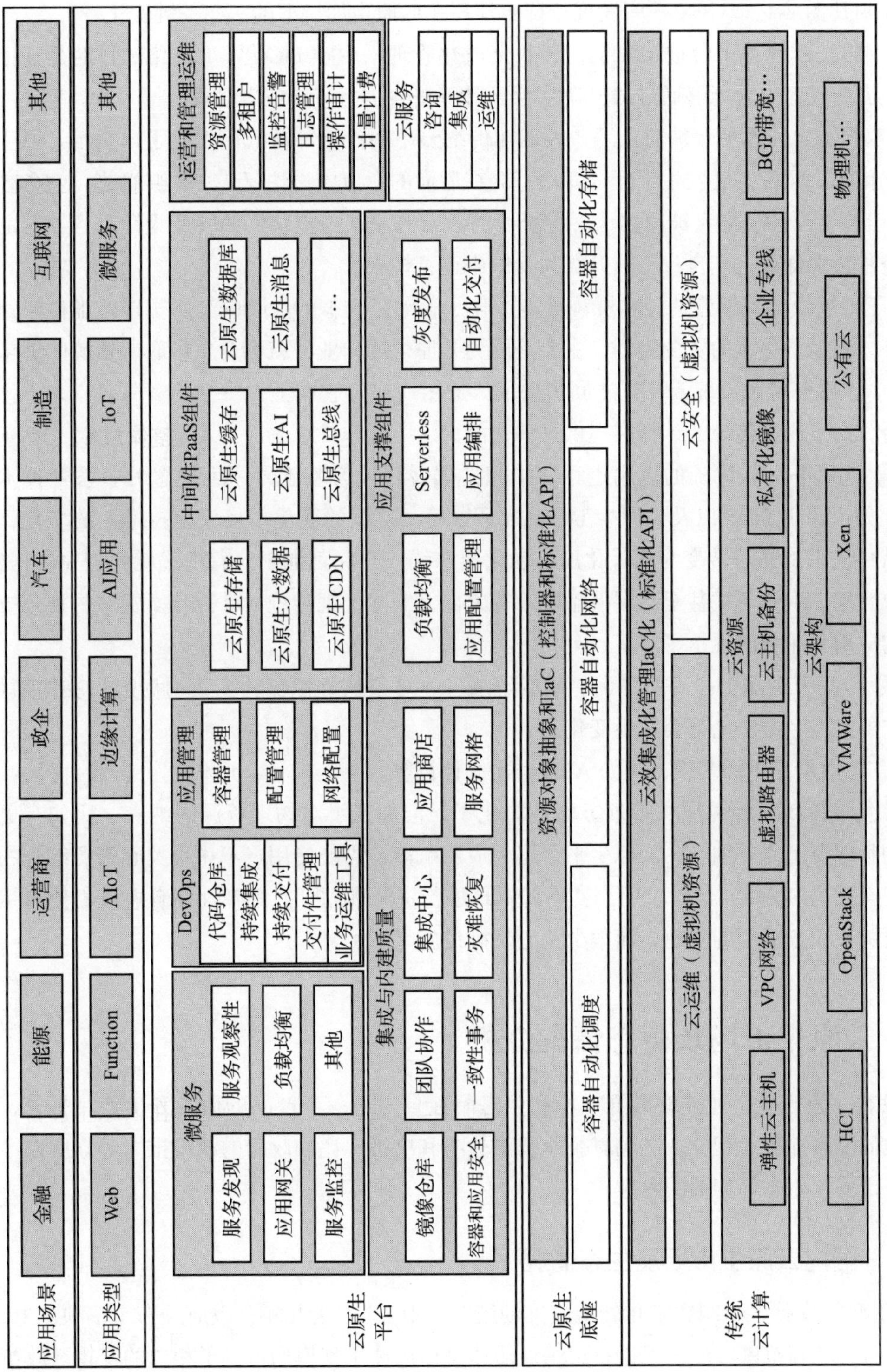

图 2-3 云原生产品架构图

应用场景	金融	能源	运营商	政企	汽车	制造	互联网	其他
应用类型	Web	Function	AIoT	边缘计算	AI应用	IoT	微服务	其他

相对比图 2-1，从图 2-3 中发现传统云计算在云原生加持下的一些关键变化。

1）传统云计算平台被增强了，云效集成化管理平台被 IaC 化。IaC 化的目的是让上层云原生底座或者平台能够通过 API 与底层云计算平台进行集成或者管理。

2）传统云计算平台被简化了，表现在传统云中间件全部被云原生化了，至于云原生中间件比传统中间件到底发生了什么变化，会在后面的章节中讨论。

3）传统云计算平台被简化了，传统云的运营对象从虚拟化资源转变为针对容器等的新型的进程级别资源，其自身也被升级为云原生运营模式。

4）传统云计算纳管的计算资源被多样化了，除了类似 OpenStack 所实现的虚拟机计算资源外，增加了更多的资源类型，主要是因为云原生面向业务就会有多种底层资源的诉求。

5）应用平台和传统云计算之间增加了云原生底座，它向上提供抽象资源对象来支撑应用平台，向下通过传统云计算层提供自动化能力。

6）应用平台从传统的应用进程、中间件部署转变为基于云原生理念的一系列技术平台，比如云原生 PaaS 以及云原生 DevOps 平台等。这里的变化不仅仅是技术上的变化，更像是从传统手工作坊转变为现代化的自动化流水线，它深刻地影响着现代应用程序的构建、部署、管理、组织形式甚至高层战略决策等方面，实际上把传统云计算从卖资源的视角拉高到面向应用和业务的视角了。

7）传统云的服务（比如咨询、集成等服务）对象从虚拟机转变为面向应用支撑层面，所以它的实操、方法论都会发生变化。

8）应用类型更加多样，比如 AIoT、边缘计算等。

综上，传统云计算层在管理方面被简化了，但加强了对物理资源的纳管，比如有更多类型的物理资源需要纳管。云原生平台层为应用赋能，需要使用户不用再关心资源纳管的问题，甚至因为 Serverless 的应用，就不需要再进行资源规划了。其弹性和自愈能力使得用户只需要关心业务应用的实现，而很少关心基础设施了。

2.3 云原生市场及生态情况分析

没有一家现代企业能够离开市场和生态圈独自完成一个产品的研发和生产。另外，一些其他的因素在很大程度上影响着企业技术战略和决策，比如政府的政策推力等。所以本节就谈谈市场、生态等相关的内容。

2.3.1 国内云原生市场及生态情况

1）政策支持各组织数字化转型，推动组织"上云"。近几年，政府颁布了多项"上云"支持政策，覆盖范围广泛，无论是组织性质还是组织体量规模均得到了相应的支持。政策力度在全球来看都是最大的。

2）企业在数字化转型方面的投入持续增加，为"上云"打下了坚实的基础。

3）我国社会正处于数字化发展的第四个阶段——生态级数智化，"上云"成为主流。数字化发展阶段如图 2-4 所示。

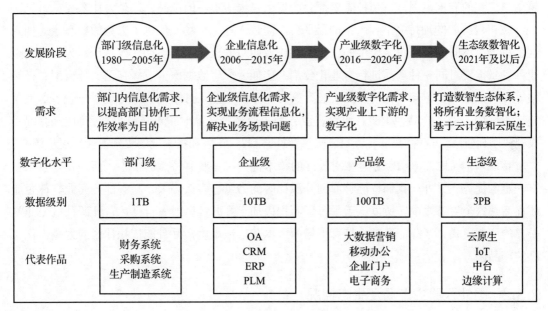

图 2-4　数字化发展阶段

图 2-4 也揭示了为什么在 2019 年企业开始集中向云原生方向靠拢，这绝对不是凭空出现的，它是由社会数字化进程以及企业的实际需要所决定的。图 2-4 也进一步说明了信息化和数字化的差别。最重要的是，已经从单纯的数据采集和计算过渡到数据应用的阶段了，数据的价值进一步提升，并且 IT 进一步渗透到现场业务中。云原生可以很好地支持数据应用以及各类需要现场算力支援的应用场景。

4）以容器、微服务、DevOps 为代表的云原生技术逐渐成熟、流行，让云计算的价值得到进一步的展现，也为云原生平台这种 PaaS 的兴起打下了技术基础。另外，云计算可以与大数据、AI、物联网、区块链等技术相结合，带来更多降本增效的数字化解决方案，推动企业向数智方向发展。

5）2022 年的 PaaS 产品总体市场规模是 664.8 亿元，预计未来 5 年将保持高速增长，市场潜力巨大，前途一片光明。

6）目前市场存在一些显著的问题，就是厂商和用户的认知曲线还没有重合。原因是多方面的，主要矛盾在于：厂商在整体趋势的鼓励下乐于创造一些新的技术、规范和产品，目的是抢占更多的市场空间。而企业用户还没有完全消化完传统信息化带来的红利，或者对新的体系并没有完整系统的认识（很多企业甚至不清楚云原生的历史，也就不清楚它的本质），还停留在把技术当成成本中心的思想层面，没有从业务高度审视云原生的价值。另外，企业没有对数据安全、智能运维的重要性产生足够的认识，过度重视服务治理、开发环境、应用构建等。

7）对于云原生技术产品的生态情况，产品的种类远远超出之前通过分析谁是客户、谁是用户得到的需求范围，每一种需求都会产生很多规模不一的产品，这是为什么呢？

在市场势能的加持之下，大量的云平台厂商进入这个市场并促进了大量的新兴企业加入这个市场，不同的厂商对云原生的理解不同或者面对的市场场景不同，或者厂商为应对各类业务场景需要对同一种产品进行专业化分割，比如云原生数据库分成缓存型、分析型、存储型等，所以就产生了碎片化的产品生态，这对业务型企业是好事儿，因为选择比较多。但是这有不好的一面，产品种类眼花缭乱，业务型企业选择产品时很难选择出适合自己的产品，投资风险比较高。这种混乱的情形会通过持续的兼并、竞争和技术上的更新换代来逐步统一。

传统厂商（比如 BAT）会有相对较好的技术优势，一些有特点的中小厂商会在垂直领域有一定的优势。另外，我们也能够看到开源社区的力量有多么强大，只有部分商业软件企业还存活在这个生态之中。所以，云平台厂商积极加入开源社区或者自己运营开源社区是非常必要的商业模式，开源能够减少培育市场的成本和落地难度，并且能依托社区的力量强化自己的产品。

2.3.2 国外云原生市场及生态情况

国外市场（主要是指欧美发达国家市场）相对国内市场情况较好一些，主要是因为 IT 投入早，社会认可度高，云平台厂商和企业的认知曲线差距不是很大。国外市场的投资机制、对科技创新的重视程度也非常高。因为我国的市场增速要高于国外市场，并且体量巨大，远超欧美国家，所以目前从竞争态势来看我国市场机会更多。但我国市场的产品和技术成熟度没有欧美国家高，很多方面还需要突破，只有做到系统化提升，才能在国际竞争中胜出。

相比国内，欧美云原生品类更为齐全，比如，API-M 这种产品就非常受国外主流企业欢迎，而国内的很多企业还停留在把它当成一种发布 API 的工具来使用。国内对微服务的落地程度要好于欧美，也就是说人们关注更多的是应用层面的创新。我国要实现从应用层面转变到高科技驱动经济这个过程，有很多弯道超车的机会（类似送餐、直播带货这些经济模式本质是流量经济，存在瓶颈，向高科技方向发展是人类发展规律的必然）。

要把握这种弯道超车的机会，就必须在"软件"上投入，这是我国和欧美发达国家的主要差距。"软件"是指基础教育、基础研究、基础科学和基础产业。它们可以带动上层工程科技的升级，云原生的科技水平只不过是整个社会科技水平提高的缩影罢了，甚至可以认为，云原生只是一种在当下被进化出的形态，还不是云计算的终极形态，随着各种需求的涌现，云原生也会不断升级变化。

2.4　云原生的边界和限制

世界上不存在万能的东西，知道它不能做什么比知道它能做什么更加重要。对云原生平台而言，知道它的边界和限制对于实际落地的决策是非常必要的。

1）对于云平台厂商而言，**"上不碰应用，下不碰数据"**似乎是一个至理名言。这里的应用是指具体的业务应用，比如电商下单系统，里面涉及很多业务、市场等因素，而且多与行业生态相关。如果云平台厂商也做这样的应用，那么似乎云平台厂商不太专业。但是并不是说不需要在应用层面做一些事情，业务型企业恰恰需要云平台厂商提供能够让业务应用轻松上云、上云后能够轻松稳定运行的 PaaS 平台（平台即服务）。PaaS 也是一种云计算的形式，云原生平台就是要提供这种更新的形式以便让企业更多地关注业务而不是基础设施。对下不碰数据，是因为数据本身内含了太多的业务属性，但并不是说云平台厂商不需要做什么事情，然而恰恰需要云平台厂商提供高性能的、稳定的数据库产品、大数据产品等，让企业专注在数据挖掘工作上，而不是让企业将注意力放在数据计算引擎这种基础设施上。

2）对于业务型企业而言，**"天下并不存在银弹"**这句话似乎是一个至理名言。要清楚，不是所有的应用系统都可以上云，这些应用需要进行改造或者间接地被云原生平台纳管。另外需要清楚，除了技术，还需要考虑组织等方面的改革，这些方面要比技术升级更加困难，需要面临诸多的挑战，甚至这些方面本身会反向影响技术体系的建设，从而体现了业务决定技术的本质。最后还需要明白，企业业务的规划、应用架构的设计依然与原先没有云原生平台时的一样，并不是依托了云原生平台就能够自动地、低成本地完成规划和设计，这是人本身的活动，不是技术可以解决的。但云原生平台能够让人们最大限度地从技术风险中摆脱出来，腾出更多精力来完成企业业务的规划、应用架构的设计。

2.5　本章小结

本章首先从云本身谈起，总结了云和云原生发展形态的问题，它们相辅相成，互相成就，把当下最先进的算力形式以完整的、统一的技术产品呈现给市场，在数字化转型或者数字化改革的大环境下，帮助企业释放负担，轻装前行。

然后分析了云原生市场以及生态的情况，同时给出了一些决策性意见，希望能为读者提供参考性作用。

最后分析了云原生的局限性，这是由它属于技术产品范畴所决定的，不要期望机器人代替人，说得直接一些，在新的时代里，人和机器的结合更紧密，人的智慧因素会更加重要，而不是被削弱了。

云原生蓝图

在推进云原生落地的进程中，需要搞清楚一些原则性的问题，以便能够在实践当中知道云原生落地的实施条件和行动地图。只有满足了实施条件和拥有了行动地图，才能做到"心中有数，道路通达"。

3.1 云原生实施条件

云原生的实施落地是一个系统工程，如果不明白这一点，只从技术角度思考问题，那么只是做了一个"伪创新"。因为云原生的实施就像把手工作坊改造成现代的流水线一样，意味着人们必须全盘考虑各个层次上的变革是如何被影响和被改变的。只有做到让所有相关部分升级，才能形成合力，让云原生这种技术平台落地到人的组织当中为业务赋能。只有这样，云原生的价值才能被最大化地展现出来。

3.1.1 组织升级

组织升级这个要求，并不是云原生平台本身的要求所决定的（市场本身不是降本增效可以推动的，具体情况还需要放在市场中看），而是因为它是经济发展对企业内部变革影响的产物。

云原生平台作为技术平台，其设计思路在于解决如何灵活地、快捷地、低成本地完成企业数字化应用的上云及稳定运行等问题，它是企业数字化转型或者数字化改革活动的一个环节，而组织升级的目标就是如何实现数字化转型或者数字化改革这一战略性行动的基础。

如果没有组织升级，那么无论哪个部门都无法或者很难适应新的经济活动模式。云原生平台要发挥业务型企业改革的底层能力支撑作用，比如凭借自动化能力减轻企业负担、保障算力供应、将计算延伸到业务场景中等。业务型企业必须对 IT 部门的组织进行升级，因为 IT 部门是云原生落地的主体部门。但是并不意味着云原生只被限制在 IT 部门，它的影响范围可以是整个公司，甚至会影响决策层，这是因为人们的经济活动在现在或者将来都会严重依赖于数字化技术工具。而对其他部门的组织升级，主要是从战略、业务模型进行的，受到 IT 理念的影响。反过来，业务层的组织改革也在影响 IT 部门的组织升级。

本书关心的是云原生落地问题，读者自然会想到这是集中在 IT 部门的改革。但是从以上的分析可以看到，IT 部门的组织升级是所有受云原生落地影响的主要矛盾的主要方面，而其他方面的影响也必须纳入主要矛盾的次要方面来论述，否则会导致对事物的全貌缺乏足够的认识，没有足够的认识就不能完整地落地。

组织升级就是做人的工作，离开人的因素，一切经济活动都是虚浮的。新的经济活动形式必然要求新的组织形式相适应。本书将在第二部分逐步展开组织升级相关的内容，本章主要使读者产生一种提纲挈领式的认识。

3.1.2　市场洞察方法升级

市场洞察方法升级，不是云原生本身所要求的，它是整体现代经济发展所要求的。但是，当云原生平台变成了商品，就需要根据新经济情况对原先的市场洞察方法进行升级。

过去，云平台厂商关心的是业务型企业市场对计算资源的需求，直白一点来说，云平台厂商的商业模式就是卖机器资源。但是在新的形势之下，这一切开始向业务侧移动了，这是因为业务型企业市场迫切需要依赖应用侧来形成在线渠道经济方式，这一转变也要求云平台厂商考虑市场业务的走向，比如，根据制造业的发展情况决定是否投入 AIoT 的平台研发，根据互联网企业市场的发展决定是否投入基于微服务的平台研发等。

现在，市场规模化效应已经十分突显，过去很少听说一个公司可以做到几千亿甚至几万亿的营收规模，而现在已经是很普遍的现象了。在规模化形式下，过去的市场洞察手段很难适用了，需要转变为基于数据分析的洞察方式，这就需要利用大数据赋能到决策层。这也是技术侧影响公司高层决策的一种表现了。

如果云原生平台作为一种商品或者产品，那么云原生就需要在规模化形式下采取新的市场洞察方式。但是这并不是说就是相信了大数据的分析结果了，而是更要对数字提高敏感度，从业务出发，拉开维度层级，一层一层地让大数据平台帮助人们发现市场端倪，最终由人来做出最终的市场决策。

本书将在第二部分逐步展开市场洞察方法升级上的内容，本章主要是使读者产生一种提纲挈领式的认识。

3.1.3 产品规划与设计升级

产品是实现战略的战术层面的东西，直接触达用户。既然战术层面已经在数字化转型的路上，那么产品的规划和设计自然会受到影响。

过去，人们规划技术产品，仅是从研发态用户的痛点、诉求来规划的。但是现在一个技术产品的影响范围或者支撑范围不再是单纯的 IT 部门了，就像 3.1.2 小节分析的那样，已经渗透到决策层了，这种垂直的延伸会随着 IT 越来越重要而更加深入。技术产品能力水平方向的，已经开始落到更加业务化的场景了，比如智慧交通、智慧城市、智慧家居等，这种延伸可以说是技术产品在经济领域的一大胜利，从企业内部应用开始，已经深入到人们经济活动的方方面面了。所以，规划技术产品，要从垂直和水平方向进行提炼，提升产品的适用范围，提供先进的生产力，这一点是与以往方法的最大不同。**对设计人员的要求不是降低而是更高了。**

这种方法论的升级其实是对人们头脑的升级，必须从客观的现实环境以及对未来的预期进行升级设计，从而实现螺旋式上升。

本书将在第二部分逐步展开产品规划和设计升级上的内容，本章主要使读者产生一种提纲挈领式的认识。

3.1.4 技术架构与技术能力升级

在市场规模化、需求碎片化的情况下，原先的那种业务化分布式系统已经很难适应大流量、大变更、高稳定性等要求了。因为传统的分布式技术组件假设底层不会出现问题，不会考虑资源规划是否合理的问题，所以是基于人工的运维，缺乏真正的自动化手段，成本比较高。另外，传统分布式技术的设计理念妨碍了业务的实效性或者拓展性，比如大数据计算必须分成 OLTP 和 OLAP 两个集群，这是因为它们的存储机制不同所导致的。在进行全量的离线计算时，就需要 OLTP 系统事先向 OLAP 系统同步相关的数据。此时对业务的影响是人们无法实时获知数据的分析结果，这种延迟会对业务的决策产生不确定影响，因为在这个计算周期内数据可能已经发生了很大的变化。

所以新的场景变化，必然带来新的技术架构升级。

本书将在第二部分、第三部分及第四部分逐步展开技术架构升级上的内容，本章主要使读者产生一种提纲挈领式的认识。

3.2 云原生产品总论

云原生产品背负着业务型企业数字化转型或者改革的重托。对业务型企业而言，长期形成的思维方式又使得人们在构建云原生平台或者选择某种云原生产品时十分缺乏相关的选型思路。所以，需要一个"北极星"，本节就是要找到这个"北极星"来作为构建产品的指南。

3.2.1 云原生产品与传统 IT 产品的主要差别

本节之前的内容都是从市场（客户、供应商、用户等）、云原生本体理念出发来介绍的，下面从产品层面来介绍云原生产品与传统 IT 产品的一些具体差别。

本书之前的内容已经大致给产品架构进行了一些区分，这里需要进一步细分，然后和传统 IT 进行比对。比对是为了让读者从产品层面进一步理解其差异，在选型或者建设过程中避免"伪"云原生产品的进入，因为目前市场还处于鱼龙混杂的状态。所以无论是云平台厂商构建技术产品还是对业务型企业运用云原生产品，都需要在落地过程中擦亮眼睛。

接下来介绍云原生产品和传统 IT 产品在产品能力上的具体差异，如表 3-1 所示。

表 3-1 传统 IT 和云原生产品在产品能力上的差异

产品	传统 IT	云原生产品
PaaS	只负责对进程级应用实现部署或者升级的活动。资源没有隔离，容易产生冲突；环境一致性保障亏缺、自动化交付能力弱，需要人工来保证；另外，应用资源伸缩和愈合，需要人工来处理	除了生命周期管理，还需要提供网关服务、服务治理、无服务器化资源治理能力、交付自动化、容器化封装保证资源隔离和环境的一致性、资源伸缩、愈合全自动化等
研发平台	强调瀑布模型的管理	强调 DevOps
应用管理	虚拟机粒度，部署和恢复时间都在"日"级别	进程级容器级别，部署和恢复时间在秒级或者分钟级
集成	通过 SDK 集成，版本维护复杂；命令方式，使用上很复杂	IaC 方式，声明性方式
内建质量	不涉及	比如自动处理数据事务一致性等问题
中间件	对资源缺乏弹性，无法自愈	根据业务流量来伸缩，自动化自愈
负载均衡器	对资源缺乏弹性，无法自愈	根据业务流量来伸缩，自动化自愈
云效管理	关注的是虚拟机的使用	关注的是应用实例的使用
运维平台	关注的是虚拟机	关注的是抽象资源对象

3.2.2 云原生产品设计总体思路

下面简单总结云原生产品设计的总体思路。

第一，DevOps 平台如果要获得好的效果，比如提高交付频率和质量，那么就必须能够涵盖所有的领域，从研发态到运行态都必须包含在内。这一点和传统的研发工具不同：一方面，传统的研发工具只关心研发，而云原生的研发态要彻底消除研发和运维的隔阂，实际是要为组织赋能，而不是提供一个简单的技术工具；另一方面，云原生的 DevOps 平台不会让企业各部门出现重复研发同类系统的情况，一切技术组件都会在背后进行集中式管理和升级，大大地减少了管理成本。

第二，业务型企业需要基于应用的视角来使用 PaaS 平台，而不是基于代码的角度。这样，产品上的高度抽象使得使用视角标准化，也屏蔽了各种技术的细节，使得业务型企业使用这类平台时会感觉更加简单。封装的秘密在于如何提高自动化能力和抽象级别。同时更不能将底层资源概念透给 PaaS 平台侧，因为在业务用户视角下是不太关心底层细节的。

第三，使用大数据分析结果反向推动技术平台升级，这是一种细粒度的提升过程，这和传统 IT 技术产品决策有所不同。再者，大数据需要形成数据中台的形式，向上为业务运营提供支撑。

第四，使用声明性方式而不是命令方式，告诉平台要做什么，而不是告诉它怎么去做。平台需要提升端到端的自动化能力，这种声明性产品架构是革命性的变化，也使得企业集成更加简单，上层可以根据业务需要提供更多以业务为维度来管理技术领域的产品，如云效平台等。

3.3 云原生技术总论

从计算机技术诞生的那一天算起，人类发明了太多的技术并沉淀了太多的可重用组件，在云原生这种新的架构思想下，是全面进行技术创新，还是有取舍地选择旧技术并融合新的技术呢？需要一个明确的指导原则。本节就尝试着给出一个答案，作为云原生技术建设的"北极星"。

3.3.1 传统技术在云原生条件下的融合和升级

传统技术（就如现代飞机身上的螺丝钉一样）在云原生平台需要进行融合和升级（融合和升级是不矛盾的）。有一些技术，比如 IaaS，采用融合的形式进入云原生领域，并通过云原生底座被直接纳管。比如，观察性能力，需要从虚拟机粒度的观察性升级为以容器甚至应用为视角的可观察性。

3.3.2 云原生技术与云技术的联系和区别

云原生和云是一体化关系，但是脑袋不等于身体，它们之间存在联系，但也存在区别。

二者的联系表现在 PaaS 以云原生应用的维度去抽象地管理下面的 IaaS 资源，即资源的概念不会透出到 PaaS 平台一层，而是 PaaS 与 IaaS 中间连接的那一部分组件会根据应用的 SLA 自动化地解析出对资源的需求，并下发给 IaaS 层，以保证对应用的资源供给，这一切对应用研发团队是透明的。

二者的区别表现在，基于云原生技术平台，上层用户不需要关心诸如服务治理是如何与自己的应用集成的，也不需要关心诸如中间件实例是如何管理的，从而满足应用透出流量的需要等。但是无论如何，这些服务治理、中间件实例等确实在运行时与业务应用一起集成工作了。

其结果是人们可以实现业务型企业用户只需要关心业务应用，而无须关心基础设施的目标了。

3.3.3 云原生技术设计的五大原则

第一，人们需要想办法把从应用程序到容器、从容器到物理资源等实体资源抽象成数据模型，并用数据模型代表系统全貌和实时状态，让控制层读懂这些数据模型。这就需要实现 3 个层次的自动化。

1）应用自动化：实现原地升级、技术组件无感更新等能力来保证整体平台和业务的稳定性。

2）资源治理自动化：能够实现资源容量规划自动化以及层次化资源调度能力，使得上层应用 Serverless 化，部署人员只需要关心如何部署应用，而无须关心资源调度问题。

3）网络组网自动化：无论业务部署到何处，网络软件部分的组件都能够自动化，这是低成本交付的关键能力之一。

第二，人们需要基于第一条原则所提到的自动化要求来构建对应的反应式处理机构，比如 Kubernetes 的控制器模式，由这些反应式处理机构在对象数据变化时做出相应的操作。比如，一个节点处于故障状态，反应式处理机构就试图通过外部运维系统来修复或者替换成新的可用节点。此时，人们基于这种理念，在架构上实现了一种端到端的自动化功能，并把软件的堆栈层级隐藏，使得用户在使用云原生平台时更加便捷和简单。

第三，第一和第二条原则只是实现了自动化能力的管理机制，因为硬件、软件运行环境的复杂性，自动化能力管理机制所直接或者间接管理的实际技术组件采用了接口隔离的方式，下沉了很多技术创新竞争力，比如存算分离、超性能容器、自动化组网等。这就要求人们能够在硬件、操作系统、分布式计算框架、网络基础设施上有很多的技术突破。

第四，以应用为中心，构建围绕应用的统一化服务治理能力或者 PaaS 能力，比如基于服务网格构建统一化的服务治理能力，以此帮助用户简化应用的上线、维稳以及交付流程。

第五，需要建立以镜像仓库为中心的 DevOps 工具集合，使得研发态到运行态集成如行云流水一般。

上面的 5 条原则还透露着一个重要的内容——**最基本的云原生平台由容器平台、PaaS、DevOps 平台三驾马车所组成**，当然以此三驾马车为核心也可以继续拓展出更多的平台型产品。

3.4 云原生成熟度模型

需要从 5 个维度来看云原生成熟度，为什么需要关心成熟度呢？这对于云平台厂商了解自己所处的阶段很有帮助，对落地的目标会更加明确；对于业务型企业而言，知道什么才是成熟的云原生产品，对集成产品 / 技术的选型有很大帮助。

这 5 个维度是经济环境层面（关键输入）、企业战略层面（关键输入）、企业业务发展层面（关键输入）、企业组织能力层面（关键过程和结果）、云原生技术架构层面（关键过程和结果）。这 5 个维度还存在如下的闭环关系，如图 3-1 所示。

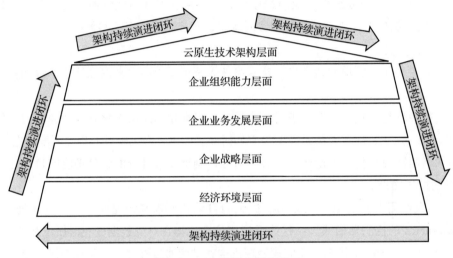

图 3-1　5 个维度的闭环关系

现在还存在综合成熟度的问题，即企业的综合画像，它对企业构建或者选型并落地云原生有着很重要的指导意义。这里在讨论完 5 个维度的成熟度如何度量后，再讨论综合成熟度的问题。

另外，阿里云曾提出过自己的一套成熟度评估方法，叫作 ACNA（Alibaba Cloud Native Architecting）。但是 ACNA 仅给出了技术架构层面的成熟度评估方法。在以前很久的时间内，人们不知道如何在一个度量基础上规划自己的决策和行动，因此往往投入了很多资源却没有达成效果，其原因是多层次的。虽然 ACNA 在一定程度上提到了这些层面（仅关注 4 个层面的问题，对除技术层面成熟度以外的层面并没有相关的评分方法），但是最终还是聚焦在技术架构层面的成熟度评估上，因为这是站在云平台厂商的角度上来看的，其焦点也是相当准确的。但实际上，人们需要从云平台厂商和业务型企业两个角度来评估这些问题。另外，ACNA 并没有综合层面成熟度的概念，无法对企业的能力进行画像。综上，所以这里以 ACNA 为基础拓展出一个更完整的成熟度评估系统。

3.4.1 经济环境层面

经济环境对参与市场的所有实体都会产生影响。举个例子，如果在 20 世纪 80 年代去搞一个叫作自动驾驶的产品并进行销售，那么有可能成功吗？肯定不行。现实经济环境、趋势对企业战略决策起到很重要的作用。另外，因为全球经济一体化，也不得不考虑全球经济的情况。经济环境包括全球经济态势、国家经济态势、行业经济态势、政策因素等。这些环境要素还要分成两个层次来考量，一看好的，二看不好的。来看一个好的层面的示例。如果房地产还能够继续保持高速增长，那么可能在智慧园区、智慧社区、智慧家居的投入会持续增加；如果国家大力发展 CPU 芯片产业，则需要考虑的是自动驾驶、边缘计算、AIoT 等会受到什么程度及周期性的影响，芯片领域是否成为未来经济领域的一个竞争市场等。

需要针对经济环境层面对企业的经济环境洞察能力成熟度进行度量，目的是要让企业清晰地知道自己所在经济环境的数据来源、洞察方法、能动能力等的成熟程度，这些对企业在市场策略的选择上有着很重要的参考价值，也为企业制定战略决策打下了基础。表 3-2 是经济环境层面成熟度的评分方法。

表 3-2 经济环境层面成熟度的评分方法

指标维度	0 分	1 分	2 分	3 分
数据来源	销售或运营部门	部分数据统计	全数据统计	大数据统计
洞察方法	仅靠人的经验	部分靠人的经验	统计报表	大数据深度分析
能动能力	无	少数合作企业	大量合作企业	全连接生态

3.4.2 企业战略层面

企业需要清晰地分辨出业务战略与云原生战略间的关系：云原生战略只是业务战略的必要技术支撑（比如，业务型企业利用云原生实现数字化应用来支撑业务活动，某些具体业务是业务型企业的主营方向，而不是将卖技术产品作为主营方向）；云原生战略就是业务战略本身（比如，云平台厂商制造云原生平台技术产品的目的就是向市场售卖，卖技术产品是云平台厂商的主营方向）。

将云原生战略作为业务战略的必要技术支撑的企业，需要深度了解自己企业的现状，其中包括业务情况、对应客户的情况、组织能力情况、投资盈利情况等，以提供恰到好处的支撑，而不是盲目建设。

将云原生战略作为业务战略本身的企业，大多是云平台厂商或者技术生态支撑型组织，这些企业或者组织需要深刻理解市场情况，充分设计商业模式，但不能成为定制化的

"囚徒"，要能够锐意创新，在带动技术行业发展的同时，为业务型企业提供优秀的生产力工具。

无论哪一种企业，云原生架构都必须服务于企业战略以及市场趋势。

无论哪一种企业，云原生架构不但是对技术的升级，更是对企业核心业务生产流程（即通过软件开发和运营构建数字化业务）的重构，就像工业时代用更自动化的流水线替换手工作坊一样深刻。

人们需要在战略层面对企业的目标管理能力成熟度进行度量，目的是要清晰地了解自己对战略目标的识别能力、分解能力、风险识别能力的成熟程度，了解自己在一定的市场领域下需要聚焦哪些战略目标、分解后的子目标以及达成目标的主要风险等。表3-3是企业战略层面成熟度的评分方法。

表3-3　企业战略层面成熟度的评分方法

指标维度	0分	1分	2分	3分
目标识别能力	无	目标边界模糊	目标边界聚焦	目标边界精准
目标分解能力	无	粗粒度分解	准确粒度分解	精细粒度分解
目标风险识别	无	部分风险识别	全部风险识别	深度风险识别

3.4.3　企业业务发展层面

数字化的企业业务（简称数字化业务）对技术产品的核心诉求是如何保证业务连续性、业务快速上线、节约成本以及科技赋能业务创新。

（1）业务连续性

业务连续性诉求包括了数字化业务必须能够持续为用户提供服务的能力，不能因为软硬件故障或者BUG而导致业务不可用，也包括了能够抵御黑客攻击、数据中心不可用、自然灾害等意外事故的能力。此外，当业务规模快速增长时，不能因为软硬件资源来不及购买或者来不及部署而导致不能拓展新的用户。

（2）业务快速上线

因为数字化业务比传统实体业务更灵活、可变，所以要求数字化业务拥有更快推向市场的能力，包括新业务快速构建的能力、现有业务快速更新的能力。这些诉求被深刻理解，并由云原生架构在产品、工具、流程等层面而得到不同程度的处理。需要注意的是，这些诉求也给组织结构带来了新的要求，如要求应用进行彻底的重构（微服务化等），此时为了能够在微服务架构条件下实现快速迭代的需要，组织架构需要根据可以独立完成一个微服务的粒度进行拆分改组，这样就可以在各个研发团队尽可能不互相干扰的情况下实现快速迭代业务功能的目的。

（3）节约成本

云计算作为新的技术必须为企业释放成本红利，帮助企业从原来的 CAPEX 模式（IT 是消耗成本的中心）转变为 OPEX 模式（IT 给企业带来更多营收），不用事先购买大批软硬件资源，而是用多少付费多少。同时，大量业务应用采用云原生架构也会降低企业开发和运维成本，有数据显示：采用容器平台技术可降低企业 30% 以上的运维支出。

（4）科技赋能业务创新

在传统模式下，如果要使用高科技技术来赋能业务，则有一个冗长的选型、PoC、试点和推广的过程。而如果业务型企业大量使用云厂商和第三方的云服务，则可以让业务更快速地应用新技术进行创新，因为这些云服务具备更快的连接和更低的试错成本，且在不同技术的集成方面具备统一平台和统一技术依赖的优势（标准化一体机）：减少技术组件碎片化所带来的集成难度高等问题。

综上，需要在企业对业务连续性、敏捷性（业务快速上线的期望程度）、成本承受力、赋能业务创新程度等几个指标上进行打分评估。那么，无论是对云平台厂商还是业务型企业，这种评估在落地云原生时构建或者选择什么样的技术产品乃至采取怎样的组织形式都有着很重要的参考价值。表 3-4 是企业业务层面成熟度的评分方法。

表 3-4　企业业务层面成熟度的评分方法

指标维度	0 分	1 分	2 分	3 分
业务连续性	很差	核心部分	全部部分	全天候全领域连续
敏捷性	无	月级	日级	小时级
成本承受力	小	中	中	高
赋能业务创新程度	无	小	中	高

3.4.4　企业组织能力层面

云原生架构涉及的架构升级给企业的开发、测试、运维等人员都带来了巨大的影响，技术架构的升级和实现需要企业中相关的组织匹配，特别是架构持续演进需要有类似"架构治理委员会"这样的组织不断评估、检查架构设计与执行之间的偏差。

此外，前面提到的云原生服务中重要的架构原则就是服务化（包括微服务、小服务、SOA 服务等）。服务化架构领域遵循的典型原则是"康威定律"：要求企业组织架构能够保证技术架构与企业人员沟通架构保持一致，否则会出现畸形的服务化架构实现。比如，我们总会问"如何拆分微服务才合适"，很多个人或者组织经常认为 DDD 方法论才是不二法门，但是 DDD 方法论的实施和落地缺少一个重要前提：一个小团队能闭环完成一个服务的粒度拆分。随后才能在拆分的基础上运用 DDD 方法论来实现业务应用的设计。此时的微服务体系的研发是最有效率的，同时也保持了简洁性。

因此，需要深入了解企业当下的组织形式、组织协调能力等因素，这就为最大化云原生平台落地效果奠定了基础。表 3-5 是企业组织能力层面成熟度的评分方法。

表 3-5　企业组织能力层面成熟度的评分方法

指标维度	0 分	1 分	2 分	3 分
组织形式	散乱	有大部门划分	细部门划分	自闭环小团队
协调能力	无	小	中	高

3.4.5　云原生技术架构层面

技术架构层面的评估维度和 ACNA 的核心思想是基本一致的，但是却拓展出了一些更深层次的要求，具体如下。

韧性能力：补充了内建质量的度量。将诸如熔断、限流、降级、重试、业务组件高可用、自愈冗灾、数据一致性、削峰填谷、业务异步化等能力彻底从微服务框架里剥离出来并下沉到基础设施中，实现了透明化、声明式的"内建质量"能力，使得业务研发进一步从业务技术细节中抽离出来，专注于业务代码的研发。

无服务器化程度：云原生技术架构多出了对 BaaS（后端即服务）的要求，因为只有加上 BaaS 才是真的无服务器化。在业务中尽量使用云服务而不是自己持有的三方服务实例，特别是在自己运维开源软件的情况下。同时，要尽量将应用设计成无状态的模式，将有状态部分保存到云服务中。注意，无服务器化分成两个方向，一个是微服务的无服务器化，它的编程模型尽可能地重用了目前开发人员的经验；另一个是 FaaS 形式的无服务器化。平台应该同时满足这两个方向的无服务器化。

无服务器化是一个系统化工程，存在着老模式和新模式、老 IT 架构系统和新 IT 架构系统交错的情况，比如，要落地 FaaS，就必须在思想上、习惯上进行改变，这将是很困难的。同时，FaaS 也需要将依赖周边（比如业务应用依赖的应用中间件等）BaaS 化，否则无服务器化的设想只能成为空谈。

全量可观察性：要强调的是全量可观察的能力，而不仅仅针对微服务，因为微服务出现问题时不一定是本身出现了故障，而是它所依赖的环境出现了问题，所以可观察性必须能够从全量视角来提升观察性的技术能力。IT 设施需要被持续治理，任何 IT 设施中的软硬件发生错误后都能够被快速修复，从而不会让这样的错误给业务带来影响，这就需要系统有全面的可观察性，包括从传统的日志方式、监控、APM 到链路跟踪、服务 QoS 度量，从被动方式过渡到主动预测治理的方式，从传统片段观察的方式过渡到全量观察的方式等。

端到端自动化水平：要强调端到端的统一的自动化能力覆盖，否则 DevOps 的效果就会打折扣。在具体实施时，业务型企业关注的是开发、测试和运维 3 个过程的敏捷性，推荐使用容器技术使软件构建过程自动化，使用 OAM 使软件交付过程标准化，使用 IaC（Infrastructure as Code）/GitOps、自动化资源伸缩等使 CI/CD 流水线和运维过程自动化。另外，在云原生环境下，为了进一步提高效能，DevOps 自动化将彻底覆盖所有方面，使得 DevOps 成为研发和运行态最好的入口或者唯一一研发平面，做到研发到运维彻底的一体化和端到端的自动化。

服务化能力：用微服务或者小服务等构建业务，分离大块业务中具备不同业务迭代周期的模块，并让业务以标准化 API 等方式进行集成和编排；服务间采用事件驱动的方式集成，减少相互依赖；通过可度量的建设不断提升服务化水平。

表 3-6 是云原生技术架构层面成熟度的评分方法。

表 3-6　云原生技术架构层面成熟度的评分方法

指标维度	0 分	1 分	2 分	3 分
韧性能力	无	十分钟切流	分钟级切流	秒级切流、业务无感体验
无服务器化程度	未采用 BaaS	无状态计算托管给云	有状态存储委托给云	全无服务器方式运行
全量可观察性	无	性能优化 & 错误处理	360 度 SLA 度量	大数据加持
端到端自动化水平	无	基于容器的自动化	具备自描述能力的自动化（IaC）	基于 AI 的自动化
服务化能力	无	部分自动化或者缺乏治理	全部服务化或者有治理体系	Mesh 化的服务体系

3.4.6　综合成熟度模型

综合成熟度是首先基于以上 5 个维度评分，之后按权重加和后的平均值，用所得的综合得分所在的区间来代表企业综合成熟度（企业能力画像）的一种方法。这种综合成熟度度量方法可以让云平台厂商知道自己所在的能力层次并评估自己的演进策略。对业务型企业而言，结合 5 个维度各自的成熟程度，可以形成对云厂商或者产品选择的参考性依据。表 3-7 是综合成熟度的评分方法。

表 3-7　综合成熟度的评分方法

成熟度	零级	基础级	发展级	成熟级	比重
经济环境层面	完全人工	≤ 5 分	6 ～ 7 分	≥ 8 分	10%
企业战略层面	无目标	≤ 5 分	6 ～ 7 分	≥ 8 分	15%
企业业务发展层面	无要求	≤ 6 分	7 ～ 9 分	≥ 10 分	20%
企业组织能力层面	散乱	≤ 3 分	4 ～ 5 分	≥ 6 分	20%
云原生技术架构层面	完全传统架构	≤ 10 分	11 ～ 15 分	≥ 16 分	35%
综合成熟度	完全不成熟	≤ 1.3 分	2 ～ 5.6 分	≥ 6	均值
综合成熟度 = 权重求和平均法得到的综合均值					

3.5　本章小结

　　本章对云原生实施的条件进行了阐述，力图破除仅视云原生为技术架构的偏见。随后，比较了云原生产品及技术与传统产品及技术有哪些差异，基于这些讨论进一步地推导出云原生产品和技术总体指导原则。人们过去对技术产品的评估缺乏标准，甚至有这样奇特的现象，一些技术研发人员认为只要实现一个服务治理组件就可以实现符合业务需要的服务治理能力。实际上，某种平台能力是有强弱之分的，过去人们只是在感性上有所认知，并不知道高级的能力与低级的能力到底有哪些差距，这就为评判平台提供的能力带来了困扰。所以本章最后给出了 ACNA 拓展出来的云原生成熟度模型，希望能够对云原生落地有比较好的指导作用。

云原生组织与
市场洞察

组织能力建设

对任何一个组织的管理都面临着"民主"和"集中"两个管理要素的矛盾：过于集中，则整体组织活力不强，创新力不足；过于民主，则步调难以协调，容易各自为战而导致资源和力量过于分散，但优点是激发创新。云原生需要组织具备灵活、敏捷且松散的组织架构（民主方式）。从表面看，这与企业所追求的目标一致、步调一致的组织管理形式相矛盾，与以往所有经典组织管理中的矛盾（民主与集中）极其相似。那么，云原生所期望的组织架构和管理方式真的很难落地吗？

4.1 云原生团队的组织设计

很多事情从表面看是矛盾的，其实内在是很协调的，只是所在的层次不同。企业在经营战略方面的要求是一致的。业务是实现战略的手段，业务是多样性的，并且可以在时间跨度中被迫或者自发地改变。业务直接面向客户，所以必然被要求具有灵活性，所以要充分给予执行者战术上的自主决策和实施权限。企业高层需要做的工作是在战略层面保持方向性，所以它们之间并不矛盾。确实，**存在关键矛盾的地方在于如何让企业高层的意图很好地向底层组织传达并对其进行管控，从而达成上下目标一致的效果**。这种矛盾就算是没有云原生提倡的组织形式存在，也客观地存在于各种企业当中。所采取的解决办法各有不同，但是如果想采取云原生战略为企业数字化转型赋能，就必须将组织改进或者改造成与数字化目标相适应的组织形式。或者换个角度来看，技术架构一定要和相应的组织架构相适应才能达到最好的效果，这种技术架构与组织架构的关系，也叫作康威定律。当然，一些企业甚至不怎么考虑改进自己的组织架构和管理方式，此时云原生可能影响的范围也就仅限于研发组织了，无法发挥全部威力。

最后要重点说明的是，组织升级是为了更好地实现企业的数字化转型战略，只是云原生组织的设计原则正好也和这个目标重合了，组织升级不是仅为了云原生的实施而实施的。

4.1.1 为什么说组织升级是云原生实施的必需条件

采纳云原生体系不仅是进行技术升级，而且是采用一种新的生产力形式。而生产力要发挥到最大效力就必须改进组织架构和组织能力。

1. 组织与企业数字化之间的关系

从宏观上看，组织的民主和集中并不矛盾，但在微观上要解决从目标到落地之间的打通问题。如果上传/下达不通畅，就会出现业务目标实施迟滞的情况，导致云原生这种技术赋能平台在实施效果上大打折扣（带来的效率被组织问题"吃"掉了）。所以，一方面要求决策层能够及时得到基于大数据分析的决策数据，使得业务进度"可视化"，并让决策以数字化方式下达下层业务部门；另一方面，业务部门能够通过统一的口径得到业务目标的指示，并快速、简便、自助式地推进实施。这可能会导致出现新的部门或者团队来管理这些事情。

为了说明组织是如何影响企业数字化进程的，这里给出一个具体的例子。互联网公司是一个典型的、毋庸置疑的全业务数字化组织，但是在过去一段时间内，它也遇到一些问题。一方面，各个部门在业务上各行其是，没有和公司目标完全融合；另一方面，在技术投入上也出现了各自"造轮子"的现象，这使得集团整体成本大大提高，办事的效率大大降低，数字化效果使得客户或者高层不满。如何解决这两个问题呢？很多人一开始就能够想到要把业务决策管理权和技术设施全部收敛到一个 BU（业务事业群，更像一个子公司）或者一个部门，由一个部门来统领战略全局，至于具体怎么做，还是要落到各自部门中去。此时，从理论上看是可以解决问题的。

但是很多人其实还是以"技术平台与组织问题无关"的思路去收敛，结果却失败了。其中存在的问题如下。

第一，业务总体决策虽然聚合到一个类似架构治理委员会的组织，但是因为 IT 资源等还在各个部门中，各个部门虽然领悟了诸如架构治理委员会制定的产品战略，但是执行时还是会导致企业各个部门重复研发同类系统或者按照自己部门的 IT 技术架构思路去构建业务系统，技术架构会越来越分裂，此时，集团实施成本还是处于不断增加的状态，这是不可持续的，对企业发展不利。

第二，可能后期有人认识到这个问题了，就把技术基础设施也收敛到架构治理委员会中，但是因为传统 IT 缺乏自动化，这个治理委员会就需要更多的人来管理各个部门或者团队的 IT 资源申请，然而很难靠人力来完成这么多需求，所以，必然又得把管理权放回到各个部门或者团队。此时，问题又回到了原点。所以由统一中台去解决组织的两个关键问题都没有成功。

现在已经明确了，关键是在第二个问题所提及的"自动化"上。从底层资源的申请一直到应用部署和维护等都要自动化，如果对底层的资源申请不能隔离机器的概念，就无法将资源申请收敛到一个部门中去，因为统一后的部门无法按照各个业务部门的碎片化规格去采购（硬件厂商很难满足各类规格，如果用标准化规格，资源就会有很多浪费，成本就会增加）。另外，人力不足会导致无法支撑这么大的管理活动，所以，一定会使用云计算这种平台来实现资源弹性申请以及各种方式的虚拟化，应用也势必被要求部署到云计算平台。而如果应用纳管都需要人工，则成本依然会"吃掉"资源层带来的收益，所以必然要求管理应用也是自动化的。此时读者可能感觉到了，如果传统 IT 部门在组织内的支撑作用变成这样，那么 IT 基础设施就变成了云原生平台。

所以，如果采纳云原生平台作为收敛技术的解，那么上面的第一个问题也能解决了，架构治理委员会就不会成为虚设，因为所有的部门都需要通过这个中台来注册项目以及审批，然后根据审批申请计算资源，这样所有部门都会自然而然地通过委员会这个入口来进行这些活动。此时，为了实现各个部门与委员会的良好协同，可以提供统一的 DevOps 平台作为唯一的 IT 工具来协助完成这个夙愿。而 DevOps 是研发人员的第一平台，此时相当于把产品战略分解到每个微观执行者身上去了。

也许有人会举出反例，比如采取考核等行政手段来强制各个部门用同一套基础设施，笔者认为这种人治的方式是不可行的，因为这需要组织派人不停地监督，时间一长就会因为各种原因走形（尤其是组织大了，要考虑需要投入多少资源来监督，人的惰性如何抑制等问题。这些问题最终会导致没人用 DevOps 作为统一的平台来实现自己的数字化研发活动），还是没有彻底解决组织上的问题。

综上，企业的业务如果是数字化的且组织不改革，那么云原生带来的技术效率会被组织的反作用力"吃掉"，企业的整体成本下降不了多少，并且效率也不会得到明显的提升。这样，云原生会受到质疑。如果改革了组织，却不采纳云原生平台作为统一基础设施来收敛各自为政的 IT 基础架构，那么又会回到老路，组织改革的效果没有达到。可以看到，组织改革升级一定是云原生实施的必需条件。云原生平台在某种意义上是保证组织升级效果的工具，必须谨记两者的辩证关系，这种辩证体现了事物的对立统一，将它们视为一个整体而不是分开来分析。

2. 组织架构升级的另一个视角

需要说明的是，敏捷的数字化业务一定会要求有非常高效的组织战斗队形。换个角度来看，就算是没有实施云原生，数字化企业也必然会因为外部业务的市场压力而进行组织升级，一旦升级就必然要求有先进的技术平台作为支撑，目前来看云原生平台是非常合适的。所以，数字化企业的组织要求和云原生的目标恰恰在数字化市场的要求下重合了。

4.1.2　各种组织架构的利弊

可能以往人们的组织架构和能力是没有问题的，但是随着时间的推移，外部市场竞争条件的变化导致现有方式无法适应了，甚至以前很小的问题也逐渐成为主要矛盾。这种内外部不协调的事情，会周而复始地出现。

下面列举 3 种经典组织架构和能力设计，并指出面对当前形势的不足之处（笔者并不想将此处内容写成一个全面的企业组织设计指南，企业组织设计并不在本书的讨论范围内）。这里会基于这些分析推导出 4.1.3 小节所表述的新型云原生组织架构。下面以黑圆点代表组织的人员，用一个黑圆点或者由几个黑圆点构成的直线段来表示企业管理层（顶层），用实线表示实际管理关系，用虚线代表弹性组织管理关系，来说明一些企业的组织架构。

1. 大型科技公司的组织架构以及利弊

某大型科技公司的组织架构如图 4-1 所示。

与很多强调组织结构稳定的企业不同，图 4-1 这样的企业建立的是一种可以随业务情况有所变化的矩阵结构。换句话说，每次的产品创新肯定都伴随着组织架构的变化，而每 3 个月就会发生一次大的技术创新。这更类似于某种进退自如的创业管理机制。一旦出现机遇，相应的部门便迅

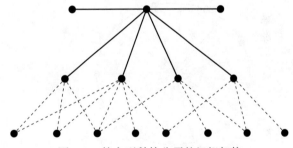

图 4-1　某大型科技公司的组织架构

速出击，抓住机遇。在这个部门的牵动下，公司的组织架构会发生一定的变形：流程没有变化，只是部门与部门之间联系的次数和内容发生了变化。这种变化是暂时的，当阶段性的任务完成后，整个组织架构又会恢复到常态。更可贵的是，在高层的组织设计上，采用了轮值 CEO 的方式。这些组织设计在民主和集中、稳定性和创新性协同之间形成了一种很好的平衡。很明显，这种组织架构对云平台厂商是很合适的，同时对云平台厂商实施云原生落地也是比较合适的。因为在进行产品推进或者创新的过程中，组织具备了一定的弹性，并具有一定的人员交叉：一方面，这种组织架构可以促进组织的各层次人员对云原生形成一致的理解；另一方面，组织架构中的人员通过经常性地变更业务领域以及与其他部门人员的沟通协

作来更好地达到锻炼人员的目的。那么它有什么缺点呢? 缺点就是在企业具备多条产品线的情况下, 中层比较分裂, 容易形成理解或者利益的不同, 从而出现各自为战与重复建设技术基础设施等情况。

2. 互联网公司的组织架构以及利弊

某互联网公司的组织架构如图 4-2 所示。

在图 4-2 中, 每个圆圈代表一个组织层级, 每个层级形成一个横向的拉通关系。横向关系类似于上一种组织架构设计, 可以形成弹性组织单元, 中层圈只对下层圈有管理的责任, 而中层管理者可以时刻被轮换, 任何一层都可以与高层直接沟通。这种组织架构非常适用于运营型的互联网企业, 比如电商。这种组织架构非常注意与上、下、左、右的沟通联系, 也比较有利于云原生的整体实施效果, 但是协同会呈现"井"字形的情况, 即会出现拉通会议或者商议活动过多的情况, 这样会比较严重地影响多条产品线、云原生平台的推进效率。

3. 传统业务型企业的组织架构以及利弊

某传统业务型企业的组织架构如图 4-3 所示。

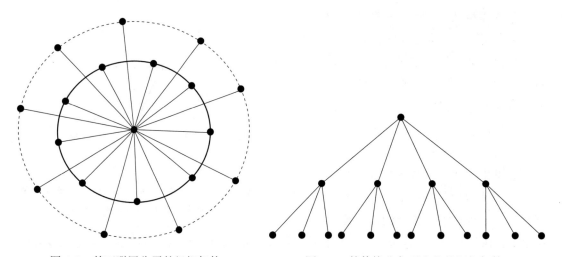

图 4-2　某互联网公司的组织架构　　　　　图 4-3　某传统业务型企业的组织架构

图 4-3 所示的是一种稳定的金字塔组织架构, 也是典型的事业部组织架构, 每个事业部都有固定的组织和管理层。这种组织架构是非常不利于推进数字化业务的, 也非常不利于云原生的落地。因为这种架构非常容易产生部门墙以及步调不一致的情况, 各个部门协同的效率会比较低下, 不利于应对外部市场的变化。

综上, 通过比较上面几种经典的企业架构, 我们发现但凡能够适应数字化市场的组织架构都有着同样的特点, 比如上下或者同级沟通通道没有太多阻隔, 或者根据业务或者产品进行弹性组织设计等。但是它们各有缺点，那么新型的云原生组织架构是否可以克服这些缺点呢？

4.1.3　新型的云原生组织架构

根据 4.1.2 小节的分析，需要根据数字化经济的要求来周而复始地改造或者改进组织能力，以便云原生体系能够更好地发挥作用。说白了，就是让组织架构和云原生体系形成"共振"，发挥最优的敏态业务支撑能力。

云原生组织方式的定义：能够利用云的连接能力，并通过数据协同的优势，加强企业上下协作的关系，形成以应用为中心的数字化敏捷研发、生产、运营和营销方式，最大化企业在新经济条件下的收益。

这个定义体现了新型云原生组织方式的两个要点：**基于云的全连接、基于数据的全方位协同**。其中，第一个要点是第二个要点的条件，绝对不能倒置，因为局部的数据视角是无法支撑全局性决策的，即便是拉通了，效果也是打折扣的。其实，上面的定义也是一种广义定义，也就是说，但凡企业组织形式符合云原生组织方式的定义，就可以认为是可落地云原生的现实组织架构。

结合第一部分论述的企业组织成熟度内容，可以推导出本书所提倡的一种云原生组织设计架构，如图 4-4 所示。

图 4-4 体现了云原生组织架构的比较具象的设计，笔者非常希望读者能够结合自己企业的特点和限制条件来进行取舍。

在图 4-4 中：

1）每个圆圈代表横向的拉通关系，以及业务在各部门、各团队之间的衔接和循环关系，也代表着必须通过数字化手段来打破部门墙（物理的墙，比如人为设计的部门还会存在，但是通过数字化手段进行的联系会更加紧密）。

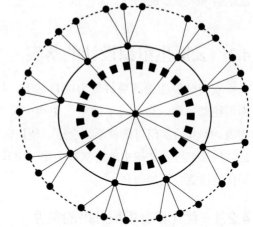

图 4-4　本书所提倡的一种云原生组织架构

2）黑方块所组成的虚线圈代表一种特殊的组织，叫作企业级架构治理委员会或者中台；最外圈的组织形式变成了小型的闭环式团队或者部门（变成了小分队），比如一个团队或者一个部门来负责一个独立产品的设计和构建，但是在产品或者项目结束时，团队也会适当地重组（部门可能名义上长期存在），所以以黑圆点加上虚线来表示。

3）中层圈不是经常性被轮换的（中层圈也就是位于企业级架构治理委员会或者中台那一圈与最外层小分队那一圈之间的黑圆点加上实线所表达的圈层），而是相对固定到一个产品线上，这样就保持了最外圈小分队的稳定性；在最内层的核心部分（也就是整个圈层的圆心部分，由一个黑圆点或者几个黑圆点加直线来表示企业高层），对企业高层人员采用的是轮值制度，但轮值制度不是必需的，需要根据企业的实际情况来决定。

为了实现"基于云的全连接、基于数据的全方位协同"的目标，企业级架构治理委员会或者中台成为关键，但如果没有整体组织的升级，设置这种特殊组织也很难达到效果。企业级架构治理委员会负责将高层业务经营意图转换成执行层组织可以理解的、一致的解决方案。同时，企业级架构治理委员会根据战略和战术的要求拉通上与下、左与右的资源联系。企业级架构治理委员会需要使用中台与数字化技术为企业经营者提供基于数据的决策支撑，从而实现基于数据的协同机制。为了能够实现这种基于数据的协同，必然也会要求将整体组织以及外部生态（如合作伙伴、市场客户等）协同起来（比如，电商的业务和电商运营部门的协同）作为全方位协同的基础，这是上云的必经之路。这里存在一个问题：一个中小企业也必须有中台吗？答案是肯定的。因为这些企业想依靠数字化完成线上业务的企业战略，但凡需要实现这个战略，就需要中台系统，只是中台系统的复杂度不同。另外，不是所有企业都有能力完成这样的组织建设，所以只能根据自己的特点和限制条件尽可能贴近，尽可能贴近就会带来更多的好处。

4.2 云原生组织设计的落实

在使云原生发挥更好效力的目标下，每个企业都有自己的历史沿革和现实条件，细节不可能都一样。企业当下的组织架构中某些部门的组织形式可能很合适进行云原生的落地实践，而其他部门可能就不太合适，所以需要根据自己组织的现实情况积极地识别当下的不足，持续推进，并逐步地落实数字化组织升级的条件。这样，推行基于云原生技术赋能的数字化转型就会更加顺利。

4.2.1 优化自身组织升级的条件

组织升级的条件包括两个维度：内部条件和外部条件。外部条件的改进只能通过内部条件的改进达成期望的效果，而不能反过来。就如同水和石头，外部的火焰能使水在地球表面的压力下沸腾，但是石头却不行，因为火焰和水是可以相互作用的对立统一体。组织升级的内部条件和外部条件也是可以相互作用的对立统一体，从而形成完整的组织升级条件。

组织升级的内部条件如下。

1）企业高层是否意识到数字化组织升级的意义并愿意接受升级。组织升级是"一把手工程"，企业高层如果没有彻底认识到其中的价值，只能事倍功半，甚至无法继续落实组织升级的活动。

2）企业高层是否对采取升级行动所带来的风险、成本有一定的忍受力。任何组织升级都会引发一些人或者部门的不适，可能导致人员流失和新 IT 资产的补充投资，所以在投入产出比很可观的情况下，高层要有一定的忍受力。

3）企业是否在以往沉淀了信息化能力，比如 CRM、ERP 等传统软件系统及其运营能力。如果能打通这些系统，就意味着实现了更好的协作环境，则将大大降低组织升级的难度。如果没有相关的经验，则可能需要投入更多的时间和资金进行建设。

4）如果内部管理出现重大的迟滞现象并影响了业务的时效性，笔者认为这是最好的开始契机，因为只有大痛才能大治，并且能促进第一个内部条件的实现。

5）是不是互联网性质的企业，这是加分项。如果不是，那么人员对数字化的感知程度可能不足，可能需要花费很多时间说服各部门执行层，以达成对数字化的共识。

6）出于对成本和风险的考虑，企业管理者要细分业务，并分析业务对数字化手段的依赖程度，一些业务以及相关部门需要优先考虑组织升级，而其他一些部门可以延后。

组织升级的外部条件如下。

1）数字化经济的普及率，这会给内部带来压力。

2）企业是否被强制性国家或者地区政策所驱动。

3）企业的生态环境是否有利于获得更多数字化建设的帮助。

4）竞争对手的情况和状态分析。这对于确定实施数字化落地的时间节点和判断当下所处的阶段有指导意义。

5）是否存在同类型企业的成功案例可以借鉴。这是可选项，如果有是最好的。

6）是否具备更多的情报渠道。收集更多的情报对制定决策和确定落地方法是有帮助的。

7）是否具备专业性人才，这些人才可以帮助企业落地新型的 IT 战略。

8）是否有更多的数字化业务场景出现。这一点可以坚定企业的推进信心，因为这些新型的商业机会可能会拓展企业的现有业务范围，从而为企业带来更多的收益。

如果以上内外部条件中的某一些缺失，就要想办法补齐或者和其他企业合作来增补不足的地方。具体如何补齐，需要读者根据自己组织的情况具体思考，此处不再赘述。

4.2.2 落实时的注意事项

- ❏ 确定阶段性目标时不要有太多的子目标，最好每次只聚焦 2～3 个目标进行落实。
- ❏ 最好将阶段性目标量化成指标以及完成指标需要的时间，并将具体任务落实到具体的人上。
- ❏ 组织升级并不是孤立的运动，而是和研发、业务运营同时进行的，千万别把它们割裂，要从研发、业务运营活动中看到组织升级的效果，并积极地根据现象分析背后的原因，以及不断地调整组织升级的策略和做法。

❑ 组织升级的本质是"做人的工作"，一定要和组织部门或者 HR 部门紧密配合，切忌仅从事务层面思考。

❑ 时刻保持对具体问题的思考，让参与者充分沟通，让每个人都按照一致的思路去探索和实践。

❑ 每次调整都要注意控制受影响的组织范围（在最小影响范围内进行调整）和实施节奏，以防止激进所带来的反弹效应。

❑ 一定要结合云原生平台的工具来协助所有的组织升级过程，如项目管理、研发、部署活动等。这些云原生工具会让数据得到沉淀，并在上、下游分享数据，使得任何人都知道整体组织活动的细节和进度，减少因不透明所带来的大量协作成本。

4.3 云原生组织的成长原则

对于没有在心里认同企业目标或者价值观的团队，战斗力很难凝聚。组织升级的本质是"做人的工作"，在合理的组织架构下发挥最大的组织协同基础能力，并结合云原生平台协助团队提高生产力。关键在于战斗力如何和组织架构、云原生平台相匹配。

笔者在曾工作过的几家公司中发现一个普遍现象：

团队平时的工作基本是有条不紊的，但是遇到紧急事件（如关键组件故障带来业务停顿）时，团队的协作就会出现杂乱甚至失控的局面。因为在紧急情况下，大家都想快速修复问题，减少经济或者其他损失，在要求极短时间内修复故障的压力下很容易做出不合理的处置，比如在没有明确影响范围之前就进行数据校正，从而引发更多问题或者扩大了损失面。

解决凝聚力和战斗力问题的具体思路是"平时如战时，战时如平时"。如何执行"平时如战时"的训练呢？比如，团队领导者可以刻意设置一些非常具有针对性的虚拟项目或者目标（这些虚拟项目或者目标都是基于打赢真实目标设定的），并制定好标准指标和时限，让每个人负责具体的工作内容。不过笔者更加提倡团队成员自己根据项目和目标来分解具体的任务。这些所谓虚拟的项目和目标一定不要让团队知道是虚设的，要让团队感觉项目就是要推行的，否则效果将大打折扣。这种虚拟项目更像是"战争中的间歇"，因为特别有针对性，所以可以加强基础性项目和弱项的锤炼，甚至还可以激发出新的技术创新。

在"平时如战时"的训练中，一则可以趁机调整组织成员的构成，深入了解每个人的能力与潜力；二则可以验证组织架构改进和云原生平台的实际效果。在做好或者没有做好这些项目时，都可以深入真实的组织活动细节来发现更多的东西，这对领导者调整管理策略是非常有好处的，同时还可以把最佳实践逐步以配置的形式下沉到云原生平台，让它们有血有肉，更贴合组织实际。一旦真实的紧急事件出现，或者进行正式交付，只不过是团队重复练习的肌肉反射（可重复、可预测），从而大幅降低了混乱局面带来的业务风险。

在实际操作中，因为组织活动中不可能存在让成员操练的大块时间，所以需要合理设计虚拟项目以及真实项目下的团队成员工作配比，原则是以真实项目为最高优先级。

综上，"平时如战时"的训练方式有利于验证组织升级和云原生平台的实际效果，并提高凝聚力和战斗力。这也是有别于传统组织管理方式的特点之一，即从内向的被动型管理过渡到外向的主动型管理。这种转变首先要从领导者自身进行，以点带面地使整个组织获得云原生组织升级的好处，并进一步理解云原生平台工具在组织运作上的价值。

4.4　本章小结

本章解释了为什么在实施云原生时还要进行组织升级，并分析了以往经典的组织架构设计的利弊。在此基础上，本章进一步提出了新型的云原生组织方式应该有的模样。之后，针对这个新的组织架构设计，又讨论了如何落实设计的问题。最后，结合理论和落地实践的讨论，总结出云原生组织成长的原则。

本章破除了几个认知误区。

其一，云原生需要配合组织架构设计才能发挥其原本的效力，而不是只要上了云原生就能得到全面的提升。

其二，需要将人的实践通过数据的形式（如配置等）沉淀到云原生平台，这样才能真正地融入组织活动中，而不是想当然地认为只要部署了云原生平台就能帮助组织提升能力。

其三，需要虚实结合地边战斗边成长，而不是想当然地认为只要云原生组织架构设计好就能够拥有战斗力。

市 场 洞 察

市场是一种看似捉摸不透的东西，比如，大豆价格的涨价居然能引起汽油价格的涨价等。市场内产生需求的规模是超线性的，比如我国有 14 亿人、全球有 80 亿人，因为交叉连接，其所产生的各式各样的需求数量是 14 亿或 80 亿的几十倍或者上百倍不止（超线性）。面对这样的市场，如何寻找到自己的定位？另外，企业内部的管理、研发等需求，是如何被分析并且被满足的？这一章将从云平台厂商角度和业务型企业角度两个方面来论述市场洞察实践的话题。

5.1　生态的设计和建设

生态是市场的表达形式，企业更加关注的是如何利用生态实现自己的商业战略。

第一部分已经介绍了云原生产业链的内容，应从认知上先了解它的集成关系，需要分析出这些集成部分是由哪些企业或者组织来承担的，并且哪一些是和自己相关的。此时就需要根据自己的企业产品战略来进行选择，这个选择的结果就是对生态的设计。云原生产业链中的一组业务上关系紧密的企业群可以作为各类云原生产品的候选生态资源池。后面在谈到竞品分析时会根据具体竞品的能力指标来进行更加精细的决策。

在选择（设计）的基础上，需要通过实操来构建真实存在的且可以赋能企业的生态。因为这些企业此时并没有与产业链上的企业或者组织形成合作关系，所以需要营建合适的合作关系。那么如何做呢？

我们要认识到，这个生态其实是一个利益交换网络，只有生态中的其他企业有利益可图，才可能合作。所以手段并不能带来本质的推进，但是没有触达手段也不行，因为企业或者组织之间的关系还是需要通过人来建立和维系的。

对于利益方面，这里的建议是通过产品集成与相关企业形成真实的交易。为了长久的合作，可以在利益分配上给予一定的让步，在产品切实成功后也可以帮助链中企业提升自己的实力或者市场份额。生态共同成长能在很大程度上形成一个相对稳定的生态链条环境。

一般来说，企业内部的决策链是很长的，这也是企业级市场（B 端市场）市场的一个显著特点。有人认为，企业内部的决策我们无法干预，其实可以根据企业的内部利益流向来分析有哪些利益相关者，这是很好、很准确的办法。了解了谁是利益相关者，就能够在关键时间找到他们并进行基于一定策略的谈判，这将有利于生态构建的推进进度。

5.2　作为云平台厂商的市场洞察

作为基础设施的提供方，云平台厂商面对的是大众市场，它要比业务型企业更加深入理解市场，只有基于对市场的理解，才能做出市场需要的技术产品。但是，云平台厂商如果仅满足市场的需求，那么是很难形成业务活动规模化的，此时云平台厂商的投入会很难获得更多收益。所以云平台厂商在满足市场需求的基础上，还需要不断提高自己的认知维度去"超前"地构建很多新技术和新产品。比如，自动驾驶这种新技术就是在这种情形下出现的，虽然出现时并没有业务型企业需要，但是后来却引发了智能车企的出现。说白了，云平台厂商需要有节奏、有目的地培育未来市场。综上，云平台厂商不仅需要对当下的市场有更加深入的理解，同时还需要对未来市场有充分的预期。

从某种意义上而言，因为要从业务型企业构成的外部市场去探索，所以云平台厂商的市场洞察在方法和难度上都要比传统型、业务型企业更专业和更大。

5.2.1　短期看需求，长期看供给

现在的人们在新的时代里追求个性化和多样化，市场需求甚至每隔一个月就有一次大的变化。如果云原生技术产品只是看到了短期的需求，那么会很容易被更有长远眼光或者更先进、更时髦的云原生产品所超越。很多云平台厂商为了生存，要么进入创新的竞争，要么直接打价格战，而盲目的竞争只会消耗自己的有生力量或者资源，甚至出现亏损的情况。所以，云平台厂商要看长期的供给关系。比如，19 世纪，大多数农场主因为外部市场的需求压力很迫切地想解决运力的问题，所以要求很多养马场培养跑得更快的马。这一新闻登在当时的报纸上，被一位名为"奔驰"的人看到了，他分析"他们其实是为了解决运力的问题，马的成本太高了，为何不发明一种机器来替代呢"。于是经过很多的努力后，一个名字为"奔驰"的汽车品牌诞生了。这个例子告诉我们，云平台厂商要像奔驰一样，发掘短期需求

背后隐藏的长期需求。因为客户在自己的领域视角中思考更多的是如何"完成"一项业务，很难或者不可能从更高维度思考。所以针对客户或者用户的调研，往往只能得到短期需求。长期需求需要从高维度的供给关系进行分析，得到的也会是"引领市场所带来的巨大收益"，甚至可能新创建或者重塑一个行业。

不过，读者应当注意的是（就如奔驰那个例子），长期供给关系的发掘需要建立在人们当前的需求之上，而不是信马由缰地假设或者猜测。对于云平台厂商而言，要使得自己的产品更有市场竞争力，也必须像上面分析的那样学会"短期看需求，长期看供给"。

5.2.2 收集数据，分析趋势，顺势而为

因为当下的经济联系是全球化的、超大规模的、多样化的和多变的，所以在这个时代没有基于数据的分析是很难看懂"短期需求"和"长期供给"的。

一般企业的数据来源如下。

❑ 权威机构的数据报告，如 Garner 数据报告、海比研究院数据报告等。

❑ 行业同行所披露的报告，如阿里云每年末的公开报告。

❑ 和同行了解到的一些情况。

❑ 云平台厂商的销售部门和售后部门所反馈的需求。

❑ 自己做竞品分析所得到的需求。

❑ 老板或者高层提供的需求建议。

❑ 其他数据来源。

1. 材料置信度分析

首先，必须对这些数据进行置信度分析。因为人们发现，在实践中，有些结论在不同报告或者不同人的口中是互相矛盾的，还有一些结论好像没有那么坚实的证据来支撑，那么如果相信了这些结论就会导致决策的偏差，甚至导致很多损失。置信度就是来衡量材料到底有多可信的指标。另外，需要一些方法论和工具来评估置信度。

方法就是找到疑似矛盾的点，然后进行对应的调查。比如，云平台厂商的老板说我们必须实现基于某技术的一种自动化交付平台产品。对此要理性分析，不能因为是自己老板所提的需求就不假思索地纳入需求篮子里去。高层掌握的信息往往都是宏观层面的，真实情况可能会有些不同，所以这个矛盾点就需要深入多个业务型企业去调研。"没有调查就没有发言权"，经过有目的的调研，或许能够得出和高层不太一样的结论。比如，现在的大部分业务型企业还没有过多交付自动化的需求，还集中于研发态的 DevOps 上，但云平台厂商可能同时会获知很多业务型企业对自动化交付是有潜在考虑的，只是这些业务型企业现在还没有到达采用自动化交付的阶段。那么，云平台厂商就要避免过早投入的风险，但是同时要积极

考虑构建自动化交付这种平台的技术预研，在成本、风险以及未来收益之间找到一个很好的平衡。

根据疑问或者矛盾点体现出来的问题来有目的地调研后，就可以给各个需求打分了，分数越高，则置信度越高。置信度高的需求或者市场洞察结论可以作为进一步分析的材料。当然，不是经常有机会和条件到很多客户现场进行调研，此时可以根据材料或者情报的矛盾之处做一些深入思考，从各个情报渠道的蛛丝马迹中寻找线索。

2. 市场洞察的基本分析方法

找到良好的材料后，云平台厂商要发挥主观能动性，同时集合合适的专家进行分析。根据现有市场的情况，可以继续思考"长期供给"的问题，也就是在深挖需求背后本质的基础上，顺势而为地对未来市场做出恰如其分的预判（不要过于超前，越是过度预判长远的情况越可能失策），以便减少市场变化快所带来的决策风险。基于预判可以构筑引领市场潮流的新概念、新技术等，使得未来市场占有率越来越大（同时避免了同行越互相了解越同质化的问题）。

需要注意的是，满足客户市场的当下需求应该占整体需求的主体地位，而满足预测的潜在需求的创新部分应该只占整体需求的一两成比例，这样可以进一步减少因预测不准带来的风险，并利用创新的部分探索市场的反应或者想办法知道大部分业务型企业把钱花到了什么地方，从而反向得到最有可能的突破口。后续根据反应或者潜在的突破口逐步把先进特性"转正"。

5.2.3　通用性和差异性的博弈选择

云平台厂商的目标是基于公有云提供云产品、云原生产品以及相关服务。但从我国目前的市场情况来看，70% ~ 80% 的业务型企业更多地希望私有化部署的形式。其考虑的是数据安全可控、运维自主可控、资源没有绑定、拥有业务技术组件的选择权等。也就是说，私有化部署会长期存在，云平台厂商如果只盯着公有云市场，则极有可能在公有云市场饱和的情况下其营收规模受到一定限制。所以云平台厂商也必须试图进入私有化部署市场，最可能的形式是将公有云上成熟的产品下发并部署到私有化场景中，但是线上和线下必然存在需求上的差异。这里提出这个差异的目的是提醒云平台厂商，为了防止核心竞争力被定制化市场弱化，就必须考虑在云原生平台标准化能力的基础上实现云原生平台的拓展能力，这就要求产品的技术架构与服务都能够实现拓展功能。比如，Kubernetes 很好地契合了这些拓展性的要求，它本身有稳定的架构和标准化的能力体系，但是云平台厂商或者业务型企业都可以通过 CRD（自定义资源定义）来拓展以满足各类定制化需求等。在云平台厂商提供给业务型企业的、基于 Kubernetes 而打造的云原生底座上，可以通过一些方式集成其他技术模块或者产品，比如通过服务目录将 iDaaS 安装到云原生底座上。实现拓展的例子有很多，这里就不一一列举了。综上，通用性和差异性的博弈本质是避免"纳什均衡"效应带来的"囚徒困境"，一定需要考虑以通用性为核心的定制化可拓展架构。

另外，对于通用性和差异性之间的边界是如何划分的问题，这里提倡这样的方法论：但凡被大部分企业高频提及的需求就是通用性需求，余外的需求就是差异性需求。

5.3 作为业务型企业的需求洞察

业务型企业将技术产品作为自己数字化业务的支撑，但是在过去的 20 年间，企业高层对 IT 投资形成了一些固化的观念，比如 IT 投资是成本中心，研发团队是工具型支撑团队等。这些观念的形成是有其土壤或者条件的。因为过去很长一段时间，企业都处于内部信息化建设的阶段，而信息化的目标是提升内部管理效能，似乎与外部业务没有太大关系。在当下，这种情况得到彻底改变，线上与线下的界限已经十分模糊。比如，百姓只需要手机 App 就可以购买生活用品或者预约旅游了。现在没有被线上化的业务是相对较少的，并且数字化能力已经随着边缘计算技术的出现开始向工业等领域渗透了。尤其是以大数据 /AI 为代表的数据应用开始左右实际业务了，比如网商银行完全依靠 AI 计算信用等级来发放贷款，这一改变是以前无法想象的。老的观念有它的惯性，如果传统企业要利用数字化支撑或者扩张自己的业务，就必须先从内外部的需求开始梳理，并利用新的思想审视技术平台在新经济条件下的作用。这需要循序渐进地进行，逐步显现数字化的威力。我们始终相信，那种把 IT 当成成本或者工具的想法会慢慢地消亡。

企业业务的内部需求和外部市场需求是业务架构的基础。业务架构会投射到应用架构，而应用架构会直接影响技术平台或者产品的选型以及建设思路。

目前，人们最强烈的感觉就是内部需求似乎是外部市场影响的结果。是的，在数字化时代，整个企业从内向型转变为外向型后，需求本身会影响技术平台或者产品的选型以及建设思路。但是为了更好地分类需求与技术选型，还要对内外部需求进行边界拆分。

5.4 从"荆棘丛"中找到自身竞争力

"荆棘丛"是一个比喻，比喻云平台厂商的云原生产品要面对成百上千种同类商品的竞争、防不胜防的跨界竞争时，必须满足业务型企业的选型诉求。只有比竞争对手或者潜在跨界竞争对手的产品更加优秀，才能获得业务型企业的青睐。

5.4.1 如何做必要的竞品分析

竞品分析不仅是为了模仿，而是为了超越。那么如何理解"必要的竞品分析"呢？一方面，没有一家云平台厂商可以什么都做，即使都能够做成，也许会因为一些产品拖后腿而导致整体收益不高；另一方面，企业只能从一家云平台厂商采购的这种情况在现实中很难遇到。所以产品的竞品分析过程当中也包含着"有所为，有所不为"的意思。那么如何进行这种竞品分析呢？

首先，在过去的实践当中，我们发现有很多人关心功能的差异性，这其实很不可取。有一个和竞争对手类似或者更好用的功能，就认为产品能在市场上受到青睐，这是一种认知陷阱。比如，有人比较电商的交易功能，认为应该加一个直接购买的按钮，其实只是把原有的几个 API 重新编排而已。但是，用户真的关心这个吗？用户关心的是下了单子多久能收到货，而不关心交易的功能界面是否流畅。问题的决定性因素是通过数字化系统快速调度供应链满足用户的需求。云原生产品也是这样的情况。

将产品本身使用上的体验称为"用户体验"，而产品在业务上的价值度称为"用户价值体验"。很明显，提升用户价值体验才是对客户、用户真正有用的。

所以，最好的竞品分析是在能力指标视角下进行的，而不是在功能性视角下，更何况能力指标分析视角就已经包括了功能性维度。那么能力指标是什么呢？比如在汽车销售中，经常说本车可以 3.9s 加速到 100km/h 或者说 100km 只消耗 7L 汽油等，此时竞争力已经跃然纸上，这是低维度的功能比较很难达到的效果。

基于能力指标视角的分析，还需要继续做一次"深加工"，云平台厂商的产品规划者还需要问自己一些问题"哪些是我们应该做的或者哪些是我们不应该做的，从何处作为切入点"。

读者一定会有疑问"为什么不一开始就这样做取舍呢"。

一方面，人的思维容易受到边界限制的影响，全部心思都放在了一个小窗口，容易丢失很多重要信息；另一方面，只是根据客户市场做出要做什么的决定时，也许会陷入"只能这样做"的陷阱，而不是从整体思考更先进的解决方案（比如前面那个奔驰的例子）。

下面来看一个例子。

苹果公司在乔布斯没有回归时几乎什么都想去做，核心能力被分散，没有聚焦在客户价值上。后果是产品质量和优势不明显，苹果到了破产的边缘。乔布斯回归之后，把 90% 以上的产品全部砍掉，靠 iMac、MacBook 以及创造性的 iPhone 支撑起生态，同时在数字化方面进行创新，比如 Music 商店和 App 商店，使得苹果又成为世界上市值最高的公司。

深加工可以利用 KANO 剪裁法，比如云平台厂商的产品规划人员可以根据竞争力分析的结论剪除那些即使不做也不会影响技术产品价值的部分。

5.4.2　人力资源规划预期和落地节奏预期

竞品分析之后，团队差不多知道自己接下来需要做什么了。为了让竞品分析结论闭环，还需要根据 5.4.1 小节的结论来评估需要什么样的人、多大规模的团队、大概多长时间来完成新产品。此刻，这些评估只是为了知道大概实施的条件和步骤，并为立项汇报提供依据，日后在具体的产品落地过程中需要根据这个框架不断地动态调整。

　　基本方法：人力资源规划预期和落地节奏预期需要根据市场竞争对手的时点或者业务型企业内部数字化完成的时点通过倒推来估计。

5.5　本章小结

　　本章总结了生态如何被设计和建设的问题，以及市场洞察的方法与竞品分析。

　　因为从第 6 章开始会介绍具体的产品和技术架构，所以有必要在此总结关于云原生商业模式的问题。事实上，在此之前的所有讨论中已经重点渗透了有关云原生商业模式的内容了，这里以马克·约翰逊商业模式的 4 要素模型来说明，如图 5-1 所示。

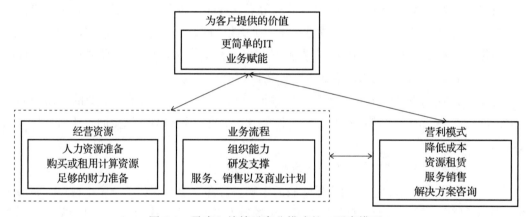

图 5-1　马克·约翰逊商业模式的 4 要素模型

第三部分 *Part 3*

云原生底座的落地

运 行 环 境

这里以云原生平台蓝图为基础进行具体产品本身的设计。产品设计大致分成两个部分：其一是说明产品场景价值；其二是依据产品细节规划技术架构。本章将云原生底座作为产品和技术架构的开端，逐步地详细讨论云原生产品体系和技术体系的所有核心方面，希望能够为落地提供一些切实的帮助。

云平台厂商都基于自己的云和定制化开源的 Kubernetes 软件来实现云原生底座产品，云原生底座吸收了云的弹性和 Kubernetes 的自动化运维等能力，给用户带来了**向下统一纳管各种硬件资源，向上提供统一资源抽象的、以应用为中心的、高度自动化的分布式操作系统**。基于这样的分布式操作系统，在其上可以运行各种形态的应用，不需要关心分布式架构以及基础设施的细节，使得传统应用以一种更快捷、成本更低的方式运行在云上（单机程序自动变成分布式程序）。云原生底座体现了资源优势以及人效优势。

只有拥有了这样的云原生底座，才能基于它继续构建现代的云原生应用治理平台及现代的云原生 DevOps 研发中台等。而后才能基于这些现代的云原生技术平台来构建现代的应用等。最终，只有依托于现代的应用系统才能支撑现代的数字化经济活动。

Kubernetes 已经成为事实上的容器编排服务标准，目前来看，Kubernetes 作为云原生底座的内核是非常合适的。不过如果未来有更好的"内核"，那么云原生底座也可以根据一定条件替换。目前，本书还是以 Kubernetes 作为云原生底座的基础。

Kubernetes 用来抽象核心资源、执行容器调度以及容器编排。这非常类似于单机操作系统内核的作用，但就像 Ubuntu 不等于 Linux 内核一样，云原生底座同样不等于 Kubernetes。这里先看看 Kubernetes 的架构，如图 6-1 所示。

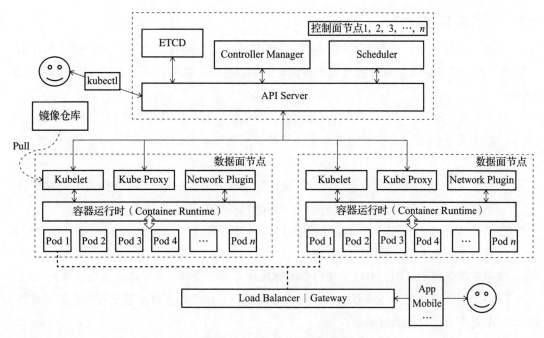

图 6-1　Kubernetes 整体架构

如图 6-1 所示，Kubernetes 遵从主从架构（Mater/Slave）。通常将固定规模的计算节点组成一个集群，在集群当中挑选数台计算节点作为控制面节点（也叫作管理节点、Master），其余的计算节点作为数据面节点（也叫作工作节点、计算节点、Member 或者 Slave）。数据面节点是具体承载业务应用容器的节点。另外，Kubernetes 所拥有的各种功能插件，如监控模块、日志模块、DNS 服务、Ingress 等，也会部署在数据面节点上。如果是规模较大的集群，则建议将独占节点作为控制面节点；而如果是较小规模的集群，则为了进一步节约硬件成本支出，可以将控制面和数据面混部在同一节点中使用。

本书并不是专门讨论 Kubernetes 的书籍，也不是专门讨论容器镜像仓库的书籍，所以可以径直地进入相关平台性解决方案的讨论中去。如果读者对 Kubernetes 或者容器镜像仓库相关基础知识特别感兴趣，那么可以自行查阅网络或者相关书籍。但是对于一些与 Kubernetes 相关的名词，本书会适当地给予解释。

6.1　设计底座运行环境

基于 Kubernetes 架构为内核拓展出一个合适的云原生底座，是需要进行一番精心设计的。"智慧、精神"长于"身体"，强壮的"身体"是"精气神"的基础。

6.1.1 节点的选型

无论云计算也好，云原生也好，它们最终都是运行在硬件之上的，这些硬件的性能、稳定性、运维能力以及功耗等指标对集群能力的影响是决定性的。硬件如何选择是首要考虑的事情。

对于节点"硬件"，可以用到的资源包括物理机、虚拟机以及各云平台厂商的 IaaS 节点（比如 ECS）等。但是选型的准则基本是一致的，那就是要考虑云平台厂商或者业务型企业的业务定位。

- 对于需要驱动大数据或者 AI 计算的集群，较为适宜的是 CPU 规格高、内存较大、网络带宽大且配置的功耗和性能都比较符合标准的 GPU 的"硬件"节点。
- 对于 Web 服务应用或者微服务应用的集群，较为适宜的是 CPU 规格适中、内存较大且网络带宽大的"硬件"节点。
- 对于高级别的应用，可以考虑提供配置最优等的"硬件"节点作为运行资源的基础。
- 对于中低级别的应用或者有数据计算的需求，可以考虑提供配置比较平庸的"硬件"节点作为运行资源的基础。
- 高级别配置和中低级别配置的"硬件"节点一般根据业务和成本均衡地进行分配，也就是在集群中要混合使用这些"硬件"。
- 还需要考虑业务压力的增长因素，这个数据最好通过运维或者运营部门获得，并综合考虑成本的限制来做决策。

如果以上有没列出的应用类型相关的配置决策，那么就需要根据自己业务的具体差异化需求来选择"硬件"节点了。

云原生平台底层所需要的计算资源不会被限制为来自某一个特定的云计算厂商，而是允许任意的云计算厂商提供云原生平台所需的计算资源。这样做是为了尽可能地摆脱某个特定云计算厂商的技术绑定以及能够实现降低计算资源使用成本的目的。业界称这种可以由任意云计算厂商提供底层计算资源的方式为云中立。

上面还涉及一个重要问题——在云环境下如何根据"应用程序的需要"动态地、自动化地添加底层资源？本书将在 6.2 节的云原生运维代理平台的内容中讨论这个问题。

6.1.2 操作系统规划

从软件堆栈来看，云原生底座核心运行在真实操作系统上。无论是物理机、虚拟机还是各公有云 IaaS 的节点等，都为其上层的所有软件提供了运行环境——操作系统。也就是说，操作系统是构建云原生体系的基础。另外，不同的容器技术对操作系统的要求是不同的。那么，操作系统的选型、文件系统规划以及容器种类因素是保证云原生底座稳定运行的先决条件。

1. 操作系统版本的选择

目前市面上可以选择的服务器操作系统有 Windows Server、Linux 以及 UNIX 等及其各类商业化版本。但是从兼容性来看，Linux 是首选，它的稳定性和性能是有目共睹的。

那么，问题就变成了选择哪一个 Linux 版本了。需要注意的是，对各种 Linux 发行版本而言，内核决定了其能力，其他各类软件只是次要考量的内容。

目前，各大云平台厂商选择的 Linux 服务器操作系统大多是 CentOS。CentOS 的综合成本是相对低廉的，稳定性等诸多方面都很适合作为云原生底座核心以及整套云原生体系的操作系统层。

对 CentOS 的选择已经没有悬念了，那么选取哪一个对应内核版本的发行版本号呢？关键在于先看容器的能力，再看 CentOS 版本号，总结信息如表 6-1 所示。这些信息可以从不同的容器官方文档中查看，更多的容器和其适配的操作系统信息请读者自行查询。

表 6-1　容器类型和版本与 CentOS 版本的对应关系

容器类型和版本	CentOS 版本
版本为 20.10.11 的 Docker 容器	CentOS 7、CentOS 8
Kata 容器	CentOS 8

据悉，CentOS 的有些版本已经停止维护或将要停止维护，不过不用担心，业界总会找到替代品，无论怎样，选型的思路是不会变的。

2. 有关底座运行环境多层次优化的思考

这部分内容是针对操作系统的更加重要的讨论。操作系统承载着 Kubernetes，所以需要在操作系统层面进行一些针对 Kubernetes 稳定性等的优化。但是，仅从针对 Kubernetes 进行优化的视角很狭隘，因为整体云原生平台体系以及业务容器需要直接运行在这个操作系统上，所以要考虑更多层面的问题。

优化是多个层面的，下面从低级到高级的角度进行介绍。

其一，Linux 在通用层面需要进行一些优化，比如精简系统使得启动速度更快、通过优化本地调度程序效率使得本地资源利用率更高等。

其二，对单体 Kubernetes 运行需求而言，比如安装各种基础软件（Docker 引擎、数据采集装置、运维脚本、安全扫描工具）等，可以实现一定程度上的成本节约；根据各组件的特性合理自动划分文件系统分区，可以进一步提高 I/O 效率。

其三，不同应用对底层的优化诉求不同，比如 CPU 密集型应用和内存密集型应用对底层的优化诉求不尽相同。应用运行在容器内，那么就应该根据应用程序的需求来调整相关的 Linux 级别的配置等。

其四，在集群层面，收集性能数据并自动化执行分析，之后下发单节点操作系统的优化参数策略，使得集群层面的各节点能够实现性能上的均衡表现。

其五，在多集群或者多云层面，收集各个集群的性能数据并自动化执行分析，之后下发某集群的性能优化策略，并由集群进行转换分析，最终实现单节点的参数配置优化，使得多集群或者多云环境下的各集群节点能够实现性能上的均衡表现。

6.1.3　Linux 性能优化和稳定性优化

需要为云原生底座提供一个性能优良、稳定性好的环境，那么本小节介绍 Linux 性能优化、稳定性优化的主要手段。

1. Linux 启动速度优化

要使 Linux 的启动足够快，就要从 Linux 内核、系统组件、用户态层等几个方面进行优化。

（1）Linux 内核性能优化

1）精简 Linux 内核。把没有用的模块全部禁用。Linux 系统是一个极其庞大的操作系统。实际上，Linux 操作系统内核中的很多模块对运行 Kubernetes 以及容器运行时来说并不是必需的，完全可以把没有必要的模块卸载。优化和剪裁好的操作系统可以作为基础系统机器镜像保存，当用户部署集群或者初始化集群时选择基于系统的机器镜像版本即可。那么，Linux 内核需要剪裁掉哪些模块呢？首先需要说明的是，发行版本的内核版本和官方内核版本是有差异的，所以要先明确自己采用的操作系统内核存在哪些模块中，可以参考不同版本发行商的说明，并可以使用命令行工具 ctags 来查看。一般来说，以下模块对于 Kubernetes 而言是毫无用处的。

① SWAP：Kubernetes 关闭 SWAP 交换区功能可以提高性能。

② Support for hot-pluggable devices：是否支持热插拔。该选项对 Kubernetes 没有什么用处，并且还占用 CPU 时间和内存，建议关闭掉，除非有特殊需要。

③ PCCard（PCMCIA/CardBus）support：PCMCIA 卡对于运行 Kubernetes 没有什么用处，建议关闭。

④ Enable PCCARD debugging：不需要在部署了 Kubernetes 的操作系统上开发设备驱动，建议关闭。

⑤ ACP 电源优化选项：该项没有什么用处，可以考虑关闭。

⑥ FileSystem 配置：Linux 内核可以支持一大批文件系统，建议保留 EXT4 和 XFS，因为它们是最成熟的，而其他的文件系统选项则建议关闭。

⑦一定要删除没有用处的设备驱动。

当然，根据业务场景，也可以考虑关闭更多的模块。

2）优化引导性能以及 Linux 内核性能，如优化 bootloader、修复 BUG、优化性能等，具体如下。

①通过修改 BIOS 的配置将 CPU 频率设置到最大。

②磁盘 I/O 的优化主要通过硬件和软件配合来实现。对于硬件，强烈建议采用 SSD 或者 NVME，几乎没有寻道时间，速度很快。另外，硬盘内置的芯片也会优化寻道的方式。此时，无论启动或者正常运行，都能得到较好的加速。

③启用 DMA，加快内核引导时间。

④从 Linux 内核镜像解压缩出 Linux 内核的过程会消耗较长的时间，所以可以采用未压缩或者快速解压缩的 Linux 内核。

⑤关闭控制台，尤其是串口控制台，可避免启动过程中的控制台输出开销。

⑥关闭调试接口以及 printk，可避免相关的调试开销。

⑦避免在启动时使用 RTC 时钟，可减少 RTC 同步带来的延迟。

⑧通过硬编码加载重定位信息的内容，可减少加载模块的开销。

⑨使用 Alessio Igor Bogani 的内核补丁来改善模块加载时间。

⑩把模块加载到 Linux 内核镜像，避免模块加载的额外开销。

⑪ 强制内核使用 ide<x>=noprobe 命令行选项，从而绕过 IDE 侦测，减少 IDE 启动和侦测的开销。

⑫ 允许探针（Probe）函数或者其他函数并行处理，从而让耗时的启动活动并行执行，以充分利用多核的优势，减少启动时间。

⑬ 允许驱动总线侦测功能尽可能快地启动（之后挂在上面的设备就可以尽快完成侦测）。

⑭ 延迟不重要的模块初始化函数到主要启动过程之后，也就是给主要启动过程更高的优先级。

⑮ 检查内核正在使用哪个内存分配器，可采用 Slob 或者 Slub。早期内核默认使用 Slab，可根据需要切换使用 Slob 或者 Slub。

⑯ 如果系统不需要，则可以从 Linux 内核中去掉 SYSFS 甚至 PROCFS 支持。有一项测试表明，删掉 SYSFS 可以节省 20ms，大大减少了延迟时间。

⑰ 通常，新的编译器能够产生更优的 Linux 内核二进制代码，为当前 Linux 系统升级内核后，会获得更优的内核运行性能。

⑱ 如果在内核中用到了 initramfs 文件系统和压缩了的内核，那么最好不要再压缩 initramfs 文件系统，以避免重复两次解压数据。另外，如果要极小化启动时间，最好不要使用 initramfs。

⑲ 同样的文件集在不同的文件系统中拥有不同的初始化（即挂载）时间，这取决于是否必须将文件系统元数据从存储器读到内存，并且在挂载过程中决定使用哪种算法。

⑳ 在文件系统分区方面，启动分区和业务数据分区分离，优先加载启动分区可以优化一定的启动时间。

㉑ 如果 CPU 支持 NUMA 架构，那么在 BIOS 配置中一定要开启使用 NUMA 的设置，这样可以让启动和应用运行的性能大幅提升。

㉒ 中断可以使得正在运行的程序暂时挂起，让 CPU 暂时去干别的事情，这是操作系统利用 CPU 时间的策略。但是中断多了，程序的性能会受到很大的影响，可以安装 Irabalance 程序，它能够根据 CPU 负载的情况合理而均衡地分配中断，从而提升启动和应用运行性能。

㉓Linux 内存采用分页管理，大页可以提高物理内存的访问速度，高地址端在内存充足的情况下可以向低地址端所在的 zone 申请预留的内存页。可以通过配置系统的 /proc/sys/vm/lowmem_reserve_ratio 参数来设置预留比例。

㉔ 优化冗余的 HugeTLB 页，降低内存开销，提高启动或者正常运行的性能。

㉕ 增加 eBPF 通用 helper 函数，使得利用 eBPF 功能的软件得到性能提升，如 Cilium（一种 Kubernetes CNI 的实现，用于实现多层次网络的网络套件）。

（2）系统组件或用户态层程序的性能优化

1）尽量减少 Linux 启动时要启动的服务数量以及应用程序数量。

2）减少执行 RC 脚本的开销。

3）以并行方式而不是以串行方式执行 RC 脚本。

2. Linux 正常运行期间的性能优化和稳定性优化

1）根据工作负载情况动态调整 CPU 的工作频率（不需要重启），按需提高性能和降低能耗。

2）CPU 和主内存之间的运算速度是差异巨大的，可以简单理解为：L1 Cache 分为指令缓存和数据缓存两种，L2 Cache 只存储数据，L1 Cache 和 L2 Cache 是每个核心都有的，而 L3 被多核共享。那么问题就在于多核 CPU 为了保证数据一致性，一旦不同的核通过多线程同时读取位于同一个缓冲中的缓冲行（L1 ~ L3 缓冲数据的单位），就会形成竞争关系，不知道哪一个数据是最新可用的。所以，CPU 采用的策略是简单粗暴地把所有缓冲行重新从主内存加载，就避免了不一致性。但是这样会重新加载全部数据，性能就表现得不好了。此时，一种方案是可以考虑采用 CPU Pin 的方式让一组线程永远在一个固定的核上运行，这就在很大程度上避免了共享竞争的问题，但是 CPU 这一参数并不能给予保证，这取决于 CPU 提供者是否实现了强制独占或者使用了更好的策略。不过根据经验来看，这相当于变相地限制了人们对 CPU 型号的选择。限制了选择并不是什么好事，以后会因为业务的需要，当需要更多其他型号的 CPU 时处于两难的境地。另一种方案是，利用 Linux 的 Cgroup 机制来限制线程或者进程只能被分配到一个固定核上。这种方式比较通用，并且和 CPU 型号无关，最关键的是，它可以在运行态时进行动态设置，并可以实现针对不同的容器采取不同的策略。

3）Linux 采用 3 种水位线来标定内存回收的时机，即 high、low 以及 min。当水位线小于 low 而高于 min 时引发内存回收动作，因为业务对内存有需求，当内存回收赶不上内存的分配速度时，极有可能导致内存水位线突然降低到 min 以下，说明无闲置内存可以分配了，那么新的业务处理就会被堵塞以处于等待状态。有效的办法是，根据需要通过动态设定 /proc/sys/vm/watermark_scale_factor 在不同水位线的差值，让系统尽可能回收更多的内存，另外，需要通过设定 /proc/sys/vm/min_free_kbytes 来抬高 min 水位线，使得回收尽快被触发，以及使得内存尽可能满足需要。

4）优化磁盘 I/O，可以使用独立分区挂载磁盘的方式把日志和其他存储内容分离。另外，业务上也可以使用远程存储，如 Ceph 或者 OSS 对象存储，可使得本地磁盘 I/O 降低（I/O 分离架构）。对于运行在其上的各类云原生中间件，它们都有自己独特的存储方案，比如，Pulsar 通过 BookKeeper 来实现分离的存储方案，所以存储 I/O 的优化可以得到很多方面的支持。

5）强烈建议使用支持 DPU 或者多队列的物理网卡、虚拟网卡，它可以提高网络吞吐量。另外，现代的很多网卡集成了很多功能来处理网络数据包，把本来是软件上的网络优化能力下沉到了硬件里面，从而使得 CPU 的处理时间大大减少。比如，TCP/IP 头部校验和原先是在软件部分处理的，现在则可以开启网卡的对应功能来由硬件来完成处理，提高了协议栈的性能，同时降低了对 CPU 的占用率。不同的网卡实现差异化的功能不同，所以可以选择优化选项比较多的网卡来实现软件网络配置下沉的功能。

6）内置安全扫描工具，根据 CVE 变更及时对安全漏洞进行修复。

7）支持内核热补丁升级的功能，保障业务的连续性。

8）在公网访问较多的场景中，可以将网络模块拥塞控制算法修改为 BBR（Bottleneck Bandwidth and RTT），从而提升公网访问的带宽稳定性。

9）可以使得内核支持新的 Budget Fair Queueing 的 I/O 调度，实现提高访问云盘性能的效果。

10）IPVS 的统计定时器（Estimation Timer）在连接数较多的情况下会长期占用 CPU 时间，从而容易导致网络包接收的波动。所以，可以将 IPVS 的统计定时器放到节点中执行，并且添加 sysctl 命令关掉 IPVS 的统计，以彻底抑制统计定时器引起的波动。

在继续后面的讨论之前，细心的读者一定会想到，在当前讨论的优化或者后面讨论的优化中，有一些是对 Linux 本身的模块或者组件的静态优化，有一些是针对 Kubernetes 所做的一些静态优化，也有很多是根据容器、Kubernetes 运行态所做的动态优化，而 Kubernetes 本身并不能实现这些，所以这些 Kubernetes 进程以外的优化、配置或者管理能力，需要一个云原生的运维代理来实现。

6.1.4 面向 Kubernetes 的性能优化和稳定性优化

Kubernetes 本身的性能以及稳定性也是非常重要的，有如下若干优化手段。

1）当容器发生了滚动升级时，如果五元组连接记录没有发生变化，新的 TCP SYN 包命中了旧的 IPVS 五元组连接记录，并且需要被调度到新的目的地址，则 IPVS 默认会丢掉 SYN 包，导致 SYN 包重传，从而引发 1s 的延时问题。所以为了能够实现几乎没有时间开销的、直接切换到新的真实节点的效果，可以在新 Conntrack 项已经存在的情况下，通过释放 Conntrack 中的 TIME_WAIT 状态的连接，将其调度并替换为新连接。

2）容器内的应用查询固定的地址或端口的 DNS 会让相应 Conntrack entry 变成 stream mode 状态。因为 DNS 请求的类型是 UDP 无状态的、问答式的，时间很短，所以会导致 Conntrack entry 维护了很多无用的 UDP Conntrack entry。如果不能及时清理，则可能导致 Conntrack 表膨胀引起 NAT 的性能下降。所以，需要进行两个方面的优化：当 UDP 连接持续 2s 以上才会被设置成 Stream mode 状态，从而避免了 Conntrack entry 的快速膨胀；缩短默认 UDP Conntrack 的过期时间，从 180s 缩短到 120s，让其更快过期，从而减少对 Conntrack entry 的影响。这样可以实现 UDP 的 Conntrack 表项减少到原来的一半。

3）开启 eBPF，以便支持 Cilium 等先进的高性能网络解决方案，同时为 proxyless 方式的服务网格架构奠定了底层基础。

4）通过 CGroup Controller 利用 PSI 压力模型、per-cgroup kswapd、Memory Priority 等功能实现 BufferIO Control、TCP、CPUSet、Mem、NUMA 等细粒度资源的配置和动态更新，在逐步提升资源利用率的同时保障应用间的互相干扰降到最低。

5）选择成熟、性能合适的文件系统。文件系统规划易被忽视，文件系统的稳定性以及性能对系统的影响是很大的。Linux 社区目前有几十种文件系统，其中 XFS 和 EXT4 用得最为广泛，这是因为它们都非常成熟。它们都是日志型文件系统，都可以在文件系统崩溃时快速修复，都支持配额和扩容，都满足 Kubernetes 对磁盘扩容特性的需要。XFS 的性能比 EXT4 差，但是资源占用相对较少。XFS 支持的单个文件和总体容量远远大于 EXT4。XFS 支持快照，这对复制很有益处，但是 EXT4 不支持。安装 XFS 的速度要比安装 EXT4 快许多。综合考虑，XFS 是比较好的选择。

6）针对 Kubernetes 各组件的特点进行隔离分区的设计，分离 I/O 依赖以提高性能表现。这个问题判断的逻辑是，需要了解管理 Kubernetes 各种组件的运维代理需要向文件系统写或者读什么，需要了解 Kubernetes 各组件需要向文件系统写或者读什么，需要了解承载业务的容器以及业务本身需要向文件系统写或者读什么。

①云原生运维代理的分区。为了能够维护 Kubernetes 本身的组件，需要一个独立的运维代理。因为 Kubernetes 本身只是虚拟机或者物理机操作系统上的一组普通进程而已，进程不

可能自己管理自己，所以需要一个独立的程序来实现对这些 Kubernetes 进程的管理。另外，可能会有 Kube on Kube 的部署方式，也就是在 Kubernetes 上再部署若干个 Kubernetes 实例，这些实例的组件都是被容器化的。这就像套娃，最外面的那个套娃是需要直接运行在操作系统上的运维代理进程来管理的。看起来这种嵌套关系会使得操作系统分区情况变得异常复杂，其实并不是。因为只有最外层的运维代理需要一个独立分区来存储所有的日志和相关配置文件，因为日志读写配置频繁，所以把这个独立分区挂载到独立磁盘上会比较好。而内部嵌套的 Kubernetes 各个组件则相当于在容器范围内，它和容器所存储的空间一致，只是分成不同的标准化目录罢了。

② Kubernetes 控制面各组件的分区。Kubernetes 控制面的各组件也是程序包，它们最初来自一个软件仓库，并被云原生运维代理安装到操作系统上。那么在安装或者升级时，原始安装包和已经安装的组件会在不同的分区下，因为原始安装包相当于远程软件仓库的镜像或者缓存，它应该按版本号和组件名进行组织，作用是重装 Kubernetes 或者回滚版本时就地使用原始安装包，而不需要从软件仓库重新拉取，这样就大大提高了部署或者回滚的性能表现。另外，每个已经加载到操作系统的、已运行的控制面组件都会产生日志，这是一个读写频繁的区域，最好是独立挂载到一个磁盘上，并且由云原生运维代理维护文件的尺寸，以保证不将磁盘写满。

③ Kubelet、容器引擎以及业务应用的分区。Kubelet 运行在数据面节点上，它本身的原始软件包或者日志也可以通过独立分区挂载到独立磁盘上，但是因为数据面节点的数量可能较大，会导致成本飙升，所以可以设立共享存储来存储这些内容。容器引擎需要考虑两个方面：第一个方面，镜像缓存的存储以及日志也可以通过独立分区映射到共享存储当中去，只是和 Kubelet 分布在不同的共享存储目录而已，从上层视角来看，是分配到了不同分区。第二个方面，容器日志可通过独立分区映射到共享存储目录，业务应用的本地存储卷和日志可以考虑放在本地存储，这是为了兼顾性能。综合来看，把不同存储 I/O 进行分离，有利于分别管理和提高性能。

综合上面的分析，分区的原则就是保证各不干扰、井然有序，并在一定的经济条件约束下尽可能地分离存储 I/O，从而提高整体单个节点的性能。但也不是必须挂载外部磁盘来分离存储 I/O，只是希望如此，毕竟会有一定的成本。

7）默认安装必要的、面向容器环境的基础软件，如 Docker 引擎、数据采集装置、运维脚本、安全扫描工具等，从而实现一定程度上的成本节约。

以上的优化手段是对 IaaS 资源而言的。在用户的角度看，云平台厂商的虚拟机就和"硬件"一样，具备一样的结构。因为虚拟机实际是虚拟化软件，有可能已经进行了很多优化，那么此时对 Kubernetes 运行环境的优化要分情况对待，可以由云原生运维代理观测当前环境的属性，比如检查是否是虚拟机或者有哪些启用的优化选项等，那么就可以实现对优化选项的自动化选择。

6.1.5 高可用方案

所有分布式系统的高可用方案都是基于机器多副本或者软件实例多副本来实现的。这就意味着，如果只是非常"粗犷"地估算可用资源的容量，则会带来更多的成本开销，所以需要有一种量化的方式来寻找到某种恰当的高可用方案。

1. 如何通过量化方式寻找到恰当的高可用方案

高可用指标是与业务模型维度相关的，比如：一个面向办公场景的企业级 SaaS 系统，不可能在零点到凌晨 5 点间满负荷运行；一个大型电子商务平台型系统面向全球全时区提供服务，所以被要求满足 $24 \times 7h$ 的服务可用性。为了度量不同业务上下文下要求的可用性，一般会使用可用性指标 Ao 来表示系统能够达到的可用性。Ao 的计算公式如下。

$$Ao=MTBF/(MTBF+MTTR)$$

式中，MTBF 是两次故障的平均间隔时间，也就是平均正常工作时间；MTTR 指平均故障修复时间。把上述公式的分子、分母同除以 MTBF 后，得到如下变种公式。

$$Ao=1/(1+MTTR/MTBF),[MTTR>0||MTBF>0]$$

因为 MTTR、MTBF 在数轴上趋于不可预测的远处，又因为"无限"这个尺度基本是人类还没有证明的空间，无法独立规范微观尺度，所以把 MTTR/MTBF 定义为 Ap，代表一种两个大量相除后变成小量的方法（物理学上总用这种办法），则必有如下变种公式。

$$Ap=(1-Ao)/Ao,[因 Ap>0，必有 Ao>0 且 Ao<1]$$

此时，因为 Ao 被规范到一个区间，能被有限观察，因此可以认为基于这个区间的数学归纳法是严谨的、可被度量的。

可以认为 MTTR 与 MTBF 之比越小，Ao 越大。很多材料都把 MTBF 和 MTTR 区分来看，这里把它们看成一个对立、统一的整体，即考虑了系统性，而不是从部分视角来考虑。这里争取的是 Ap 的最小化，相当于把追求 Ao 最大化转换成追求 Ap 最小化的问题。这里对度量 Ao 最大化的问题有些无从下手，因为多大算大？Ap 多小算小呢？这很容易看出，它越接近于零就越小。理论上无限等于零是最好的，但是在实际中很难达到，但至少有了一个可以度量的理想化目标。

按照国际惯例，Ao 有表 6-2 所示的指标体系，随后把其转换成对应的 Ap。

表 6-2　可用性的转换规律

90% （1个9）	99% （2个9）	99.9% （3个9）	99.99% （4个9）	99.999% （5个9）	99.999 9% （6个9）	99.999 99% （7个9）
0.1	0.01	0.001	0.000 1	0.000 01	0.000 001	0.000 000 1
10^{-1}	10^{-2}	10^{-3}	10^{-4}	10^{-5}	10^{-6}	10^{-7}

如表 6-2 所示，通过数学归纳法（因为 Ao 被约束在 0 ～ 1 范围内，一切结果都可以被

显然地明确而不需要继续证明，所以是严谨的）得知：

$$Ap=10^{-n}, [n=Ao \text{ 的整数系数，且 } n>0]$$

从数轴上看，它按照一个指数曲线逼近于零点（Ap 永远不可能是负数，也不可能等于零）。在这个曲线中，一个期望的可用性级别，比如 7 个 9，那么 $Ap=0.000\ 000\ 1=\text{MTTR}/\text{MTBF}$（这里把 Ao 曲线换算成了一个关于 MTTR 的、斜率是固定的 0.000 000 1 的斜线。换句话说变成了纯正的线性关系，那么 X 和 Y 之间的变化关系一目了然，算是 Ao 公式的二阶效应）。不通过原始 Ao 公式就能非常直接地得出这个常数公式，虽然直接从原始 Ao 公式进行计算也能得出来，但是 Ao 和 MTTR 以及 MTBF 之间的关系计算不是那么直接。这说明 MTTR 以及 MTBF 的值是可变的，只是它们的比不变。在一个固定的 Ao 级别下，在不同的业务场景需求下可以有不同的 MTTR 和 MTBF。也就是说，可以采用不同的优化策略来得到一样的效果，这就为在不同的场景下以成本最低的方式进行优化并保持一致的可用性提供了理论基础。

这可不是数字游戏，它有实际意义，别以为在 7 个 9 下就是安全的，还要看微观结构。这个微观关系容易被忽略，但是确实非常重要。对于 API Server，管理链路的流量本来就不多，最主要的是要保障业务线路的稳定性，所以如果不知道在一定 Ao 下会根据场景的不同具有不同 MTTR 和 MTBF 组合，则会出现这样的情况，会不假思索地认为 API Server 链路的可用性会降低，如 2 个 9。但实际上，在人工维护条件下，不用费力就可以实现 7 个 9 或者更高的可用性，因为 API Server 不太容易出现问题，它会安全运行很长时间，也就是 Ap 足够小，是可以得到 6 到 7 个 9 的可用性 Ao 的。但是 2 个 9 的估计大大增加了人们对整体系统稳定性的担忧，导致过度设计系统的可用性保障，从而花费更多的时间和金钱。如果将 KubeProxy 高估成 7 个 9，那么也可能是人工维护的，但是偶尔正常运行时间很长，算起来 Ao 很高，掩盖了 KubeProxy 面向客户流量压力大的事实，在突发流量下，Ao 可能变得不稳定。所以 Ap 给人们了一个考虑合适的高可用方案的窗口。

2. Kubernetes 核心组件的高可用方案

为了尽可能做到恰到好处的高可用，分析如下。

（1）etcd 高可用方案

etcd 是 Kubernetes 中唯一有状态的原生组件（镜像仓库虽然也是有状态的，但是不属于 Kubernetes 原生的组件，是第三方的组件），它负责存储 Kubernetes 所有资源对象的配置数据、状态数据和元数据等。最关键的是，API Server 每增加一个 CRD，都会通过 SharedInformer 机制监测 etcd，资源对象越多，对 etcd 的请求就越多。如果它的容量和性能无法支撑 Kubernetes 对它的需求，那么整个集群就会不稳定。比如，因为 etcd 线程池满了而无法接收新的请求，导致集群无法扩容；或者因为 etcd 扛不住请求的量，使得有些 Kubernetes

控制器得不到 Pod 集合信息，但发现实际存在这些 Pod 时就会卸载这些 Pod，从而导致业务系统不可用等。那么，etcd 的可用性就至关重要了，可以设定它的高可用目标是 7 个 9，Ap 零点绝对差为 10^{-7}，Ap 足够小了。因为是核心组件，因此需要更快的修复和更长的可用时间，所以 MTTR 越小越好，MTBF 越长越好。有两个角度可设计 etcd 高可用的途径。

其一，在一定拓扑架构下必须实现 etcd 运维自动化，因为希望 MTTR 足够小。

其二，无论何种拓扑架构，etcd 必须实现集群化，要有多个副本来承担流量，并采用副本容灾，失去几个不稳定节点对整体服务支撑没有影响。如果没有 Ap 分析，那么大概率落地时会只盯着集群化的方案，而不会考虑如何自动化。

基于多副本架构实现的高可用方案存在两种设计决策：

其一，**存算一体式**。就是把 Kubernetes 控制面组件和 etcd 部署在同一个节点上，作为整体的同时部署多个节点实例。图 6-2 所示为存算一体式架构的具体设计。

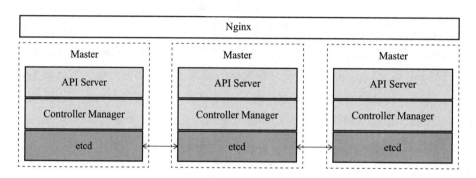

图 6-2 etcd 存算一体式架构的具体设计

如图 6-2 所示，这种拓扑的好处是节点需求少，搭建简单。缺点是 etcd 和节点内的其他 Kubernetes 组件部署在一个操作系统上，共享 CPU 和内存，一旦节点或者 Kubernetes 组件出现故障，就会丢失 etcd 实例或者影响 etcd 实例的工作状态。反过来说，etcd 本身的稳定性又在影响 API Server 等组件的稳定性，使得 Ap 微观关系变得扑朔迷离，那么就很难做到低成本的运维。为了降低运维风险，要么增加节点副本数量，要么在 MTBF 指标尽可能长的条件下实现自动化运维来降低 MTTR，自动化方案本身也会增加平台研发成本。综合来看，如果为了节约成本来部署这种方案，那么自动化方案会比较复杂。而这种架构搭建确实十分简单，所以在这种"存算一体式"条件下，最好的方案是添加节点副本来实现存储服务高可用。

其二，**存算分离式**。相对存算一体式，分离式就是把 etcd 和 Kubernetes 组件分离部署在不同的节点上，如图 6-3 所示。

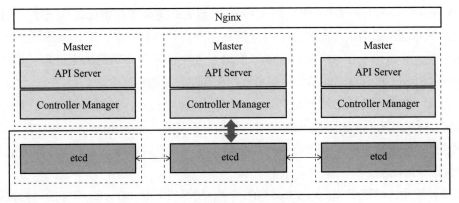

图 6-3　etcd 存算分离式架构的具体设计

如图 6-3 所示，分离式克服了一体式的缺点，Master 的崩溃对 etcd 的影响较小，反之，etcd 的崩溃对 Master 的影响也较小。所以即便是某些 Master、某些 etcd 实例都崩溃了，影响也不大。各自都可以独立升级和扩容，认为 MTTR 可以被拉长，那么是否需要实施自动化运维？本书认为，中小企业在技术能力不强的情况下可以考虑弱自动化或者不自动化，但是要具有监控告警等组件；大型企业因为规模化原因，节点会非常多（是一体式的双倍），手工维护几乎不可能，在巨大的运维压力下，必须实现自动化运维的功能。在相同的高可用拓扑架构下，采取不同程度的自动化手段，也能实现几乎相同的 Ao 水准，并同时平衡了成本的问题。运维代理可以实现自动化能力，会在后续进行讨论。

（2）API Server 高可用方案

API Server 得益于把数据和状态都保存在了 etcd，其本身不具备任务状态，每个 API Server 实例在能力上都是对等的，所以可以灵活地进行实例拓展。为了使得访问它更方便，可以考虑在多个 API Server 副本前面加入一个负载均衡器。因为单个负载均衡器可能存在单点问题，所以还会采用集群的方式来构建负载均衡器的高可用集群。负载均衡器会对 API Server 的健康性进行检查，不健康的节点会被负载均衡器从其地址缓冲池中移除，以防止服务不可用的情况。不过它还隐含了一个风险，这里先介绍 API Server 高可用的拓扑架构，如图 6-4 所示。

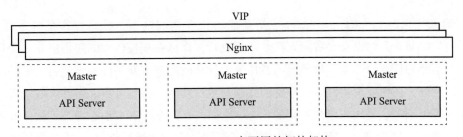

图 6-4　API Server 高可用的拓扑架构

在图 6-4 中，API Server 有时会出现 timeout 或者拒绝服务的情况，据统计，大部分是因为 etcd 的问题引起的。之前讨论了 etcd 的存算分离式部署方案，即 etcd 成了 API Server 的共享资源。那么为了让 API Server 尽可能地不被 etcd 某个实例的绑定带来可用性问题，可以在 API Server 和 etcd 之间增加一层负载均衡器集群来隔离风险。

因为 API Server 的核心组件是 Controller 和 Scheduler，它们都有自己的高可用方案来保持稳定，所以从宏观来看 API Server 本身是相对稳定的。对于 Ap 而言，也就是 MTBF 时间会比较长，那么可以根据自己组织的业务情况考虑是否需要缩短 MTTR，即决定是否实现自动化运维的功能。

如果有条件，就使用 Kube on Kube 的架构，使得当下 Kubernetes 组件的运维被完全托管于上一层 Kubernetes，这样思考的时间都可以省略了，但是前提是得有 Kube on Kube 的架构。

Controller 和 Scheduler 可以采用多副本实例进程并使用基于租约选举的算法确定 leader 的方式来实现高可用，这是 Kubernetes 的标准功能，所以这里不再赘述。

（3）Kubelet 高可用方案

理论上，一个 API Server 可以管理 2000 多个节点的集群，Kubelet 分布在每个节点上，手工运维是不可能的，所以一定要实现自动化，主要是对它进行版本维护、保活以及安全加固等事宜的自动化操作，这是本地运维代理的工作。自动化保证了其 MTTR 尽可能短。从统计来看，Kubelet 很少出问题，所以 MTBF 会很长，达到 7 个 9 是不成问题的。

对于业务高可用，比如 Pod 的高可用完全是 Kubernetes 自己的事情、多集群高可用完全是中心云控制器的事情，所以这里就不赘述了。

从整体高可用的方案来看，虽然整体要求 7 个 9 甚至更高，如果不进行 Ap 微观分析，那么成本是很高的。采用了 Ap 分析方法后，可以根据不同组织的实际情况采用合理的成本组合。

至此，已做完拓展 Kubernetes 的基础准备。

6.2 云原生运维代理平台

无论 API Server、etcd、Kubelet 还是其他的软件基础设施，都是操作系统普通进程，如果它们的安装、升级以及参数配置都是手工进行，那么在规模较大的集群里是一个耗时不短、花费不菲的任务。然而在物理机或者传统云计算的底座上并不能够天然自发地处理其管理任务。另外，还想实现软件以及配置的终态一致性功能，一旦节点、组件失效就可以在节点、集群等级别上恢复成与原先一样的状态（比如，有人在机房不小心卸载了软件或者搞错了配置，会自动进行恢复；黑客入侵后修改了配置，会自动进行恢复。）这些都是很复杂的任务，因为被管理组件本身就很复杂，面对的场景也在时空中存在很多动态发展的差异性，更何况它们还是以分布式的方式部署在成百上千的节点上。面对这样的环境，有可能设计一个合理的、高效的运维代理平台吗？

1. 云原生运维代理平台宏观架构分析

运维代理平台是落地云原生的一个关键，但是这一点容易被很多人忽视，因为它似乎总是不显山、不露水的。实际上，它本身的复杂度也足够可以写几本书来论述了，所以这里将聚焦在核心产品以及核心技术的架构设计思路上。

（1）云原生的运维代理平台产品特性

云原生的本质是凭借云的优势并以应用为中心，那么云原生的运维代理平台产品与传统运维平台产品最大的差别就是：**高度自动化，将运维价值延伸到应用层，并能适应所有场景的功能等**。它已经突破了传统意义的运维平台的定义和范畴。因此，在设计思想上无疑要有新的突破，同时在实现上相比传统方案有更大挑战性，具体体现在以下几个转变。

1）从面对 IT 物理实体的、面向运维规则的运维思路转变为面向抽象数据的、声明性命令的，**体现了自动化价值，其本质是体现了数据的价值**。

2）从被动的运维规划转变为主动的预测，**体现了数据的价值**。

3）从位于 IT 资产成本中心的地位转变成可以向业务赋能的 IT 运营中心的地位。综合来讲，**体现了 AI 的价值，本质上还是体现了数据的价值**。

4）基于数据智能的同时体现了对应用层面的支撑，使得应用上云更加简单、高效。

如果希望给这个平台设计一个吸引人的广告词，可以这样说："云原生代理平台通过开放式产品架构将 IT 环境中内外孤立的运维数据进行了统一融合，借助机器学习算法、数据分析技术和全局搜索能力，帮助企业实现自动化故障修复、IT 运营趋势预测和业务分析洞察等能力"。从中可以看出其内核是"**数据的价值**"，所以云原生运维代理平台是从围绕数据并持续向上为应用赋能的角度展开设计的。而对应用层来说，数据价值已经是不争的事实，现在连基础设施都在体现数据的价值，这也许说明了一种非常现实的可能性，数据本身有可能成为应用和基础设施之间的黏合胶水。

（2）COAP 整体架构

从 COAP（Cloud-Native Operation Agent Platform）整体架构角度来看云原生代理平台的全闭环架构，COAP 整体架构如图 6-5 所示。注意，COAP 是本书为了简化表达运维代理的一个代号，并非专业名词，也不特指某种市场上存在的软件。

在图 6-5 中可以发现以下信息。

1）运维代理从云全栈结构中端到端地收集各类运维数据。这些数据源于操作系统用户态数据，比如用户态进程资源的使用情况、用户态进程的运行情况等。

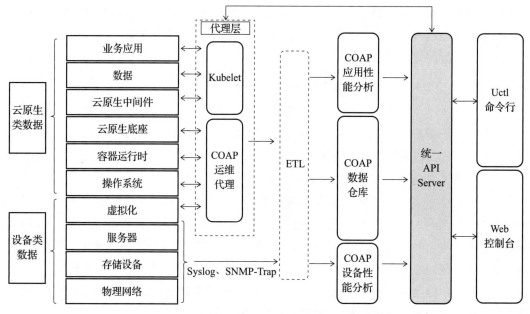

图 6-5　COAP 整体架构

2）运维代理收集的运维数据经过 ETL 清洗处理后（去除噪声提高质量），将高质量数据分别注入应用级 APM、数据仓库（基于批流一体计算平台的数据仓库，批流一体是指批量计算与流式计算整合到同一个计算集群上的大数据计算方式，优点是时效性高和节约成本）、设备级 APM 当中以进行运维维度的处理。其中，APM 是"应用性能管理"的英文缩写，是分析性能并执行相应策略的一种服务或者软件平台的总称。

3）运维代理监测统一 API Server 来实现按数据模型驱动的联动，比如安装或者升级操作系统版本、优化系统参数、维护 Kubernetes 组件等的操作。

4）Uctl 是一个 Kubectl 命令行插件，对接了统一 API Server 的 REST API，可使用命令行进行查询或者操作。

5）Web 控制台是一个 Web 图形 UI，对接了统一 API Server 的 REST API，可以使用 UI 元素查询图表或者进行相关操作。

图 6-5 中的交互过程体现了智能化运维平台的基本样貌，同时体现了这些架构要素之间的协同关系。其中，架构的关键交叉点是 COAP 运维代理、性能分析组件、数据仓库以及统一 API Server。图 6-5 还体现了智能化运维平台的核心思想：**融合与响应闭环**。融合是指 APM 和大数据的融合：首先，能够实现运维因素关系化（可以定位根因）；其次，可以实现运维数据指标化；最后，利用基于精准数据分析的运维数据指标，API Server 通过控制器或者聚合层服务器反向控制运维代理来实现对真实物理实体的操作。

1）运维代理是数据采集和运维动作的具体执行者。而它的管辖内容包括虚拟化层、操作系统、容器运行时、云原生底座，上面的应用层部分其实是云原生底座自己要管辖的。

2）APM 和批流一体计算平台是挖掘数据价值的中间者，它们对基于运维代理收集的经过噪声清洗处理的数据进行分析，能够帮助系统及时发现符合相关模式的故障，并根据一定的动作框架所制定的规则来通知运维代理进行运维动作。APM 和批流一体计算平台还会形成有价值的图表，为企业 IT 运营决策提供支撑。那么，**可以认为它们是有别于传统运维架构的最核心部分。**

3）统一 API Server 的 REST API 是对运维对象的高维度数据模型抽象，其对应的控制器是指挥者，是整个运维自动化的大脑。人员面对的是声明性抽象模型的运维，而不是具象的物理对象，隐含了自动化价值，这样才能实现真正的高效率运维。

"APM 和大数据融合"是目前业界的一个现实需求，除了以上对运行态的支撑，还体现在时间洞察力和趋势预测方面的价值上。过去花费数小时甚至数天的分析方式已经不能满足数字化时代的竞争需求。现代企业需要不断提升数字服务的效率。时间洞察力（Time to Insight，TTI），即收集、整理和分析信息所需的时间，以及洞察企业数字服务性能所需的信息，将成为衡量数字化效能的重要标准。在 APM 领域，在解决方案中加入自动化和预测能力，通过以用户为中心的业务指标来提升传统 KPI 和 SLA，进而衡量真实用户体验和 IT 解决方案对业务的影响。所以，这种融合体现着基础设施开始向以应用为中心的转变。

谁来使用这个平台呢？首先看运维代理执行层，它在云原生底座和虚拟化层之间，是和云原生底座具有对等地位的软件，云原生底座以上的部分是底座所管理的应用层部分。我们知道，云原生底座采用资源对象加控制器的方式来实现管理 Pod 等资源，所以如果为 COAP 运维代理以及对应的平台侧采取了不同的领域建模，那么意味着一个整体云的堆栈上需要三批运维人员来操作它，包括虚拟化层以下硬件部分的运维人员、COAP 运维人员和云原生应用运维人员。

虽然可以最大限度地实现自动化，但是声明性驱动还是需要人的输入的，那么虚拟化层以下硬件部分的运维工作其实可以委托给传统云平台厂商的人员，对外部是不可见的，这就是利用云的优势之一了。COAP 运维人员和云原生应用运维人员必然会同时存在于同一个企业当中，虽然领域不同，但是 COAP、云原生应用等确实是在运行态被集成在一起的，两批人员的沟通成本很高，这违反了云原生原则的设计，没有体现高效率的价值，所以两者一定会被融合在一起，必然会实现 DevOps 式的人力资源融合设计。比如，由业务研发人员从应用角度进行运维操作，但是这种融合和新的组织架构模式对技术架构设计提出了新的挑战。

（3）COAP 代理的产品功能分析

之前的讨论多多少少涉及了 COAP 代理的内容，这里要揭开它的面纱。先来给它做个"产品需求分析"，看看它到底需要实现哪些产品功能。COAP 代理需求分析如表 6-3 所示。

表 6-3 COAP 代理需求分析

分　类	产品功能
集群管理	IaaS 物理集群初始化、升级、卸载、热迁移，以及节点自动化分区。注意，IaaS 集群的管理，需利用云平台厂商提供的 API 实现
节点基础设施管理	节点参数优化，以及 Kubernetes 组件部署、升级、卸载、迁移
容器运行时管理	安装、升级 / 降级容器运行时，以及完成组件版本的升级 / 降级
OSI-Operator	自定义 CRD 或者进行三方 CRD 安装，以及完成 CRD 版本的升级或降级
OSI-SchedulerExtender	调度器拓展安装，以及进行调度器拓展版本的升级 / 降级
OSI-3I 组件管理	3I 组件安装、版本升级 / 降级，以及根据场景通过平台化手段进行拓展
其他	

从表 6-3 可以清晰地看到，COAP 代理需要实现的产品功能。另外，因为 COAP 位于云原生基础设施外部，作为管理云原生基础设施的基础设施，所以它可以作为完全独立的产品形式而存在。至此，产品部分讨论完了。

（4）COAP 代理技术架构

图 6-5 所示的 COAP 整体架构看似与 Kubernetes 体系结构有异曲同工之妙，都是 Master/Slave 架构，而且查看各类云平台的架构时都会有这个感觉。其实 Master/Slave 架构只是确定了控制与被控制的关系，并没有限制其内部的结构，面对的场景不同，内部结构就自然不同了。然而从分布式架构来看，似乎 Master/Slave 架构是最合理的。对于场景所对应的内部结构，应主要考虑以下几个方面。

1）功能的落实。

2）实现拓展性。

3）COAP 代理的部署和维护。

上面的第一条和第二条看起来是协调的，但是仔细思考后发现会有不妥，因为拓展性来自只提供机制不提供策略的框架思维，也就是说，COAP 代理是个"空架子"。类比前文分析的 Kubernetes 体系结构，就能理解这里为什么这么说了。那么，表 6-3 中的 COAP 代理要实现产品的具体功能是这个架子里的一部分还是外部的一部分？其实这一点都不矛盾，我们可以认为这些具体的功能只是 COAP 代理框架的默认实现，而且只是官方提供的实现，它可以被替换、被拓展或者被增加，这就解决了看似比较矛盾的问题了。

2. 基于开源构建云原生运维代理平台

自研代理是一个很复杂的工作，可以选择经过验证的、稳定的开源自动化运维产品作为基础并拓展成 COAP 代理运维的方案，这样就可以把技术风险进一步降低。

Ansible 是一种非常流行和优秀的自动化运维工具，集合了众多运维工具（Puppet、Chef、func、Fabric）的优点。我们可以基于 Ansible 进行拓展并进而成为 COAP 代理。COAP 代理技术架构如图 6-6 所示。

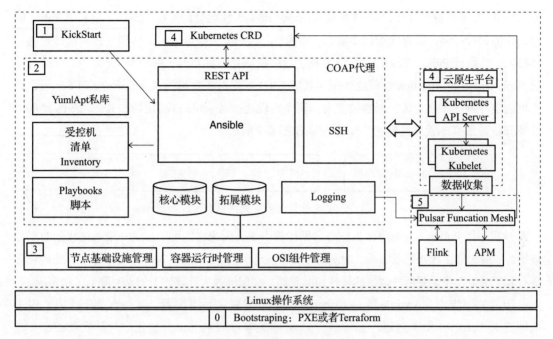

图 6-6　COAP 代理技术架构

先分析图 6-6 中标号为 2、3、4、5 部分的内容。标号 2 是基于 Ansible 拓展的 COAP 代理的架构，标号 3 是拓展的模块，标号 4 是云原生平台（云原生平台是更广大的定义，为了表达清晰，只标注了 Kubernetes 集群），标号 5 是批流一体计算平台和 APM。这是一个运维治理大闭环的流程，体现了 AIOps 和 APM 结合的威力。

1）KickStart 会在一个节点上部署 Ansible 并作为主控机，同时需要 KickStart 把其他受控机注册到 Ansible 的受控机清单 Inventory 中。

2）在 Ansible 中运行一个称为 initCloud 的 Playbooks 自定义脚本（initCloud 脚本不是 Ansbile 原生的脚本，需要云平台提供商的研发团队或者业务型企业的研发团队来实现）。此后，受控机集群按照 initCloud 自定义脚本的规则自动优化所有受控机的操作系统的参数，并自动地根据云原生底座部署模板安装 Kubernetes master 以及 Kubelet 节点，然后 initCloud 自定义脚本自动将 Ansible 的 REST API 端口信息保存在 Kubernetes 的 configMap 中。此刻，就有了一个就绪的 Kubernetes 集群了。

3）Ansible 自动地为该 Kubernetes 集群安装必要的基础组件，比如数据采集服务、Pulsar 消息服务、Flink 流实时计算引擎、Prometheus APM 组件、各类 CRD 和控制器、CI/CD 集成组件等。至于 KickStart 如何与 COAP 相结合并实现安装节点上云原生底座相关组件的问题，后面详细说明。

数据采集服务会源源不断地通过 Pulsar I/O 流入 Pulsar Function Mesh 进行 ETL 处理，并输出到 Flink 系统进行计算，APM 系统被用于实现基于性能分析的可观察性，它利用 Pulsar 的存储作为远程存储，所以无须同步数据（零拷贝）。Flink 会根据一定的数据分析算法计算出一些特征，并通过 Pulsar Function Mesh 处理之后将特征存储到 Pulsar 的一个 Topic 中，此时订阅该 Topic 的 Pulsar Function 会将此特征包装成 CRD 数据对象发送给 Kubernetes API Server，这样可能会导致一些自定义控制器被激发，从而实现通过 Ansible 自动化调整 Kubernetes 集群以及外部依赖的基础设施的能力。整个过程如图 6-7 所示。

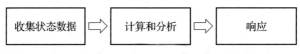

图 6-7　计算与响应处理过程

这里采用 Pulsar、Flink 等作为核心数据计算引擎，因为它们可以形成一个一体化的数据处理平台。而如果在智能化运维场景中使用传统数据仓库、数据湖等方案，则过于厚重，一体化方案有利于减少大量需要额外运维的软件和服务器，在保证强大计算能力的同时降低了诸多成本。

上面的架构中，Ansible 既是 Kubernetes 的部署者又是维护者，这一点都不矛盾。因为从创建 Kubernetes 集群到运行态运维，Ansible 的管理对象都没有变化，只是激发的核心或者激发的自定义拓展模块不同罢了。从另一个角度来看，因为需要融合多个运维团队为同一个团队以降低落地成本，所以 Kubernetes API 中部署一批 CRD 用于实现统一的运维管理和自动化管理能力，此时 Kubernetes API Server 又成为 Ansible 的控制面，这些 CRD 是针对已运行 Kubernetes 集群以及其内的容器世界的管理大脑。它们对应着 Ansible 和与这个领域相关的自定义拓展模块，而与操作系统优化相关模块、Kubernetes 部署模块等不存在任何矛盾。Ansible 只是通过 SSH 进行操作，资源占用少，对管辖范围内的软件影响很小。在侵入性几乎没有的情况下，拓展集群时所做的工作就少，精简的架构使得整体更加稳定、可靠。

3. 实现集群节点的初始化与不可变服务器部署

这里讨论 KickStart 这个软件如何与 COAP 相结合并实现安装节点上云原生底座相关组件的问题。

集群节点本身初始化的关键在于标号 0 的部分：

首先需要关心的是物理裸机部署的情形，标号 0 的部分使用了一种叫作 PXE 的硬件网卡来实现 Bootstraping（即为裸机安装和初始化操作系统的工作）。PXE 可以依靠某个 Linux 操作系统的镜像大批量地将 Linux 操作系统安装到物理裸机上，这一步需要依赖运维人员手工操作来实现。在操作系统镜像中事先内置了一个叫作 KickStart 的程序，它可以实现根据配置化的方式安装操作系统上组件的功能。在 PXE 安装完操作系统后，一般默认在集群中序号为 01 的机器上启动 KickStart。KickStart 会负责进行磁盘自动化分区处理以及安装 Ansible 的主控程序等操作。对于大于 01 号的机器，KickStart 会进行磁盘自动化分区、安装 SSH、加载证书及向 Ansible 主控机注册受控机的信息等操作，其中，注册动作造就了 Ansible 的 Inventory 中受控机清单的内容。随后，所有的集群内运维工作都由 Ansible 来负责了。为了能够实现对 Kubernetes 的快速安装和版本运维，Ansible 的自定义拓展模块只是实现了协调逻辑，具体安装是通过 Ansible 下发 SSH 指令到目标受控机，并由受控机的 Yum 或者 Apt 命令从私有软件仓库或者公共软件仓库安装对应版本的 Kubernetes 相关组件，之后由 Ansible 脚本验证安装状态并进行审计日志记录和版本记录等操作。

对于标号 0 的部分，还存在着一个更加云原生化的方案（Ansible 结合 Terraform 实现不可变服务器部署）。

这里突出了一个不可变服务器部署的概念，为了说明得清楚一些，需要先讨论它的对立面。对于可变的服务器部署，首先创建所需的虚拟机以及其他基础设施资源，然后通过 Ansible 对已经存在的服务器资源进行应用相关的配置和部署（如 Kubernetes 等的部署）。其部署过程看似非常快速、简便，但是在实际当中，当给操作系统打补丁抑或升级云原生基础设施所依赖的软件包时，可能会出现无法正常启动、DNS 解析异常、网络不可达、性能下降等现象，这些异常可能是无法预测的，甚至是无法控制的。即使部署成功，一旦线上环境产生不可预知的严重 BUG，当需要回滚时，因为可变服务器部署的不确定性，回滚的过程对于运维人员仍然是一项挑战。另外，当线上环境负载过高时，在可变服务器部署模式下，响应扩容的动作也不够高效。而不可变的服务器部署正是解决这些问题的合适方案。

不可变的服务器部署，其思路是只创建新的集群，不对现存的服务器做任何更新或升级。当新的集群部署完毕后，切换流量到新集群，再销毁原有的集群。因为放弃了原有的集群，因此自然就不会有类似可变的服务器部署方式的那些隐患了，而在实现上更加简单。在水平拓展集群时，只需根据镜像部署成新的虚拟机，作为额外资源加入线上集群即可。整个响应过程十分迅速且可靠。Terraform 与 Ansible 结合如图 6-8 所示。

Terraform 与 Ansible 结合会有如下的收益（云原生环境自动化交付）：

1）将云原生基础设施的代码基于 Git 或者其他源代码管理系统以版本化的方式管理，以此为基础实现基于 CI/CD 的发布流程。版本化为后期的维护升级以及集群回滚提供了依据。

2）通过开源的 Packer 将云原生基础设施所依赖的软件包和操作系统等打包成 VM 镜像，使得大规模构建云原生集群成为可能。

3）通过 Terraform 的加持，可以利用配置或者 IaC 代码来声明云原生平台的宏观架构（比如各类组件的组合、网络接入方式等）。Terraform 负责部署和管理虚拟机环境，并最终又由 Ansible 负责管理虚拟机环境以上的云原生软件部分。其结合实现了自动化的 Up（部署）和 Running（运行时管理）两个阶段的运维能力。

4）因为 Terraform 不仅可以实现物理逻辑的部署，也可以实现在不同云平台上的部署，所以自然而然地实现了统一架构的 COAP 既可以运行在私有 IDC 上也可以运行在各种云之上的能力。

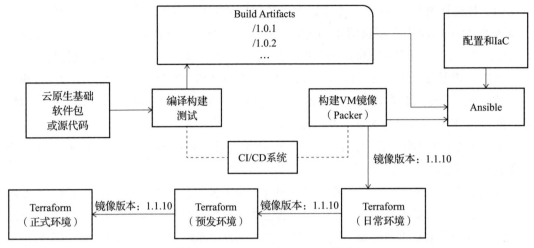

图 6-8　Terraform 与 Ansible 结合

Ansible 与 Terraform 的结合方案使得从虚拟机到整个云原生基础设施的部署转变为自动化的部署方式，并且依托于 IaC，其云原生平台产品的拓扑由原先的具象方式变成了声明方式，更加灵活，实现了声明性构建以及声明性运行时管理的能力（在运行时也可以通过 IaC 来修改基础环境的构成和配置）。基于 CI/CD 流程，也同时实现了灰度部署的能力，可以在出现问题时及时通过不可变部署方式进行升级或者回滚。

Terraform 以及 Packer 除了能够实现在物理机或者各个云厂商的云主机上创建虚拟机环境的能力外，还能够实现创建和管理 VPC 网络以及 SLB 等能力。所以，其创建能力、运维管理能力以及迁移能力等是整体化的自动化解决方案。

Kubernetes 控制面需要实现一个能够体现自动化运维治理的资源对象体系以及背后对应的控制器群，控制器会指挥 Ansible 做相应的操作，以实现自动化。控制器一方面接收运维人员的指令（统一运维控制面），另一方面接收批流一体平台的运维指令集，实现自动化运维能力。之所以这样设计，因为没有一个完全自动化的方案可以实现所有场景的需要，但是却可以实现对其中 80% 被规范化场景的自动化，另外的 20% 还是要交给人类。有关对象模型的详细设计，将在后续 COAP 代理平台关键组件实现的内容中讨论。

从架构上看，COAP 代理平台 =［（PXE+Kickstart）或者 Terraform］+Ansible+ 软件仓库 + 拓展模块 + 批流一体计算平台 +APM+Kubernetes 控制面抽象资源对象，COAP 代理由 Ansible+ 拓展模块构成。除了 Kubernetes，Ansible 也可以管理软件仓库、批流一体计算平台、APM 等关键组件。这个架构最终实现了基于高度融合的统一运维控制面的、数据模型驱动的智能化分布式运维治理能力。

对于 Kickstart、Ansible、Pulsar、Flink 等组件，读者可自行阅读相关材料，本书就不再赘述了。

4. 云原生运维代理平台的数据采集以及数据处理方案

数据如何采集以及如何实现数据质量保证是落地以数据智能为基础的自动化运维的关键之一。

从整体智能化运维代理平台的架构来看，需要从这几个层面安置数据采集装置：IaaS API 层面数据采集、节点操作系统层面数据采集、接入设备数据采集和 Kubernetes 组件层面数据采集等。

IaaS API 层面下的数据采集方案，比如，可以通过 IaaS 厂商的 API 查询虚拟机实例的运行状态数据（https://www.ibm.com/docs/zh/pssww2500/2.2.6?topic=management-monitoring）。云平台厂商会提供相关的 API，COAP 只需要实现一个计划轮询的任务来抽取数据即可。但是因为不同云平台厂商的 API 实现缺乏标准，存在较大差异，另外 Kubernetes 除了自己运行的云以外，它自己还会纳管其他不同的云作为资源供给源，所以需要在轮询查询任务和具体云平台厂商之间提供一个抽象隔离层，它能够为轮询任务提供统一的接口并向下提供适配各类云平台厂商 API 的能力。目前能够提供 IaaS 服务的云厂商是屈指可数的，这个隔离层的适配器部分会相对保持稳定，把所有适配器事先实现了即可。

对于操作系统层面的数据采集，在操作系统镜像模板中内置了 FileBeat 日志数据采集程序，它可以关注操作系统产生的相关日志，进行抽取并转发给 Pulsar 的 ETL functions。操作系统本身聚合了和自己相关的网络活动的日志或者数据（用户态），运维代理本身、Kubernetes 组件、镜像仓库等产生的日志数据会存储在文件系统之中（用户态），所以都可以使用内置的 FileBeat 来采集和转发到 Pulsar 的 ETL functions。

对于边缘计算盒子，可以部署一个静态 Pod。这个带有数据采集服务的 Pod，除了收集本地操作系统以及相关组件的数据并传送给 Pulsar 的 ETL functions 外，其中还放置了一个通过 SNMP 等协议轮询拉取设备日志的循环任务，由它不断地收集设备相关的状态数据并转发给 Pulsar 的 ETL functions。边缘数据采集方案如图 6-9 所示。

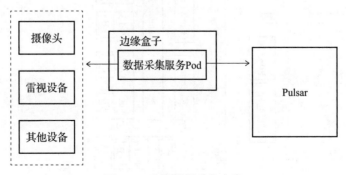

图 6-9　边缘数据采集方案

图 6-10 所示是数据采集方案的总结。

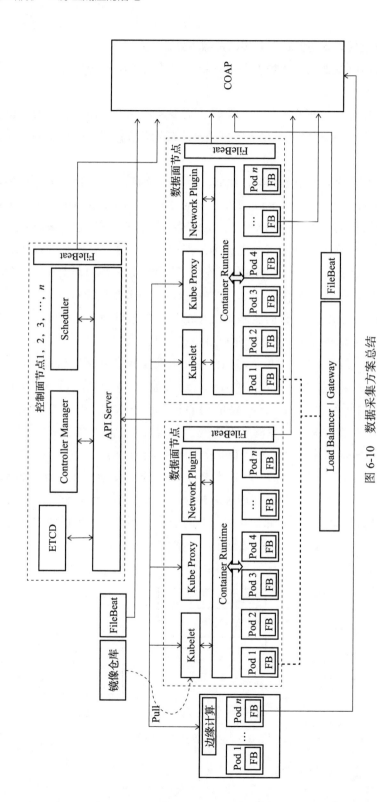

图 6-10 数据采集方案总结

在采集数据后，对所有收集的数据都要进行清洗操作，去除没有用的或者是有噪声的数据以便提高来源数据的质量，这样由大数据平台处理后得到的结果才能得到更好的质量保证。本书推荐采用的是 Pulsar 的 ETL functions 来实现数据的清洗任务。

Pulsar 提供一种可以编排的 functions 能力，它可以通过 Pulsar 消息服务的 Topic 抽取数据、加工数据再将处理结果转存到其他 Topic 中。利用 Pulsar functions 的这种能力可实现 ETL（数据抽取、清洗处理、加载等过程的简称）。有关 Pulsar functions 的使用，读者可自行阅读相关材料。这里关心的是如何设计这个 ETL 的逻辑。

对于 COAP 的 ETL 逻辑设计，数据清洗的目的可以从两个角度看：一是为了解决数据质量问题，二是让数据更适合进行挖掘。不同的目的都有相应的解决方式。COAP 数据处理架构如图 6-11 所示。

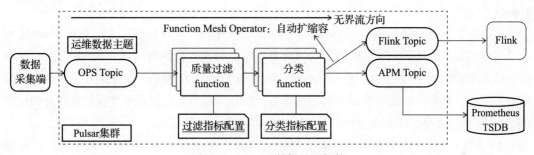

图 6-11　COAP 数据处理架构

在图 6-11 中，可以看到以下信息。

1）数据采集端将数据源源不断地发送到 OPS 主题（OPS Topic）中（Pulsar 此时采用的是无界流模式，可以把无界流想象成不间断的水流），此时质量过滤 function 负责对数据内容进行清洗操作。

①质量过滤 function：

根据过滤指标的配置，从下面几个方面过滤数据，只有符合标准的数据才能流入下一个 function（多个 function 构成的复合处理结构，叫作 Function Mesh）。

❑ 数据的完整性，例如运维对象中缺少名字、关键属性等。

❑ 数据的唯一性，例如不同来源的数据出现重复的情况。

❑ 数据的权威性，例如同一个指标出现多个来源的数据，且数值不一样。

❑ 数据的合法性，例如获取的数据与常识不符（如容器对内存使用量为零）。

❑ 数据的一致性，例如不同来源的不同指标，其实际内涵是一样的，或同一指标的内涵不一致。

要导出"不合格的数据"统计报表，以便工作人员可以根据需要来补全或者重新整理数据，让数据治理水平进一步提高。

②分类 function：

根据分类指标的配置，实现对数据进行分流（分类）。在分流计算过程中，分类 function 还进行了数据聚合和关联处理，目的是降低多维度数据的维度（抑制），因为数据维度多了可能形成噪声。比如，多个维度的数据同时触发告警，此时告警淹没了判断，根本无法定位根因，就相当于告警无用了。

分类 function 输出的分流操作会将分类数据输入对应种类的主题中。因为这里关注两个维度的数据，所以就会有两个分类的主题。一是关注运维关键事件的数据，其中包括节点容量使用数据、Kubernetes 工作负载部署事件、业务集群扩 / 缩容事件、非应用类型异常事件等的数据，这些数据会被分流在 Flink 主题（Flink Topic）中。二是关键性能数据（如 CPU、内存、网络 Load 等）、应用异常等的数据，这些数据会被分流在 APM 主题（APM Topic）中。

2）Flink 主题会被 Flink 采用批流一体的方式消费。因为 Pulsar 存储使用 segment 链和 off-loaders 机制实现了无限流机制，同时具有批量读和流式读两种方式，而 Flink 同时具有批量计算和流式计算的能力，它和 Pulsar 珠联璧合地实现了批流一体计算方式，目的是可以利用单独计算集群来极速获得当前运行态事件的计算结果并可以获得整体运维趋势的结果（比如，预测资源使用量来决定是否需要购买更多的云资源等）。

3）APM 主题会被诸如 Prometheus 等平台消费，Prometheus 等平台实现了对性能数据进行聚合分析并展示给运维人员的能力。

4）Pulsar functions 依托于 Pulsar Function Mesh 的编排能力实现了 function 的 DAG 能力，DAG 可以实现按 DAG 图所编排的顺序来执行 function 的能力。Function Mesh 也是一种 Operator，它可以根据无界流的量自动地对 function 实例进行伸缩，这样就可以应对数据洪峰对其计算能力的压力了。Pulsar 支持有界流和无界流，无界流就是指源源不断的数据流，可以认为是无限的流入或者流出。Pulsar 依托于 Kubernetes，它具备云原生的弹性和自愈能力，所以其自身的运维开销是比较低的。

5. 管理能力拓展模块的设计

COAP 平台基于 Ansible 的自定义拓展模块来实现节点基础设施的管理以及容器运行时的管理等能力。接下来分别讨论。

（1）节点基础设施管理模块

节点基础设施管理模块负责对节点系统参数优化、对部署版本进行管理等的运维操作。对于节点系统参数的优化，这里仅关注激发的时机，所有优化参数脚本的执行都在节点加入 Kubernetes 集群时激发，因为此时如果节点能够加入 Kubernetes 集群，则说明它本身的操作系统及相关组件都已经安装完毕。

升级脚本中的版本参数是由 Ansible 从统一控制面获得的。

对于部署版本的管理，在控制面存储着已经部署组件的当前和历史所有版本的数据，脚本获得版本数据后仅通过命令模板构建了 Yum 或者 Apt 命令来执行安装、卸载或者升级的操作，版本升 / 降低完全由控制面决定。开源社区或者组织开发了新版本的组件，当发布组件到软件仓库后，人工在控制面上修改版本号为新版本号时，控制面便激发了相关的控制器，控制器会判断当前组件版本和新注册版本是否一致，不一致则说明需要下发升级指令。如果人工选择了一个历史版本，那么其处理过程是一样的，控制器仅比对版本是不是一致，不一致就下发变更指令。另外还有一个特殊的反向流程，当控制面存储的当前组件版本和真实版本不一致时，这种情况一般发生在用户非法越过运维平台并手工维护节点时，如果控制器检测到期望的版本和真实版本不一致，就会下发变更指令。这种反向的下发变更指令的操作，可以保证环境一致性不被破坏，免除了环境受人为影响的担忧，大大地降低了风险和版本管理成本。

在整个版本运维当中，无论是正向还是反向自动化版本运维，都需要保证对应版本的配置一致性。每个版本的配置项都被保留，并赋予配置 ID，每次下发变更指令时都会传递配置 ID 给 COAP 代理，其自定义模块会从配置中心拉取配置并应用到本地组件上。

（2）容器运行时管理模块

云原生底座需要承载各类应用，而各类应用对其运行的容器存在着差异性要求。容器运行时的选择如表 6-4 所示。

表 6-4　容器运行时的选择

运行时	说　明
微服务	微服务承载业务逻辑，极容易被伪装成合法合规的服务并部署到平台中，获取系统 root 权限后，导致容器逃逸等问题，所以需要启停速度快、细粒度化规格的独立内核容器，如 microVM 等。但是并非所有的微服务都需要 microVM，可能只有核心的一些服务需要，这也是从兼容性上的考虑
Serverless 应用	Serverless 应用需要极致的启停时延、极致的资源规格、强隔离能力的容器技术，如 microVM 等
传统 ERP	传统 ERP 还没有进行微服务改造，但是现在需要对它进行服务化并部署到云原生底座上来，那么此时很适合使用虚拟机容器来承载传统 ERP，如 KubeVirt

业务应用需要的不同容器，其实就是替换容器运行时程序而已，对 Kubernetes 本身没有侵入性，这一点是通过 Kubelet 的 CRI 接口来实现的。但是其替换或者升级的动作是由 COAP 代理实现的。其部署版本管理类似于"节点基础设施管理模块"，所以这里不再赘述。

6. 智能运维数据算法

收集到高质量的数据之后，需要对它们进行计算以便发现里面的哪些数据符合了某种故障特征，然后根据特征对应某种预先配置好的解决方案，最后通过解决方案来实现对集群的自动化维护。这是一个"人脑变机脑"的过程：就是把某种特征的故障所对应的解决方案事先下沉到统一运维平台里面，一旦集群中发生了相应的事故就自动执行。解决方案一般由集群控制面的控制器群来实现。COAP 智能解决方案思路如图 6-12 所示。

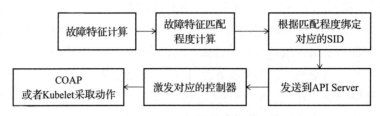

图 6-12　COAP 智能解决方案思路

从以上分析看来，其中关键的两个部分是如何计算、如何设计解决方案。图 6-12 中的 SID 是指解决方案 ID，用于标识需要什么样的解决方案（Controller）来解决什么样的故障。这样设计是为了排除过去只通知不解决的问题。以前的运维架构设计只给用户展现问题，并不会给出解决方案。特征计算配合解决方案使得运维平台更加智能化，它把人的最佳实践变成自动化处理。在组织层面上，具有减少运维人员配置等好处。

在计算时，需要使用如下的故障检查算法。

1）数据异常点检测算法。

2）基于关联规则相关性分析的故障诊断算法。

3）趋势预测算法。

读者可以自行查阅相关材料，此时不再赘述。

7. 基础设施关键组件的云原生化

基础设施组件（如 Prometheus、Flink、服务网格控制面组件等）也需要被云原生化，因为它们都直接或者间接地为支撑微服务或者其他服务类型而存在，即微服务或者其他任何服务类型的实例所产生的流量都使得这些基础设施组件面临巨大的压力。如果它们变得不稳定，那么微服务等业务服务的稳定性也可能受到威胁。这样的组件很多，这里以 Prometheus 的云原生化为例子来说明这些组件云原生化的基本思路，Prometheus 是事实上的 APM 系统标准，本身的内核是一个时序数据库，也就说它是有状态的服务，挑选它作为例子具有代表性。

（1）Prometheus 的优点

1）采用拉为主（性能好）、推（兼容性好）为辅的数据采集方式。

2）支持多语言客户端。

3）高效存储。连续运行两个月，才占用磁盘大约 200GB。

4）同时支持远程存储。兼顾其他存储优势，如果依托云，则理论上可以实现无限存储的潜力。

5）出色的可视化能力。

6）精准的告警能力。基于 PromQL 可以进行灵活的告警配置、预测等，同时具备分组、抑制、静默等防止告警风暴的能力。

7）可以和多种服务发现机制对接，比如已经可以实现对接 Kubernetes、etcd 等。

（2）Prometheus 存在的问题

1）主要聚焦在 APM 性能分析领域，对日志、事件、调用链支持不足。

2）不支持多租户、鉴权和访问控制。

3）只能体现近期发生的事情，默认是 15 天。但是在很多情况下人们需要知道更久的事情，并且它没有对数据进行单位的定义。

4）没有全局视图，只能体现某个独立集群的 APM 情况。

5）本地存储有限，存储大规模的数据需要远程存储的支持。

6）采用拉模型，在有网络转发的情形下，会导致拉取不到数据的问题。

7）没有实现 Kubernetes 环境下的自动管理能力，在业务集群规模较大的情况下可能产生不稳定或者崩溃的现象。

8）存在一些其他技术细节的问题，如 CPU 耗尽、内核故障等。

Prometheus 的资料非常多，读者可以自行查阅。这里仅关心几个点：多租户、鉴权和访问控制问题；数据保存期限问题；高可用、自动伸缩问题；数据全局视图的问题。以上问题需要设计合适的方案来解决。

（3）Cortex 架构与功能组件

采用 Cortex 架构是解决以上问题的较好方案。

1）支持多租户、可提供鉴权和可访问控制。通过 Cortex 可以使得特定指标和租户相关联，实现资源按租户的隔离。也就是说，每个租户都有自己独立的数据视图，这在企业级环境中至关重要。无论 Kubernetes 集群、中间件、服务还是其他运行在云原生环境下的软件等，都需要根据租户维度来分配使用，否则在组织内部就难以支撑各种业务维度的需要。

2）数据永久保存。Cortex 支持 4 种开箱即用的长期存储系统：AWS DynamoDB、AWS S3、Apache Cassandra 和 Google Cloud Bigtable。Cortex 负责实现 Prometheus 与远端存储之间的复制和自动修复工作。

3）支持开箱即用的高可用、弹性伸缩，使得在弹性环境下能根据业务规模自动对应伸缩，以保证 APM 组件的整体稳定性。

4）更好的查询效率，支持全局数据视图。

Cortex 的设计很好地适应了云原生运行态环境和大服务规模的需要。其中有很多组件构成，每个组件都可以被独立弹性伸缩。Prometheus 的 Cortex 架构如图 6-13 所示。

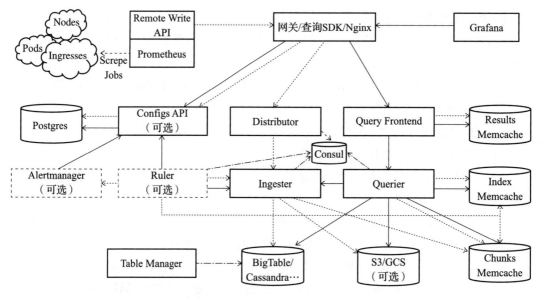

图 6-13　Prometheus 的 Cortex 架构

各组件功能介绍如下。

1）Nginx（网关）：一个位于 Cortex 前面的反向代理，将收到的所有请求转发给相应的服务。

2）Distributor（分发服务器）：处理传入的指标，将其拆分为多个批次，并将其传递给Ingesters。如果设置复制因子 replication factor 大于 1，则数据将发送到多个实例。

3）Ingester（接收器）：此服务负责将数据写入已配置的存储后端。Ingester 是半状态的，因为它保留了最后 12h 的样本。这些样本将被批处理并压缩，然后写入块存储。

4）Query Frontend（查询前端）：一个可选组件，将查询请求进行排队，并在失败时重试。后端处理的结果也被缓存起来，以实现提升性能。

5）Querier（查询器）：查询器处理 PromQL 的求值。如果是最近的数据，则从大块存储或内部获取样本。

6）Consul：存储分发服务器 Distributor 生成的一致的散列环（Hash Ring）。分发服务器在发送指标时使用散列值来选择 Ingester。

7）其他组件：

❑ Ruler：处理 Alertmanager 产生的警报。

❑ Alertmanager：评估警报规则。

❑ Configs API：在 PostgreSQL 中存储 Ruler 和 Alertmanager 的配置。

❑ Table Manager：负责在选定的块 / 索引（chunk/index）的存储后端中创建表。

8. 统一资源对象模型的设计

经过前面对 COAP 的分析，要实现一种统一的运维与应用自动化大脑，就需要实现人工视角的接口（20% 的工作），同时也需要在背后实现一组控制器来完成自动化的工作（80% 的工作）。人工部分要求"大脑"里的概念实名化一部分，使得人们隔着各种运行实体就可以正确理解平台内或者应用内正在发生的事情以及应该要做的事情，就像车上的仪表盘和方向盘。之所以让人们只获得一部分概念的实名化，是因为人们在大量数据模型下会迷失焦点或者误判，这里需要的是一种明确的、简单的、高度抽象的几个数据模型项目来表达准确的语义。自动化部分需要使得开发控制器的人员知道数据模型表达的是什么，这样开发者才知道如何在控制器内实现合适的处置。

这里回忆一下资源对象模型的基本原理，这样可以更好地理解后面较为复杂的内容，以 Kubernetes Deployment 资源对象模型为例，如图 6-14 所示。

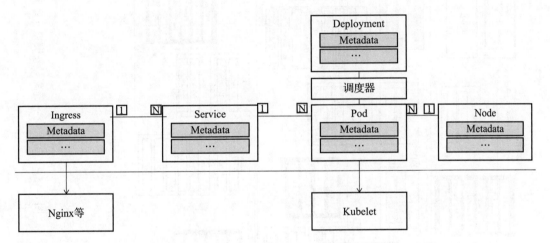

图 6-14　Kubernetes Deployment 资源对象模型

在图 6-14 中，可以看到以下信息。

❑ Kubernetes 资源对象 CRD 定义了资源对象 CR 的模型（由属性以及控制器实现）。

❑ 用户通过定义 Deployment CR 声明部署的意图，然后由调度器实例决定将 Pod 对象发送给哪个节点的 Kubelet，并由 Kubelet 构建容器实例。

❑ 用户可以通过定义 Ingress CR 和 Service CR 将服务暴露出去。

从图 6-14，可以看到，对象模型其实存在"属性"以及"依赖关系"，很像关系型数据库，所以这里就以类似 ER 图的方式来表达 CRD 所定义的 CR 结构以及依赖关系。

COAP 统一资源对象模型可以借鉴 eBay 的设计思路，并基于目标增强设计了统一资源对象模型，如图 6-15 所示。

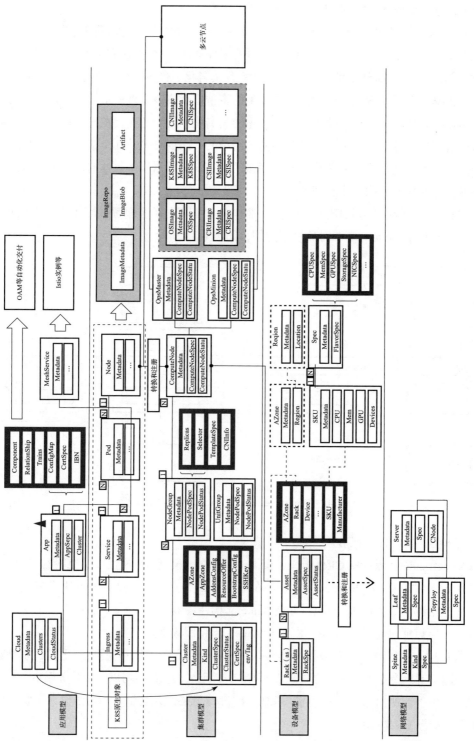

图 6-15 COAP 统一资源对象模型

图 6-15 看起来极其复杂，但是实际上非常简单，这是因为：其一，按照组织人员进行分层（关注点分离），每层只看到和自己相关的 CRD 模型；其二，不是所有的 CRD 模型都被实名化了，而是存在作为子资源或者自动转换的关系，使得人们只需要关心少量高层次的 CRD 对象即可。为了清晰一些，按组织人员分层来说明整个资源对象模型。

（1）运维团队

运维团队负责基于网络模型、设备模型的运维工作。资源对象相当于变相构建了一个 CMDB（IT 资产数据库），用于 IT 资产的管理，运维团队利用资源对象对物理设备进行配置修正和维护。

资源对象的数据可以通过传统 ITOM 或者 ITIL 系统进行导入（更高明的做法是通过 API 联动起来），或者通过本地代理注册获得。CRD 模型分别代表着网络设备资产以及计算设备资产。其中，设备模型中的 Asset 代表计算设备，比如一台 PC 或者一台刀片服务器。它是从网络模型的 Server 对象转换而来的。不是所有的 Server 都是计算设备，它包含网络配置信息。对于一些本身就是计算设备的（本身也带有路由表等）Server，因为导入或者创建时就有 Compute 标签，所以计划 Job 就会根据它自动创建 Asset。Asset 除了关联网络 Server 外，还关联了很多的信息，如可用区、所在机架、地理位置以及 CPU 资源规格等信息。这些信息为未来实现基于地理的路由、数据同步复制等场景提供了基础依据。

网络设备模型以及计算设备模型具有很多和设备相关的配置属性，这些属性的变更会直接下发到对应的设备上，那么也就实现了对设备配置的管理。

最后，运维团队还需要管理软件镜像库，如操作系统镜像、Kubernetes 镜像等。因与以上介绍的处理方式类似，这里不再赘述。

（2）应用研发团队

App 对象是对多个服务构成的"应用"的抽象，相关内容后续会详细讨论。在部署 App 时，会有一个代表 App 的部署模板，在自动计算并转换成诸如 Deployment 的工作负载定义后，调度器会选择一个或者若干个 Asset 作为 Kubernetes 的 Node，此时基于 Asset 自动生成了 ComputeNode 对象，并与 Kubernetes Node 进行了关联。为什么要这么设计呢？

如果在 Kubernetes 原生的 Node 上进行修改并关联云原生基础运维的信息，那么就破坏了原生 Kubernetes 对象的使用体验和兼容性。而人们需要实现的是自动管理节点的能力，所以就设计了一个独立的 ComputeNode 对象。此对象的控制器可以实现自动管理节点的逻辑，比如，利用 COAP 初始化节点的脚本从镜像仓库拉取镜像后执行初始化节点的操作；再比如，根据模型中版本的变更（应用研发人员在 App 模板中指定版本即可），通过 COAP 升级目标节点的软件等。

在统一调度器的加持下（有关统一调度器的话题，会在后面章节详细讨论），就可以获得哪些 Asset 已经被转换成了 ComputeNode 的信息，利用这些信息就可以自动构建代表集群的 Cluster、代表节点分组的 NodeGroup 以及代表单元化的 UnitGroup 等对象。应用研发团队并不知道 Kubernetes Node 以下的子对象，是完全透明的。但是对于运维团队而言却不是透明的，他们可以看到自动生成的对象，利用其控制器联动 COAP 来管理运行时环境。

此时，细心的读者可能会问"为什么不能实现全部或者自认为完美的自动化"。

这是因为不同的集群或者不同的业务应用面对着不同的商业及业务场景，它们面临的问题也不尽相同，人们没有把握在设计阶段抽象出一个"上帝"般的控制体系，复杂性无法预计。所以自动化需要采用中间路线，采取循环演进的策略。比如，将人工操作的方案逐步转变到控制器自动化解决相应的问题，即 20% 的人工部分并不是永久不变的，80% 的自动化部分也不是永久不变的，而是根据经验的沉淀，从 20% 的人工部分不断抽取新的解决思路，下沉到 80% 的自动化部分。如此循环往复，人工部分面对的更多的是新问题或者更加特殊的问题，而不是旧问题；自动化部分也越来越成熟，整体的自动化程度越来越高。这有点像人类学习的过程（被动式演进）。

6.3　本章小结

本章分析了需要为云原生底座构建一个怎样的运行环境，并着重讨论了云原生底座运行环境的管理以及工具。

在业界，阿里云通过 KubeNode（类似本章讨论的节点运维管理方案，KubeNode 已开源；应注意，要和一个名称为 Kube-Node 的项目区分开，这两者只是名字相近罢了）实现了云原生集群的运行时环境管理，其也是通过统一的数据模型下发配置指令到运维代理来实现的，但是其模型没有本书讨论得复杂。有关于 KubeNode 的内容，读者可以参考 https://developer.aliyun.com/article/782649。

第 7 章 Chapter 7

多集群架构

因为受限于 API Server 本身的处理能力以及 etcd 容纳能力，所以 Kubernetes 单集群资源规模是有限的。它是很难满足日后大规模的业务需要的。在独立集群环境下存在着：统一管理及运维困难和成本不可控的问题，企业部门多租户资源隔离的问题，不同业务环境的划分的问题，容灾与高可用热集群机制问题，就近访问问题，弹性集群架构问题等。这些都需要得到很好的支持。

从现实的市场和企业层面来看，多集群架构已经是必须实现的机制了。因为存在部门或项目级别集群的管理需求，因此需要在多集群的模式以及租户授权的情况下使用统一的、独立的控制面（API Server）对租户所在的集群进行管理，这是灵活度、管理效率的内在需要。

多集群的基本原理是通过一个"凌驾"于其他集群的控制面（也叫 Host 集群、主集群、母集群或者控制集群等）来管理这些子集群（也叫 Member 集群、成员集群或者业务集群等）。比如，在 Host 集群控制面上下发集群级别的 Deployment 或者其他工作负载，并由该控制面决定下发到哪个 Member 集群的 API Server，在转发前会将集群级别的 Deployment 或者其他工作负载转换成普通 Kubernetes 定义的标准 Deployment CR 或者其他工作负载 CR，并继续转发到目标 Member 集群的 API Server。目标 Member 集群的 API Server 忠实地执行标准化的 CR 即可，所以现有集群加入 Host 集群时并不需要改造。多集群基本模型如图 7-1 所示。

在图 7-1 中，如果从整体来看，那么多集群在逻辑上构成了一个"大集群"。构成单集群的

图 7-1 多集群基本模型

基础是网络，那么构成多集群的基础毋庸置疑也是网络。但是组建网络同时又会受到多集群架构的影响。这里先讨论多集群架构的问题，因为先讨论网络似乎在理解上不够直截了当，毕竟单纯讨论网络时没有办法联想到"整体或者网络之间关系的形状与上层集群架构有关"。所谓网络的形状，比如公网 Kubernetes 集群和私网 Kubernetes 集群构建为一个多集群，那么就要考虑公私网络之间的打通问题。如果公司某些部门之间的 Kubernetes 集群因为业务的需要不能直接互相访问，那么就需要考虑在 Kubernetes 集群网络之间实现如何隔离的功能了。

7.1　经典多集群架构

Kubernetes 官方在大势所趋的多集群架构下推出了自己的方案：联邦集群（Kubernetes Federation）。目前，此方案在实际企业生产环境下的运用还不是很成熟，但是对构建生产级别的多集群方案有着很好的借鉴意义。Kubernetes 官方的联邦集群方案前后经历了两个版本。v1 版本早已经废弃，目前 v2 版本还在持续地进行优化，虽然两个版本之间在实现上的差异很大，但是 Host-Member 的分支模型并没有改变。

7.1.1　Kubernetes Federation v1 多集群架构

Kubernetes Federation v1 早期版本的整体架构与 Kubernetes 自身的架构非常相似，在管理的各个集群之前（之上）引入了一个独立的作为 Host 集群的 Kubernetes 控制面，用来接收创建多集群部署的请求，它负责将对应的负载创建到各个 Member 集群上。

在 API 设计上，联邦资源的调度通过 annotation（CRD 的"注解"，用于附带额外的数据，使得控制器可以利用这些数据做一些特殊的运维逻辑）来实现，这样就保持了与原有 Kubernetes API 的兼容。这样的好处不言而喻，用户可以继承之前的知识体系，而不需要学习额外的知识。对于已经存在的 yaml，不需要进行过多的改动就能够直接变成联邦资源的 CR。这种设计也带来了一个严重的制约：不够灵活。因为采用"注解"，每当创建一种新资源时都要新增一个对应的 Adapter（需要提交代码，再重新发布版本）。但是 Adapter 是一个很蹩脚的方案，因为 Kubernetes 通过 CRD 来定义资源对象模型，并由 CRD 对应的控制器来实现对资源对象数据的处理逻辑，在原生体系中从来没有定义过 Adapter 这样的组件形式来实现对"注解"的处理逻辑。采用 Adapter 这种方式就相当于没有充分利用 CRD 机制，并产生了必须采用特殊部署的方式来部署非标准化组件的问题（只有这样，才能部署新研发的 Adapter）。那么，随着"注解"的增多，扩展会越来越困难，而且 v1 不支持跨集群 RBAC 权限等管理能力。鉴于这些问题以及业界对联邦集群机制提出的更多现实的新需求，诞生了更加符合 Kubernetes 开放式规范标准的、争取满足一定业界需求的 Federation v2 版本。同时，因为 Federation v1 的缺陷较多，所以已经被官方彻底废弃了。

7.1.2　Kubernetes Federation v2 多集群架构

Kubernetes Federation v2 即 KubeFed。KubeFed 采用很成熟的 CRD 机制来定义自己的资源对象模型并同时实现了对应的控制器，从而彻底规避了"注解"带来的麻烦，也就是彻底放弃了蹩脚的 Adapter 设计，并且可以基于标准化的安装方式实现联邦集群组件的安装。甚至可以把它当成一个应用放在应用市场上，并可以随时将集群升级为多集群模式。

v2 版本主要由符合 Kubernetes 标准组件研发规范所实现的两个组件来构成。

1）Admission Webhook（AW）：其本质是实现了符合 Kubernetes 标准的自定义准入控制器，并实现了 Member 集群的准入控制，所以其能力并没有脱离标准化的 API Server。

2）KubeFed Controller Manager（KFCM）：其本质是使用 Kubernetes 标准的 sigs.k8s.io/controller-runtime 实现了自定义控制器，并实现了通过监听 CRD 的变化来完成联邦资源的同步和调度等功能（处理集群 CR 以及协调不同集群间的状态），所以其能力也并没有脱离标准化的 API Server。

可以看到，v2 并没有越过 Kubernetes 本身的架构约束，将自己的组件隐藏在了 Kubernetes 的标准化当中。这样的好处就是，用户依然可以兼容自己以往使用 Kubernetes 控制面的经验来使用联邦控制面。从组件构成上看，KubeFed 基本架构如图 7-2 所示。

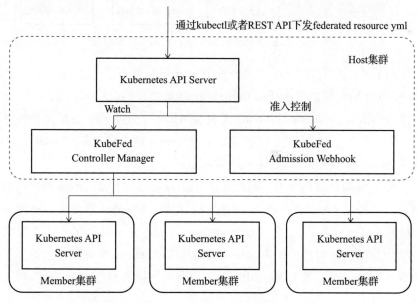

图 7-2　KubeFed 基本架构

如图 7-2 所示，KubeFed 架构还是相当简洁的，那么它的组网是如何设计的呢？

KubeFed 架构对网络的要求是所有集群都必须在同一个网络段里，这样互联起来就不需要特别的设计，地址也不会出现堆叠、冲突的现象，但是只能在小型的企业或者团队中落地。因为在一些中大型企业当中，其网络的设计也反映了业务或者部门组织架构设计的约束，比如一些部门之间的组织或者业务不能直接通信，所以在组网上就预先地进行了隔离，此时 Kubernetes 集群之间不能实现通信。另外，很多企业希望在内网集群中使用公网的集群，或者在公网中使用内网的集群，此时因为公网和私网不在同一个网段里，从而给集群之间的通信造成麻烦。

用户将 Federated Resource（后续简称为 FR 对象）创建到 Host 集群的 API Server 中，之后 KubeFed controller-manager 会介入，它会将相应资源分发到不同的集群，并将分发的规则等写在这个 FR 对象里面。那么 Federated Resource 核心对象模型是怎样设计的呢？Kubernetes Federation v2 基本资源对象如图 7-3 所示。

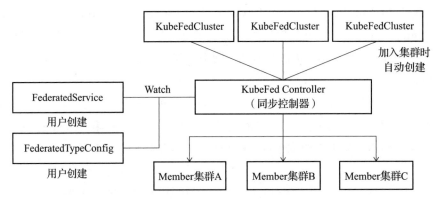

图 7-3   Kubernetes Federation v2 基本资源对象

图 7-3 展示了核心对象的构成，KubeFedCluster 对象是用户通过 kubefedctl join 命令将当前集群加入 Host 集群时由 KubeFed Controller 自动生成的。KubeFedCluster 对象用来表达 Member 集群的信息。FederatedService 代表着用户的工作负载，它最终会被转换成目标 Member 集群的资源并被下发下去，进而变成 Kubernetes 的工作负载。FederatedTypeConfig 代表着哪些 Kubernetes API 资源能够被用于联邦管理。

比如，一般应用都会用到配置，那么可以通过 FederatedTypeConfig 声明一个集群级别的 ConfigMap，之后这个 ConfigMap 也会被转换到目标 Member 集群上，进而变成标准的 Kubernetes ConfigMap 对象。比如，FederatedTypeConfig 也可以声明一个集群级别的但并非 Kubernetes 原生的资源对象，如声明一个安装在 Kubernetes 所有集群上的服务网格 Istio 的资源对象 VirtualService，那么 VirtualService 也会被转换到目标 Member 集群上，进而变成 Istio 的 VirtualService 资源对象。

所以 FederatedTypeConfig 有着很强的对接 Member 集群各类资源对象的能力。

可以看到，在 v2 的设计中，KubeFedCluster 是自动生成的，对用户透明。其他的资源对象似乎和原生 Kubernetes 的工作负载定义模型一致，最大限度地兼容了 Kubernetes 原生的设计。

综上，虽然 Kubernetes Federation v2 相对于 Kubernetes Federation v1 有了长足的进步，

但是它在多集群管理上还是存在很多缺陷。

资源对象的定义基于自定义的一套模型，可将有些属性封装在一个对象中，似乎 Federation v2 用起来比 Federation v1 更简单，用一套全新的 API（Federated Deployment）来替换 Kubernetes 原生 API（Deployment），迫使用户改变原有的习惯。

1）FederatedTypeConfig 只是对兼容 Member 集群这一级的资源对象起到了黏合作用，在多集群统一控制面上并没有提供基于多集群形成的逻辑"大集群"的管理能力。

2）网络层面只提供了简单的流量路由，在内部网络，多集群无须实现网络权限隔离，但是对因业务或者组织要求的网络分组隔离以及公私网络打通方面就无能为力了。在网络能力方面，无论是 Kubernetes Federation v1 还是 Kubernetes Federation v2，几乎都是一致的，都无法满足现实企业的需要。

3）在多集群调度方面，KubeFed 实现得非常简单，不能满足复杂的企业级需要。

鉴于 Kubernetes Federation v1 以及 Kubernetes Federation v2 中存在的一些问题，华为的 Karmada（已开源）从中吸取了经验。在保持原有 Kubernetes API 不变的情况下，添加与多云应用资源编排相关的一套新的 API 和控制面组件，以方便用户将应用部署到多集群环境中，实现了多集群环境下的更多企业级特性。

7.1.3　Karmada 多集群架构

Karmada 依然延续了 Host 集群和 Member 集群的逻辑"大集群"模型，在模型上没有什么根本性变化。但是 Karmada 会从更高的维度上来看待多集群的管理，不同于诸如 Kubernetes Federation 这样单纯的框架级的多集群管理组件。Karmada 将自己提升到企业级多集群的解决方案。尽管如此，Karmada 还是从两个版本的 Kubernetes Federation 中借鉴了很多，所以也有人称 Karmada 为 Kubernetes Federation v3。

1. Karmada 基本架构分析

原生 Kubernetes API、原生工作负载并非为多集群环境所设计的，比如 Deployment，因此并没有在多集群环境下应用编排所需要的语义。例如，原生的语义并不能表达工作负载与集群关系的编排语义，因此需要定义一组新的 API 以实现增强 Kubernetes 原生 API 在多集群环境下的应用编排语义。Karmada 将这些新 API 刻意地设计成"旁路风格"：它们并不会"侵入"Kubernetes 原生的资源对象定义，而更像是一组配合原生资源对象的"工具"。之所以出现了这样的设计，是因为 Karmada 吸取了 KubeFed "非原生 API"方面的经验。Karmada 将 KubeFed 定义在同一个 FederatedService API 资源对象中的 placement、overrides 抽离出来（Kubernetes Federation 用 placement 来声明下发资源对象到哪个 Member 集群，用 override 来声明下发特殊配置到目标 Member 集群），将内嵌在 template 部分的 Deployment 定义还原成了原生的 Deployment 定义（还保持着独立文件的形态，不再内嵌在其他文件中了）。对于原有的 placement，用户需要创建多集群调度策略（PropagationPolicy）文件；对于原有的 overrides，用户需要创建多集群差异化配置策略（OverridePolicy）文件。

Karmada 资源对象关联关系如图 7-4 所示。

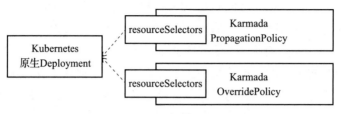

图 7-4　Karmada 资源对象关联关系

从图 7-4 来看，Karmada 保留了 Kubernetes 完整的原生 API。另外，集群调度策略以及差异化配置策略变成了独立的资源 CR，它们将成为实现多集群管理的关键：

两个独立资源对象都利用关联属性 resourceSelectors 与用户定义的 Deployment 的 GVK 进行松耦合的关联。那么，Karmada 调度器通过 PropagationPolicy 计算的集群调度策略就知道要将此 Deployment 下发给哪几个 Member 集群的 API Server 了。Karmada 通过 OverridePolicy 在运行态修改 Deployment 中相关属性的值，修改后的 Deployment CR 会被 Kubernetes 调度器下发或者被主动拉取到多个目标 Member 集群的 API Server，并由 Kubernetes 原生的 Deployment 控制器解释执行，整体过程对用户完全透明。

2. Karmada 实现多集群管理的处理过程

为了更清楚地说明 Karmada 是如何实现多集群管理的，需要了解 Karmada 是如何处理 Karmada 资源对象中的数据的。整个处理过程如图 7-5 所示。

根据图 7-5 对处理过程进行深入分析，将资源对象的处理过程按执行顺序分成 Resource Binding 阶段 1、Resource Binding 阶段 2、Resource Binding 阶段 3、推送或者拉取原生 Deployment 阶段以及 Member 集群本地执行阶段。这里需要说明的是，注解、标签或者标签值以外的英文名词都尽量使用了首字母大写，并且有些词汇还去掉了中间的空格，让它们看起来更像是独立名词，而一些名词则保留了中间的空格，让它们看起来更像表示一种处理过程。这虽然和 Karmada 源码中的拼写不同，但是会更引人注目一些。

（1）初始化处理

用户按照 Kubernetes 原生 Deployment 的 CRD 格式撰写工作负载的 CR（比如 Nginx 的 Deployment CR），此时从用户视角而言，并没有感觉和普通 Kubernetes 原生 Deployment API 有什么不同，提交时仍然可以使用 Kubectl。

（2）中间处理

因为中间处理的过程较为复杂，所以这里分解成子阶段来讨论。

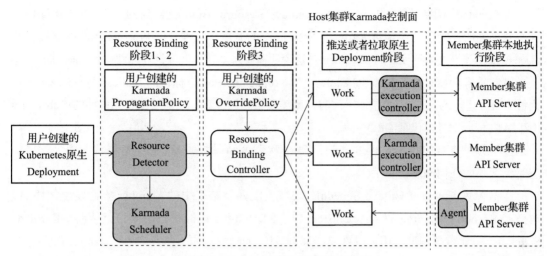

图 7-5　Karmada 资源对象处理过程

1）Resource Binding 阶段 1：用户提交用于表示集群调度策略的 Karmada PropagationPolicy 后，Karmada 控制面的 Resource Detector 控制器通过 SharedInformer 监听到了 PropagationPolicy 和 Kubernetes 原生 API 资源对象（包括 CRD 资源）的变化，并实现一个叫作资源绑定的过程，结果是产生了 Resource Binding 对象。Resource Binding 对象更像是一个起到"桥"作用的对象，在用户提交的 Deployment 中自动地、透明地增加了已经绑定成功的 PropagationPolicy 的 name 和 namespace，并将它们作为这个 Deployement 的 label。同时，在 Resource Binding 对象中也自动地、透明地添加了已经绑定成功的 PropagationPolicy 的 name 和 namespace，并将它们作为这个 Resource Binding 的 label，这样处理的目的是让 Deployment、PropagationPolicy 的集群调度配置在 Resource Binding 对象中关联起来。其中，name 为绑定成功的 Kubernetes 原生 API 资源对象（包括 CRD 资源）的 name 加上 kind，中间用"-"相连。此时，Resource Binding 对象中的 .spec.clusters 属性还是空的，需要 Karmada Scheduler 来计算并填充它。

2）Resource Binding 阶段 2：Karmada Scheduler 根据 Resource Binding 对象的数据（Karmada Scheduler 一定在 Resource Detector 之后运行，也就是要等到 Resource Detector 绑定 PropagationPolicy 和 Kubernetes 原生 API 资源对象之后才介入，所以 Karmada Scheduler 的输入是 Resource Detector 的输出，即 Resource Binding 对象作为 Karmada Scheduler 的输入），利用调度算法决定 Kubernetes 原生 API 资源对象（包括 CRD 资源）的调度结果，即应该调度到哪些 Member 集群中，输出为 Resource Binding 对象加上调度结果 .spec.clusters，同时将序列化后的 placement 写到 Resource Binding 对象的"注解"中。"注解"的 key 为 policy.Karmada.io/applied-placement。在 Karmada Scheduler 计算时，Resource Binding 对象可能处于以下几种状态，这些不同的状态决定了 Karmada Scheduler 处理也不相同。

①首次调度计算（FirstSchedule）：Resource Binding 对象的 .spec.clusters 属性为空。

②reconcile 调度计算（ReconcileSchedule）：Resource Binding 对象的 .spec.clusters 属性不为空，则表明在之前已经通过 Karmada Scheduler 的调度，且涉及的 PropagationPolicy 最新的 placement 不等于之前调度时的 placement。这说明需要重新执行调度计算以便更新 .spec.clusters。

③扩缩容调度计算（ScaleSchedule）：当 PropagationPolicy 标记的 replicas 与目标 Member 集群中实际运行的 replicas 数量不一致时，就需要重新调度计算之前已经完成调度的 Kubernetes 原生 API 资源对象（包括 CRD 资源）。

④无须调度计算（AvoidSchedule）：当上次调度结果中的 Member 集群状态都为就绪状态时，无须做任何调度计算工作。

⑤故障恢复调度（FailoverSchedule）：当上次调度结果中的 Member 集群发生故障时，也就是 Resource Binding 的 .spec.clusters 包含的 Member 集群状态不全为就绪时，Karmada Scheduler 需要重新调度应用，以恢复因集群故障造成的应用故障。

3）Resource Binding 阶段 3：Resource Binding Controller 基于用户提交的 Karmada OverridePolicy 所计算的差异化配置策略，并结合在 Resource Binding 阶段 1 所产生的 Resource Binding 对象来构建对应 Member 集群的 Work 对象（Work 对象归属于一个目标 Member 集群）。

①Work 对象里面有 Override 策略的配置值，比如 replicas。

②Work 对象同时加上了两个 label，表示 Work 由哪个 Resource Binding 对象转化而来。

③Work 对象的 .spec.workload.manifests 中嵌入了需要下发到目标集群中的 Deployment。

④嵌入的 Deployment 的 label 记录了 Karmada 的整个处理流程，包括绑定了哪个 PropagationPolicy 对象、生成了哪个 Resource Binding 对象、最终转化为哪个 Work 对象。

4）推送或者拉取原生 Deployment 阶段：Karmada execution controller 结合 Work 中的数据向对应的目标 Member 集群 API Server 推送 Kubernetes 原生风格的 Deployment CR，或者由 Member 集群的 Karmada Agent 从 Work 拉取数据并转换成 Kubernetes 原生风格的 Deployment CR。这些 Deployment CR 包含了对应 Override 计算的值，比如原生 replicas 属性的值，这个值对应于 Karmada OverridePolicy 里面目标 Member 集群所覆盖 Deployment 的 replicas 值，这是一个期望值。

5）Member 集群本地执行阶段：目标 Member 集群 API Server 接收到或者拉取到 Kubernetes 原生风格的 Deployment CR 后按标准方式执行，其中期望的 replicas 值会被 Kubernetes 原生的 Deployment 控制器进行调谐，最终达成实际 Pod 副本数量与期望一致的效果。

可以看到，相比 Kubernetes Federation v1 和 Kubernetes Federation v2，资源对象被剥离成 3 个独立 CR 后，Karmada 控制面通过内部计算和转换最终"制作"出了要分发给若干目标 Member 集群 API Server 的 Kubernetes 原生风格的 Deployment。这个过程对用户是完全透明的，因为输入和输出都是原生风格的 Deployment，所以在用户看来还是 Kubernetes 而不是 Karmada；对 Member 集群而言，都是标准的 Kubernetes API Server，并不知道

Karmada 控制面的存在。这样的设计，无论是多集群管理还是跟随 Kubernetes 新版本升级的 Member 集群管理，都没有因为加入了 Karmada 而变得更加特殊，用户完全可以利用以往的经验来使用多集群功能。另外，遗留的 Deployment 工作负载也不会因为 Karmada 而需要进行特别的修改。如果需要修改策略，那么只需要提交绑定到这个遗留 Deployment 的 Karmada PropagationPolicy 或者 Karmada OverridePolicy 即可。我们从上面的分析当中得到了如下启示。

1）保持原生 CR 的模型不变，可以使得系统拓展性发挥到极致，而无须考虑修改原生的 API，同时也能够复用原生的资源对象实现更强大的能力。

2）暴露极其有限的几个资源 CR，无论内部被激发的控制器体系如何复杂，都不会影响用户的使用体验。

3）整个系统的输入和输出都和原生系统一致，保留了用户利用原有经验的权利，学习曲线和成本更低。

4）整体处理过程只是数据的转换而已，底层执行体可以保证尽量简单和小巧。

3. Karmada 物理体系结构分析

这里介绍 Karmada 的物理体系结构，以发现一些 Karmada 存在的实际问题，并为一整套多集群多云框架提供一些设计借鉴。Karmada 的物理体系结构如图 7-6 所示。

这里主要介绍图 7-6 虚线框中的集群控制面部分。

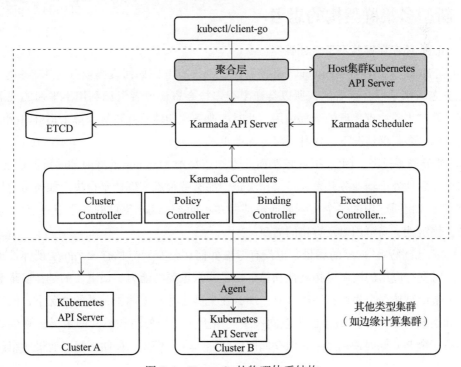

图 7-6 Karmada 的物理体系结构

1）Karmada API Server 是 Karmada 自定义的 API 服务器，它的本质是将聚合服务器集成到 Kubernetes 的 API Server 中。采用这种实现方式基于以下两方面的考虑：

其一，因为多集群中存在着相比于单体集群中更多的资源对象，这意味着传统的 API Server 负载各类资源对象的方式会对集群的规模产生限制，所以需要基于 Kubernetes 的聚合层机制来实现定制化的、独立的 API Server 服务器，并将此服务器聚合到 Kubernetes API Server 中，那么就实现了可以灵活调整其部署策略的能力以及更强的管理请求处理能力，以便支持多集群的规模。

其二，是限制较少，对这种特定场景的处理，在标准化约束下可能很难施展开，所以独立出来，使得拓展相对容易一些。

2）Karmada Controllers 部分在前面已对其最核心的部分进行了分析，这里不再赘述。

3）如果网络在同一个网络段中，那么就采用直接通信的方式。

4）如果网络不在一个网段中，则需要通过一个通信代理进行打通，比如采用 VPN 机制建立通信信道，最关键的是要建立一种双向的通信模式。

5）可以通过 API Server 标准化接口对接更多不同类型的 Kubernetes 特殊集群，比如 K3S 集群、KubeEdge 集群等。其中，KubeEdge 是边缘计算集群的一种实现。

7.2 新型多集群架构的思考

Karmada 还存在哪些不足之处呢？

1）在 Host 控制面和 Member 成员控制面上都没有考虑如何提高业务应用体验的问题，因为服务之间都是混合部署的，所以会产生很多抢夺资源或者资源利用不平衡的现象。另外，很容易产生跨物理集群的远程调用，此时的业务性能体验并不好。单个集群时就已经存在这些问题，多集群情况下，这种情况更加严重了。

2）对于资源模型，因为 Host 控制面并不知道每个 Member 集群内部的资源调度情况，所以将业务属性外推给业务开发人员来作决定，那么就很难实现让平台决定如何将应用打散成什么样子（相同应用的多个实例如何被部署在不同 Member 集群的各个节点上），以便满足性能、稳定性、高可用以及容错的需要。

3）对于资源弹性伸缩的场景，也没有考虑如何在公有云与私有云之间实现弹性扩展的问题，这对支持应用的资源可拓展性和稳定性是非常重要的能力。最重要的是，多集群在某种意义上来说是从一个集群拓展出来的，那么在集群之间发生调用关系的情况下，网络应如何设计和组建？如果不同的集群不在同一个网络上，比如公网和私网的情况，则该如何打通？如果一个 Pod 同时使用 25GB 的存储网络链路（一种特殊的存储网络交换机所组建的网络，一般用于存储大文件）来存储数据或者使用多媒体链路分发视频等，就需要在 Pod 上利用多个虚拟网卡来对接相应的网络，那么该如何实现这种能力呢？

4）在大规模集群当中，应用类型的差异被规模放大了，资源调度方式存在很多差异，如何解决呢？

5）对业务链路的流量实现一种基于地理位置感知的路由策略，也就是说总是能够让用户访问离自己最近的机房，并且能够将访问封闭在一个机房内来完成或者能够实现在更细粒度的单位上完成一次调用，如何实现呢？

6）在一定的规模条件下，业务扩容时无法知道应该扩容哪些服务，因为都是混合编排的，架构演进治理变得非常困难，如何解决呢？

7）没有实现相应的企业级异地多活架构（业务对等部署）来保证高容错能力。

8）在一定规模下，服务治理的管理已经成为一个很困难的问题：一般，对于服务治理参数而言，研发人员是很难把握的，必然带来与运维或者其他团队过多沟通的成本。核心问题是如何实现一种能够根据链路实际情况自动化调整参数以保证 SLO 的解决方案（服务治理自驾驶解决方案）。

7.3　本章小结

云原生底座的最基础部分在第 6 章以及本章进行了介绍，但是其产品形式体现不突显，所以这两章重点讨论了技术架构相关的内容。从第 8 章开始，将基于云原生底座最基础的部分扩展出高级的云原生能力，其产品形式和具体业务场景有着紧密的联系。所以，相比前面的章节，这部分内容会同时介绍产品分析和技术解决方案。为了更清晰地说明后面章节（第 8 ～ 12 章）所涉及的产品之间的联系，有必要在这里进行介绍，云原生产品总体关系如图 7-7 所示。

在图 7-7 中所表达的产品关系方面，标号 1 代表 DevOps 平台，标号 2 代表云原生应用架构治理平台，标号 3 代表云原生分布式操作系统。

1）DevOps 平台是 CXO、产品经理、部门管理者、业务人员等的唯一工作平台。其价值在于能效的提升以及高质量的部署策略。

2）DevOps 平台的出产物，比如业务应用，会通过云原生应用架构治理平台部署到云原生分布式操作系统上。云原生应用架构治理平台的主要价值在于保证应用的运行时稳定性以及应用在差异化环境下的自动化交付。

3）云原生分布式操作系统的价值在于向下承接和抽象各类计算资源，向上提供应用运行时负载的抽象化环境和支撑。

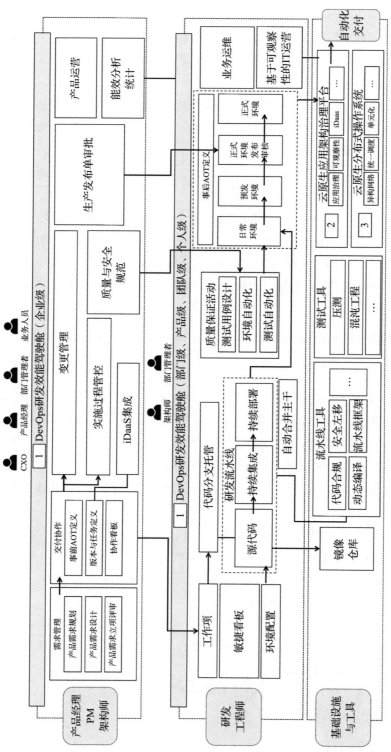

图 7-7 云原生产品总体系关系图

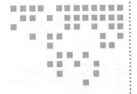

第 8 章 *Chapter 8*

异构网络

人们通过网络和业务应用进行连接。而业务应用托管在云原生底座之上，那么云原生底座就必须管理人和业务应用之间的网络以及业务应用之间的网络，这就是构成"云"的最基本条件。

实际当中，企业交付的环境差异巨大，如公有云环境下的部署、私有云环境下的部署以及混合云环境下的部署。另外还有网络接入设备的差异、网络拓扑的差异以及管理方式的差异等。云中立方式也使得网络的管理更加复杂了。而其他的一些新的计算形式，如边缘计算，其网络条件更加苛刻，也需要云原生底座将其网络的要求纳入进来。在云原生底座上运行的业务应用，其拓扑结构的变更或者升级也会影响网络管理的细节。这些都要求云原生底座能够自动化地管理和配置各种网络基础设施。

再者，各种各样的应用程序对其运行时的要求是不一样的。比如，容器化和虚拟化等方式的应用可以同时运行在云原生底座上，并且要求这些差异化的运行时环境能够互相联通，这也是云原生底座要实现的网络能力。

云原生底座的组网方式与传统组网方式相比，最大的价值在于自动化，应用在不同的网络环境下无须进行改造就可以实现互通。在实际落地时，客户或者用户经常提到要能够实现各种网络的适配功能，其本质要求是拥有异构环境下的高度自动化组网能力。在市场上，自动化组网技术是相对于传统方式更有竞争力的卖点。

异构网络治理可以作为一个独立的技术产品存在，就像在一个操作系统上安装的一个应用一样，它可以采用 Add-On 的形式部署在云原生底座上（单集群、多集群或者多云集群等），这完全是一种"被集成的策略"。这样，就没有必要绑定在某个厂家的 Kubernetes 发行版上，企业可以将异构网络治理的能力无差异地部署在自己已有的或者新版本的

Kubernetes 集群上。异构网络治理也算是一种"底座支撑型"产品形态，也是市场普遍的高频需求。异构网络产品的架构如图 8-1 所示。

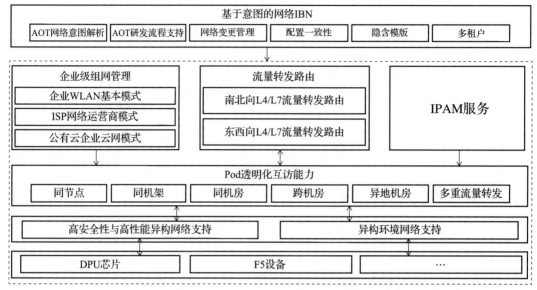

图 8-1 异构网络产品架构图

从图 8-1 中可以清晰地看到，自动化网络产品是以 IBN 的形式整体打包成一个独立产品的。其供应链具有层次性的（软件、硬件）特性。目前，就业界生态现状而言，除了一些特定硬件需要商业化厂商支持外，在开源社区中，自动化网络产品的核心技术组件基本上已经具备了，可以根据产品能力的设计，在不改变开源产品本身的同时进行升级改造。自动化网络产品的软硬件供应链是相对成熟的，集成成本更加低廉。

最后，自动化网络产品可以按许可证方式进行售卖，售卖场景可以分成私有化场景和公有云场景。如果是公有云场景，则可以通过服务市场形式进行售卖。并且可以按照组网管理的模式将自动化网络产品划分成初级版、标准版和企业版，这种分级有利于区分和筛选客户，也有利于满足不同层次客户的需求。因为自动化网络产品依赖云原生底座，所以总体费用由底座资源费用、自动化网络产品分级许可证费用、经常性费用（如维保）等所构成。另外，人们需要考虑建立服务体系，如采用解决方案咨询等方式，而这些数字化服务方式会在未来成为主要的营收模式。

8.1 经典云原生网络解决方案

人们希望云原生网络解决方案也能够具备自动化组网、自动化治理等能力，但是网络架构无疑是很复杂的，采取的策略如下。

1）设计和构建一组基于 IaC 风格的、由网络管理人员配置的云原生网络组件，由它们组装成云原生底座的网络"基础层"。

2）在网络"基础层"的基础上设计和构建一个高度自动化的网络管理层。为了将此"基础层"区别于高度自动化的网络管理层，将其称为"经典云原生网络解决方案"，高度自动化的网络管理层可以称为"基于意图的网络"。

8.1.1 控制面互联方案

对于网络"基础层"，首先需要考虑的是在多集群环境下各集群的控制面如何互联的问题，这是因为 Host 集群需要通过自己的控制面与各 Member 集群控制面的通信来实现对多集群整体的管理能力，否则 Member 集群仍然是各自独立的，多集群架构就不成立了。

1. 整体架构设计

需要实现网络互通的集群形态各异，如单集群、多集群、混合云、边缘计算集群、差异化的底层运行时等，以及需要实现 Karmada 所没有的自驾驶网络管理能力等。因此首先考虑在架构层面统一起来，这样就可以兼容各类集群对接环境的差异化，形成一个无须被上层关心的基础层。这里并没有直接使用 Karmada 原生的网络打通方案，因为 Karmada 原生方案的局限性较大且不够灵活，所以需要采用替换和升级的方案。最终效果是需要在 Host 集群的 API Server 与 Member 集群之间形成管控流量通道并在单元（所谓"单元"，就是为了实现集群的高可用性和高稳定性，在物理集群上切分出的逻辑集群）之间形成东西方向的业务流量通道。南北向异构网络流量转发如图 8-2 所示。

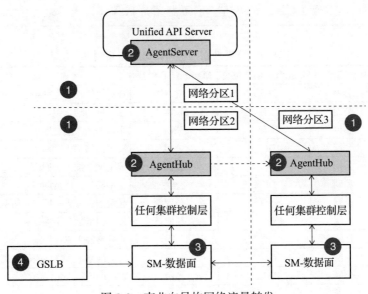

图 8-2　南北向异构网络流量转发

如图 8-2 所示，这是一种基于网络拓扑的分形结构。图 8-2 中最关键的网络通道结合部已经用灰色标号标记了，它们是构建控制面互联方案的关键。

架构的论述是按从上到下的顺序来进行的，这是为了能够让读者真正了解上层对下层的影响，并能够从整体把握自动化网络架构的脉络，而实际部署是要按从下到上的顺序进行的。对于下层网络层，其本质和业务链路网络没有区别，所以会在后续将其和业务链路网络的解决方案一起进行详细讨论。

图 8-2 中，标号 1 表示 Host 集群的 API Server 所在的网络分区 1、Member 集群 API Server 所在的网络分区 2 和网络分区 3，甚至任何一个 Member 集群的 API Server 的网络分区，实际都代表需要在网络层打通的边界位置。标号 2 代表了集群 API Server 在各个网络分区上的打通方案，要求达到的最终效果是：

无论 Host 集群的 API Server 在何处部署，以及 Host 集群的 API Server 是公网 IP 还是私网 IP，除了两端是不同网段的私网 IP 外，Host 集群的 API Server 总能够"管理"Member 集群的控制面。

2. 详细设计

如表 8-1 所示，把以上对控制面网络打通的要求展开，以展现各类情况下的联通解决方案。

🔍 **注意** 表中的 IP 指的是主机 IP，而不是容器网络的 IP。如果不特殊说明，本书所说的公网 IP 或者私网 IP 都是不同网段的。对同网段的没有任何限制，也无须实现打通。连接服务会对加入一方的网段和自己所在的网段进行比对，如果相同，则不会建立 VPN 连接。因为在同一个网段里，只要都不是私网 IP，天然地就能够互相通信。

表 8-1　公网及私网性质辩证与场景说明

Host 部署位置	Host IP 性质	Member 部署位置	Member IP 性质	场　景
公有云	公网	公有云	公网	成员网络加入主网络、主网络加入成员网络
公有云	公网	公有云	私网	成员网络加入主网络
公有云	私网	公有云	公网	主网络加入成员网络
公有云	公网	IDC	公网	成员网络加入主网络、主网络加入成员网络
公有云	公网	IDC	私网	成员网络加入主网络
公有云	私网	IDC	公网	主网络加入成员网络
IDC	公网	公有云	公网	成员网络加入主网络、主网络加入成员网络
IDC	公网	公有云	私网	成员网络加入主网络
IDC	私网	公有云	公网	主网络加入成员网络
IDC	公网	IDC	公网	成员网络加入主网络、主网络加入成员网络
IDC	公网	IDC	私网	成员网络加入主网络
IDC	私网	IDC	公网	主网络加入成员网络

表 8-1 所表达出来的 API Server 网络打通规律是非常有趣的，是不是公网 IP 集群或者是不是私网 IP 集群与集群部署位置没有关系，核心问题是展现出了两端的 IP 性质对集群加入方向的影响或者说对建立 VPN 连接方向的影响：**永远是拥有私网 IP 的一方加入拥有公网 IP 的一方，并且永远是拥有私网 IP 的一方首先建立与拥有公网 IP 的一方的 VPN 连接**。

这样做的理由也比较简单，因为公网 IP 是直接可达的。因为加入方向和 VPN 连接建立方向一定是一致的，所以只需要知道加入方向就可以了，而 VPN 的建立方向自然而然地就知道了。另外需要说明的是，在双方都拥有公网 IP 的情况下，加入或者打通的方向是任意的，没有分别，如图 8-3 所示。

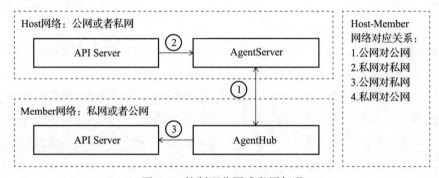

图 8-3　控制面公网或私网打通

下面对其中的要素进行说明。

（1）公网对公网、私网对私网

公网对公网可以实现直接互相访问，为了安全，需要建立一个双向的 VPN 通道，初始时由加入方通过 AgentServer 向接收方的 AgentHub 建立 VPN 通道（私网对私网也是可以直接互相访问的，只不过不需要建立双向 VPN，所以本书对私网对私网的情形就不做详细论述了）。因为是公网 IP 对公网 IP，因此这个顺序就都不重要了。因为顺序并不重要，因此无论对于加入方，还是对于接收方，注册和建立 VPN 的实现都需要在 AgentServer 角色的实现逻辑和 AgentHub 角色的实现逻辑中同时存在。为了简化部署和管理的复杂度，可以把建立连接的双方实现成同一个组件（Tunnel Connector，TC），只是在运行态的角色不同罢了。角色的不同只代表处理 VPN 的逻辑不同（主动发起 VPN 连接或者接收 VPN 连接）。在这种场景下，如果特意地把部署态和运行态等同，则必然给管理和运维带来一定的复杂性。所以**在某种特定场景下的"集成单体"设计就能够简化人们对网络连接的管理以及对整个网络组件的运维活动，其基本思想可以被总结为"部署态和运行态的分离"**。

（2）公网对私网、私网对公网

集群加入方向永远是私网到公网，而是不是 Host 集群网络加入 Member 集群网络或者是不是 Member 集群网络加入 Host 集群都是自由的（公网对私网、私网对公网从性质上来说没有差别，所以本书只讨论公网对私网的情形就可以了）。角色的定位不是由加入方向所定义的，而在于人们给予的角色参数，人为设置的角色参数使得集群管理关系并不会因为网络的加入方向而受到影响，所以可以得到这样一条规律：**Host 集群的 API Server 永远会管理 Member 集群，所有的加入动作只会影响建立 VPN 连接的方向，永远是私网向公网建立 VPN 连接。**

以上的思路使得网络打通问题变得异常简单：根据加入时的角色参数来决定什么角色，客户端和服务器的关系是相对的，一方角色被人为定义，那么另一方必然是相反的角色，所以只需要根据加入方的角色推断自己的角色即可。另外，需要按照网络性质决定谁先发起 VPN 连接的请求。

下面介绍图 8-3 中标号为 1 的部分。

1）加入的一方使用 AgentHub 或者 AgentServer 角色参数及自己的 VPN 证书作为注册材料，通过对方的注册 API 进行注册（可以通过 Kubectl 或者 REST API）。

2）加入方的 TC 认为自己是 AgentHub 或者 AgentServer 角色，尝试将对方的公网 IP 地址作为"众所周知的地址"，并以固定端口号发起 VPN 连接请求。对方 TC 运行在 AgentServer 或者 AgentHub 模式下，接收到请求后验证证书，如果通过，则 VPN 服务器进程会进行 IPSec 连接并建立 VPN 隧道。这也说明，TC 的证书管理功能需要独立出来，并在 TC 的不同角色下共用。

3）一旦 VPN 隧道被建立成功，Host 集群的 TC（AgentServer 角色）会向自己的 API Server 提交一个 Cluster CR，并使用本地 TC 通过新建立的 VPN 隧道从 Member 集群的 TC 查询到的集群信息来填充这个对象，此时 Cluster 对象的状态是 Actived。用户一旦看到这个 Cluster 对象建立了，并且指向想要纳管的 Member 集群，就连接成功了，否则可以尝试重新注册的操作。实际上，一旦 VPN 隧道建立成功，这种信息交换就会根据一定频率实时进行，那么人们就可以看到 Cluster 的准实时信息了。反过来说，也可以基于 Cluster 对象所联动的控制器来对每个集群进行管理。

此时，Host 控制面的 TC 和 Member 控制面的 TC 之间建立了 VPN 隧道。

3. 关键技术问题的解决

在控制面之间建立了 VPN 隧道之后，又出现了新的问题：Host API Server 如何找到自己的 TC 以及 Member 的 TC 如何找到自己的控制面并转发 Request 流量。

（1）TC 服务化架构升级

API Server 和 TC 查询关系的问题如图 8-3 中的标号 2 和标号 3 所示。这个问题的本质是由 API Server 的技术架构所决定的。API Server 其实是由 REST Server、ControllerManager 等组件所组成的，那么其他第三方组件如何部署到 API Server 里面？ API Server 并没有提供可以在自己内部部署第三方组件的机制。如果有，这种集成方式也只能让 API Server 的架构变得难以控制，因为这相当于绑定的第三方自定义组件和 API Server 组件在一个进程里运行。如果被引入的第三方自定义组件不稳定，那么控制面就会不稳定。所以，API Server 不实现能够引入第三方组件的设计是合理的，但是图 8-3 中标号 2 或者标号 3 的功能该如何实现呢？如果把 TC 也封装成镜像并部署成一个 Kubernetes 服务，就可能解决这个问题，并且 TC 变成服务后，TC 组件高可用的能力也就同时具备了。南北向 VPN 通道如图 8-4 所示。

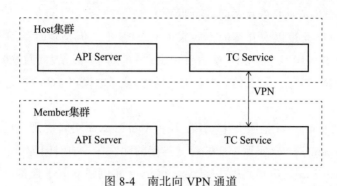

图 8-4　南北向 VPN 通道

（2）基于 TC 的多集群控制面流量转发的实现

此时，又出现了两个有关新技术的问题。

其一，主机网络与容器网络位于不同的网络空间，那么位于主机网络中的 API Server 进程如何寻址到位于容器网络中的 TC 进程并实现通信？

其二，原先人们认为 TC 是在主机网络的，所以它的 IP 是主机的 IP，只是被绑定到一个固定端口而已，现在情况彻底变了，它的 IP 是容器网络的 IP，此时集群加入（注册和建立 VPN 通信）的动作如何实现呢？

我们需要知道的是容器虽然运行在主机之上，但是容器网络和主机网络是平行关系，本质是两个独立的网段，不能直接互相访问，所以才会有以上那些问题的出现。知道了背后的原因，找到解决方案就不难了。

1）对于第一个问题，Kubernetes 为自己的 API Server 声明了一个名为 kubernetes 的服务（Pod 可以通过这个服务访问 API Server 本身），应注意：**这里用小写的 kubernetes 代表 API Server 的服务，这个习惯和官方是一致的**。那么问题就被转换为 kubernetes 服务出站管控流量（L7）如何达到隧道服务的问题了，解决方案如下。

①利用 Kubernetes 1.16 以上版本提供的 ANP（API Server-Network-Proxy）机制来解决，ANP 能够实现 kubernetes 服务由 EgressSelector 将请求无缝地转发给指定 TC 服务的能力。

② Kubernetes 1.1.6 以下的版本是没有 ANP 能力的，需要在 TC 中内嵌一个新组件 iptable Manager。iptable Manager 会获得 PSP 特权并通过在宿主机的 iptable 中的 OUTPUT

链中添加 DNAT 规则，来实现将请求转发到 TC 服务的能力。要说明的是，虽然这个 iptable Manager 组件在 TC 中，但是只有在 Agent Server 模式下才会被激活，这样可以节约一定的资源，并防止 iptables 的不合理修改。

2）对于第二个问题，可以使 TC 服务像其他需要暴露到外部的服务一样向外暴露一个公网 IP。那么，注册方式就不需要进行改变。但是这就需要 CNI 网络解决方案的支持，实际上，VPN 连接也是建立在 CNI 插件基础上的。

（3）TC 服务跨集群连接的相关问题说明

此时，虽然可以通过以上介绍的方式来建立 VPN 了，但是暂时不用考虑在 Host 集群上定义的 CR 如何被转换并下发到正确 AgentHub 角色的 TC 以及如何被转发到目标的控制面等问题，这里需要先考虑如下的一些问题如何解决（这里以 TC 的角色视角来看待这些问题）。

其一，因为 AgentServer 被服务化（存在多个 AgentServer 实例），那么任意一个 AgentHub 是如何与所有的 AgentServer 实例都能够建立连接的呢？在注册时因为负载均衡的原因，在初始状态下，AgentHub 只是和其中一个 AgentServer 实例建立起了连接。如果只是建立了一个连接，那么 AgentServer 实例转发的管控 Request 也只能到达一个 AgentHub 所代表的 API Server，其他的转发都将会失败。实际上问题会更加严重，因为我们是用一个公网 IP 作为入口来实现注册的，那么也就是说任何一个 AgentServer 都有机会和任何一个 AgentHub 建立连接，所以如果多个 Member 集群需要注册，那么不是所有的 AgentHub 都能够与所有的 AgentServer 实例建立连接。每一个 AgentServer 都有可能只与有限的几个 AgentHub 建立联系，那么转发的管控请求必然有失败的情况。

其二，建立连接需要证书，那么就需要实现对证书的自动化管理，以解除手工管理的高成本。

（4）TC 服务跨集群连接的解决方案

1）第一个问题的解决方案如下。

①每一个 AgentServer 启动时都会先从 API Server 得到 AgentServer 的副本数（serverCount），并且为自己生成一个标识自己的编号（serverId），这个编号在全局是唯一的，一般可以使用 UUID 来定义。

AgentHub 连接到某一个 AgentServer 实例时，AgentServer 会通过该隧道向 AgentHub 返回一个 ACK Package，这个 Package 中包含 serverCount 和 serverId。

② AgentHub 通过解析 ACK Package 获悉了 AgentServer 的数量，并将 serverId 记录下来。

③如果 AgentHub 发现本地连接的 Server 副本数小于 serverCount，那么就会重新尝试发出连接请求，直到本地记录的 serverId 数与 serverCount 一致为止。

2）对于第二个问题，VPN 证书是建立 VPN 的条件，但是证书会过期，就需要在 Host 集群端控制面和 Member 集群端控制面实现一个 certManager 组件，并以 kubernetes 服务的形式进行部署，certManager 组件会自动进行证书的轮换：根据原证书的 TTL 以及基于自签署或者第三方集成的 CA 服务来管理证书。

下面介绍图 8-3 中标号 3 的问题如何解决。TC 服务如何将管控请求转发给 Member 集群的 API Server 呢？经过对标号 2 问题的论述，对于标号 3 问题的解决方案就简单明了了。在 Member 集群上，依然把 TC 部署成 kubernetes 服务，并且 kubernetes 服务的内部域名是固定的，那么 TC 就直接转发请求到 kubernetes 服务上即可。

细心的读者会发现有关 VPN 网络的问题。

VPN 隧道是位于四层的，也就是说建立 VPN 还是需要其他条件的，即要能够建立跨越不同网络分区的组网，那么只有在不同网络分区之间存在物理连接、每个网络分区都需要能够实现 L2/L3 网络的打通以及与外部路由器实现打通才能办得到。

TC 只是一个高层次网络管理组件，没有以上条件的满足是不可能建立隧道连接的，这是因为所谓"隧道"，只是在 IP 连接基础上所收发的网络负荷上加入了一些 VPN 首部以及对数据负荷加密罢了，对 VPN 形象的比喻就是给信件加了一个封套而已。

4. 总结

在继续讨论之前，这里对多集群控制面互联架构进行更新，如图 8-5 所示。

基于图 8-5 进行总结：

1）Host-Member 宏观模型是不会改变的。

2）集群加入 VPN 隧道网络和 VPN 隧道建立的顺序必须是私网到公网，对公网对公网这种特殊情况是没有顺序要求的。人们也不关心集群是部署在公有云还是在 IDC 环境中。

3）为了简化 TC 的部署和运维的复杂性，AgentServer 角色和 Agent 角色的处理逻辑都实现在同一个 TC 组件里，其部署方式是作为 Kubernetes 的服务而对等部署在各个集群中。至于 TC 是 AgentServer 角色还是 Agent 角色的问题，只需要在加入大集群时配置好角色参数即可。

网络层打通是一个多集群底层网络的通用场景，和 8.1.2 小节要讨论的业务链路中的网络互联方案本质上是相同的，所以可以统一定义为：

在任何网络分区存在的情况下，Pod 通过 Pod IP 就可以建立网络连接。实际上这就是扁平网络，扁平的含义是像在同一个 LAN 中的感觉一样。

8.1.2 小节介绍业务链路网络互联的方案，那么也就一并地回答了图 8-3 标号 1 的网络层如何连接的问题。

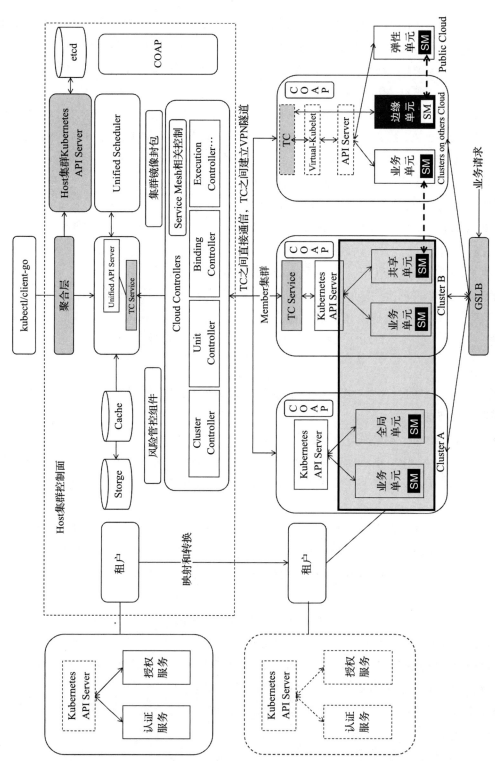

图 8-5 多集群控制面互联架构更新图

8.1.2 业务链路网络互联方案

Kubernetes 的网络通过 CNI 插件来实现，所以事实上是在围绕 CNI 插件来解决人们所面临的网络问题的。

容器网络和主机网络在边界处是有联系的（但是容器网络和主机网络是独立的）、容器网络的性能甚至与主机网络的路由器以及交换机的拓扑也存在联系，硬件影响软件的性能是很容易理解的，所以这里不做过多解释了。

问题本身是相当复杂的，所以这里还是按照分层的思想进行讨论，先讨论主机网络的物理联通方式（虚拟机的网络联通方式的细节会更加复杂：物理机上是虚拟机，虚拟机上是容器。读者可以自行对主机网络和容器网络的关系进行更多层次的推导，这里就不再赘述了），如图 8-6 所示。

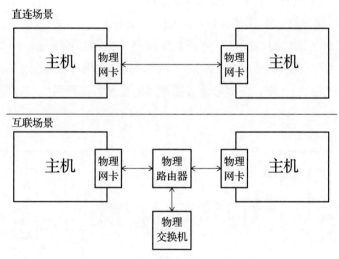

图 8-6 主机网络的物理联通方式

在图 8-6 所示的主机网络中，很明显，物理网卡之间需要物理线缆进行连接，没有物理连接是不可能实现两个主机在软件层面上的连接的。物理线缆的拓扑有两种形式：直连和互联。互联其实就是主机之间使用线缆通过路由器连接（中间被路由器等隔断了）。不过为了聚焦说明问题，图 8-6 把路由器和交换机的拓扑结构简化了。

1）主机网络 – 数据链路层网络：操作系统是利用物理网卡烧录网卡芯片的 MAC 地址并通过 ARP（ARP 只用于 IPv4 中，IPv6 使用的是邻居发现协议（Neighbor Discovery Protocol））实现两个主机在同一个数据链路上寻址的。它只能解析两台主机之间的寻址，而无法实现跨越路由器的寻址，这就是为什么说互联方式下主机之间被路由器等给隔断了。

2）主机网络 -IP 层网络：操作系统是通过 IP 来实现主机对主机、主机 – 路由器 – 主机等场景的全链路寻址的。IP 依靠网络设备上的路由表来实现跨越多少个主机或者路由器寻址的能力，IP 建立在主机数据链路层网络的基础上。也就是说，真正的寻址能力是建立在不能直接寻址的能力之上的。

所以对于一个可用的主机网络而言：**IP 与 MAC 必须同时存在**，操作系统通过 ARP 从 IP 获得 MAC 地址进行寻址，对于用户而言是透明的。

MAC 地址是全球唯一的，并与物理网卡进行绑定（烧录在网卡芯片中）。MAC 地址是物理地址，物理地址是数据链路层和物理层使用的地址。

IP 地址是 IP 提供的一种统一的地址格式，为互联网上的每一台主机分配一个逻辑地址。IP 地址是网络层和以上各层使用的地址。这解释了 DHCP（DHCP 是动态地址分配协议的简称）为什么可以为已启动的主机动态分配一个 IP，也是每次重启主机时 IP 地址都不相同的原因。用户也可以定义与硬件无关的虚拟 IP，如 Kubernetes 的 ClusterIP，而虚拟 IP 必须由定义者解释，因为这种虚拟 IP 与操作系统无关。

主机数据链路层网络其实就是主机网络的 underlay（因为主机数据链路层在 IP 层的下一层，也就是 TCP/IP 堆栈的 L2 层），IP 层其实就是主机网络的 overlay（因为 IP 层是主机数据链路层的上一层，即 TCP/IP 堆栈的 L3 层），它们都是操作系统管理的，目的是实现基于物理连接的软件层面的互联。下面考虑容器网络的情况，物理网络与容器网络边界关系如图 8-7 所示。

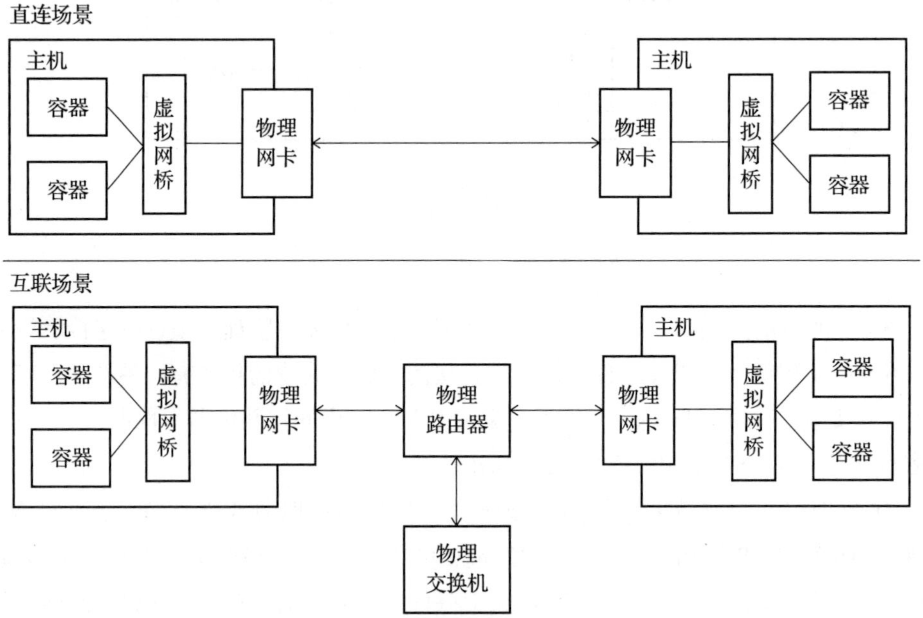

图 8-7　物理网络与容器网络边界关系

在图 8-7 所示的容器网络内部，容器和容器之间通过虚拟网桥等虚拟设备互联，这与主机网络的连接方式是一致的，容器内部也可以有数据链路层和 IP 网络层。在容器网络边界处，虚拟网桥等虚拟设备需要和真正的物理网卡进行通信，将流量转发到主机网络，并且它们之间存在地址转换关系（如 NAT 过程）。可以看到，容器内部和容器外部的主机是两个"世界"，容器和主机的 MAC 与 IP 的含义和值都是不同的，所以不可能存在冲突（即便 IP 地址一样，因为归属网络的不同，也不可能存在冲突）。如果类比主机网络，容器网络也有自己的 underlay 和 overlay 网络模型。因为需要通过各类虚拟设备以及软件进行容器内以及容器与外部主机之间的地址转换和管理，所以它是一种虚拟网络。那么，可以得到一个结论：无论是对于主机网络还是对于容器网络，underlay 和 overlay 的关系是确定的，但容器网络和主机网络在技术实现上是不同的。overlay 网络与 underlay 网络如图 8-8 所示。

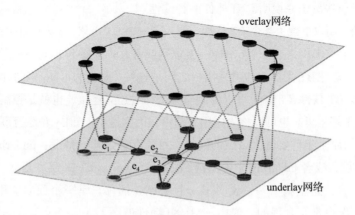

图 8-8　overlay 网络与 underlay 网络

此时有些读者会问，基于 Pod 的网络架构是不是也像上述结论所描述的那样呢？答案是肯定的。因为 Pod 被构建时使用了一个名为 Pause 的容器去构建网络命名空间，随后启动的所有业务容器都共享了这个 Pause 容器的网络空间。那么 Pod 的网络在本质上还是容器网络，所以以上的所有分析在网络拓扑模型上也适用于 Pod 网络，但是其 underlay 和 overlay 的实现很可能与原生容器网络模型不一致。Kubernetes 使用 CNI 插件来管理 Pod 网络，让人误以为这是一种纯粹的网络管理机制，甚至很多人会误认为 CNI 插件具备类似传统云网络 SDN 的功能。其实，CNI 插件与 SDN 并不是同一维度的东西。

1. Kubernetes CNI 插件的说明

实际上，使用 CNI 插件管理网络是一个神奇的存在。

因为 CNI 插件是一种彻头彻尾的软件设施（实现了 Kubernetes CNI 接口的一个软件及相关配置），所以可以有足够的理由不遵守数据链路层与 IP 层的关系（但是同时也包含了标准的模式）。有些 CNI 插件在 underlay 或者 overlay 的管理上有可能与严格意义上的定义存在很大的不同。比如，有些 CNI 插件甚至可以超越容器网络管理的范畴，完全接替操作系统来管理主机网络；CNI 插件甚至具备建立 IPSec 隧道这样的高级功能。但是目前业界和开源社区确实存在着声称具备 underlay 或者 overlay 能力的云原生 CNI 插件，甚至还声称存在着同时具备 underlay 与 overlay 能力的云原生 CNI 插件，听起来和我们理解的定义是非常矛盾的，这是怎么回事呢？在 CNI 插件领域，对 underlay 和 overlay 这些名词进行了"虚拟化"。

overlay 的 CNI 插件，顾名思义，是指上层的或者业务层面的、用户层面的，只要能够转发用户流量的 CNI 插件就是 overlay 的 CNI 插件。underlay 的 CNI 插件，是指下层的或者基础架构层的，专门用于承载用户流量的网络，只要可以提供 IP 包的转发即可。所以可以存在同时具有这两种能力的 CNI 插件。稍微严谨一点来说，underlay 和 overlay 与是否是物理网络以及是否是 IP 层等都没有关系，它只是相对于 App 的视角而言的。

下面需要举一些例子来说明 CNI 插件的特殊性。

1）BT 应用。用户下载了某个 BT 软件，联入了一个 BT 网络，开始和 BT 网络中的其他节点交换数据。此时，BT 网络是一个 overlay，互联网或者大的 WLAN Kubernetes 网络是 underlay。BT 网络中的节点就是 BT 用户，边就是用户之间的连接（对应的可能是互联网中的很多跳）。BT 用户（也就是 BT 软件客户端）可以控制与哪个邻居建立连接，也就是控制了 overlay 的拓扑和路由（在这个场景里，也可以称为应用层路由，因为这个 overlay 位于互联网的应用层）。

2）云上的云原生集群要做大二层的网络，可能存在这样的情况：underlay 是 IP 层，而 overlay 是 VPN 层，或者 underlay 是数据链路层，而 overlay 是 IP 层。当然，还存在着各种看起来奇特的组合，这里就不一一说明了。上层 CNI 插件只是一个面向应用视角的管理组件，所以这些情况也都是合理的。说白了，CNI 插件遵循了 underlay 与 overlay 之间关系的逻辑，但是并没有严格遵守必须由什么技术来实现的规范。

那么，以上这种相对于应用视角的 CNI 插件定义给 CNI 插件的设计和实现带来了非常大的灵活性以及方案的广泛性（根据相对性来定义到底谁是 underlay 谁是 overlay，应用与底层的、物理的网络之间彻底解耦合了），但这使得人们容易和容器网络的定义混淆。所以可以认为：CNI 插件的 underlay 和 overlay 的关系是确定的，性质也是相对的；但是 CNI 插件底层的真实网络组件，underlay 和 overlay 的关系是不确定的，其性质可能大不相同。

这里把目前业界或者开源社区实现的 CNI 插件分成 3 类，如图 8-9 所示。

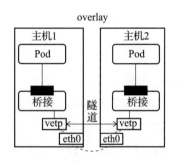
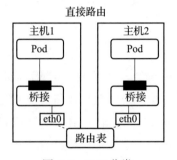
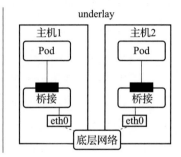

图 8-9　CNI 分类

1）overlay 模式的典型特征是容器独立于主机的 IP 段，这个 IP 段在实现跨主机网络通信时是通过在主机之间创建隧道的方式来实现的。隧道将整个容器网段的包全都封装成底层物理网络的主机之间的包。隧道方式的好处是安全，但通信性能会受到一定影响。

2）在直接路由模式中，主机和容器也分属不同的网段，直接路由模式与 overlay 模式的主要区别在于：直接路由模式的跨主机通信是直接通过路由打通的。这就意味着，直接路由模式无须在不同主机之间做一个隧道封包。但路由打通的能力需要部分依赖于底层网络，比如要求底层网络具备二层可达的能力。

3）underlay 模式中，容器和宿主机位于同一层网络，两者拥有相同的地位。容器之间网络的打通主要依靠底层网络的能力。

4）可以定制或者基于一定基础来自研特殊的 CNI 插件。

2. 如何做 Kubernetes CNI 插件的技术选型

在实践当中，业界和开源社区中存在多种 CNI 插件的实现，那么这些 CNI 插件又属于哪种模式呢？如果能够确定采用某种模式的 CNI 插件，那么应该选择确定模式下的哪些 CNI 插件呢？

需要从以下 4 个方面来考虑。

（1）环境限制

不同环境所支持的底层能力是不同的。

1）虚拟化环境（如 OpenStack）中的网络限制较多，比如不允许机器之间直接通过二层协议访问，必须是带有 IP 的这种三层的地址才能转发，限制某一个机器只能使用某些 IP 等。在虚拟化环境中，只能选择 overlay 的 CNI 插件，常见的有 Flannel vxlan、Calico ipip、Weave、Cilium vxlan 等。

2）物理机环境中对底层网络的限制较少，比如，在同一个交换机下面直接做一个二层的通信网络是一件非常容易的事情。在这种集群环境，人们可以选择 underlay 或者直接路由模式的 CNI 插件。采用 underlay 模式，意味着可以直接在一个物理机上插多个网卡或者是在一些网卡上进行硬件虚拟化；直接路由模式基于 Linux 的路由协议实现了仅依赖主机操作系统自身就能够实现网络互联的能力。这样就避免了像 vxlan 的封包 / 解包方式所导致的通信性能降低的问题。物理机环境下，人们可选的 CNI 插件包括 Calico-BGP、Cilium-BGP、flannel-hostgw 等。

3）公有云环境也是使用虚拟化技术构建的，因此对底层网络的限制会较多。但公有云厂商会考虑如何适配容器以及如何提升容器的性能，因此公有云厂商可能提供了一些 API 去配置一些额外的网卡或者路由。在公有云上，要尽量选择公有云厂商提供的 CNI 插件，以达到兼容性和性能上的最优。比如，阿里云就提供了一款高性能的 Terway CNI 插件。

环境限制考虑完之后，我们心中应该会有一些选择了，知道哪些能用、哪些不能用。在这个基础上，我们再去考虑功能上的需求。

（2）安全需求

Kubernetes 直接支持 NetworkPolicy，可以通过 NetworkPolicy 的一些规则去支持"Pod之间是否可以访问"这类微隔离策略。但不是每个 CNI 插件都支持 NetworkPolicy 的声明。如果有这个需求，则可以选择支持 NetworkPolicy 的一些 CNI 插件，比如 Calico、Weave、Cilium 等。从这方面看，CNI 插件也确实做了一些与网络定义不同的事情。

（3）功能需求

1）是否需要实现集群外的资源与集群内的资源互联互通。业务应用最初都是被部署在虚拟机或者物理机上的，容器化之后，业务应用无法一下完成迁移，因此需要传统的虚拟机或者物理机能与容器的 IP 地址互通。为了实现这种互通，需要两者之间有一些打通的方式或者直接位于同一层。此时可以选择 underlay 网络，比如，SRIOV 技术支持的网络中，Pod网络与虚拟机网络或者物理机网络处于同一层，Pod 中的应用与被部署在虚拟机上的应用或者被部署在物理机上的应用可以直接通信。我们也可以使用 Calico-BGP 或 Cilium-BGP，此时它们虽然不在同一网段，但可以通过它们与原有的路由器做一些 BGP 路由的发布，这样也可以打通虚拟机与容器之间的通信链路。

2）需要考虑 CNI 插件对 Kubernetes 的服务发现与负载均衡能力的支持程度。并不是所有的 CNI 插件都能支持这两种能力。比如很多 underlay 模式的 CNI 插件，物理网卡的能力是通过硬件虚拟化插到容器中的（差不多是直接使用了物理网卡），这个时候，Pod 中虚拟网卡的流量无法到达宿主机所在的网络命名空间。在这种情况下，CNI 插件就无法访问 Kubernetes 的服务发现服务。如果 CNI 插件无法支持服务发现能力，那么 Kube-Proxy 就无法使用自己在宿主机上配置的路由规则来实现负载均衡了。如果需要同时支持服务发现与负载均衡，就需要在选择 underlay 的插件时特别注意 CNI 插件是否支持 Kubernetes 的服务发现能力。

（4）性能需求

可以从 Pod 的创建速度和 Pod 的网络性能来选择插件。

1）Pod 的创建速度。当创建一组 Pod 时，比如业务高峰来了，需要紧急扩容 1000 个 Pod，就需要使用 CNI 插件创建并配置 1000 个网络资源。overlay 模式和直接路由模式在这种情况下的创建速度是很快的。因为它在机器里面又做了一层虚拟化，所以只需要调用内核接口就可以完成这些操作。因为 underlay 模式需要创建一些底层的网络资源，所以整个 Pod的创建速度相对会慢一些。因此，对经常需要紧急扩容或者创建大批量 Pod 的场景，应该尽量选择支持 overlay 模式或者直接路由模式的 CNI 插件。

2）Pod 的网络性能。Pod 的网络性能主要表现在两个 Pod 之间的网络转发、网络带宽、

PPS 延迟等这些性能指标上。overlay 模式的 CNI 插件性能较差，因为 CNI 插件在节点上做了一层虚拟化，还需要去封包，封包又会带来一些包头的损失、CPU 的消耗等。当用户对网络性能的要求比较高时，如机器学习、大数据这些场景，就不适合使用 overlay 模式的 CNI 插件。这种情形下，通常选择 underlay 模式或者直接路由模式的 CNI 插件。

这里对目前业界流行的几种开源 CNI 插件产品进行对比，如表 8-2 所示。

表 8-2　开源 CNI 插件产品对比

Flannel vxlan	Flannel host-gw	Calico	Cilium
overlay：vxlan	underlay：纯三层	underlay：纯三层	同时支持 overlay 和 underlay

具体的比较方法，已经在上面具体讨论过了，读者可以根据官方提供的具体材料进行比较，这里只说明最终选择 Cilium 的结论。

1）Cilium 基于 eBPF 技术，成功绕开了 iptables，从而提供了很高的性能。

2）Cilium 能够支持基于隧道的 overlay 网络和基于直接路由的 underlay 网络，同时支持物理机、虚拟化等诸多环境。

3）Cilium 满足了很多功能性需求，最可贵的是提供了网络、可观察性和安全等方面的整体化解决方案。

4）在大规模扩展 Service 等的场景下，Cilium 在性能上有相当优越的表现。

5）虽然 Calico 也支持 eBPF，但是要求 Linux 内核的版本较新，所以 Cilium 仍然是最好的选择。

国内大部分大厂在很早的时候就进行了很多 Cilium 的落地实践。腾讯、阿里、爱奇艺、携程、网易轻舟等都在生产环境中落地了 Cilium。eBPF 本身也存在一些问题，但是在数字化业务的需要大于成本需求的情形下以及需要有大厂相关技术支撑的诉求下，问题也就不大了，是可以忍受的。

3. 基于 Cilium 的网络解决方案

（1）Cilium 的应用场景与分类

这里基于 Cilium 来实现业务网络层的解决方案，其应用的场景如下。

场景 1：节点内的 Pod 可以互相访问。

场景 2：同机架或者同机房，跨节点 Pod 可以互相访问。

场景 3：跨机房或者异地机房，本地 Pod 可以访问远端 Pod。

场景 4：外部流量可达目标 Pod 或者 Pod 流量可达外部。

场景 5：Pod 多重流量转发能力（多网络平面）。

其中，场景 1、场景 2、场景 3 是东西向流量；场景 4 是南北向流量；场景 5 是因为业务上需要通过存储网络进行数据存储或者进行多媒体分发等所出现的一种场景。所以，这就要求网络方案具有为单个 Pod 生成多个虚拟网卡的能力，那么这就需要突破 Kubernetes 本身的限制了。

只需要打通节点之间的网络，就可在此之上实现统一的混合容器网络（适合于各类容器运行时和业务需要的网络，所以叫作混合容器网络）。因为 overlay 模式的性能较差，所以接下来对以上场景解决方案的讨论都基于 GBP 直接路由的 Cilium underlay 网络方案。另外，需要声明的是，以下方案确实在国内某大厂中进行了落地实践，是非常可靠及可信的。

以上 5 个场景其实可以被分成 3 类：第一类是节点内（场景 1）；第二类是跨节点的（场景 2、3、4）；第三类是多虚拟网卡的（场景 5，此场景可以基于开源的 Multus 并结合上层控制器来实现）。

对于第一类场景，即实现同节点的 Pod 互访的场景，Cilium 依赖的是操作系统内核协议栈和 eBPF 程序，其网络二层转发并不经过诸如 OVS 或 Linux Bridge 这样的虚拟设备。这部分功能由 Cilium Agent 负责，使用 eBPF 规则进行流量的管控。也就是说，同节点内的 Pod 无须依赖或者配置任何程序就可以自然地互访。所以讨论重点应该放在第二类场景上。

（2）跨节点网络通信的实现

第二类场景可实现跨节点网络通信，即场景 2、场景 3 属于容器网络边界内的场景；场景 4 则属于容器网络边界外流量进入容器网络边界内的场景。在容器网络边界内，选择 BGP（边界网关协议）作为联通性的基础，BGP 通过路由器或者其他网络设备"学习"路由来实现网络的联通性。

🎯 提示　**为什么选择 BGP 呢？**

相对于传统的 OSPF、RIP 等内部路由控制协议，BGP 可以实现最佳的路由控制传播策略与路径。换句话说，就是寻址性能和通信性能都非常合适。BGP 具备很好的拓展性，能够满足大规模集群横向扩展的需求。最后，BGP 也足够稳定，业界存在很多成功的落地实例可以参考。

BGP 有两种路由广播模式。

一是全连接模式，在一定的集群规模下使用全连接模式会给网络带来比较大的广播数据量负担，该模式只适合于节点规模小于 100 的集群。

二是路由反射模式，允许一个 BGP Speaker（Route Reflector）向其他 BGP Peer（可以认为是需要互访的计算节点）广播学习到的路由信息，大大减少了 BGP Peer 连接数量，非常适合于大规模集群。BGP 的路由反射模式是本书所推荐的模式。并且 BGP 没有像 overlay VXLAN 那样需要对网络载荷进行封包和解包的过程，所以 BGP 在性能上也能满足要求。

1）场景 2：同机架或者同机房，跨节点 Pod 可以互相访问。

图 8-10 所示为场景 2 的网络解决方案，后续再逐步拓展到场景 3 的网络解决方案。

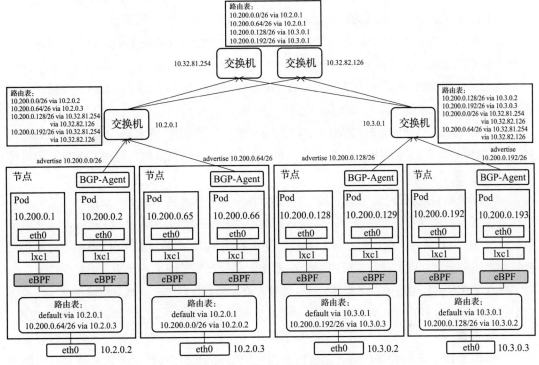

图 8-10　场景 2 的网络解决方案

不同的拓扑决定了 BGP 协议的子类型，目前主流网络物理拓扑有如下两种。

①网络拓扑模型（接入 - 汇聚 - 核心）：核心网的组网方式是传统数据中心普遍采用的三层网络架构，它是基于南北向流量为主要流量方向的假设而设计的。计算节点和核心交换机建立 BGP：使用 iBGP 交换（学习）路由。

②叶脊网络拓扑模型（Spine-Leaf）：是新型数据中心普遍采用的 Spine-Leaf 网络架构。计算节点和直连的 Leaf 交换机（置顶交换机）建立 BGP 连接：使用 eBGP 交换（学习）路由。

基于 BGP 实现组网的核心思想是在不改变 IDC 机房内部网络拓扑的情况下（如果因为软件方案而去修改硬件网络拓扑，估计很难说服企业这样做，成本太高了，架构上也不是很合理。不改变物理拓扑而有 IP 寻址的能力或许也是 BGP 的竞争力之一），根据不同拓扑建立相应类型的 BGP 连接，针对节点所处的物理位置分配 PodCIDR（CIDR 是一种动态的子网掩码划分方法），每个节点都将 PodCIDR 通过对应类型的 BGP 宣告给接入层或者 Leaf 交换机，从而实现全机房通信的能力。

如图 8-10 所示，每个接入层交换机或者 Leaf 交换机都与节点构成了一个 AS（BGP

AS，BGP 的自治区系统，可以理解成一个小型网络分区）。在每个节点上运行 BGP 服务，以通知本节点的路由信息。核心交换机或者 Spine 交换机与接入层交换机或者 Leaf 交换机之间的每一个路由器都单独形成一个 AS，物理直接联通，并基于 BGP 使得全部交换机以及全部路由器可以感知整个机房的路由信息。下面介绍图 8-10 实际的联通性。

①目标 Pod 的 IP 为 10.200.0.65，业务流量从 IP 为 10.200.0.1 的 Pod 出发，经过网桥及路由，被 IP 为 10.2.0.2 的网卡转发到地址为 10.2.0.1 的交换机。

②交换机根据 BGP 路由表计算出目标 Pod IP 所在的网段 10.200.0.64/26，并同时获知需要将网络载荷转发给主机 10.2.0.3。

③经过转发，主机 10.2.0.3 的网卡收到网络载荷，再经过节点路由表，发现主机 IP 10.2.0.2 的网络载荷目标是 Pod 网络的 10.200.0.0/26 网段，通过虚拟设备进行转发，最终将网络载荷送至目标 Pod。

对于其他路径的联通性，读者可以自行进行推导，这里不再赘述。

在实际运行情况下，存在着节点以及 Pod 新增和删除的情形，因为采用了 BGP 的路由反射模式，所以可以将接入层或者 Leaf 交换机以及相关的路由器当作反射路由器（前提是这些交换机或者路由器都开启了动态邻居的能力）。也就是说，计算节点不再作为反射路由器了。此时，静态配置方式自动变为动态配置方式，即使存在着节点以及 Pod 新增和删除的情况，也不会引起计算节点过多的宣告动作的发生，这就大大减少了在组网方面对计算节点管理的成本。

下面再看一个不需要计算节点作为反射路由器的理由。节点在宣告自己的路由时，也同时会接收其他节点的宣告，那么主机内的路由表就可能会在集群规模越来越大时膨胀起来，而每个节点的路由条目是有限制的。我们只需要配置节点不从数据中心学习任何路由，所有出主机的流量直接经过主机默认路由（到数据中心网络），这样就规避了主机路由表膨胀的问题。如果采用这种"直走"的方式，那么网络联通性会不会受影响？并不会，这是因为接入层交换机或者 Leaf 交换机已经有了这些路由。

综合上面的讨论，图 8-10 就变为图 8-11 所示的样子了。

此时，细心的读者的疑问可能越来越多了。

Cilium 具有 BGP 的能力，开源社区的其他 CNI 插件（如 Calico）也有 GBP 能力（利用 Calico 等 CNI 也可以设计出上面的架构），那么有什么区别吗？在路由控制方面没有区别，但 Cilium 在 eBPF、XDP 等的加持之下，网络流量转发性能呈现出相对于其他方案无法比拟的优势。这是与开源社区其他 CNI 插件的本质区别，因为其他大部分版本目前都依赖于 iptables 和 IPVS。另外，Cilium 还提供了基于 eBPF 的高级网络可观察能力以及基于 eBPF 的高级网络安全保障能力，这也是超越其他 CNI 插件方案的优势。

从本质上讲，Cilium 是一个基于 eBPF 之上的通用性抽象，即 Cilium 对 eBPF 进行了封装，并提供了一个更上层的 API，使得其能够覆盖分布式系统的绝大多数场景。

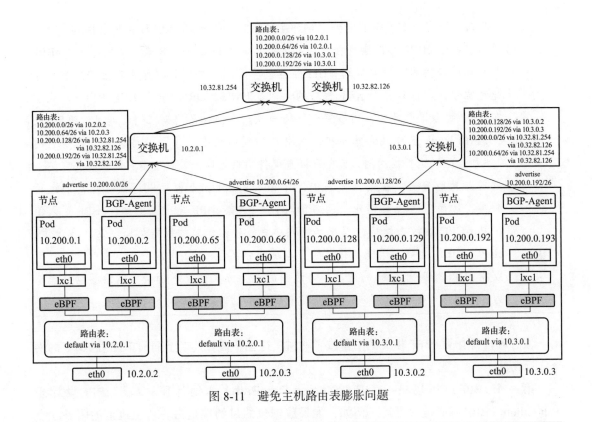

图 8-11   避免主机路由表膨胀问题

🕐提示 **为什么 eBPF 如此强大，从而能够获得如此青睐？**

这里换一个角度来思考这个问题，近年来人们使用网络的方式已使得网络成为瓶颈。

❏ 网络是 I/O 密集型的，但是直到最近，这件事情才变得如此重要。

❏ 人们一直在使用分布式架构的网络处理方式，却一直不曾思考网络层面如何感知分布式系统的网络需求，所以也一直没有在分布式环境下得到最优化的网络。

❏ 公有云的普及，使得瓶颈更加凸显。

在这种现实下，过去用于管理网络的工具明显已经过时了。eBPF 这样的技术就使得网络调优和整流变得简单很多。eBPF 提供的许多能力是其他工具无法提供的，或者即使提供了，其代价也要比 eBPF 大得多。

eBPF 的核心思想是将 Linux 内核变成运行时可编程、应用无感的短程内核。

eBPF 的优势可以分解成 3 个方面。

❏ 快速。eBPF 几乎总是比 iptables 快，而且几乎和内核模块一样快。其实 eBPF 程序本身并不比 iptables 快，但 eBPF 程序更短或者说执行机会更靠前。iptables 基于一个非常庞大的内核框架（Netfilter），这个框架出现在内核 datapath 的多个地方，路径有很大冗余。因此，同样是实现 ARP drop 这样的功能，基于 iptables 来实现时，路径冗余就会非常大，导致性能很低。另外，eBPF 程序非常稳定。

☐ 灵活。基于 eBPF 可以实现任何想要的网络功能，这或许是最核心的原因。eBPF 基于内核提供的一组接口运行 JIT 编译的字节码，并将计算结果返回给内核。在此过程中，内核只关心 XDP 程序的返回是 PASS、DROP 还是 REDIRECT。至于在 XDP 程序里做什么，内核完全无须知晓，根据自己的需求实现即可。事实上，eBPF 的 Hook 点可以无处不在，从用户态到内核态，再到网络设备，都是它的"势力范围"（这里指的网络设备可以是硬件，也可以是软件虚拟化的设备）。

☐ 数据与功能分离。在内核体系中，nftables 和 iptables 也可以将数据与功能进行分离，然而经过综合对比，两者的功能并没有 eBPF 强大。例如，eBPF 可以使用 Per-CPU 的数据结构，因此其能取得更极致、优越的性能体验。从本质上讲，eBPF 真正的优势在于能够将"数据与功能分离"，并且非常完美。也就是说，可以在 eBPF 程序不中断的情况下修改它的运行方式以及增加新的网络数据处理能力，所以基于 eBPF 能够实现任何想要的网络功能就不足为奇了。

读者可自行查阅 eBPF 相关的书籍或者材料，这里不再赘述。下面简单说明 eBPF 的两个应用场景。

第一个 eBPF 应用场景：XDP（eXpress DataPath）本地计算。基于 eBPF 设计理念，Cilium eBPF 还能走得更远。例如，如果数据包的目的端是另一台主机上的服务端点（Service Endpoint），那么就可以直接在网卡中利用 XDP 完成数据包的重定向，并将其发送出去。XDP 原理如图 8-12 所示。

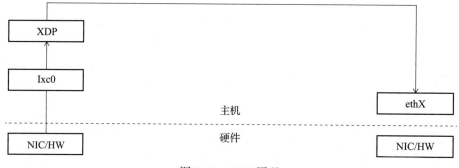

图 8-12　XDP 原理

在图 8-12 中，基于 XDP 技术，支持在网卡驱动中运行 eBPF 代码，而无须将数据包送到复杂的协议栈进行处理，在网卡本地进行处理即可，因此处理代价很小，速度极快，也是目前所知的最快的转发方式。

第二个 eBPF 应用场景：在容器网络环境下，**eBPF 用于提高流量转发性能**。转换到容器网络的视角进行对比，就清楚高性能的秘密了。这里将图 8-13 所示的传统网络堆栈实现方式与图 8-14 所示的新型网络堆栈实现方式进行对比。

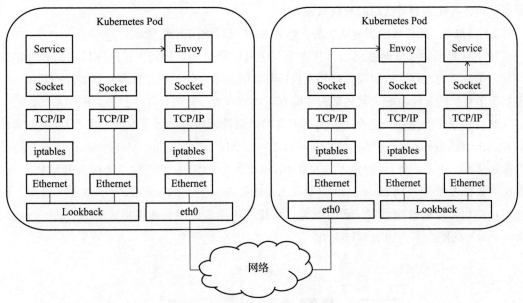

图 8-13　传统网络堆栈实现方式

对于图 8-13 中的 Envoy，这里先不讨论。

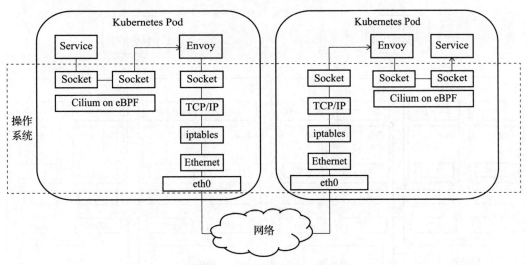

图 8-14　新型网络堆栈实现方式

图 8-14 表明，Cilium 利用 eBPF 可以绕过 TCP 堆栈并彻底取代了 iptables。短路的方式所获得的网络通信性能非常高。另外，eBPF 还针对通信进行安全监控和增强，使得整体

网络的安全性得到了很大的提升。

对场景 2 的解答到这里就结束了：利用 Cilium 的 BGP 路由控制协议使得交换机与路由器可以实现流量的跨节点路由；结合 Cilium 实现了基于 eBPF 的网络流量转发能力，并实现了具有极高性能和灵活性的网络联通。

2）场景 3：跨机房或者异地机房，本地 Pod 可以访问远端 Pod。

接下来看场景 3 的网络问题，其本质是跨网段通信和流量转发。跨网段通信和流量转发是多集群架构进行跨机架或者跨异地机房部署的基本条件，在这种多集群架构的基础上实现基于多租户的云原生的单元化架构才能真正地实现统一化的云原生分布式操作系统。

解决场景 3 问题的关键在于各集群的各类流量跨网段的边界，本质是采用 L4 层方式访问 Kubernetes Service。这里基于 Cilium+BGP+ECMP（Equal-Cost Multi-Path，等价多路径选择算法）设计了一套 L4 边界入口方案（后续简称为 CBE）。它提供了一组虚拟 VIP，可以将这些虚拟 VIP 配置到 externalIP 类型或 LoadBalancer 类型的 Service 上，实际上这是一种四层负载均衡器的解决方案，此时就可以实现"跨机房或者异地机房，本地 Pod 可以访问远端 Pod"的能力了，如图 8-15 所示。

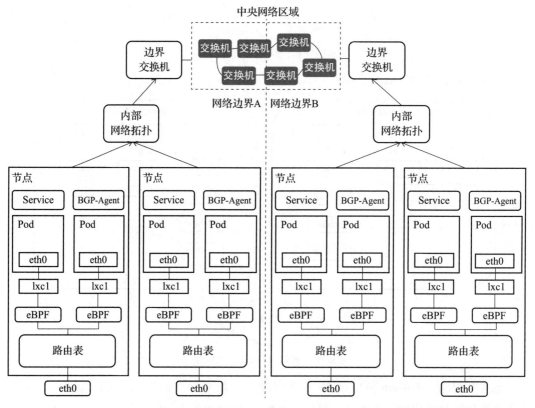

图 8-15 边界入口方案

图 8-15 所示为一种 CBE 的网络打通模型。

①内部网络拓扑。

内部网络拓扑可以是"接入 – 汇聚 – 核心"的网络拓扑，也可以是叶脊网络拓扑。不同的集群边界处会有一个接入"中央网络区域"的边界交换机，它负责将内部网络接入不同网段的区域。两个不同网段的集群通过 CBE 进行通信。不过，这里隐藏了一个很重要的应用层的基础——在这种跨机房或者跨地域的集群中要能够"认识"其他集群中的服务。毕竟在微服务代码里还是需要通过"服务名"去调用其他跨机房或者跨地域的服务的。因为服务的发现是基于多集群的服务发现机制来解决的，与网络属于不同层次的问题，所以在图 8-15 并没有画出来，读者可以认为这个方案中已经包含了多集群服务发现的实现。

②中央网络区域。

"中央网络区域"是指跨机房或者跨地域集群之间的某种网络拓扑，它分成 3 种场景。

场景 1：大型企业在机房间或城域间搭建的 WLAN，本地流量可能要经过很多路由器才能到达对方的网络，反之亦然，这是一种非常私有化的网络拓扑方案。

场景 2：企业通过 ISP 提供的 WLAN 接入并实现互联，这是一种运营商托管的网络拓扑方案。

场景 3：公有云平台厂商提供的网络拓扑服务，这可能会很复杂，流量经常需要进行多次对接转换才能实现联通（也叫作本地数据中心与公有云专有网络 VPC 互联网络拓扑方案）。

这里把"中央网络区域"当成黑盒来说明网络打通方案。无论图 8-15 所示的情况多复杂，都可以把它分成两个部分：**内部网**和**外部网**。听起来像废话，但是以其边界为分割线就能够看到这种网络打通的奥秘。

内部网利用 Cilium+BGP（实际是 iBGP）可以使得边界交换机学习到这个集群的所有路由信息，这是内部网到网络边界的边界交换机网络端口所能具备的能力。我们知道边界交换机的另一个网络端口接入了"中间网络区域"，这个接口一定具备一个主机 IP，此时它需要使用 eBGP 向"中央网络区域"通告（Brodcast）自己的 IP 和路由表。这个路由表和内部网的路由表是不同的，它是代表边界以外的路由表，为什么会这样呢？

因为内部网就像用户的计算机上网时依然拥有自己的私网 IP 一样，将它的路由表通告到外部路由器时，外部路由器是不懂的，它们只懂得那个接入"中央网络区域"接口的信息。在"中央网络区域"另一侧的目标集群也是一样的。一旦通告完成，实际上就是让"中央网络区域"中的路由器找到本地网络中边界交换机的那个网络端口，此时，从理论上来说，多个网络在 L3 上是互通的。

通过上面的一些讨论可以推导，在边界交换节点的地方，无论"中央网络区域"如何复杂，都只是实现了内外网的地址转换而已。

③ ECMP 与 UCMP。

CBE 中的 ECMP 起到什么作用呢？

如图 8-15 所示，"中央网络区域"其实存在不止一条路径可以从网络边界 A 到达网络边界 B，那么问题就来了，既然存在多条路由器的链路，那么哪一条路径最短？这就是 ECMP 要解决的事情。

打个比方，我们出去旅游，从杭州到大连。在杭州市内乘坐出租车到杭州站（杭州站相当于边界交换机的位置），此时出租车的路途就终止了（类似网络终止处，就是到了本网络机制无法再继续推进的位置）。出租车没有办法带我们去大连，而乘坐和谐号从杭州站到大连站的路线有十几条。此时，我们只能去咨询火车站的服务人员（相当于 ECMP 的作用）以确定一条最短、最快的线路（中间可能需要换乘，这相当于公有云路由转换逻辑或者 ISP 的路由转换逻辑）。乘坐这趟和谐号列车顺利抵达大连站（相当于目标网络的边界交换机）后，打车（不同城市的不同出租车公司的车，相当于不同网段）到达酒店（目标 Pod）。ECMP 本质是一种负载均衡算法，能够告诉网络载荷最优的通信跳跃（Hop）路线。

ECMP 目前还不是很完美，比如：

❑ 不区分流类型，负载均衡不均匀；

❑ 不对称网络下的效果不是太理想；

❑ 堵塞无感知，加重链路负担；

❑ 部分设备对网络分片不友好。

幸好还有同一系列的 UCMP 可以用，ECMP 在等价链路上平均分配流量，很容易引起低速链路流量阻塞以及高速链路的带宽不能得到有效利用的问题。为了解决这个问题，用户可以在接口上配置非等价负载分担协议（UCMP），这样，等价链路可根据带宽的不同而分担不同比例的流量，使负载分担更合理。例如，路由器有两个出口、两条路径，一个带宽是 100Mbit/s，另一个是 10Mbit/s，如果部署 UCMP，则网络总带宽能达到 100Mbit/s+10Mbit/s（任意比例）的利用率。同样情况下，如果使用 ECMP，那么很有可能网络只能实现 10Mbit/s+10Mbit/s 的利用率。

这里利用 Cilium+BGP+ECMP（或者采用 UCMP）实现了场景 3 场的需求。最后暂且不讨论"中央网络区域"的细节，下面先介绍场景 4 应该如何实现，因为它与"中央网络区域"有着很强的联系。

3）场景 4：外部流量可达目标 Pod 或者 Pod 流量可达外部。

场景 4 的关键之处在于边界前方"中央网络区域"的处理方案。这个方案需要面对两种情况。

第一种情况：一个 Kubernetes 独立集群跨越机房或者地域去访问另外一个独立 Kubernetes 集群，此种情况已经分析过了，不再赘述。

第二种情况：L7 层网络入口问题。比如，用户用自己的 PC 通过 WLAN 或者互联网访问 Kubernetes 托管的电商网站（用户用自己的 PC 也是从一个私有网络穿过"中央网络区域"去访问一个外网网站）。这样复杂的线路跳跃，只能使用为这种情形所准备的应用层 L7 协议来保证数据的完整性以及传输可靠性，比如 HTTP 或者 gRPC 等。这与之前网络 L1、L2、L3、L4 的打通并不矛盾，它们是 L7 网络入口方案的基础（L7 建立在 L4、L3、L2 以及 L1 的基础上，其实就是 TCP/IP OSI 参考模型给出的架构）。所以，边界入口处的解决方案非常直接，人们可以部署 Nginx gateway 或者 Istio Ingress-gateway 等网关软件就来简单解决 L7 入口的问题。

接下来介绍"中央网络区域"里面的网络路由对接方案。实际上，网络中间的路由拓扑结构非常复杂，同时存在着很多线路。为了把问题说清楚，可以把通信线路简化为一条"直线"线路，另外把"BGP 通知"画成一个大喇叭的形状来表示通知的方向。

企业 WLAN 的基本模式如图 8-16 所示。

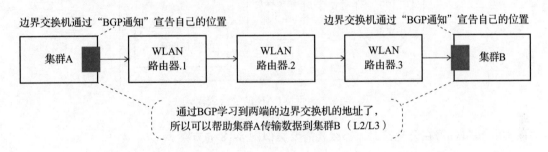

图 8-16 企业 WLAN 的基本模式

企业为了降低自己建网的成本，也会选择和 ISP 合作，企业 WLAN 的 ISP 模式如图 8-17 所示。

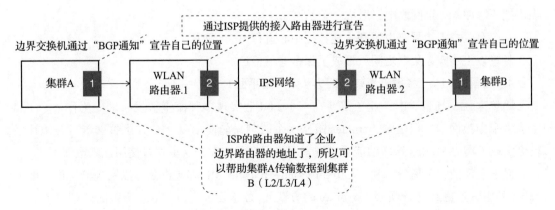

图 8-17 企业 WLAN 的 ISP 模式

通过公有云厂商的方案解决复杂网络问题并兼顾成本，企业 WLAN 的公有云模式如图 8-18 所示。

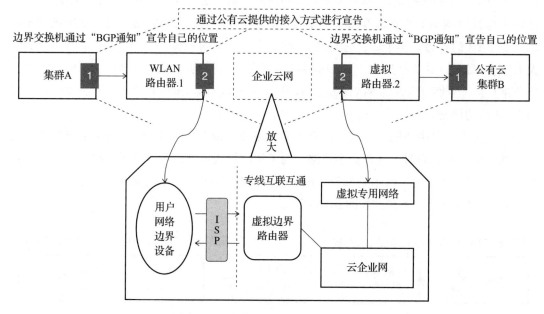

图 8-18　企业 WLAN 的公有云模式

如果集群部署在公有云上，那么就需要类似图 8-18 的方案。

①可以向公有云厂商申请专线连接本地数据中心集群边界路由设备与公有云上的网关设备虚拟边界路由器。但是中间需要经过 ISP 线路，这是因为人们很难自己申请到独立的公网 IP。

②将公有云上的虚拟边界路由器与公有云上的专有网络 VPC 加入同一个云企业网，相当于把两端加入一个网段中，形成一个私网。

③公有云虚拟边界路由器和本地数据中心进行 BGP 配置。

经过以上步骤，集群之间就形成了保密通信信道。

4）场景 5：Pod 多重流量转发能力（多网络平面）。

简单来说，场景 5 中，业务需要在一个 Pod 上实现多种流量转发，即要为同一个 Pod 生成多个虚拟网卡。但是 Kubernetes 限制一个时刻只能使用一个 CNI 虚拟网卡，开源社区已经实现了类似 Multus 这样的能够实现多网络平台的方案，这里直接使用该方案即可。

对于上面的 5 个场景，利用 Cilium vxlan+BGP+ECMP 方式也是可以实现的，但是因为 vxlan 采用隧道方式进行联通（overlay 的方式），必然要求进行封包 / 解包的处理过程，并且还存在很多 Hop，所以性能上不如直接路由的 underlay 方式，然而在虚拟机场景下是有用的（非强制）。因为 BGP 是一种路由控制协议，所以在 vxlan 场景中也是适用的。另外，eBPF 的加速能力在任何一种方式下都是适用的。

其实对于一个大的企业网，underlay 模式和 overlay 模式的方案是可以同时存在的，只是需要在各自边界处进行转换而已。内外网络组合后本来就是一组混合式网络，没有统一的方案可以搞定一切。另外，需要重点说明的是，前面通过 VPN 隧道打通控制面之间的通信也是基于网络层实现的，它实际上是 L4 层的加密线路而已。

5）有关 Cilium 的说明。

到了这里，除了场景 5，都是基于 Cilium 来讨论的，本书采用的版本是 1.11。

Cilium 是一个复合 CNI，具备很多方面的能力。Cilium 开源社区称："在容器网络领域，大家有的功能我也有，而且我性能更好，此外我借助 eBPF 能力从内核侧创新了大部分功能。"对于 Cilium 1.11 版本的更多介绍，读者可以自行到官网进行查看：https://isovalent. com/blog/post/2021-12-release-111。

另外，对于多租户网络隔离的相关内容并没有在上面进行讨论，会在后续进行讨论。

需要说明的是：**虽然本书采用 Cilium 作为基准来讨论网络方案，但是这一切并不意味着所有的架构模型都不能够运用到诸如 Calico、Weave、Terway 等 CNI 上。模型是万能的，而底层技术不是固化的，是可替代及可升级的，这符合平台化和业务上的需要。**

（3）公有云网络互联方案

前面已经对 Cilium 在裸金属或者虚拟机场景的应用进行了说明，但是公有云是一个相对特殊的场景，这里也需要进行讨论。

这里以阿里云开源的 Terway CNI 来进行说明，其他公有云厂商的思路与阿里云的思路是相似的。Terway CNI 支持 VPC 模式和 ENI 模式。VPC 模式可实现容器网络使用 VPC 网络内交换机的子网地址，但是默认配置下无法和其他交换机下的 ECS 主机通信；ENI 模式会给 Pod 容器组分配一块弹性网卡来实现和集群外网络的互联互通，但 Terway 网络下的 ENI 模式只有部分特殊机型才可以支持。ENI 相当于把 IaaS 层的 SDN 网络能力透出到容器一层，使得容器网络也可以组建在传统云计算基座上。

Terway CNI 将原生的弹性网卡 ENI 分配给 Pod 实现 Pod 网络，支持基于 Kubernetes 标准的网络策略（Network Policy）来定义容器间的访问策略，并兼容 Calico 的网络策略。

在 Terway 网络插件中，每个 Pod 都拥有自己的网络栈和 IP 地址。同一台 ECS 内的 Pod 进行通信，直接通过机器内部转发。跨 ECS 的 Pod 通信，报文通过 VPC 的弹性网卡直接转发（通过云本身的 SDN 网络转发能力）。因为不需要使用 vxlan 等的隧道技术封装报文，并且阿里云在 Terway 上也采用了 eBPF，所以 Terway 模式的网络具有较高的通信性能。前面已经讨论了本地 IDC 与公有云之间的打通问题，这里进行扩展说明。混合容器网络如图 8-19 所示。

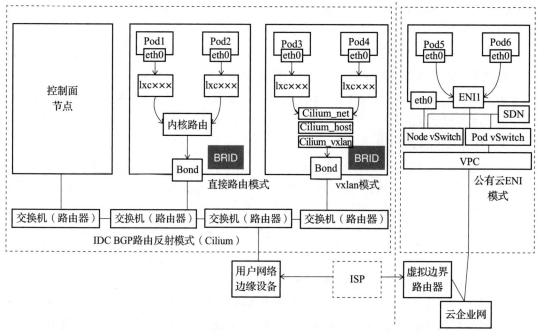

图 8-19　混合容器网络

从图 8-19 可以看到，直接路由模式和 vxlan 模式的区别在于：直接路由模式利用内核路由表进行路由，并且利用 eBPF 进行流量短路处理（绕过 iptables），所以没有封包 / 解包的过程，性能很好；vxlan 模式下，从容器虚拟网卡出来的流量经过 Cilium_net 虚拟网关，然后到 Cilium_host 虚拟网桥，最后到 Cilium_vxlan 虚拟设备，进行路由计算和封包。并从 Bond 转发出去，因为建立隧道需要封包以及对端解包过程，并且相对于直接路由模式多了几个 Hop（新版本 Cilium 会把 Cilium_net/Cilium_host 去掉），所以性能较差。它们的相同点在于都基于 BIRD 组件使用 BGP 进行路由信息宣告以及使用 eBPF 实现数据路径优化等。对于公有云的情形，可以看到，需要有一个中间部分的网络线路打通过程，需要 ISP、公有云厂商的参与才能完成，最后流量是通过 ENI 来处理的，实际上 ENI 是利用现有 IaaS SDN 网络的能力来实现的。这就说明了，类似 Terway 这样的 CNI 插件只能在公有云环境下使用。与其他模式的共同点是采用 eBPF 来优化性能，甚至可以非常逼近裸金属的性能指标。

云原生的网络方案其实是软硬件结合的方案，比如采用 F5 这种硬件作为接入层，使用 DPU 芯片来进行网络计算能力的下沉等。本书重点在于软件方案部分，如果读者对硬件部分的方案感兴趣，则可以自行查阅相关材料，这里就不再赘述了。

（4）针对网络联通方案的总结

现在更新多集群架构，如图 8-20 所示。

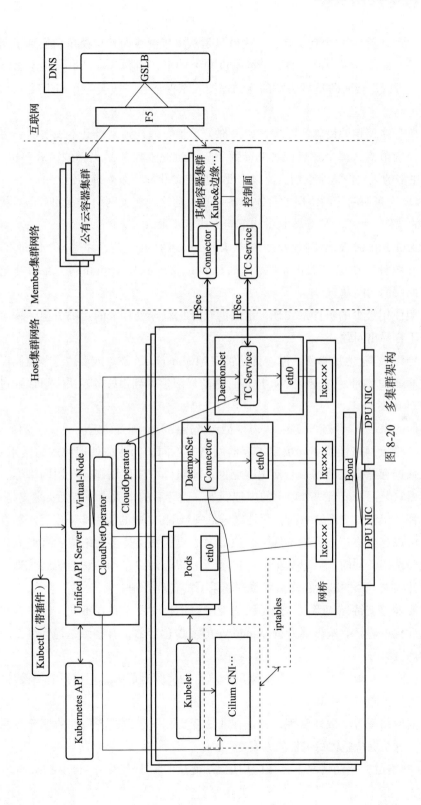

图 8-20 多集群架构

估计读者对图 8-20 会有点诧异，这里只是从多集群普通架构视角切换到了网络架构视角。另外，一直没有特别说明的一个场景也画上去了，因为基础网络架构层面已经分析完毕，此时，跨机房或者跨地域集群的互访需要安全保证，一般会为它们生成一个类似 VPN 的隧道。

以上所有涉及相关设施的配置，如果都为手工管理，则是极其不现实的。多集群必然有一定规模的节点，每个节点或者 Pod 都手工管理是非常容易出错的，效率也非常低下，而且需要更多的人去做这个事情，所以需要一些自动化能力来管理它们。

1）需要为东西南北网络层的打通准备一套自动管理相关网络配置和自动对接多集群应用层流量的软件。那么，它应该具备如下能力或者要求。

- 对 Kubernetes 没有任何侵入，遵从 Kubernetes CNI 规范，并适合于任何协议和应用。
- 和开源社区现有的 CNI 插件（比如 Calico、Flannel、Cilium 等）互为补充，以解决不同层面的问题。
- 希望使用最少的组件来实现，足够的轻量化意味着较少的运维负担，越简单的构造越不容易出问题。
- IPAM 自动化地址管理：能够自动管理 Member 集群节点或者边缘节点网段，自动管理 Pod IP 地址。这使得 CNI 地址管理的局限性得到很好的解决，可以通过应用层来规划 IP 地址。
- 灵活的东西流量隧道管理：可以根据业务需要灵活配置隧道。
- 业务维度网络性质不同决定了容器网络的不同，如业务处理使用的是千兆业务网，把数据存储到大数据平台使用存储网，流媒体则要使用媒体专用网络等。这需要给容器安装两个或者两个以上的虚拟网卡。而背后的本质则是需要实现支持多种 CNI，这种场景称为多网络平面，而且在电信领域 NFV 中的应用非常广泛。结合上面的内容可以这样推广，多集群网络解决方案需要能够支持多网络或者有能力在未来支持任何网络。同时，可以根据一定度量指标智能地、自动地、透明地管理和切换 CNI 插件实例，以便减少在多网络管理场景下的管理开销。
- 需要能够支持异构平台，这是因为业务对运行时要求存在不同，比如有些应用需要标准化容器，有些需要支持 Windows 的虚拟化容器，有些则是远程多云环境所提供的运行时等。
- 需要实现一种基于应用拓扑驱动的网络自动化管理能力，用户只需要设计应用拓扑，而无须关心网络细节。
- 需要网络配置一致性管理，保证在非法变更、不一致或者损坏的情况下能够自动恢复。这是保持整体稳定性的方案之一。

2）在网络层打通的情况下，在应用层 L7 流量的治理上采用 Service Mesh 方案来实现

（比如比较流行的 Istio，或者 Istio 深化发行版本等）。它负责实现接入层流量治理和路由，以及 Pod 到 Pod 之间的流量治理和路由，并借助拓展到大集群的网络通信把服务网格的隔离延伸到各处。

对于上面所涉及的 IPAM、Pod 多重业务流量转发、异构（或多云）容器运行时网络、服务网格、TC 备选方案等相关问题，本节进行详细说明。

4. 云原生 IPAM 解决方案

IP 地址作为重要的网络资源之一，与业务息息相关。下面介绍 IPAM（IP Address Management，IP 地址管理）。

（1）云原生 IPAM 所面临的困境

虽然几乎所有的 CNI 插件都实现了 IPAM 功能，但是人们还是会面临以下几大困境：

1）CNI 插件的不同对 IPAM 的支持也存在着差异，这使得人们根本无法按统一的方式来管理所有的 IP，学习成本和管理成本都比较高。

2）不同的业务场景对 IP 管理方式上的要求是不同的。比如，有些数据服务（MySQL 等）需要固定的 IP（在云原生环境下，固定的 IP 是指 Pod 迁移后的 IP 与 Pod 迁移前的 IP 是不变的、一致的），而一般业务服务可能会被要求使用浮动的 IP。在不同的组织、地区以及不同的网络环境下存在着 IP 不能重复等要求。在 Kubernetes 中，在同一集群中的某一时刻仅能使用一种 CNI 插件的限制下，CNI 插件无法同时满足所有业务上差异化 IP 配置的需求。

（2）IPAM 困境的解决之道

那么是否可以解决以上困境呢？经过分析，不难得出以下解决思路。

1）为了实现按一致方式管理所有 IP 的诉求，需要实现"统一 IPAM 服务"。统一 IPAM 服务作为 Kubernetes IPAM 接口与众多 CNI 插件之间的"中间层"，向上兼容 Kubernetes IPAM 接口，让 Kubernetes 认为统一 IPAM 服务是本集群唯一的 IPAM 管理组件，向下管理众多 CNI 插件的 IPAM 模块，利用这些 IPAM 模块实现不同业务场景下或者不同网络环境下的 IP 配置工作。

2）为了在同一集群下同时满足不同业务场景的 IP 分配需求，需要实现"统一 IP 池"的能力。统一 IP 池可以按层次满足各类 IP 的分配管理需求。

首先需要讨论的是统一 IP 池的设计，如图 8-21 所示。

在图 8-21 中，设计了 4 层结构，读者可以根据自己的实际情况来决定如何设计 IP 池的层次。

IP 池是连续 IP 地址范围（或 CIDR）的集合。统一 IP 池能够根据路由和安全需求按层次来组织 IP 地址。在一级池下可以拥有多个子池。例如，如果对开发和生产应用程序有不同的路由和安全需求，则可以为每个应用程序创建独立的池。

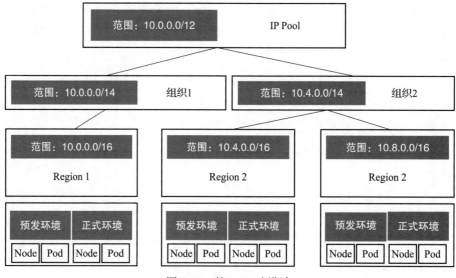

图 8-21 统一 IP 池设计

IP 分配是当一个 Node（Kubernetes 计算节点）、Pod 等被创建时或者被重建时，从所属的 IP 池中获得 IP 配置的行为。由统一 IPAM 服务基于获得的 IP 配置为 Node、Pod 等分配 IP。

以上设计的好处如下。

❑ 依据组织架构、区域以及环境等分层配置 IP 池，可以满足各种 IP 个性化分配的需要。

❑ 支持特殊的 IP 配置：一般采用 Node、Pod 的 CR 注释来实现特殊的 IP 配置，比如，通过 CR 注释中的 IP 配置告知统一 IPAM 服务的控制器从哪个层次的 IP 池中获得 IP 范围的配置。

因为市场上存在着实际的需求，所以就有了一个名为 Kube-ipam 的开源项目。可以将 Kube-ipam 改造为"统一 IPAM 服务"，统一 IPAM 服务的技术架构如图 8-22 所示。

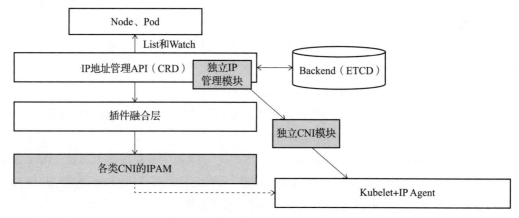

图 8-22 统一 IPAM 服务的技术架构

在图 8-22 中，如果要使原 Kube-ipam 满足设计要求，那么就必须实现如下的改造。

1）要实现基于统一的、层次化的 IP 池的改造，就必须对 Backend 组件（如 etcd 的一个访问代理）中的数据存储管理逻辑进行改造。实现上非常简单，所以这里就不再赘述了。

2）对 Kube-ipam 原有的 CRD 进行改造。需要为 CRD 增加 kube-ipam.ip:auto 以及 cni、org、region、env 等配置数据，管理人员可以通过这些配置来告知控制器如何实现 IP 分配的策略。控制器在解析到 kube-ipam.ip:auto 值时，会根据 org、region、env 等参数到 Backend 组件中查询 IP 池的范围，并通过 cni 参数指定的 CNI 类型（比如 Cilium）自动为 Node、Pod 分配浮动 IP。管理人员也可以在 kube-ipam.ip 上使用原 Kube-ipam 的配置值（比如配置为 kube-ipam.ip:192.168.10.102，可实现固定的 IP），此时统一 IPAM 服务将使用原 Kube-ipam 中独立的 CNI 模块来分配地址。

3）插件融合层是原 Kube-ipam 所没有的技术组件，需要独立开发。插件融合层替代了原 Kube-ipam 的 kube-ipam.conf 文件（Kube-ipam 用于配置多 CNI 插件的文件）的功能，以控制器方式实现了动态获取多 CNI 插件实例的配置信息。插件融合层实现了 Kubernetes 的 IPAM 接口，并基于多 CNI 插件实例的配置信息实现了向下管理各类 CNI 插件实例的能力。插件融合层使得在一个 Kubernetes 集群内同时可以使用多种 CNI 插件，从而满足了更多业务场景对 IP 配置上的需要。

4）原 Kube-ipam 的其他部分可以不进行改变。

此时就在开源的 Kube-ipam 基础上实现了一个统一的且能适应于各类业务组织需求的 IP 分配机制了。

5. Pod 多重业务流量转发能力

在实际中，出于对安全防御以及业务链路流量效率的考虑，企业往往会希望在一个 Pod 上实现多网络平面。甚至在电信级的 NFV 场景下，多网络平面是必须被实现的。那么，多网络平面的场景价值有哪些呢？

（1）多网络平面的场景价值

1）**场景 1：业务流量切分与安全隔离。**

需要构建好内外网络防御体系，防止因某个区域被侵入而导致整体的崩溃。人们需要基于网络系统之间的逻辑关联性、物理位置、功能特性、组织架构等维度划分好网络区域。

通常采用层次分析法，按照不同的安全等级将网络划分成用户访问区域、Web 应用区域、数据存储区域、视频处理区域、管理控制区域等。因为不同的安全层次等级之间存在较大的安全要求差异，因此区域之间和区域内部均利用硬件或软件的安全系统进行隔离防御，形成一种"垂直分层"+"水平分区"结构的、成体系的网络安全治理模型。

2）**场景 2：业务流量独占与通信性能保障。**

业务上为了保证单个 Pod 网络性能最优，希望 Pod 可以基于业务性质的不同将不同的业务流量通过不同的子网络转发出去，或者希望 Pod 能够接收来自不同链路来源的流量并进行处理。这样，各个业务维度的流量就能被隔离起来，独占一个网络链路，保障了各个流量的稳定性和性能，甚至可以实现多个网络链路的选择能力。

综上，通过实践发现，场景一和场景二虽然在性质上不同，但是在多网络平面的划分上是可以实现重合的，那么就可以用一种统一的技术解决方案来解决两个场景的问题。在前面已经讨论了 Kube-ipam 是如何改造成统一 IPAM 服务的内容，这里可以使用统一 IPAM 并结合 Multus 这个开源产品来实现多网络平面（多网络平面相当于给单个 Pod 生成多个虚拟网卡，但是 Kubernetes 本身并不支持为单个 Pod 生成多个虚拟网卡的能力，所以需要采用 Multus 这个中间层来实现），后续会介绍一种更加高级的解决方案来实现多网络平面的需求。

（2）Multus 的简单说明

Multus 实现多虚拟网卡的示意图如图 8-23 所示。

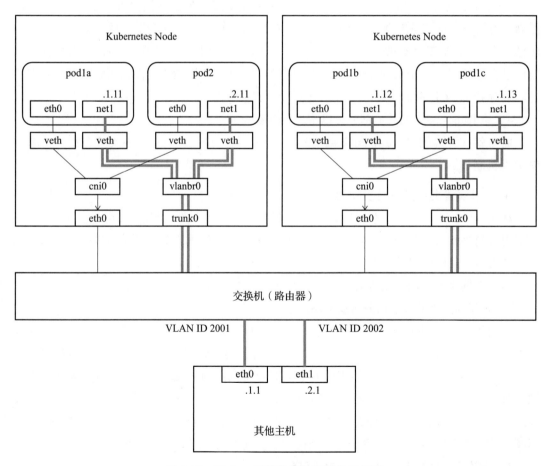

图 8-23　Multus 实现多虚拟网卡的示意图

从图 8-23 可知,Multus 实现多虚拟网卡的思路是向上兼容 CNI 接口规范并利用 Multus 自己的 IPAM 模块或者第三方 IPAM 来生成多虚拟网卡(从 Kubernetes 的角度看,Multus 也是一个 CNI 插件)。同时,Multus 在 API 层面提供了相应的 CRD 和控制器来满足对多网络平面的管理。

(3)基于统一 IPAM 服务的多网络平面解决方案

这里以实现一个基于数据库的微服务集群来介绍 Multus 是如何结合统一 IPAM 服务来实现多网络平面的(前文讨论的统一 IPAM 服务在某一时刻只能为 Pod 实现一个虚拟网卡),多网络平面如图 8-24 所示。

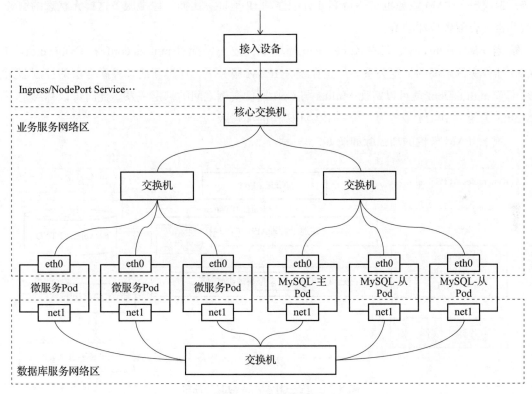

图 8-24　多网络平面

在图 8-24 中,微服务是无状态服务,所以以对等的方式部署,不加区分,IP 也不加区分,IP 是动态的。MySQL 数据库是有状态服务,数据库的有状态服务的最大特点是主服务器负责写操作,其他从服务器作为读流量的负载。主从之间必然要求数据进行定期同步,MySQL 的数据同步复制机制要求参与复制的服务器必须具备固定的 IP。那么就有:

1)Multus 支持为一个 Pod 同时添加多个虚拟网卡。这样的部署方式有利于安全人员把微服务应用和 MySQL 数据库等多个网络区域进行相互隔离,有效控制容器集群网络架构。

那么，在同一个 Pod 上，微服务的业务出入站流量与 MySQL 数据库的出入站流量分别走自己的独立线路，在各自隔离的条件下，不同线路可以基于统一 IPAM 服务配置不同的 IP 配置策略，同时也实现了性能上的提升以及稳定性上的提升。

2）统一 IPAM 服务支持给 Pod 分配固定 IP 地址。一些场景中往往存在着对 IP 地址的依赖，需要使用固定 IP 地址的 Pod，可以使用统一 IPAM 服务轻松地解决这类问题。例如，在 MySQL 主从架构条件下，主数据库与从数据库之间的同步；集群 HA 架构中，两个节点之间的检测通信等；某些安全防护设备，需要基于 IP 地址实现网络安全访问策略限制的场景等。

3）统一 IPAM 服务也支持给 Pod 分配浮动 IP 地址。比如，像微服务这样无状态的服务就非常适合配置成浮动 IP。

当安装 Multus 后，在原 Kube-ipam 环境下，还需要配置 multus.conf 来实现 Multus 与 CNI 插件实例之间的绑定关系。但是在统一 IPAM 服务下，通过新的插件融合层的控制器无须配置 multus.conf 就可以实现 Multus 与 CNI 插件实例之间的绑定关系。此时可以称绑定了 Multus 的统一 IPAM 服务为"统一 IPAM 架构的加强版"。

统一 IPAM 架构的加强版如图 8-25 所示。

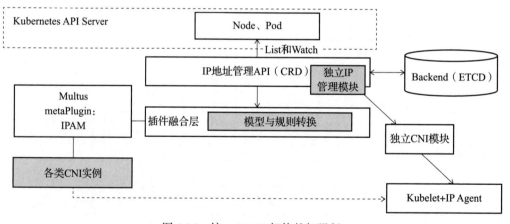

图 8-25　统一 IPAM 架构的加强版

此时，就已经实现了一个可以同时满足各类业务场景下的 IP 分配和配置需求的统一 IPAM 服务了。

6. 异构（或多云）容器运行时网络

细心的读者也许发现了，在讨论云原生混合容器网络话题时，都是以 Docker 为基础的。那么，其他的如虚拟化（如 KubeVirt）、虚拟机容器（如 Kata 容器）等，它们的网络管理能力和所讨论的云原生混合容器网络技术方案兼容吗？或者从企业级场景的角度出发来问这个问题：是否可以在企业环境中构建统一的云原生网络基础设施？是否可以在统一的云原生网络基础设施的基础上实现各类应用类型的承载以及实现各类应用之间的网络联通？比如微服务、传统 ERP 等。

显然，以上的问题都是大问题。

如果因为容器运行时的差异而导致网络构建方案的差异，那么就很难做到统一的网络自动化治理层。幸运的是，在现实中，在各类容器开源社区或者厂家在遵从 OCI 标准时就已经做到了，无论应用运行在何种差异化容器中，都能够使用相同的 Kubernetes CNI 插件的功能，也就是说，不同的容器运行时可以建立在统一的网络基础设施之上。

能够在统一的云原生底座核心上运行不同类型的容器运行时也是 Kubernetes 的设计目标，同时也是承载各类应用类型的基础。所以有必要在这里把 Docker 以外的两个必须支持的异构容器运行时给予说明。对经典虚拟化 KubeVirt 以及经典虚拟机容器 Kata 的说明，不仅可以让人们懂得为什么它们可以利用现有的 Kubernetes 网络，同时还可以帮助人们深刻理解它们为什么能够成为承载各类应用的基础。

（1）KubeVirt

KubeVirt 架构如图 8-26 所示。

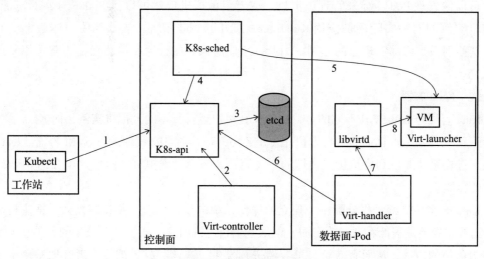

图 8-26 KubeVirt 架构

KubeVirt 虚拟化技术提供了一套完整的虚拟机供给机制，为用户提供了不依赖于宿主机内核的虚拟机运行环境（独立内核）。那么利用 KubeVirt，将业务应用从物理服务器迁移到虚拟服务器是一个很自然的过程，KubeVirt 在用户使用上与普通的虚拟机相比并没有什么根本上的区别。

根据图 8-26 分析 KubeVirt 创建虚拟机的过程。

1）使用 Kubectl 创建 VMI CR（KubeVirt 用于管理虚拟机的 CR）。

2）Virt-controller 监测 API Server 的 VMI 资源对象的变化，一旦察觉到 VMI 的创建，就创建 VM 容器定义（Pod Spec）。

3）Kubernetes 将 VM 容器定义存储到 etcd 中。

4）Kubernetes 调度器监测到了 VM 容器定义的创建事件，并触发调度计算。

5）以 Sidecar 形式添加 Virt-launcher（用于启动虚拟机的程序）到 Pod Spec 中。

6）Virt-handler 监测到新的 VM 容器定义。

7）Virt-handler 通过调用 libvirt API（libvirt 是创建虚拟机实例的库）以新容器的形式创建新的 VM 实例（虚拟机实例）。

8）libvirt 使用 Virt-launcher 启动新的虚拟机实例。

上面是 KubeVirt 创建虚拟机的过程，而这个虚拟机和人们日常使用的并能够完整运行 Linux 或者 Windows 等操作系统的虚拟机没有什么不同，也就是说，目前的任何一种还不太适合容器化的应用都可以运行在 KubeVirt 的虚拟机上，比如传统的 ERP。最关键的是，这个虚拟机被伪装成了 Pod（实际上，KubeVirt 目前使用的容器运行时引擎是 Docker 和 runV）。Kubernetes 对这个虚拟机容器与其他容器的差别并无感知，也就是说，Kubernetes 依然可以像管理 Pod 一样来管理虚拟机，或者说虚拟机依然可以像 Pod 一样运行。那么，虚拟机实例的网络实际还是使用 Kubernetes CNI 的 Pod 网络，从外部使用体验上没有差别，其差别只是内部实现上的差别。因此，之前所构建的云原生网络层能力都可以复用到 KubeVirt 上。

（2）Kata 容器

Kata 容器与 KubeVirt 不同的是，KubeVirt 可以运行真正的虚拟机实例，而 Kata 容器是介于进程级容器（如 Docker）与虚拟化（如 KubeVirt）之间的一种 MicroVM 容器。Kata 是兼顾了进程级快捷性和虚拟机隔离性的一种容器，而不是虚拟机，所以这里介绍 MicroVM 形式的容器。

Kata 的本质是给进程分配一个独立的操作系统内核，从而避免让容器共享宿主机的内核。这样，容器进程能看到的攻击面，就从整个宿主机内核变成了一个极小的、独立的、以容器为单位的内核，从而有效解决了容器进程发生"逃逸"或者被侵入者夺取整个宿主机控制权的问题。最关键的是 Kata 同其他类型的容器一样遵从 OCI 容器接口规范，实际上，Kata 依然可以使用 Docker 引擎作为自己的上层管理机构。其架构如图 8-27 所示。

据图 8-27 可知，Kubernetes 依然基于 Kubelet 来实现 Kata 容器管理逻辑，而 Kubelet 通过 CRI 找到 containerd，containerd 找到 containerd-shim 执行容器命令，容器 cmd/Spec 经过 kata-runtime 或者是 kata-shim 发送请求到 kata-proxy 来实现对 Pod 沙箱中的容器执行命令的能力，执行命令时使用的是沙箱中单独的内核空间，而不是使用宿主机的内核。

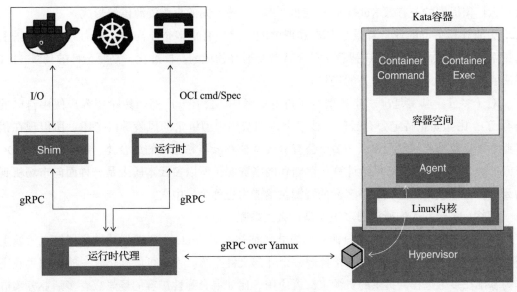

图 8-27　Kata 容器架构

　　基本原理就到这里了，那么像 Kata 这样的虚拟机容器的网络是否和 KubeVirt 一样也能够使用 Kubernetes 的 CNI 网络基础设施呢？答案是肯定的。

　　通常情况下，Kubernetes CNI 提供给容器运行时的网络都是本地的网络名字空间。容器里面包含一个 veth 设备，虽然这个 veth 设备可以直接为传统的 RunC 容器提供网络连接能力，但不能被 Kata 容器直接使用。为了兼容 CNI 的实现，Kata 容器会在容器的网络名字空间中创建一个 tap 设备，并使用 TC mirroring 规则来联通 veth 和 tap 设备。所以在外部看来和 Pod 网络的使用体验也没有什么两样。

　　KubeVirt、Kata 等容器被包装成了 Kubernetes 的 Pod，网络架构也兼容 Kubernetes CNI 网络。应用层的工具可能有所差异，但是平台部分可以保证统一性，因此云原生底座也就具备了承载所有应用类型的潜力。

　　（3）虚拟 Node 架构

　　这里需要继续讨论有关"虚拟 Node 架构"的话题，这种架构是为了实现多云架构而诞生的。

　　为什么要把"虚拟 Node 架构"和异构容器运行时放到一起讨论呢？

　　这是因为无论"虚拟 Node 背后是什么"，在 Kubernetes 的角度看来就是普通的一个 Kubernetes Node 而已，并可以采用和其他普通 Node 一致的方式调度 Pod 上去。那么，刚才所言的"虚拟 Node 背后是什么"是什么意思呢？这里要从企业云原生资源供给场景的角度来看待这个问题。

　　除了有 Kubernetes 集群外，因为业务上的需要，当然也会有比如边缘计算集群、多个公有云厂家提供的公有云 Kubernetes 集群（多云）等不同的集群资源供给形式。

边缘计算集群的业务背景是非常好理解的，因为有很多企业需要"算力卸载"场景上的技术解决方案，比如 MEC 智慧工厂、智慧交通等领域的高标准化、高复杂性的场景（IoT无法胜任的场景，需要大算力的场景）。

对于多云，其实是出于业务型企业自身的考虑（公有云厂商当然希望客户使用自己的公有云），比如防止特定公有云厂商技术绑定和费用模型绑定的风险等的考虑，所以现在很多业务型企业都希望采用多云（多个公有云或者公有云与私有云的混合体，甚至是本地 IDC与云的混合体）来为自己供给计算、存储和网络资源。所以**多云本质上是一种面向市场机制的云计算资源供给能力**。这种多云的资源供给能力也称为云中立。

那么，多云和人们所说的多集群是什么关系呢？

关系很简单，因为多云是资源供给方式，往往将以 Node 为资源形式的集群接入云原生底座中，就像本地 Linux 文件系统挂载一个外部文件系统。人们可以利用统一的云原生底座作为基础在多个远程云提供的资源上部署应用，比如混合弹性扩容的场景或者多活业务集群的场景等。那么，多云模式就要求人们能够在平台一方像管理本地多集群（本地大集群）网络一样来一致地管理多云的网络，**平台在用户体验上是统一的**。

幸运的是，在实现层面有两个好的条件：

第一个好的条件：开源社区提供了一种叫作虚拟节点的机制，并且也发布了一个成熟的虚拟节点技术产品，叫作 VirtualKubelet。使用 VirtualKubelet 可以实现多云的场景。

第二个好的条件：公有云厂商为自己的公有云提供了外部可以使用的 API 以及 SDK，这些API 和 SDK 可以帮助人们在公有云厂商的云上创建 Kubernetes 的 Node，比如阿里云的 ACK。

基于这两个好的条件，人们可以非常容易地实现一种基于开源的多云架构。也可以通过 VirtualKubelet 实现对接边缘计算集群的能力，甚至可以使用 VirtualKubelet 去管理虚拟机集群（比如已有的 KVM、VMWare 集群，这一点和 KubeVirt 并不相同，KubeVirt 是在 Pod 中创建 VM，而 VirtualKubelet 是直接去管理已经存在的虚拟机集群）。也就是说，会通过一个中间层来实现统一的远程集群或者云资源的管理能力。VirtualKubelet 架构如图 8-28 所示。

通过图 8-28 中，可以了解如下信息。

1）一般情况下，Kubelet 为每个 Node 实现针对 Pod 的所有操作，所有操作都基于本地的计算资源。

2）在 Kubernetes API 看来，VirtualKubelet 与普通的 Kubelet API 差不多，区别在于，VirtualKubelet 可以管理非本地集群或者非本地云上的容器。

3）从某种程度上来讲，可以把 VirtualKubelet 理解为一个功能受限的、资源近乎无限的 Node。

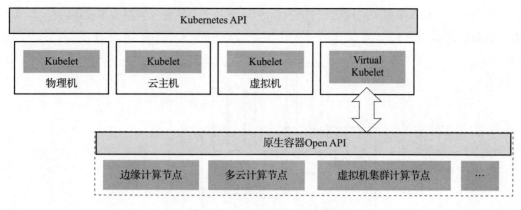

图 8-28 VirtualKubelet 架构

4）VirtualKubelet 所管理的 Pod 并不会被部署在一个集中式的"真实"节点上，而是被打散到远端资源池里面。

5）为了实现 Kubelet API，VirtualKubelet 提供插件式的 Provider 接口，允许开发者根据自身情况实现自定义的 Kubelet 功能。

公有云提供的 API，这里就不赘述了，读者可以查看官方相关的文档。

对于人们目前所关心的多云组网能力，其实和之前讨论的本地 IDC 网络和公有云网络之间的"搭桥手术"方式是一致的。幸运的是，公有云厂商一般都会提供相应的工具来简化这一搭桥过程，所以复杂度并不高，具体过程可以参考之前所讨论的内容以及参考公有云官方的文档，这里不再赘述。另外，在边缘计算集群中，因为目前主流的边缘计算引擎都是符合 Kubernetes 的标准化模型的，所以联网方式和之前所讨论的方式也是一致的。

7. 服务网格

服务网格（Service Mesh）是云原生在 L7 应用层网络能力落地的关键，也是构建云原生应用架构治理平台的关键。服务网格能够实现如下几个能力。

❑ 支持 L7 服务流量路由：用户可以基于服务网格控制面所提供的路由语义来实现复杂的业务应用路由控制策略。

❑ 支持 L7 服务流量治理：可以实现熔断、限流、故障注入等能力。

❑ 支持可观察性：可以用隔离层的方式集成多种外部云原生的或者传统的 APM、日志分析服务或者分布式跟踪服务。

❑ 实现了多语言微服务框架的支持：因为实现了统一的、透明化的服务流量路由和服务治理的 Sidecar 层，无须侵入微服务代码，服务进程只需要和 Sidecar 实现 Local 通信即可实现微服务化能力，所以并没有过多地限制微服务框架本身的实现方式。

❑ 实现了 L7 服务之间的安全隔离：基于 mTLS 实现零信任方式的微隔离方式。

目前看来，在众多服务网格实现产品中，Istio 是名义上的服务网格技术实现的标准。Istio 基本架构如图 8-29 所示。

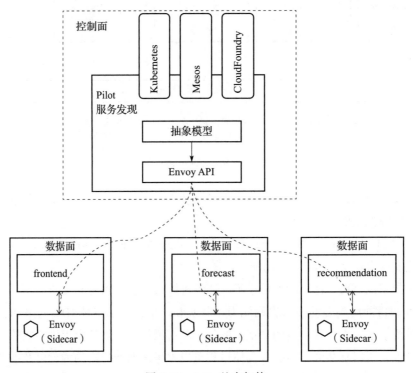

图 8-29　Istio 基本架构

（图中的 frontend、forecast、recommendation 为微服务实例）

Istio 架构本质上是利用控制面下发控制命令（xDS）到数据面代理 Envoy（以 Sidecar 方式部署）并由 Envoy 实现 L7 服务流量处理的架构。Sidecar 内的名为"initContainer"的容器负责拦截服务实例的进站 / 出站流量到 Envoy。Envoy 通过内置在自己内部的可插拔滤器链来实现对流量的统计、安全审核、日志采集以及流量治理等，如图 8-30 所示。

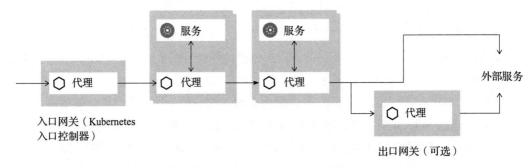

图 8-30　Istio 数据面流量转发

这里主要关注网络层面的事情，即 Istio 与基于 Kubernetes CNI 的 Pod 网络之间是怎样的一个关系。Enovy 和 iptables 功能分别对应网络通信模型的 L4/L7 层，而 Kubernetes CNI 则是打通了 L2/L3 层的网络，那么，两者的关系就很明朗了，并且两者之间并不存在冲突，甚至可以认为 Istio 在应用层视角上是基于"意图"来间接"指导"底层网络层是如何运行的。

另外，需要特殊说明的是，Cilium CNI 基于 eBPF 设计和实现了一种 proxyless 架构。其能力与 Envoy 相似，都是实现了 L4/L7 层的流量治理。Service Mesh 数据面从共享库模型演变到 proxyless 架构，如图 8-31 所示。

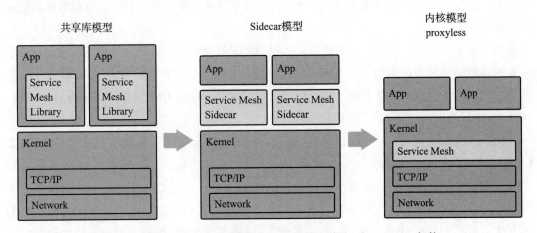

图 8-31　Service Mesh 数据面从共享库模型演变到 proxyless 架构

图 8-31 中，proxyless 方式的巨大优势如下。

❑ 利用 eBPF 在内核执行的能力，绕过 iptables 实现通信性能的大幅度提升。

❑ 利用 eBPF 与 proxyless 组件的整合，安全治理能力更加强悍。

❑ 将 Envoy 消除，将网络代理能力以 eBPF 程序方式下沉到操作系统内核当中，与过去每个服务实例都需要一个 Envoy 作为 Sidecar 部署到一起所导致的巨大资源占用相比，下沉方式更加节省资源。

❑ 网络代理能力内置到操作系统内核中，此节点自动成为 Kubernetes Mesh 集群的一部分，称为"云原生网格就绪"（Ready for Cloud Native Mesh）的节点，无须另外进行其他组件的安装，大大节约了部署管理上的成本。

8. TC 备选方案

前面讨论的 TC（Tunnel Connector）组件是为了实现 Kubernetes 多集群控制面的透明的、安全的互联信道而设计的，并以 Add-On 方式部署在 Kubernetes 上。但是 TC 的能力比较单一，并且随着业务的发展还存在着如下的一些问题。

1）随着网络规模的扩大，会出现业务容器网络之间需要建立安全通道的诉求。比如，A 企业与 B 企业之间的通信，每个企业都有自己的通信安全边界，所以会要求在企业间建立类似 VPN 的通信信道，这就像在企业间建立了一个局域网（LAN）一样。

2）因为业务的动态性增强，Kubernetes CNI 是基于静态网络的假设所设计的，不满足现代企业级网络环境的动态性需求，所以需要一种动态网络。

名为 Network Service Mesh（以下简称为 NSM）的技术解决方案是可以满足上述要求的，可以作为 TC 的一种更先进的备选方案。读者不要把 NSM 和 Service Mesh（服务网格）搞混了。NSM 不像服务网格那样是一个面向 L7 应用层的流量治理、安全、可观察性的静态网络解决方案。

很多企业，尤其是电信行业的企业，认识到了云原生带来的好处，在试图将 Kubernetes 强大的容器编排能力运用到电信 NFV（网络功能虚拟化）场景中时，发现 NFV 涉及很多复杂的 L2/L3 网络功能，而静态的、功能相对固定的 Kubernetes CNI 网络难以支撑这些需求，所以 NSM 网络解决方案就应运而生了。

NSM 是 CNCF 下的一个开源项目，为 Kubernetes 中部署的应用提供了一些高级的 L2/L3 网络功能，补齐了 Kubernetes 在云原生应用网络支持方面的一些短板。NSM 并没有对 Kubernetes 的 CNI 模型进行扩展或者修改，而是采用了一套与 CNI 完全独立的新机制来实现更加高级的网络能力，与 CNI 是一种互相配合的补足关系。除了 Kubernetes 之外，NSM 还支持虚拟机和裸金属服务器。另外，虽然 NSM 是基于 NFV 场景需求而来的，但是也可以运用在所有其他应用场景上，如图 8-32 所示。

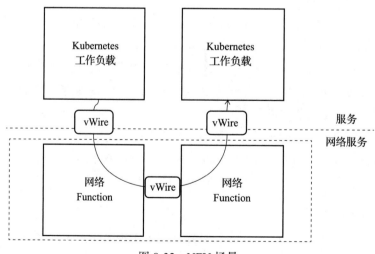

图 8-32　NFV 场景

NSM 参考了 Kubernetes 中 Service 的概念提出了 Network Service。Kubernetes 的 Service 和 Network Service 的区别如下。

❑ Service：属于应用工作负载，对外提供的是应用层（L7）的服务，如 Web 服务。

❑ Network Service：属于网络功能，对外提供的是 L2/L3 层的服务，对数据包进行处理和转发，不会终结数据包，如防火墙、DPI、VPN 网关等。

一个 Kubernetes Service 后端可以由多个服务实例来实现对外服务，Kubernetes 采用 Endpoints 对象来表示一个 Service 实例。与 Kubernetes Service 类似，一个 Network Service 可以对应多个实例，并根据需要进行水平伸缩，以满足大流量支撑的需要。一个 Network Service 实例使用 Network Service Endpoint 对象来表示。NSM 基本资源对象模型如图 8-33 所示。

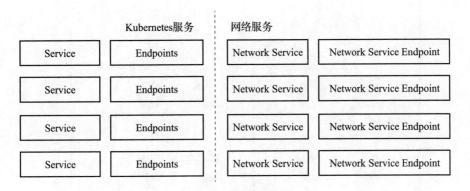

图 8-33　NSM 基本资源对象模型

（1）Network Service Mesh 能力分析

NSM 与 CNI 的关系如图 8-34 所示。

采用 NSM，可以在不影响 CNI 和 Pod 中应用的情况下为 Kubernetes 动态添加新的网络服务，比如可以实现企业和企业之间的透明保密信道（默认是 VPN 信道，所以采用管子的形态画出来）。NSM 与 Istio 的关系如图 8-35 所示。

从图 8-35 来看，NSM 也可以和 Istio 配合，在 L2/L3 透明化虚拟通道（信道两端的企业就像在一个 LAN 中一样，通信上提供了接近于 LAN 的通信性能，人们称这种网络为"虚拟化网络"）的基础上实现了 L7 的业务路由规则。NSM 与 Istio 等服务网格的关系，与 NSM 和 CNI 的关系类似，都处于不同的层次上，并不会冲突，是一种增强的关系。而且 NSM 还可以实现跨 IDC、虚拟机集群、裸金属以及各种公有云的环境的透明化网络。

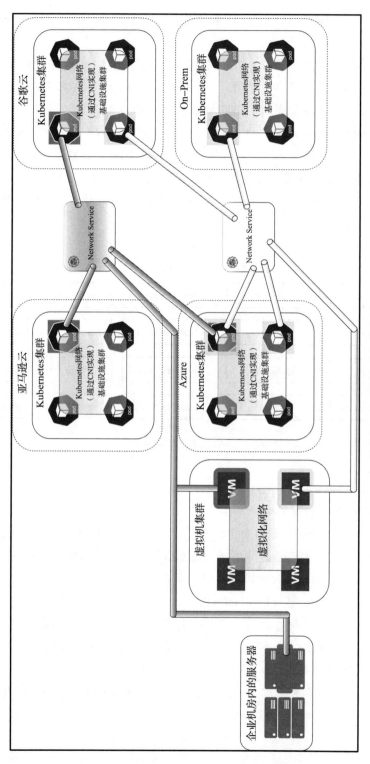

图 8-34 NSM 与 CNI 的关系

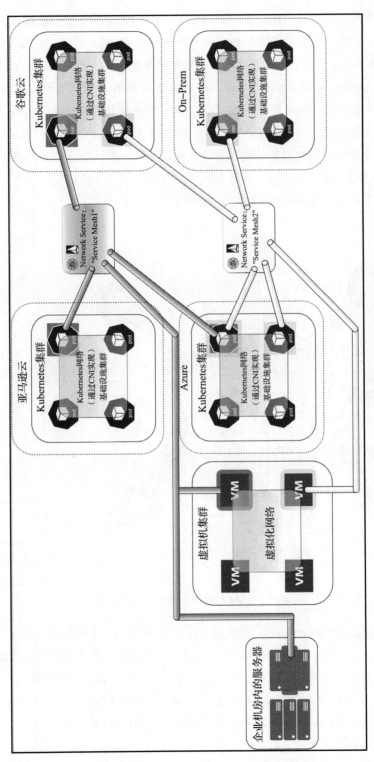

图 8-35 NSM 与 Istio 的关系

使用 Istio VirtualService、Destination Rule 等 CR 可实现服务到服务的流量转发路由。换个角度来看，更像是服务 A 到服务 B 之间的一条动态 L7 网络线路，因为 VirtualService、Destination Rule 等 CR 组合的规则是可以随时根据情况更新的。比如流量转发的方向由从 A 到 B 的 V1 版本变成从 A 到 B 的 V2 版本，或者由从 A 到 B 变成从 A 到 C 的流量路由，甚至从 A 集群切换流量到 B 集群等。NSM 会监测这种变化，并根据链路方向的变化来动态调整透明化隧道网络（L2/L3）的拓扑结构。因为 NSM 与 CNI 是一种配合关系，换句话说，NSM 也会间接地把 CNI 网络的拓扑进行更新，所以这是一种以静态 CNI 为基础的高级动态虚拟化网络解决方案。

NSM 与边缘计算或集群的通信如图 8-36 所示。

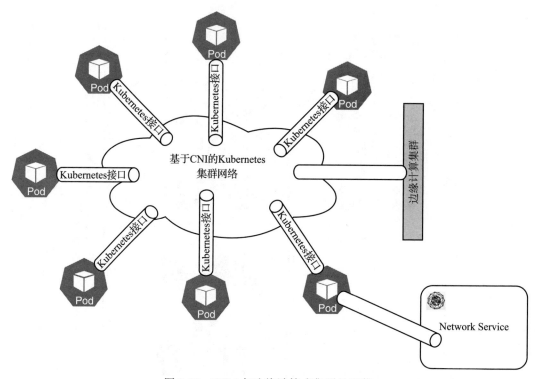

图 8-36　NSM 与边缘计算或集群的通信

NSM 其实会在 Kubernetes CNI 所创建的虚拟网卡的 Pod 上再创建一个自己的虚拟网卡。NSM 看似是一种 CNI 插件，但实际上并非如此。NSM 是以独立形式（旁路）配合具体 CNI 插件来实现的。这说明 NSM 和之前讨论的 TC 试图建立的透明化网络在作用上或者价值上至少是部分一致的。这正像 NSM 自己所宣称的，它能够提供更多高级的 L2/L3 的网络能力。最后，图 8-36 还体现了 NSM 和边缘计算网络之间的关系，NSM 支持与边缘计算网络之间的透明化连接。

NSM 看起来可以把 CNI、VPN、ServiceMesh 和 Edge 等网络层整合起来。这个功能的意义非常重大，因为一个更高层别的组件向下可以整合各类网络组件，向上可以提供统一的API，这意味着用户能拥有更高的自动化网络能力和更简化的运维能力。

（2）Network Service Mesh 技术架构

NSM 技术架构如图 8-37 所示。

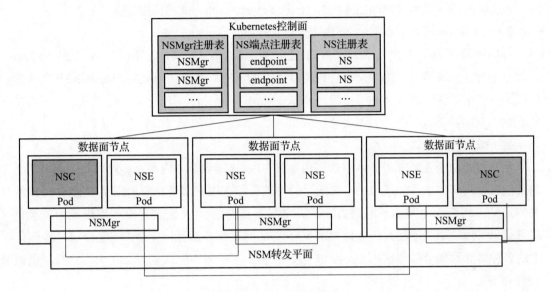

图 8-37　NSM 技术架构

NSM 技术架构中包含几个关键组件。

1）NSE：即 Network Service Endpoint，对外提供网络服务，可以是容器、Pod、虚拟机或者物理设备。NSE 接收来自一个或者多个客户端的请求，向客户端提供请求的网络服务。因为 NSE 是网格结构单元，所以 NSE 的角色不是固定的，NSE 也可以作为客户端去访问其他 Network Service。

2）NSC：即 Network Service Client，是使用 Network Service 的客户端，可以是容器、Pod、虚拟机或者物理设备。因为 NSC 是网格结构单元，所以 NSC 的角色不是固定的，NSC 也可以作为 NSE 对外提供网络服务。

3）NS 注册表（即 NSR）：即 Network Service Registry，是 NSM 中相关对象和组件的注册表，包含 NS 和 NSE、NSMgr 的实例信息。

4）NSMgr：即 Network Service Manager，是 NSM 的控制组件，以 DaemonSet 形式部署在每个节点上。NSMgr 之间可以相互通信，形成了一个分布式控制面（形成一个网络Mesh 形状）。

5）NSM 转发平面：提供客户端和 Network Service 之间的端到端连接的数据面组件，可以直接配置 Linux 内核的转发规则，也可以被配置成第三方的网络控制面，如 FD.io（VPP）、OvS、Kernel Networking、SRIOV 等。

NSMgr 会做两件事情。

1）处理来自客户端的 Network Service 使用请求，为请求匹配符合要求的 Network Service Endpoint，并为客户端创建到 Network Service Endpoint 的虚拟链接。

2）将 NSMgr 所在节点上的 NSE 注册到 NSR 上。

如图 8-37 所示，NSM 会在每个 Node 上部署一个 NSMgr 组件，不同 Node 上的 NSMgr 之间会进行通信和协商，为客户端选择符合要求的 NSE，并负责创建客户端和 NSE 之间的连接。这些相互通信的 NSMgr 类似于 Service Mesh 中的 Envoy Sidecar，也组成了一个连接 NSE 和 NSC 的网格。

接下来看一个场景。

用户需要从企业外部将 Pod 中的应用通过 VPN 连接到企业内网上，以访问企业内网上的其他服务或者数据。如果采用"传统"的方式，那么用户需要在应用程序中配置 VPN 网关的地址、到企业内网的子网路由，还需要部署和设置 VPN 网关。而在该场景中，客户端只是想实现一个"连接到企业内网的 VPN"的网络服务而已，完全没有必要将这些网络中的各种概念和细节暴露给用户。所以，NSM 提供了一种声明式的方式来为客户端提供该 VPN 服务。

1）NSM 通过一个 NetworkService CRD 来创建 VPN 网关（vpng）网络服务，在该网络服务的 Spec 中声明客户端可接收的负载为 IP 数据包，并通过 app:vpng 标签选择提供服务的 Pod，以作为 vpng-pod（NSE）。

2）某个业务 Pod（NSC）通过 Ns.networkservicemesh.io 注解来声明需要使用的 VPN 网关网络服务。

那么，NSM 会通过 Admission Webhook 机制在使用网络服务的业务（NSC）Pod 中注入一个 InitContainer（原理和 Istio Sidecar 注入方式一致）。该容器会根据 yaml 注解来向 NSMgr 请求对应的网络服务，因此应用程序不需要关注网络服务的请求和连接创建的过程。

下面总结 NSM 的一些优点。

1）**简单**。

❑ VPN 客户端只需通过 yaml 声明就可以使用 VPN 网关服务。

❑ 不需要手动配置 VPN 客户端到 VPN 网关之间的连接、IP 地址、子网、路由，这些细节会被 Network Service 的 Provider 和 NSM 框架处理，客户端是完全无感知的。

❑ NSM 网络机制是完全独立的，不影响 Kubernetes 自身的 CNI 网络模型。

2）灵活。

❑ 可以根据需求向 NSM 中添加新的 Network Service 类型，这些网络服务可以由第三方来实现。

❑ Network Service Endpoint 的数量可以根据实际工作负载自动实现水平扩展。

综上，可以认为 NSM 是动态建立 L2/L3 虚拟隧道连接的一种高级动态网络基础设施。人们可以利用 NSM 在静态 CNI 之上叠加一层来实现随业务而动的网络管理能力。

8.2 关键的下一步：IBN

企业对于云原生只想要一个终态：我不想了解什么是云，也不想知道什么是云原生，我只想做一个应用部署到网上而已。翻译过来就是：**只关心业务代码，不关心基础设施。**

图 8-38 所示为云原生的目标。

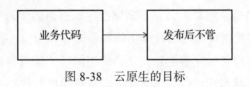

图 8-38 云原生的目标

8.2.1 IBN 概述

基于云原生的目标，网络也朝着这个方向进行演化，IBN 网络就是这种演化下的产物。

1. IBN 方案的提出

图 8-38 所表达的云原生目标看起来很理想，然而在实际落地中并非如此。CNCF 组织认为 "Kubernetes 集群在组织内部的数量和规模都在增长。这种扩散是由各种原因造成的，包括可伸缩性问题、地理限制、多提供者策略等。而现有的多集群方法在 Pod 放置、集群设置和与新 API 的兼容性方面仍有很大的局限性。此外，当实现、部署及管理应用时都需要大量的手动配置"。读者可以回忆本书之前所讨论的内容，很多操作都需要人工写声明性 API，并且每一个地方都是分裂的，比如网络配置需要一套 yaml、服务网格需要一套 yaml、部署应用需要一套 yaml 等。笔者就经历过落地一个项目至少需要上百个 yaml 的情形，所以云原生平台的学习曲线和实操成本并不低。更何况还要求研发人员或者运维人员必须懂云原生才行。

以上这种情况是很难避免的，因为云原生技术产品来自不同的厂商或者开源社区，它们有自己的市场策略和产品设计哲学，比如，Kubernetes 和 Istio 就是不在同一个开源社区中实现的，所以碎片化是一种常态，而不是特殊情况。

本节还是聚焦在云原生网络方面，无论企业面对网络提出了怎样的要求，其背后期望的最终状态都是 "组网和运维网络更加简单直接一点，这样成本就能降下来，从而能花更多精力在业务上"。这是比较理想化的想法，实际上其困难程度和上面说的"学习曲线和实操成本"的难度是一样的。难道就没有办法了吗？任何看起来困难问题的解决方案都需要从更高的维度去找（类比从更快的马想到制造汽车），所以"意图驱动网络与自驾驶网络"这种方案就这样出现了。那么，什么是"基于意图的网络"呢？

2. IBN 的定义

IBN（Intent-Based Networking，基于意图的网络）是一种由软件实现的动态自动化网络管理过程。该过程使用高水平的自动化、分析和编排能力来协助网络运维工作与减少正常运行时间，从而提高网络对企业级数字化业务的支撑能力。在达到管理员所期望的网络最终状态之后，网络基础设施便会根据实际情况向这些目标提供所需的配置，而无须手动编写和执行单独的任务。

例如，两个网络之间需要实现相互的安全通信。此时的意图是大体表明网络 A 与网络 B 之间需要建立一条安全隧道。管理员将会确定哪些流量应当使用这条隧道，并会描述该隧道所需的所有其他常规属性。但管理员并不需要指定该隧道的实施方式（如要使用的设备数量）、发布 BGP 通知的方式以及开启的具体功能和参数等。相反，基于意图的网络系统会根据服务描述自动生成所有设备的完整配置，还会使用闭环验证机制对配置的正确性进行持续验证，进而在网络的预期状态和运行状态之间提供持续的检查和动态调整。

基于意图的网络采用非常简明的声明式网络运维模式，与传统的指令式网络形成鲜明对比。传统的指令式网络要求网络工程师针对各网络元素所采取的措施进行排序，出错的可能性很大。

最后，IBN 和前面所讨论的自动化网络能力并不矛盾（如 TC 的相关自动化要求），IBN 将涵盖并超越以往所讨论的网络自动化能力。目前，国内很少有成功实践 ADN（ADN 是基于 IBN 和一定 AI 智能分析能力所构建的一种超自动网络模型）的案例，所以我们的关注点在于 IBN。ADN 和 IBN 的关系如图 8-39 所示。

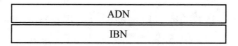

图 8-39　ADN 与 IBN 的关系

8.2.2　IBN 自动化网络解决方案

IBN 实际上在业界的实现异常复杂，这里为了至少能够在中小企业实施，采取了相对保守的论述。无论是从结构上还是在技术上，都采用开源技术产品并进行改造来实现 IBN 的模型。

从 IBN 实施角度来看，用户希望一组逻辑上相关的服务所涉及的网络拓扑能够实现自动化组网和运行时的稳定性。从业务角度看，这一组逻辑上相关的服务其实代表着完整的业务能力，如电商的交易系统。所以为了从不同角度理解起来都更加简单、管理起来更方便，把这一组服务所构成的整体叫作"应用"。注意，**此"应用"和本书前面所使用的"应用"术语在语义上是不同的。**

应用是一个逻辑上的抽象概念，作为整体，其生命周期分成几个阶段：设计、研发、测试、部署、运行时。很大程度上，网络 IBN 的实现是支持应用全生命周期上的网络配置自动化能力。

1. 应用抽象和应用编排模板的初步认识

为了把问题讲得更清楚一些，可以看一下典型微服务架构可视化出的拓扑结构，如图 8-40 所示。

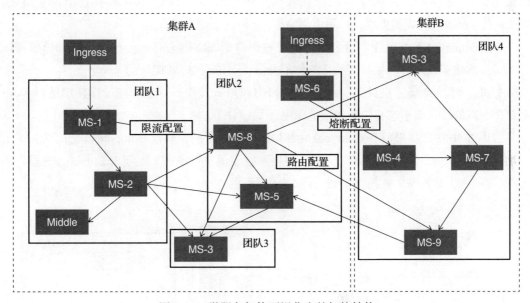

图 8-40　微服务架构可视化出的拓扑结构

为了突出重点，在图 8-40 中，微服务的名称格式为"MS-*"，并且忽略了其中的业务细节和技术细节，把所有微服务看成黑盒，强调的是调用关系、流量方向之间的连线。将流量接入的一层叫作 Ingress，中间件叫作 Middle，并标明了某些微服务是由哪个团队开发的或者由哪个团队运维的。服务治理维度也标明了限流配置、熔断配置和路由配置等。此图还表明了哪些微服务和相关的依赖部署在了哪个集群上。

图 8-40 所表达的信息非常多，首先约定这是一个拓扑定义图，使用 AOT（Application Orchestration Template，应用编排模板）所描述的结构。AOT 是本书根据某厂某种实际云原生平台的设计所提炼的一种设计范式，它代表着这类技术平台的最佳实践，AOT 是可视化

的。AOT 也是可外化成资源对象的数据模型（用户需要使用 yaml 格式文件来声明 AOT，所以可以称之为 AOT 定义、AOT 文件或者彻底简称为 AOT）。

AOT 一般是由架构设计人员定义的，其中的（微）服务（"微"字带括号，是说 AOT 不仅用于表达微服务架构这种拓扑，还可以用于表达非微服务架构的拓扑，甚至可以用来表达微服务与非微服务混合在一起的拓扑结构，比如图 8-40 中将中间件服务和微服务等整合成 AOT 的整体来表达）有一些是开发完成后测试过的并被镜像化的，还有一些是没有进行开发的或者正处于开发中状态的，这种（微）服务只是一个占位符号而已，占位符号同时也代表着要将这个（微）服务指派给哪一个开发人员进行开发。这样做的目的在于架构设计人员可以站在系统全貌去考虑架构拓扑的现状或者思考架构的演进路线。

为了抽象化管理，使得 AOT 无差异地对待所有服务，所有在拓扑中的服务都称为 Component。这里约定形如图 8-40 的拓扑定义图，用 AOT 或者 AOT 拓扑这个词来指代。多个（微）服务所构成的整体，也可以用 AOT 应用这个词来指代。

Component 这种抽象非常有利于形成一种组件市场，因为 Component 就像去掉了特殊外观的标准化产品，可以相互交换。组件市场使得交付变得更加容易了。

另外，图 8-40 属于设计态，AOT 内含研发和测试过程，对于这些过程其实是 DevOps 平台要管理的，目前不在我们的讨论范围内。

在图 8-40 中，如果所有 Component 都是已经就绪了的，并且 Component 之间的关系也是确定的，那么就可以提交 AOT 文件给多集群控制面进行发布，至于怎么部署，这里先不考虑。在 AOT 运行态，此图会呈现为图 8-41 所示的样子。

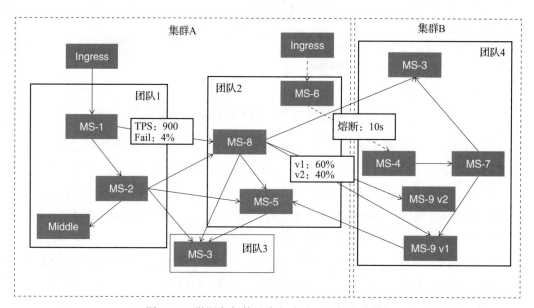

图 8-41　微服务架构（路由关系、服务治理等）

从图 8-41 来看，AOT 运行态不一定和 AOT 设计态一样，忽略例外情况的话，会看到实时反馈的一些状态和通信关系情况。研发人员可以根据这个图里显示的实时情况为系统调整参数，从而保证应用系统的稳定性，这在云原生平台上也叫作业务运维（Biz Operator，BO，是一种遵循了"谁定义谁负责"思想的应用运维机制）。

2. 从 AOT 的要素和关系中抽取以及抽象 IBN 的隐含信息

从 AOT 设计态中会发现很多对设计 IBN 很有用处的隐含信息。

1）一个团队应该对应一个作为整体的 AOT 应用，AOT 应用由多个 Component 组成，此时研发和交付效率最高，这也是康威定律所要表达的东西。这个 AOT 应用单元也是单元化架构的一个 LDC（逻辑集群，或者叫作逻辑数据中心），AOT 的定义决定着以后集群控制面如何部署这个 AOT 应用（有关单元化架构的内容，会在后面详细讨论）。那么根据这样的分析，这里代表着这几个意图。

① EDI（EdgeIntent，边界意图）：如何限定 AOT 应用（团队、单元）边界、属于什么集群等。在逻辑上，团队、单元边界和一个应用的边界是重合的，所以一个 AOT 应用一定属于一个团队，并且其部署态一定对应着一个单元，但是一个集群可能会部署多个 AOT 应用。因为很多管理操作可以直接针对 AOT 应用，而不再是某个 Component，所以 AOT 应用概念所带来的约束使得对关系紧密的一组服务的管理得到进一步简化。

② DPI（DeploymentIntent，部署意图）：一个 AOT 应用边界内有多少个 Component 需要被部署，以及它们期望的运行终态是什么。

2）在 AOT 应用边界内，Component 之间有调用关系、服务治理配置和路由配置等信息，这些信息表示以下几个意图。

① TPI（TopoIntent，拓扑意图）：图 8-40 中的 MS-8 这个 Component，有多个出站调用，可能需要不同的链路配置，比如一个链路走存储网络，一个链路走视频网络，一个链路走一般的业务网络等，甚至需要跨越更大区域的网络拓扑，其实代表着一种需要构建多网络平面和跨区域通信的意图。另外，Ingress 的配置也代表了一种网络拓扑意图，比如，外部流量要和哪一个 Component 服务通信（网络拓扑）。所以，拓扑意图关心的是 Component 外部的连线关系。

② SECI（SecurityIntent，安全意图）：Component 之间的调用关系所能建立的前提条件是安全授权。

③ GNI（GovernanceIntent，治理意图）：涵盖拓扑整体的熔断、限流等配置意图，可以利用它设置 AOT 应用或者某个 Component 上的流量治理意图，Component 上意图的优先级最高。

④ RPI（RoutePathIntent，路由意图）：代表着路由规则的配置，比如图 8-41 中的 MS-8

发出的流量被按 MS-9 v1 与 MS-9 v2 以 60%∶40% 的权重进行了分流。当然，实际中的路由规则很复杂，这里只是一个简单的例子。

3）图 8-40 没有画出来的一个意图是 CLI（ControlIntent，控制意图）：CLI 其实就是多集群控制面打通的意图。因为是默认必须要有的能力，所以不需要在拓扑里画出来。

把从 AOT 抽取出来的各种意图以及对应的技术要素进行可视化表达，AOT 到网络意图的分解关系如图 8-42 所示。

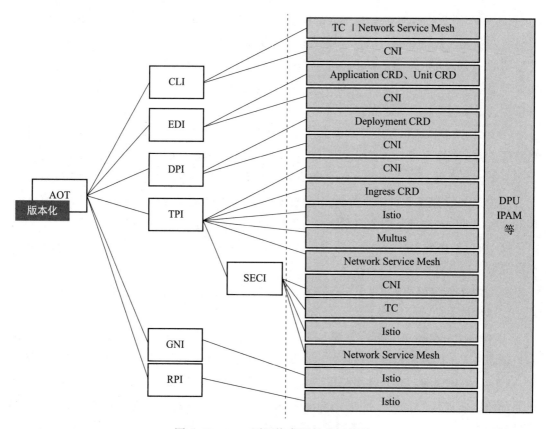

图 8-42　AOT 到网络意图的分解关系

在图 8-42 中，可以看到以下要素。

❑ EDI：边界意图，其内含的信息是可以部署 Component 的范围，比如，云原生底座的调度器利用 NodeSelector 和亲和性机制来决定 AOT 中所有的 Component 镜像会被部署在哪些集群的哪个 Node 上。本质是通过 EDI 来影响调度器的决策。

❑ DPI：部署意图，其内含的信息可以用来指导如何构建 Kubernetes Deployment CR。

❑ TPI：拓扑意图，其内含的信息可以用来指导如何构建边界网络结构，甚至可以用来指导多网络平面的构建。

❑ SECI：安全意图，是 TPI 的子意图，其内含的信息可以用来表达一种虚拟隧道、安全证书授权的关系等。

❑ GNI：治理意图，是 TPI 的子意图，其内含的信息可以用来指导服务治理的行为。

❑ RPI：路由意图，是 TPI 的子意图，其内含的信息可以用来指导路由的方向和方式。

❑ CLI：控制意图，是 TPI 的子意图，其内含的信息可以用来指导 TC/NSM 如何工作。

下面再从 Intent 之间的协同关系角度进行介绍，EDI 与子意图对象的关系如图 8-43 所示，目前仅关心灰色部分。

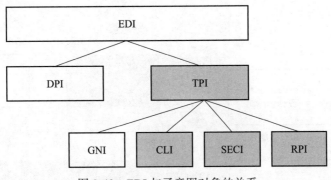

图 8-43　EDI 与子意图对象的关系

对图 8-43 来说，这些从 AOT 所分离出来的 Intent 带有各自的数据情报，这些数据情报能够被转换成底层各种云原生基础组件的参数或者声明性 API。因为 AOT 中的拓扑会根据架构意图进行改变，也就是说 AOT 是版本化的，每次改变都代表着其中某个或者几个 Intent 的改变。

在运行态，每个 Intent（意图）底层的云原生技术组件以及 Component 本身都会有状态数据被监控系统收集，这些监控数据也会通过某种机制影响 Intent 的数据进而影响运行态的治理。细心的读者会发现，其实这就是基于意图的网络和动态的应用架构治理能力。这里仅关注于网络领域的内容，有关应用架构治理的内容会在后续进行详细的讨论（EDI、DPI、GNI 等在这里暂时不讨论）。

3. AOT 研发过程管理

Intent 代表对网络状态的期望，它明显是分层的。Kubernetes 的核心理论就是按照期望与实际运行态之间的差异来动态调整整个集群达到期望状态，并且 Kubernetes 的 CRD 和控制器确实是一种树形结构。所以 Intent 可以被看成高于那些云原生组件（如 Kubernetes Deployment CR、Istio VirtualService 等）的一组 CRD+ 控制器，核心逻辑结构就是：

AOT 控制器分离出各种 Intent，根据期望调整 Intent，并将 Intent 转换成对应云原生技术组件能够接收的 CR。比如把 RPI 转换成多个 Istio 的 VirtualService、Destination Rule

等 CR，并下发给某集群控制面进行执行。

看起来，Intent 网络没有想象中那么复杂，但是这种创新使得应用管理、应用治理和网络管理更加简单，对于架构设计人员而言，只是画了一个 AOT 图。而对于开发和测试人员而言，他们只能看到自己被分配的那个服务的代码和环境而已，其他事情都会交给 IBN，而无须写很多 yaml 来配置各种技术组件。这些底层技术组件会根据 Intent 的指示协同运作，从而大大地减少了人员干预。AOT 业务研发流程如图 8-44 所示。

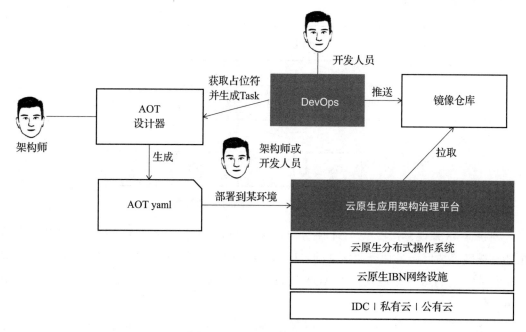

图 8-44　AOT 业务研发流程

在图 8-44 中可以看到整个 AOT 应用研发的过程以及 Intent 是如何发挥效力的。

❏ 架构师或者架构设计人员在 AOT 设计器上选择应用项目后，在 AOT 设计器上设计应用拓扑。

❏ 在 AOT 拓扑中可以加入已经镜像化的 Component（通过 Component 市场）。另外，也可以加入一个 Component 占位符并绑定 DevOps Task（Task 包含所有需要开发的需求信息以及开发模板），此时 AOT 设计器会把它加入 DevOps 任务列表，由开发团队分配开发人员进行研发。此时，AOT 拓扑的整体状态是 Incomplete（未完成），只有所有的 Task 都处于 Close 状态并通过验证才能使得 AOT 拓扑整体状态变为 Completed（已完成）。

❏ 一般而言，人们会设定几个环境来验证代码的正确性，比如日常环境、预发环境和正式环境，每一个版本的 AOT yaml 都必须经过这些环境的验证，也就是说，AOT 版本是与环境相关的。AOT 先要发布到日常环境进行验证，然后进入预发环境，最后进入正式环境。只有在正式环境中进行发布了，才算是一个确定的、可存档的版本。之后 AOT 可能会被修改，被修改后就是一个新版本了（哪怕一个字节被改动了也算是一个新版本），就需要重新走日常、预发和正式的验证流程。说白了，AOT 也是一种特殊的代码了（IaC 代码）。

❑ 云原生底座会激发 Intent 相关的一系列控制器进行计算和转换，并按云原生 IBN 网络设施所涉及的技术组件的 CR 形式编排下发原生的 CR。

这种流程的显著优势在于以下几点。

❑ 角色分离，架构设计人员关注 AOT 设计（不一定必须用设计器，手写 AOT IaC 代码也是可以的），而研发人员应尽可能关注业务应用代码，这样的分工协作可以大幅度提升研发效率。

❑ 架构设计人员、研发人员以及运维人员无须担心网络基础设施的配置问题。

❑ 全局可视，透视架构关系，保证架构早期的正确性以及演进的正确性。

❑ 全局可视，构建统一形式化语言，助推落实 DDD 方法论。

❑ AOT 版本化，可跟踪版本差异，提升架构演进质量。

❑ AOT 版本化，使得单元作为整体回滚或者升级，版本管理更加高效和便捷。

❑ AOT 作为 yaml 文件，具有可传输特性，结合集群镜像打包技术，为实现多活单元化架构或者 ISV 业务下发起到了关键作用。

❑ AOT 本身是 IaC 高阶 API，有利于拓展和集成。

以上综合了 AOT 所涉及的应用架构治理、网络治理等内容，这里还隐含了一个秘密：业务应用拓扑结构和网络拓扑结构是一致的，所以可以利用一体化的 AOT 来同时做几件不同层面的事情。这里目前仅关注网络部分的问题，应用架构治理方面的内容会在后续内容中详细讨论。

4. AOT 网络堆栈架构分析

下面从网络堆栈角度来看 AOT 的层次结构，该层次结构决定了从 AOT 中的 Intent 到最底层 API 之间的转换关系，并可以清晰地了解 AOT 的基本实现逻辑。

AOT 的基本实现逻辑如图 8-45 所示。

在图 8-45 中，要理解以下几点。

AOT CR（AOT 的 Kubernetes API）被 AOT 控制器分解和计算，从而合成各种 Intent，之后各种 Intent 通过 AOT 控制器进行计算和转换，作为各种网络技术组件的原生 CR，随后这些原生 CR 会被下发给 API Server，最终达成各个网络技术组件的协调一致。

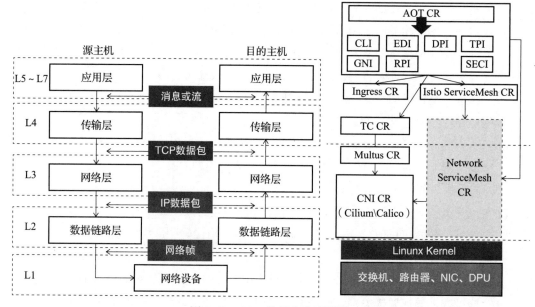

图 8-45 AOT 的基本实现逻辑

每个网络层次上都有对应的网络技术组件。注意,在看待 Istio 时,只需把它的 L7 层流量路由与安全能力放到 AOT 能力范围内即可,其他能力(如基于流量的服务治理能力)则不在 AOT 能力范围内,服务治理能力将在云原生架构治理平台相关内容进行讨论。Network ServiceMesh 提供的高级 L2/L3/L4 的动态网络管理能力在国内的落地实践相对较少,这部分功能会作为和 TC 平行的一种备选方案,用虚线框来表示。

因为 AOT 代表应用拓扑,而应用拓扑和网络拓扑在结构上又是重合的,所以其中包含两个大方面的信息:应用架构信息和网络配置信息。换个角度来看,AOT 其实定义了整个应用的软件堆栈。其价值是,无论何种平台,都可以**利用 AOT 实现自动化部署应用的全部软件堆栈**。

人们关注 AOT 的设计建模阶段、部署实施阶段和运行治理阶段的逻辑,而不关心 AOT 应用的研发、测试、卸载等逻辑。

8.2.3 AOT 设计建模阶段

架构师、项目管理人员等需要在全局视角下定义 AOT 应用,随后平台根据 AOT 应用的定义来实现 IBN 的相关能力。

1. AOT 应用定义的设计

一切始于项目申请,而且这个申请能够使得整个研发活动都被放在 DevOps 平台进行管理,这是后话,下面先介绍项目申请文件中需要指定哪些属性,如表 8-3 所示。

表 8-3　项目申请文件属性

属　　性	说　　明
应用名称	代表项目的名称，同时也是 Kubernetes 命名空间的名称前缀
研发人员名单	相关研发人员，用于任务跟踪、任务通知、权限授予
PM	相关管理人员，用于任务跟踪、任务通知、权限授予
QA	相关质量人员，用于任务跟踪、任务通知、权限授予
架构师	相关架构师，用于任务跟踪、任务通知、权限授予以及高级管理
资源归属	地理、可用区
资源规格	Pod 规格
SLO	流量 SLO、服务质量 SLO 等
统一接入	暴露的域名、外部访问等
子网规划	CIDR 等信息
研发模板	选择一个编程框架模板，自动生成主分支的代码架子

架构师使用 AOT 设计器设计 AOT 时，AOT 中的很多信息都是自动从项目申请中带过来的。如果不使用 AOT 设计器，那么可以直接通过 kubectl 下载一个 AOT 初始文件，同时 kubectl 会自动把项目申请中的信息自动添加到 AOT 初始文件中，之后架构师只需要添加和应用拓扑设计相关的内容就行了。这些自动填入的信息有如下内容。

1）应用名称：对应 AOT 中的应用名称（以 AOT CR 的 name 属性来代表），因为一个应用可能被调度器部署在不同的几个 Kubernetes 命名空间中，所以应用名称又是其各个归属的命名空间名字的前缀，后缀和相关组件的用途有关。

2）资源归属：意思自然明了。另外，组件市场也是如此分区的，AOT 中的 Component 的来源（属于哪个单元等）和版本信息都是从 Component 所在组件市场的分区计算出来的。

3）统一接入：其实就是 EDI 中的一个维度信息，用来表示如何暴露应用到外部。

4）子网规划：CIDR 信息也会被自动带入 AOT 中。

在设计器上，通过分区对应的组件市场向 AOT 添加 Component，并同时设计 Component 之间的连线，连线关联几个内容：TPI、RPI 等。SECI 其实也是根据依赖关系自动推导的，因为通信双向认证就在依赖关系之间体现。CLI 其实是成员集群加入主集群时决定的，注册加入动作是最早期的动作，所以在设计 AOT 时早就由平台确定了的。

现在，可以通过设计器或者人工提交 AOT yaml 了，此时云原生底座会立即检查技术环境完备性：AOT 背后存在着平台给予的一个隐藏版本依赖声明——Istio、Multus、CNI、TC 或者 NSM 与目标平台之间的版本依赖关系，这是平台配置的，无须让用户知道。此时，平台 AOT 控制器会根据这些版本去检查目标集群上相关技术组件的版本，并试图部署、升级或者修复相关的技术组件。这个检查还会在运行态不断地重复执行，以确保技术环境总是保持完备的。

在技术环境完备性得到保证后，随后就是 AOT 分解过程。对于 AOT 的分解过程，AOT 控制器只不过是根据用户所提交的 AOT CR 中的数据来分解成多个 Intent 罢了，和普通控制器解析 CR 数据的过程差不多，所以这里就不再赘述了。

2. 实现 Intent 到原生 CR 的转换

接下来介绍云原生底座是如何将分解出来的 Intent 转换成目标原生 CR 的。

（1）准备过程

❑ DPI：在 DPI 中，依赖信息是 AOT 中 Component 和 Component 的"连线"所表达的"调用"关系或者"依赖"关系；Componet 的镜像版本信息是用户在使用设计器将 Component 添加到拓扑图中后由组件市场自动计算出来的；服务实例的副本策略其实就是 AOT 中的 replica_policy（期望有多少服务实例来提供服务）。服务实例的副本策略的计算过程可以表达为 DPI → Deployment、DPI → Service。

❑ TPI：一个 Component 依赖于其他 Component（应用架构所决定的），AOT 的"连线"直接表达了 Component 之间的依赖关系。根据 Component 依赖关系得到的网络等的拓扑关系以及相关配置等的计算过程可以表达为 TPI → Multi-Network、TPI → TC-Operator 或者 TPI-NSM。

❑ SECI：数据基础就是 TPI 自身。其计算过程表达为 SECI → Service Mesh-mTLS-Config、SECI → CNI Config 等。

❑ RPI：在 AOT 的 route_intent 中已经表达了每个 Component 的路由期望。其计算过程表达为 RPI → Service Mesh-Route-Rules（Istio:VirtualService+DestinationRules）。

❑ RPI：统一接入部分是一个边界路由意图。其计算过程表达为 RPI → Gateway。

（2）计算过程的说明

RPI->Service Mesh-Route-Rules：

需要定义一个标准 Mesh 的路由语义，并通过一个中间机制将其转换成目标服务网格实现的 CR 语义。因为服务网格的实现有很多种，不仅仅是 Istio，企业在不同的业务场景下其实并不一定会用 Istio 作为服务网格的解决方案，所以有了标准语义和中间的转换机制就能够满足在标准语义不变并同时不限制底层实现的情况下来满足各种网络特性的需求。

另外，针对标准服务网格路由的语义，很多人会想到设计一个十分简练、特殊的语法来表达路由规则，而避免使用 Istio 的 VirtualService 之类的 CR，但是这相当于提高了用户的学习曲线，使得已有的 Istio 配置文件全部需要重写。所以，标准服务网格路由语义还是要使用 Istio 的路由语法，这样，"标准服务网格路由语义"看起来就像 Istio 路由语义的"复制品"。虽然两者在语法上完全一样，但是只需要通过特定的 ServiceMeshConversionTemplate 转换层将标准服务网格路由语义转换到目标服务网格实现的 CR 语义即可。SMTC 转换逻辑如图 8-46 所示。

标准服务网格路由语义中的 apiVersion 和 Kind 都是被计算出来的，这是为了防止不兼容性，规则也简单。

图 8-46　SMCT 转换逻辑

❏ apiVersion 通过 AOT 背后所代表的平台隐藏模板所指定的 Istio CRD 版本获得。

❏ Kind 是从 route_element 下的 "Kind" 配置值中直接获取到的，如 VirtualService。

AOT 下发后，SMCT 控制器会监测到 route_element 的创建，并检查其元素模式是否兼容对应版本 Istio 的 CRD，如果兼容就非常直接地转换成对应的 Istio CR。比如对于 VirtualService，会根据计算得到的 apiVersion 和 Kind 以及 AOT 中的 route_element 相关内容组合出一个新的 VirtualService CR，其他的 route_element 也是如此，一旦所有的 CR 对象都组装完成，那么就会先缓存起来，此时并没有立即下发给 API Server。缓存的目的在于，从 AOT 各个分解的 Intent 来看，会形成针对底层不同层次技术组件的 CR，并且这些分布在不同层次上的 CR 的执行顺序是有要求的。目前，其他 Intent 相关的合成 CR 工作还没有完成，所以就先将目前的合成 CR 进行缓存，这样就可以在全部完成时，按照一定顺序取出并进行下发。另外，缓存的另外一个目的是可以提升下发性能。SMCT 处理逻辑如图 8-47 所示。

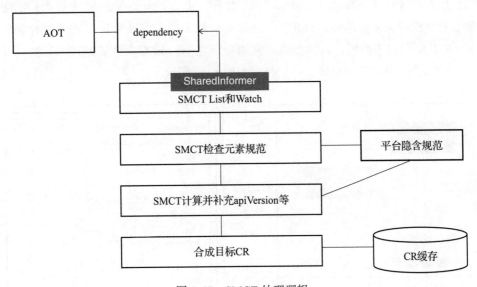

图 8-47　SMCT 处理逻辑

SMCT 其实可以更激进一些，可以考虑用 SMI（Service Mesh Interface，CNCF 服务网

格抽象接口规范）来替换，这正好把思路反过来了。SMCT 是平台转换到具体的服务网格实现的语义，SMI 要求所有的服务网格实现的控制面按它的规范来实现，隔离差异化的同时提供了标准的操作语义。

开源社区其实是一个碎片化很严重的地方，想让大家遵守一个规范相当困难，这不是技术问题，而是一个商业策略或者博弈的问题，但是这里不得不简单进行说明，作为一个潜在的方案也是好的。SMI 与服务网格实现如图 8-48 所示。

在图 8-48 中，不难看出就是一种平台级别的面向接口的架构罢了，但是目前业界还有待统一规范。无论我们的 SMCT 还是业界的 SMI，虽然

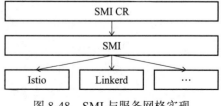

图 8-48　SMI 与服务网格实现

角度不同，但是本质都是一样的，都通过"转换"来换取兼容性。

SECI → Service Mesh-mTLS-Config：

平台默认将 Istio 等配置成服务之间必须进行证书认证才能进行相互通信的模式，这是一种"零信任"的实现方式。但是遗憾的是，Envoy 代理只能对 HTTP 等协议实行这种认证方式以及流量拦截方式，其他一些特殊的协议，比如 UDP、ICMP 等都会绕过 Envoy Sidecar。幸运的是，如果底层 CNI 插件是 Cilium，那么这个问题就不大了，Cilium 能够确保这些协议不绕过 Envoy Sidecar。

因为 AOT 中的 dependency 声明了一种通信依赖关系，并且 AOT 必须由架构师或者被指定的管理人员来管理，所以一旦下发就会起作用。那么不需要在 AOT 中声明其他配置就可以知道通信授权关系，此时，SMCT 只是根据依赖关系生成目标 Istio 的 mTLS 服务间双向认证 CR 并缓存起来而已，具体实现非常简单。至于 Istio 双向认证配置的写法，可以参考 Istio 官方文档，这里不再赘述。通信授权如图 8-49 所示。

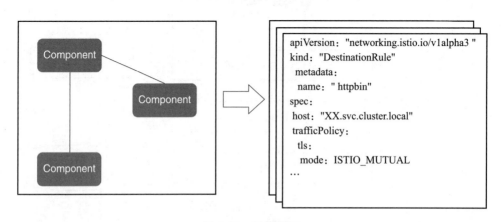

图 8-49　通信授权

所以，对于用户而言，这种便利性就在于不需要特别指定任何配置就可以实现"零信任"安全，并且 AOT 中的拓扑依赖关系一旦变更，通信认证的关系也随之改变，无须其他操作，隐藏了服务间双向认证的配置工作，防止人工配置的失误，大大提高了通信安全配置的正确性和效率，也减少了一定的人力资源成本。

SECI → CNI Config：

在通信认证方面，尤其是在底层 CNI 插件是 Cilium 时，安全认证也需要在配置完 Istio 双向认证之后配置 Cilium，也就是说，配置 Istio 安全认证规则的同时也决定了 Cilium 的通信安全配置方向。所以，这类配置都被归类成 SECI。

与 SECI → Service Mesh-mTLS-Config 类似，根据 Component 与 Component 之间的通信关系，生成 Cilium 网络策略并缓存起来。

此时，SECI → Service Mesh-mTLS-Config 与 SECI → CNI Config 的通信方向安全的配置是一一对应的关系。它们配合起来实现 L7 和 L3/L2 的通信安全。

非常容易地看到，以上处理过程对于用户来说是完全透明的，不需多余的信息就可以自动化完成配置，可以防止人工配置的失误，大大提高了通信安全配置的正确性和效率，也减少了一定的人力资源成本。

TPI → Multi-Network：

人们还可以根据拓扑依赖关系生成多网络平面（多重业务流量转发场景）。为了节约系统资源和简化管理，不是所有的 Component 所依赖的 Component 的方向都会生成一个网络平面。

目前可以被自动识别出来的是两类应用级别线路：业务线路和中间件线路。但是并不是说不能够拓展出其他可识别的类别。类别的识别依赖于组件市场的能力。每一个分类线路都代表着一路虚拟网卡的配置。所以这里，AOT 控制器会生成每一路针对 Multus 的 CR 并缓存起来。基于多虚拟网卡的服务互联结构如图 8-50 所示。

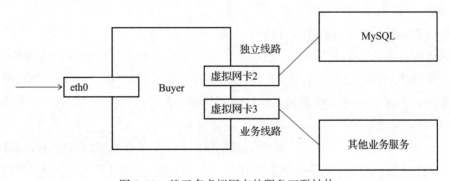

图 8-50　基于多虚拟网卡的服务互联结构

在图 8-50 中，AOT 拓扑中的 Component 全部来自组件市场。组件市场是一个独立的平台服务，用于管理所有的 Component，它的后端是镜像仓库。在发布 Component 时，会将它发布到一定的 Component 分类中，比如业务组件、中间件组件、数据库组件、云服务组件等。并且这些分类都有自己的 Region、Zone 和部署性质（IDC、公有云等），当 Component 存在于 AOT 拓扑时，虽然没有直接标记出分类，但是其 Component 名称和版本可以通过组件市场关联查询到其分类。我们就是利用这个分类来组建多网络平面的。如果需要拓展分类，那么只需要在组件市场上拓展类别即可。

对于 AOT 中 Component 之间的通信依赖关系，AOT 控制器只不过通过组件市场来确定哪些 Component 属于哪个分类罢了，因此需要进行分类合并处理。合并是为了减少虚拟网卡的数量以实现相对合理的资源占用。确定好分类后，就可以生成 Multus 的 Network-AttachmentDefinition 和 Deployment 或者 Pod 的 Multus 注解了。

对于 NetworkAttachmentDefinition，只是告诉 Multus 需要加载哪一个 CNI 插件；对于 Deployment 或者 Pod 的 Multus 注解，就是告诉 Multus 在同一个 Deployment 或者同一个 Pod 上应该使用哪几个 CNI 插件来生成对应 CNI 的虚拟网卡。所以无论是 NetworkAttachmentDefinition 还是注解，除了分类告诉 AOT 控制器应该生成几路虚拟网卡外，其虚拟网卡的 CNI 类别需要通过 Component 分类的部署性质来决定。比如，对于 IDC 或者虚拟机等，会默认选择 Cilium CNI 插件；对于公有云，会选择 Terway 等 CNI 插件。至此，生成 Multus 相关 CR 所有需要的信息就有了，生成 CR 的工作就是水到渠成的事了，实现上非常简单，对于注解，通过准入控制器写入 Deployment 或者 Pod 定义中即可，无须人员干预，整个过程对用户是完全透明的，其他内容此处就不再赘述了。

CNI 的配置就是 CIDR 网段划分，AOT 中已经包含了 CIDR 的信息，所以直接生成 IPAM CR 即可。

最后，可以非常容易地看到，以上处理过程对于用户来说是完全透明的，不需多余的信息就可以自动化地完成，可以防止人工配置的失误，大大提高了通信配置的正确性和效率，也减少了一定的人力资源成本。

TPI → TC-Operator 或者 TPI-NSM：

虚拟透明化通道用于实现多集群控制面互通以及多集群业务应用跨企业间通信的互通。因为组件市场是按照 Region、Zone、环境等维度组织的，所以 AOT 依然可以通过组件市场来确定 Component 是否存在跨 Region、Zone 的调用关系。这里以此为基础来实现对 TC 或者 NSM 的联动处理。

对于控制面互通场景，并不在 AOT 管辖范围内，它是成员集群加入主集群时自动由集群控制器来实现的，所以这里不需要进行讨论。唯一需要讨论的是多集群业务应用跨企业间通信的互通场景。

首先，按类似 SMCT 的方式构建一个名为 TunnelConnectorConversionTemplate（TCCT）的中间层，用于将高层次 CR 转换成底层 TC 或者 NSM 的 CR。其设计方式和 SMCT 雷同，这里不再赘述。

但凡 Component 是从一个地方来的，尤其是和当前集群处于同一个 Region、Zone 的，就会自动被判断成本单元内的，其他的都是跨越本单元边界的调用，这种计算很容易做到。对于本单元边界内部的，因为后面所讨论的单元化部署能够实现将应用封闭到一个机房中部署，因此单元内部一定是同一个独立的大三层扁平网络，即多个单元是在同一个机房中时，每个单元的网络也都是独立的。因此，对 TC 或者 NSM 的联动主要体现在跨越单元边界的地方。那么，问题就转变为两个单元之间的打通问题。

AOT 控制器需要进行一个简单的辨别计算，就是只要拓扑中某一个 Component 的 Region、Zone 和本单元的不同，就标记本单元 Component 与这个非本单元的 Component 的通信依赖关系是要打通的单元对单元的链路。

在全部标记完成后，根据两侧 Component 服务的依赖关系，由 TCCT 生成 TC 或者 NSM CR，并缓存起来。随后，TC 或者 NSM 接收到 CR 后，会自动帮助两端建立起一条虚拟、透明的信道。实际上，这个信道中间可能还会有很多中间连接者，这是由单元化本身的设计目的所决定的，所以有关这个话题会在后续的单元化实现的主题中讨论。对两端 Component 而言是透明的，甚至对用户而言也是不可知的，所以可以认为是"直连"。边界网络互联示意图如图 8-51 所示。

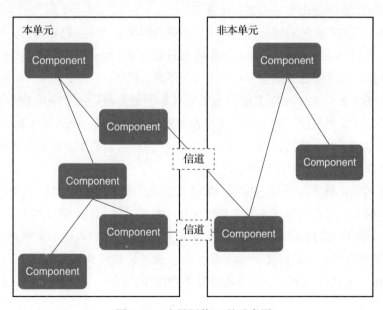

图 8-51　边界网络互联示意图

最后，可以非常容易地看到，以上处理过程对用户来说是完全透明的，不需多余的信息就可以自动完成，可以防止人工配置的失误，大大提高了多网络平面配置的正确性和效率，也减少了一定的人力资源成本。

RPI → Gateway：

AOT 中也直接体现了想要暴露哪一个 Component 服务到外部的信息，传统的实现方式是通过 Ingress+Egress+DNS 配置来实现的。实际上，在技术实体组件角度看，是通过接入层、网关层、域名解析服务等一起完成的。此时，如果采用传统方式，则会面临以下几个棘手的问题。

- ☐ Istio 等服务网格的功能和网关层极其相似，并且 Istio 也具有 Ingress Gateway 和 Egress Gateway 组件。这就意味着，当没有 AOT 这种机制时，用户要为网关配置一次路由规则，并需要为 Istio 再配置一次路由规则，而两次配置的路由规则必须是相同语义的。对于用户而言，会感觉比较奇怪（为什么相同的内容需要被配置两次？）；如果有 AOT，也会自动设置两次，但无须人员感知。

- ☐ 如果通过配置 Kubernetes 默认的 Ingress+DNS 来实现暴露域名或者外部 IP，那么在基于 Istio 的可观察性平台上看到的是一个不全的流量图，只能看到东西方向的流量，入口流量看不到；如果通过配置 Istio 的 Ingress Gateway 来实现暴露域名或者外部 IP，那么平台会同时存在两个入口，此时外部服务或者用户程序该访问哪一个？有人提出了一个办法，就是把 Kubernetes Ingress 流量配置转发到 Istio 的 Ingress Gateway 上，这样就能保证流量图完整的情况下只访问一个入口，但是流量多了一跳（Hop），在性能上不是太能满足要求。

为了解决上面所列出的问题，因为网关层和服务网格在功能上是相似的，所以最直接的方法就是直接采用 Istio 的 Gateway 组件（即将 Istio Gateway 当成南北向网关，同时作为东西向流量路由网关）。这种方法最简单，具体体现在部署上简单、运维上简单、配置管理统一化。

技术实现的本质是 Envoy 网关化，为了实现基于服务网格的统一化技术堆栈（这使得无论采用何种应用服务框架，其业务连接生态、流量路由转发、服务对外发布、服务治理、可观察性等都变成了统一化的），尤其是目前关注的网络层面的服务对外发布的问题，有必要对服务网格部分做一次技术升级改造。

值得注意的是，这个改造是在综合考虑了很多业务连接生态、具体业务或者技术场景后所决定的，而不仅是在考虑暴露服务管理的统一性后才决定的。这里索性一并展现出来，对于暴露服务管理以外的实现细节，后续会详细讨论。网络入口解决方案如图 8-52 所示。

从图 8-52 可以看到，AOT 中的统一接入信息会被转换成 SLB+DNS 接入层的 CR 以及 Istio 的 Gateway CR，以此实现一次性的服务暴露操作。当然，此时所有的 CR 全部需要先被缓存起来。

最后可以非常容易地看到，以上处理过程对用户来说是完全透明的，不需要多余的信息就可以自动完成，可以防止人工配置的失误，大大提高了服务外部暴露的正确性和效率，也减少了一定的人力资源成本。

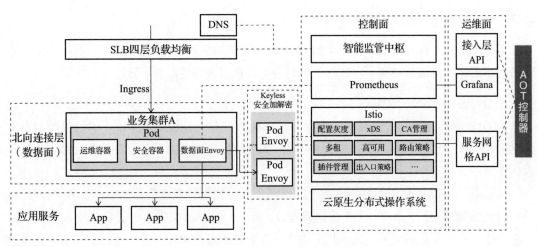

图 8-52 网络入口解决方案

8.2.4 AOT 部署实施阶段

我们知道，所有生成的目标 CR 都被缓存了。接下来需要 AOT 控制器按照图 8-53 所示的 CR 下发顺序从缓存中取出 CR，并将 CR 通过 Client-go 发送（即下发）到 API Server。从实现角度出发，一定是从底层组件开始下发，然后逐层向上进行下发。基于缓存的 CR 下发机制如图 8-53 所示。

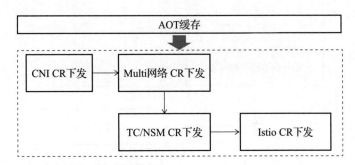

图 8-53 基于缓存的 CR 下发机制

AOT 控制器遵从图 8-53 所示的顺序从缓存中抽取 CR 进行下发。

❑ 每批 CR 下发动作反馈成功后，AOT 控制器才会下发下一批 CR，如果这个过程中发现某一个 CR 下发失败了，则记录日志并重试；如果还是失败，那么就会按照版本数据库中最近一次的存档版本进行恢复。

❑ 如果所有环节都成功了，就会为 AOT 生成一个部署版本号，并将缓存中的所有 CR 推送到版本数据库进行存档，这个存档就是当前的部署配置库，无法改变，但是可以被归档（只读归档），这个版本的存档是运行态治理的基础。

8.2.5 AOT 运行治理阶段

因为各个技术组件都有自己的 CRD，可以保证其自愈能力，所以 AOT 控制器在运行态所做的事情是：保证组件版本一致性，实现变更管理以及保证配置一致性。

1. 保证组件版本一致性

AOT 控制器除了在部署时会检查版本，运行态也会一直检查版本。技术组件版本发生变化时会给目标集群带来很多不稳定因素。因为规模问题，各团队各自为战，版本变化就是大概率事件了。

无论是技术组件、业务组件还是中间件组件，一旦组件版本发生变化，AOT 控制器在第一时间都能监测到，因为 AOT 控制器通过 SharedInformer 监视这些资源的字段变化，如果有变化，就将变化的版本与版本数据库中的当前版本进行比对，并使用版本库中的版本进行恢复。这样可以防止未经平台验证的组件进入环境，在源头上保证组件版本的稳定性。另外，组件运行状态失败或者离线，也会被监测到（比如 delete 事件），此时会根据当前版本库的数据进行判断，并试图进行恢复。

业务 Component 的升级一定需要由架构师或者指定的人员通过 AOT 的变更管理来解决。其他基础设施维度的组件的升级则是在云原生平台的后台进行的。组件版本检查机制如图 8-54 所示。

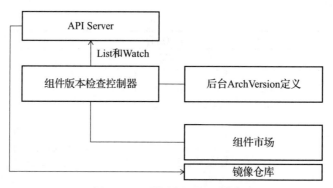

图 8-54　组件版本检查机制

在图 8-54 中，组件版本检查控制器通过 AOT 资源中的 ArchVersion 版本信息（唯一标识 AOT 的版本号）从后台获取 AOT 底层各技术组件的版本信息，这个对应关系是由平台团队提供的，不需要用户知道。组件版本检查控制器获得技术组件版本信息后，还会通过组件市场获取当前 AOT 版本对应的业务组件的版本。组件版本检查控制器通过监测 API Server 获取各个技术组件以及业务组件的部署版本变化，一旦更新就和前面获取的期望版本信息进行对比，如果不一致，就会生成对应类型的 Deployment，并更新 API Server 进行恢复，以此来保证 AOT 版本的正确性和完整性。

保证组件版本一致性的操作是自动化的、透明的，所以可以大幅度降低版本管理的风险和成本。

2. 实现变更管理

AOT 一旦在正式环境中成功下发和部署，就会形成一个确定版本。如前所述，AOT 控制器会同时将计算过程所形成的 CR 一起存储到版本数据库中。在后面，如果用户对 AOT 的内容进行修改，那么每次修改都算是一次变更，每次对 AOT 的变更都认为是"出现了"一个新的 AOT 定义的版本。

这样做可以保证 AOT 的版本可信与回滚能力，这个过程可称为 ADP（AOT-DevOps Process）。ADP 本质是一种基于 DevOps 管道理念的管理机制，AOT 流水线如图 8-55 所示。

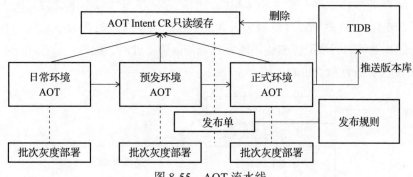

图 8-55　AOT 流水线

在图 8-55 中，每次变更（也包含了对网络配置的变更）都需要在日常或者预发环境上进行验证，然后才能进入正式环境。每个环境都具备批次灰度部署能力，比如一共要影响 80 个节点，那么可以分成 4 次推送部署，以减少对业务的影响，一旦发现有问题，可以及时回滚版本。

ADP 变更管理基于共享只读的 AOT 缓存（保存所有计算出来的 CR），这样可以加快运行速度。AOT 缓存属于云原生分布式缓存，具有 offload 机制，所以数据并不会因为缓存崩溃而丢失，只有在 AOT 形成确定版本时（原先无部署版本号，现在生成了一个部署版本号）才会清除 AOT 缓存的数据。所以在几分钟乃至几小时的 ADP 活动中，ADP 组件都能够利用 AOT 缓存进行处理逻辑的加速。

在正式环境的发布意味着应用正式投入生产了，从预发环境到正式环境过渡会生成发布单，发布单保留着所有发布的信息以及发布人信息。发布单有两个作用：根据发布规则对发布过程进行卡点管控，提交后自动关联后台运维系统并自动化联动。

下面介绍发布规则的应用。比如在电商企业中，每次大促前都需要封版本，无论任何人，没有授权审批就不能搭车发布，目的是减少大促版本的稳定性变更威胁。因此，就可以在大促前配置规则，此时发布单会卡住。因为被卡住，正式环境就不会受到影响，直到管理员批准放行为止。

人们甚至可以把 ADP 作为云原生 DevOps 平台中的一个流程类型进行集成,因为这样落地会更加简单。此时可能存在一个疑问,因为我们清楚地知道一个正在开发的 Component 也会通过类似 DevOps 的流程来管理,那么和 AOT DevOps 之间有什么区别呢?

它们的层次不同,Component 只关心自己的研发、测试与镜像推送;AOT 是从全局角度考虑的,是把所有 Component 组装起来发布的一种机制。它们之间并不矛盾,研发人员不需要关心其他 Component 的情况,只关心自己要开发的 Component。如果有新的 Component 需要发布,只需要架构师去做这个工作即可,这样就可以实现团队内部的自组织机制了。

3. 保证配置一致性

配置一致性和组件版本一致性非常相似,但是它是在组件版本不变的情况下关注配置的一致性(不变性)。这就可以杜绝因为人为的失误或者不合规的配置变更而导致的不稳定性,比如,CNI 插件的一个配置变化可能导致全局故障,此时,配置一致性功能会及时进行恢复。AOT 配置一致性检查机制如图 8-56 所示。

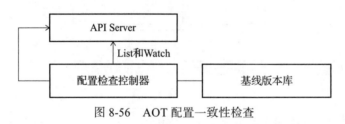

图 8-56 AOT 配置一致性检查

在图 8-56 中,配置检查控制器时刻监测着 API Server,会及时发现相关技术组件和业务组件配置的变更,会根据当前 AOT 版本查询版本库中的配置基线。配置基线是由 AOT 正式发布成功后生成的,实际上就是所有被推断出来的 CR 的存档。得到基线之后就会和变更的配置进行比对,如果发现不一致,那么就会从基线中取出正确版本的 CR 重新下发给 API Server,覆盖配置,而从实现了配置的一致性。这个过程是完全自动的,无须人员干预。

运行态管理使得 AOT 的合规性效力被加强,所有应用的发布都需要通过 AOT。Component 的开发和镜像构建都需要通过各自的 DevOps 流水线,它们并行不悖,互成支撑,使得业务应用的稳定性得到进一步的加强。

综上,AOT 实现了一种基于意图的网络模型和一体化部署发布方案,大大地简化了部署、网络等管理上的难度、复杂度,并进一步降低了落地成本。

8.3 本章小结

至此,有必要更新整体架构图,如图 8-57 所示。

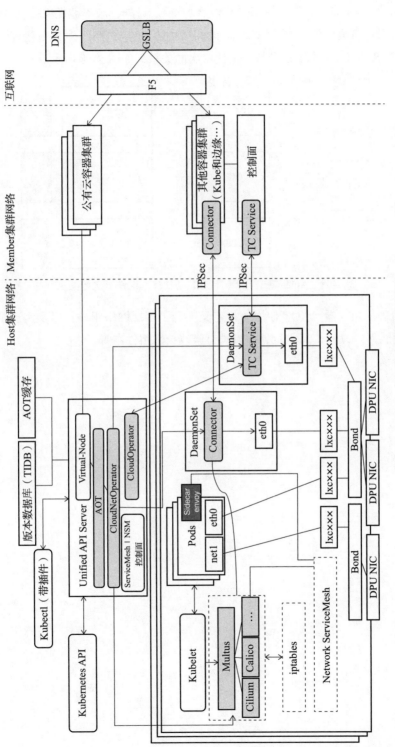

图 8-57　基于 AOT 的新底座架构图

在图 8-57 中，Connector 代表的是 TC 或者 NSM。另外，版本数据库以及 AOT 缓存的部署实际上涉及单元化 CZone 或者 GZone 的相关内容，会在第 10 章进行论述。现在还需要总结 AOT 与 SMCT、TCCT 以及技术组件层次的关系，如图 8-58 所示。

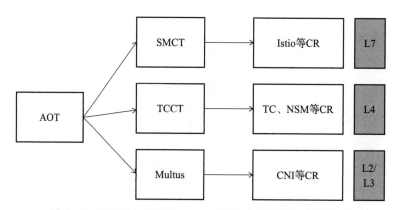

图 8-58　AOT 与 SMCT、TCCT 以及技术组件层次的关系

从网络治理的角度看，AOT 使用拓扑定义整合了多层网络组件，以及实现了自动化方式的网络管理能力（L7 ～ L2 网络），并且没有修改技术组件本身。

第 9 章 *Chapter 9*

统 一 调 度

Kubernetes 调度器的本质是为了实现 Pod 部署的调度。然而从实践角度看，会收到客户很多这样的反馈：为什么部署完 Kubernetes 后资源成本反而升高了呢？查看监控，每个机器的资源消耗水平都不高，而且应用的稳定性没有想象般那样好。

9.1　统一调度的需求分析

客户所看到的成本升高现象的成因极其复杂，这里试着列出一部分。

9.1.1　普通集群调度存在的问题以及企业的诉求

1. 普通集群调度存在的问题

1）Pod 混合编排。混排为什么会导致资源浪费呢？这就像杂乱的置物箱，物品之间有很多或大或小的空隙，新放进来的物品很有可能无法被放到一个指定位置。这对有限资源的 Kubernetes 集群来说也是一样的。这种资源空洞（空隙）与 Pod 部署位置的适合程度存在着一定关联，并非完全孤立。

2）Pod 动态驱逐。在 Pod 混排的条件下，任何一个 Pod 都有可能因为 Node 资源不足等被驱逐。杂乱编排的条件没有得到整治时，被驱逐的可能是一个非常适合部署在此 Node 的 Pod，比如 Pod 需要 GPU，正好这个节点有合适的 GPU。Pod 被驱逐之后，重新调度，Pod 可能没有找到更加合适的 Node，只能"将就"部署到某一个 Node 上。整体来看，间隙依然存在，并且可能随着时间的推移而变得更多，业务体验或者稳定性总是不太尽如人意。

3）任务种类繁多。有海量生命周期、SLO 不同的任务，在混排条件下要保证 Pod 稳定性的业务需求，调度上很难做到核心应用不受或者少受短生命周期 Pod 实例的影响。

4）在 Pod 混排的条件下很难找到满足 CPU 密集型、I/O 密集型任务需求的资源，尤其是对某种硬件特性较高的资源节点。

5）新型场景层出不穷，无服务器、函数即服务、服务网格、边缘计算等的出现，以及全球化部署的诉求，使得资源调度更加复杂。

6）因业务场景驱动，很多企业，尤其是电商行业企业或者金融行业企业，希望白天跑在线业务，晚上跑离线业务，以节约资源并提高资源利用率。在 Pod 混排的条件下，如果要实现在同一集群上基于时段切换业务应用的部署能力，则方案实施的难度颇大。

能够列举的成因太多了，这里就不一一列举了。

2. 企业对调度的诉求

以上只是让读者知道调度问题是一个巨大的、复杂的核心能力问题。从以上成因的分析中不难看出，企业级调度会存在一些诉求。

❑ 尽可能避免资源空洞。

❑ 尽可能保证资源的适合程度。

❑ 尽可能符合业务运营方式。

❑ 尽可能在 SLO 差异化情况下提高资源的利用率。

实际上，遍历分析所有的场景、成因和诉求就会发现，在技术架构上的诉求如下。

❑ 如果要同时满足多种场景下的调度要求，就必须对调度器进行分层设计。

❑ 如果要同时满足避免资源空洞和符合资源类型的要求，就必须进行资源的水平以及垂直切分，并且在水平切分基础上尽量避免频繁的 Pod 驱逐处理。

❑ 如果要满足业务运营的需要，平台侧不可能以一己之力满足所有的业务维度差异化需求，那么就必然要在分层调度体系中实现业务自主化可定制调度的能力。

❑ 如果要满足稳定性以及避免干扰的要求，就必须实现单机上最佳的资源使用方式，尽量做到 Pod 之间最少的相互干扰。

❑ 如果希望多集群在全局资源使用的成本最低，就必须实现全局资源编排最优（如空洞等）、资源运行最稳定、全局资源使用成本最优。

以上技术架构上的要求必须同时满足，那么将面临一个复杂的局面。这些要求颠覆了人们对原生 Kubernetes 调度器的认识，现在需要调整对调度器的理解：

在大部分时候，业界讲到的 Kubernetes 调度器其实是指"集群调度器"，仅是这一种调度器而已。但真实的调度场景极其复杂，每一次调度都是复杂又灵活的综合体协同的结

果：作业提交后，调度器需要在集群调度、单机调度、内核调度、全局编排调度、业务维度调度的共同协调下，以及在 Controller、Kubelet 等的配合下完成工作，并在重调度机制下确保集群的资源利用率总保持最优。以上所有谈及的调度器合称"多层统一调度"，也可以简称为"统一调度"，统一调度只是以上谈及的多种调度器共同协调工作的整体抽象描述，并非一个真实的调度器。

所有调度器都确保了每次任务的最佳调度效果，即一次性调度问题。但调度器并不能实现实时的全局最优，这就需要重调度。

重调度的机制其实在 Kubernetes 原生设计中就有相关的考虑和实现，即调度器调谐循环。既然全局编排调度、集群调度等都是调度器，那么集群从一个平衡状态被破坏后，比如新加入 Pod 或者驱逐 Pod 时就会重新开启调谐循环，重新将实际运行状态调整到期望的状态。所以只要是遵从了 Kubernetes 的调度器拓展结构所实现的调度器就天然具备了重调度的能力。但是单机调度、内核调度等，它们的重调度需要基于 Kubelet 进行拓展或者独立实现。另外，根据实际场景的需要，业务维度调度影响多层调度的范围或大或小，所以业务维度调度是否需要遵从 Kubernetes 调度器框架规范来实现要视具体情况而定。

从市场和产品角度来看，客户并不十分明确地知道"资源治理的本质"，但是会非常高频地提出负载不均匀、不满载等问题，实际上这也是用户对云原生底座不满意的原因之一。对于云厂商而言，如果不能很好地解决这些问题，将大大影响其技术产品的竞争力。客户与厂商在这个领域的认知并不重合，所以云厂商需要更多地从业务应用角度"教育"客户来采纳统一化调度产品，为业务本身赋能。

对于统一调度产品本身而言，因为业务型企业的规模、场景等不同，比如某些中小企业只需要部署单机调度就可以满足诉求了，所以统一调度产品本身就需要采用按层次"被集成"的模式，也就是说，企业可以根据自身的情况，仅需要一个或者任何几个调度器来达到其资源治理的目的即可。统一调度产品也是一种"底座支撑型"的产品形式。统一调度产品架构如图 9-1 所示。

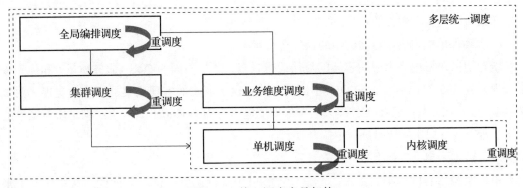

图 9-1 统一调度产品架构

在图 9-1 中，从软件供应链的角度来看，统一调度产品的生态目前是相对完整的，针对市场占比更多的中小企业市场，可以基于开源技术产品进行升级改造，从而实现统一调度技术的能力。

最后，统一调度产品也可以按照许可证形式进行售卖，售卖场所可以分成私有化场景和公有云场景。如果是公有云，那么可以通过服务市场形式并按分层次资源治理能力的产品分组进行售卖，这种分组也有利于区分和筛选客户，满足不同层次客户的需求。与自动化网络产品最大的不同之处在于，统一调度产品需要把每一个层次的能力作为独立的子产品，并且子产品之间是可以组合的，所以统一调度产品不能被分成初级版、标准版等许可证形式。因为统一调度产品也依赖云原生底座，所以费用由底座资源费用、各调度器产品许可证费用、经常性费用（比如维保）等构成。另外，可以考虑其他服务方式，比如提供解决方案咨询等，也许这是未来主要的营收模式。

9.1.2　5 种调度器的职责分析

每一种调度器的责任是什么呢？

1. 集群调度

Kubernetes 调度器就是一个集群调度器，它负责每一个（或每一批）作业或者应用的资源编排，实现一次性调度最优。在运行时，集群调度器在诸如 HPA 等控制器的协调下来实现扩缩容操作，以满足资源容量规划的需要。这些是原生 Kubernetes 调度器的标准化能力。

为了实现优化资源调度质量的目的，集群调度器还需要将资源按应用资源优先级进行水平或者垂直切分，以确保不同生命周期、不同资源优先级诉求的 Pod 被分配到合适的分层中。资源的水平切分和垂直切分方案可以使得应用避免混排的各种弊端。目前，原生 Kubernetes 调度器还没有实现这样的能力，需要进行拓展设计，有关拓展设计的内容后续进行讨论。

2. 单机调度

单机调度主要有两类职责。

（1）确保单机内多个容器应用的最佳运行状态

统筹协同单机内多个应用容器的最佳运行状态，通过不同的 QoS（服务质量）和优先级来实现差异化 SLO。不同的 SLO 有不同的定价。这一职责的实现比集群调度的实现还要复杂，但是 Kubelet 并不具备十分强大的本地调度能力。因为 Kubernetes 无法满足所有场景的需求，所以要根据实际情况进行定制开发。

（2）数据采集、数据上报与汇聚计算

单机资源信息的采集、上报、汇聚计算，可为集群调度提供决策依据。这些任务本来就是由 Kubelet 来完成的，无须改进。Kubelet 标准化数据采集架构如图 9-2 所示。

AOT 的动态副本管理以单机的集群化调度策略为基础，它与本地的单机调度能力有很高的结合度，该内容一并在单机调度的技术架构方案中进行讲解。

3. 内核调度

内核调度的目的是让一个容器内部的资源利用达到最优。内核调度需要通过内核参数调优实现或者由特定内核来支持。为了从整体考虑内核调度的问题，业界往往在实现上基于单机调度统一实现。

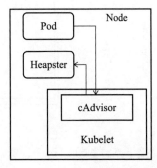

图 9-2　Kubelet 标准化数据采集架构

4. 全局编排调度

在多集群的场景下，全局编排调度是更高级别的调度。全局编排调度从全局视角入手，根据业务对资源的需求动态进行调配，使得全局资源合理化，将全局调度的指标转换成单体集群的调度规范并下达给单体集群。全局编排调度克服了集群调度器只能够满足自身集群的需要，而无法实现全局最优的弊端。在大规模的场景下，全局编排调度使得应用稳定性得到很好的保证。全局编排调度与子集群之间的关系如图 9-3 所示。

图 9-3　全局编排调度与子集群之间的关系

5. 业务维度调度

业务维度调度的实现因业务场景而千变万化，不可能全部由平台侧来实现，所以平台需要提供一种机制框架来让企业自行拓展。注意，业务自主化定制调度的影响范围可能是某个调度层次或者多个调度层次。

根据实际场景的需要，业务自主化定制调度影响多层调度的范围或大或小，所以该调度是不是需要遵从 Kubernetes 调度器框架规范来实现，就要视具体情况而定了。

9.2　统一调度的技术架构方案

为了细化对资源的治理粒度，统一调度器将集群资源划分为 Product 资源、Batch 资源、BE（Best Effort）资源这 3 种 AOT 资源类型（见图 9-4），以实现资源的高利用率。

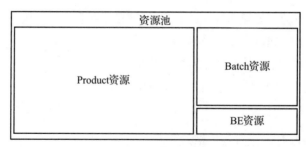

图 9-4 集群资源划分

接下来详细介绍这 3 种资源。

1. Product（在线）资源

有配额预算的资源，调度器需保障最高级别资源的可用性。这些资源会要求算力供给的严格保障、资源占用的高优先级、所承载的应用响应的低延时，以及所承载的应用不可被干扰等。大部分业务应用都属于这样的资源类型，典型代表是在线电商核心交易的长生命周期应用实例。

凡是符合上述定义的资源请求，都是 Product 等级的资源。

但并不是所有的长生命周期应用都是 Product 等级的资源。例如，企业内部开发效能平台中名为"实验室"的应用是用于执行持续集成构建任务的应用，可以长时间运行，但"实验室"应用却可以被低级别应用驱逐。

2. Batch 资源

虽然 Product 资源申请或占用了大部分资源，但实际上从负载利用率指标来看可能还有众多算力未被使用。此时将发挥调度器的 SLO 的分级调度能力，将那些未使用的资源作为超发资源来使用，售卖给 Batch 资源。这算是一种资源超卖的策略。

3. BE 资源

Product、Batch 占据大部分优质资源，BE 资源则负责消费 Product 和 Batch 没有充分利用的资源。例如在日常工作中，需要运行很多 UT 测试任务，这些 UT 测试任务对计算资源的质量要求并不高，对延时的容忍度也比较高，不太容易进行额度预算，如果购买大量的Product 或者 Batch 资源，则很不划算。如果使用最廉价的 BE 资源，收益将相当可观。

虽然对资源进行了分类，但是图 9-4 只是一种理想模型，实际上资源不是成块堆积出现的（或者说不是连续大块出现的，比如，一块 128GB 大小的磁盘，每次按 64GB 分配给应用使用，但是因为磁盘中间被提前分出去一小块 4GB 的空间，那么连续的一大块 64GB 就分不出来了），而是局部或者全部碎片化出现的。所以要达到理想化模型所期望的资源利用效果，就要将碎片化的资源整合为"成片"划分的资源池。

实际上，Kubernetes 也对资源类型进行了设计，只不过 Kubernetes 的资源类型是一种特定平台所特有的资源模型。采用抽象策略屏蔽这种特定平台所特有的资源类型，然后通过平台转换成底层可以接受的资源类型分类和相关的资源指标，以屏蔽底层平台差异，使得云原生平台演变成一种标准化、开放化的云原生平台，平台才可以实现对差异化业务场景的全面支持。只不过目前平台内核的默认实现是 Kubernetes，未来会将更多的容器服务平台整合进来。

资源形态的定义就讨论到这里。

9.2.1　集群调度的实现

为了克服普通集群调度的弊端，需要实现集群调度器的水平资源切分以及垂直资源切分。

1. 实现水平资源切分

在集群级别实现水平资源切分将令所有 Node 按应用的优先级进行分组。

1）注册 Node 时，为每种 Node 都提供一个特定的 PriorityClass（优先级）标签。实际上就是对物理资源进行水平分组。

2）AOT 应用通过 AOT 控制器评估每个 Component 的 AOT 资源类型（ResourceClass），并计算出对应的资源优先级类别，最后在生成的每个 Deployment 中加上 PriorityClass 标签。

3）实现资源准入控制器，资源准入控制器会确保 Deployment 所定义的 Pod 只能被部署到对应资源优先级 PriorityClass 的节点上。为此，资源准入控制器会自动给 Pod 注入对应的 PriorityClass 注解。

定制的集群调度器会使用 Pod 的 PriorityClass 注解和 NodeSelector（Node 选择器）实现可匹配节点的绑定。集群调度器会将 Pod Spec 下发给已匹配的节点 Kubelet。

在运行态，如果想改变 Component 的 AOT 资源类型，只需要在修改 AOT 定义文件后提交即可。

图 9-5 对以上过程进行了归纳。

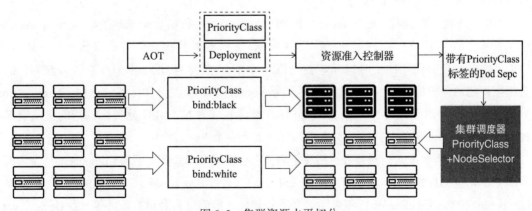

图 9-5　集群资源水平切分

对于图 9-5，换个角度来看，不同资源优先级的组件会被整齐地摆放在对应资源优先级的节点上。对于业务而言，高优先级的组件，比如日志分析组件、数据库等，能够得到最优并且足够的资源来保障运行所需。高优先级的组件独占一个 Node，这也是非常有可能发生的。

那么，分成几个优先级（资源分层）才合适呢？

2. 水平资源切分的分层设计

因为资源优先级和应用优先级等同，所以一般情况下规划和定义应用优先级即可。并不是应用优先级越多越好，因为需要维护的层次也会越多，集群会出现频繁的高、低优先级应用切换调度的情况，会因为切换较多而导致稳定性问题。

- 可以将应用优先级分成集群基础设施层、中优先级层以及通用层。切分成 3 个级别不仅在一定程度上避免了因切换导致的稳定性问题，也简化了分级管理的方式。顾名思义，集群基础设施层承载着集群 Add-on 组件、中间件、日志分析组件等的资源，属于最高资源优先级的 Product 资源层。
- 中优先级层由 Component 本身的资源优先级决定，可以通过组件市场来进行管理，属于 Batch 资源层。
- 通用层和其他资源优先级层次不同的是，它是最低资源优先级的层次，是无差别的资源。任何 Component 都可以被部署在一个 Node 上，但是必要时会被驱逐，资源被其他 Component 抢占，属于 BE 资源层。

3. 实现垂直资源切分

仅仅实现水平资源切分和应用资源优先级匹配是远远不够的，这是因为 Component 对 Node 的特定硬件或者软件能力存在一定的强依赖关系，比如，一个 AI 服务需要某种特定能力的 GPU 来实现运算加速，那么就需要在水平资源切分的基础上实现垂直资源切分的能力。垂直资源切分的原理其实也很简单。

1）节点加入集群时，Kubelet 会试图把节点的相关运行信息全部注册到 API Server 当中，并将这些信息填充到 Node 资源对象中。Node 资源对象包含了节点操作系统、内存、CPU、GPU、资源使用的实时情况等各类信息。那么，需要实现一个节点准入控制器，它会根据一定的分类规则对 Node 进行分类并为 Node 打上相应的分类标签。比如，High-Mem 分类标签指的是内存大的 Node，Intel-GPU 分类标签或者 NV-GPU 分类标签指的是具有某种型号 GPU 的 Node 等，并且每个类别都可以拥有多个 Node。

2）继续对资源准入控制器进行拓展定制，它会根据应用资源类型和 Component 特定资源需求（比如，AOT 中某 Component 上有按 LSE 方式或者按其他方式来使用资源的标签，或者某 Component 的 ResourceFeature 标签声明亲和哪种硬件才能满足自身运行条件等）为 Deployment

所定义的 Pod 注入 ResourceClass 标签（比如 ResourceClass=Product-LSE-Intel-GPU）。

3）继续对集群调度器进行拓展定制，根据 ResourceClass 标签拆分、解析出资源特征分类（如 Intel-GPU），并结合 NodeSelector（Node 选择器）绑定打有对应特征标签的 Node。此时就在资源优先级水平切分的基础上又实现了一种基于资源特征分类绑定的垂直资源切分能力。

对以上过程进行归纳，如图 9-6 所示。

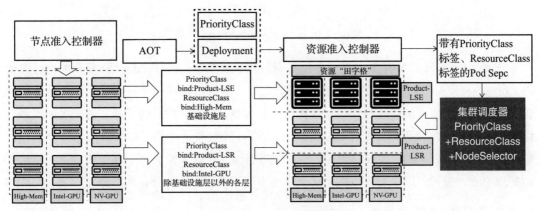

图 9-6　集群资源立体切分

在图 9-6 中，实际上把原本好像平面的、无特征的资源转换成了一个类似"田字格"形状的分层立体组织形式。每一个 Component 都会被放在田字格的某个资源单元（Resource Cell）中，现在所有的 Component 都在自己初期"就应该在"的位置。但这并不代表随着时间的推移 Component 的位置不会发生任何改变，即使改变也还是会按照这个田字格重新执行调度罢了。另外，通过这个田字格可以很快知道哪些"格子"是空的，这就为资源碎片整理的能力提供了基础，比如，格子空着的时长、所占比例都超过一定的管理阈值就激发重调度以便转换成更加整齐的布局，使得空格子尽量连成一片。

最后，集群控制器还要实现一种打散的能力以便实现 Component 的多实例高可用。人们可以利用原生 Kubernetes 的反亲和性部署能力来解决这个问题，因为这是 Kubernetes 已有的能力，这里不再赘述。

9.2.2　单机调度的实现

对于单机调度，人们仅关心通过不同的 QoS 和 PriorityClass 来提供差异化 SLO。

SLO 来自申请项目时的设定，但是可以随时修订。

SLO 用于描述服务水平目标，如离线数据分析任务，可以使用低等级的 SLO 以享受更低的价格。而对于重要业务场景，则可以使用高等级的 SLO，当然价格也会更高。SLO 与资源种类的映射关系如图 9-7 所示。

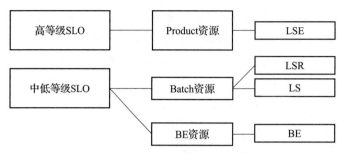

图 9-7　SLO 与资源种类的映射关系

比如，Product 类型资源一定会占用高资源优先级的 Node，Product 资源分类也可以使得 Component 尽可能地独占更多 CPU 资源。那么，就可以这样说，任何资源等级分类还包含着对更微观层次资源使用的作用。这种作用其实就如图 9-7 所示的那样，更宏观的资源等级分类与起到更细致资源分配作用的 SLO 之间存在映射关系。在了解了资源等级分类包含这个特殊的作用后，就有必要对资源等级分类进行细化。这非常有利于在单机节点上精细化地实现 QoS，进而可以在宏观集群级别上呈现出资源利用率均衡分布的态势。

1. SLO 的分级

SLO 的分级如下。

❑ LSE：Latency Sensitive Exclusive 的简写，使用 CPU 核的方式是 CPUSet 模式，并且不和任何其他类型的任务共享资源。当 SLO 被声明成带有 LSE 模式的高优先级资源或者基础设施资源时，对应的 Component 会独占几个 CPU，极端情况下可能独占所有 CPU，这样就可以使得 Component 的运行态更加稳定和高效。但这种 SLO 配置也使得资源售价提高了。

❑ LSR：Latency Sensitive Reserved 的简写，使用 CPU 核的方式是 CPUSet 模式，并且不和其他非 BE 类型的任务共享资源，这个制约强度相比 LSE 弱一些。当 SLO 被声明成带有 LSR 模式的高优先级资源或者基础设施资源时，如日志分析等，Component 会占用单机节点的绝大部分 CPU 核资源。LSR 同时允许占用资源较少的中等级 Component 所共享的一些 CPU 核资源或者抢占没有被占用的 CPU 核资源，如一次性 Batch 执行。虽然 LSR 比 LSE 约束要弱，但是有着积极意义，因为一般情况下很难独占几个 CPU 核或者独占所有 CPU 的 Component。虽然独占确实可能存在，然而在集群中发生的数量没有那么多，所以 LSR 更加适合日常使用。LSR 可以使得资源利用率进一步提高。所以得到一个启示，提高 QoS 指标的做法可能会使得资源利用率下降。如果要进行很好的控制，则研发团队可以先尝试使用 LSE，然后在监控中发现 CPU Load 不是很高时就降级切换到 LSR，但不要跳跃式降级。这种 SLO 配置使得资源售价相对 LSE 降低了一些，降低多少要通过被共享了多少个核来计算。

❏ LS：Latency Sensitive 的简写，使用 CPU 核的方式是 Shared CPU 模式，这种模式使用 LSE/LSR 之外的 CPU，非常适合 Function（函数式计算，运行时间极短、占用资源极少的一种计算类型）这种计算类型。这种 SLO 配置使得资源售价相对 LSR 更加低廉。

❏ BE：Best Effort 的简写，这种模式使用除了 LSE 之外的所有核。这是最灵活的模式，也是成本最低的。BE 是处于 LSR 与 LS 之间的状态，这种状态完全取决于内核的调度能力。

2. 单机调度的技术实现

通过 SLO 分级和资源优先级的合并计算可以实现细粒度的本地资源管理，进而在集群整体上实现资源利用率的均匀分布。

（1）单机调度的整体架构设计

单机调度技术架构的计算模型如图 9-8 所示。

通过图 9-8 可以了解整个单机调度的实现过程。

图 9-8　单机调度技术架构的计算模型

❏ 收集 Node 整体资源的使用情况以及更微观 Pod 资源的使用情况。

❏ 基于聚合的资源使用情况进行某些维度的计算，确定本地资源调整策略。

❏ 根据资源调整策略并通过某些渠道对容器以及本地资源进行管理和调整。

单机调度器技术架构如图 9-9 所示。

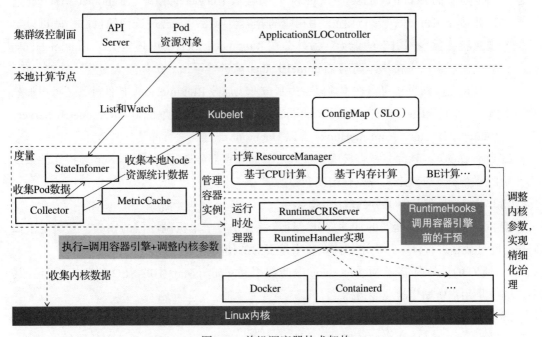

图 9-9　单机调度器技术架构

下面基于图 9-9 讨论度量的问题。

1）用于资源数据度量的相关组件需要以 DaemonSet 方式部署在所有计算节点上。

2）StateInformer 监控与本节点有关的 Pod 对象的资源使用情况。

3）Collector 组件（收集器）周期性地从 StateInformer 查询本地 Pod 资源使用情况，同时从 Linux 内核处收集相关 CPU 和内存等资源使用情况的数据。

4）Collector 组件周期性地从 Kubelet 查询本节点整体资源使用情况。

5）Collector 组件负责将宏观数据（包括 Node 资源数据、Pod 资源数据，其中就包含了前面集群调度所注入的 PriorityClass+ResourceClass）与微观数据（Linux 内核的数据）进行聚合并存储到 MetricCache 本地存储中。MetricCache 会根据一定的算法策略定期清理过期数据，比如 LRU 算法。

6）ApplicationSLOController 会将应用的 SLO 拆解出来并通过 Kubelet 再注入本地的 ConfigMap 中，以方便单机调度器的计算部分来提取使用。

可以看到，度量部分只是从各个维度的数据源收集数据然后进行聚合存储。这里先不讨论计算部分，先集中讨论执行渠道的问题。执行渠道主要有两个：容器引擎和 Linux 内核。

- 对于容器引擎部分：因为容器引擎不仅有 Docker 种类的（Docker 容器、Kata 容器等都兼容 Docker 引擎的接口），还有其他种类的，比如 Containerd，所以需要实现一个基于 CRI 接口的 RuntimeCRIServer（gRPC）来接收 Kubelet 的请求，RuntimeCRIServer 通过 RuntimeHandler 接口远程调用相应的容器引擎接口，通过这样的机制，就可以实现兼容各类容器引擎的能力。另外，在 RuntimeCRIServer 中还定义了 RuntimeHooks 的接口层，用于在具体调用 RuntimeHandler 前进行干预，比如插入一些特殊的处理。RuntimeHooks 除了可以在本地以二进制包形式加载 RuntimeHook 插件外，还可以加载远程 RuntimeHook 插件。远程 RuntimeHook 插件是一种拓展机制。RuntimeCRIServer、RuntimeHandler、RuntimeHooks 都以 DaemonSet 方式进行部署。

- 对于 Linux 内核部分：直接由单机调度器的计算部分通过诸如 CGroup 虚拟文件系统的覆盖写入方式来实现调整内核参数的能力。

（2）单机调度器计算部分的解决方案

接下来讨论单机调度器的计算部分。计算部分是整个单机调度器的核心，它决定了如何根据度量数据进行计算并决定如何调整本地资源的使用策略。

1）所有的计算都基于 MetricCache 中的数据和 ConfigMap 中的 SLO 配置来进行。其中，SLO 是用户所期望的性能指标。

2）计算部分是插件结构的，每个插件都是一种算法。管理插件的组件叫作 ResourceManager，也是按照 DaemonSet 方式进行部署的，它负责启动、停止内建的插件和远程的插件。

①内建插件如下。

❑ CPU_Burst：CPU 加速，当高级别 Pod 的 CPU Load 较低时（以 SLO 指定的阈值作为标准），此插件就会试图通过调节 Linux 内核参数的办法给 CPU 加速。一般的做法是调节性能参数和设置 CPUSet/CPUShare。因为水平 / 垂直切分使得 Pod 的位置早就被确定了，所以这里只是通过设置 LSE、LSR 等配置对资源进行细粒度治理。此插件的算法决定了 Pod 在资源使用上采用独占核的方式还是采用完全独占的方式。

❑ CPU_Suppress：CPU 抑制，当低级别 Pod 的 CPU Load 较高时（以 SLO 指定的阈值作为标准），此插件就会试图通过调节 Linux 内核参数的办法给 CPU 降速。一般的做法是调节性能参数和设置 CPUSet/CPUShare。因为水平 / 垂直切分使得 Pod 的位置早就被确定了，所以这里只是通过设置 LS 等配置对资源进行细粒度治理。此插件的算法决定了多数情况下 Pod 会使用共享核的方式。

❑ Memory_Evict：基于内存的驱逐，当低级别 Pod 内的容器消耗内存过多时（以 SLO 指定的阈值作为标准），此插件就会调用容器引擎接口杀死容器进程。因为此时的 Pod 资源没有被销毁，所以集群调度器会重新调度 Pod，从而达到驱逐的目的。

❑ 可以根据需要设计和实现其他算法插件。

②远程插件。远程插件是一种拓展机制，会在后续进行讨论。

以上就是单机调度的技术实现，这是一种"调核数 + 容器 + 动态决策"的架构。

从上面看到，集群调度也是会影响单机调度的，为什么呢？比如 LSE 等配置的注入，虽然单机调度只是优化当前节点的资源使用情况，但是在集群的所有计算节点上如何分布这种 QoS 则是从全局业务角度来规划的，目的是保证集群整体资源使用的均衡分布。只有集群的资源使用是均衡分布的，才能从整体上最小化资源使用成本、最大化业务应用执行效率以及最大化业务应用的运行稳定性。

各个大厂在单节点调度的实现虽然不同，但是模型却是非常相像的。

3. AOT 动态副本管理策略的技术实现

这里揭开 AOT 动态副本管理策略的技术方案的面纱，因为该内容与单机调度是强相关的。

实际上，AOT 动态副本管理策略参考了 Knative 的架构理念，在 Knative 的基础上结合单机调度器技术架构方案形成了一个度量粒度更加精确的无服务器架构。AOT 动态副本管理策略分为 evaluation_mode 模式（手动）和 serverless_mode 模式（自动）。

evaluation_mode 模式特别适合支持具有一定规律性业务的运营活动，比如，电商的双11 大促之前会根据历史运营数据进行容量的评估，基本原则是估计一个最高的 SLO 所对应的服务实例数，这是一种保守的、依靠人的经验的容量评估策略，一定不是成本最优的策略。因为 evaluation_mode 模式是依赖人工计算的策略，所以就不具体说明了。

serverless_mode 模式适用于更加普遍的场景，并且与具体服务编程模型无关。AOT 应用能够使用这种模式的前提是平台整体有着很多后备资源，比如，购买了很多公有云资源作为弹性资源池。serverless_mode 模式的初始服务实例数会被配置成 0，随后会根据用户实际的请求量进行快速的、自动的扩容，并试图达到资源使用的"稳定态"。当用户流量减少时又会自动将实例数进行相应的减少，直到没有用户访问，实例数才会被自动调整到 0。这种 serverless_mode 模式可能是最经济的副本管理策略了。

对于无服务器运行方式，AOT 尽量屏蔽其技术细节，Component 服务实例的数量一开始是 0，然后进入"稳定态"，最后数量再回到 0。所以无服务器运行方式的生命周期可被分成这样几个阶段：冷启动阶段、稳定态的扩缩容阶段、缩容到 0 阶段。这里先介绍关键的技术组件，基于新度量方式的 Knative Serving 技术架构如图 9-10 所示。

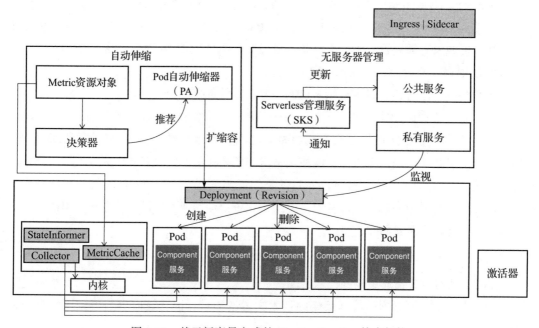

图 9-10　基于新度量方式的 Knative Serving 技术架构

Knative Serving 核心组件的说明如下。

❑ 基于单机调度器的 MetricCache 作为度量数据的来源，相对于原生 Knative 度量方案更加精确。控制面以 Metric 资源对象来表示度量的数据模型。

❑ 决策器基于 Metric 得到具体度量数据之后，会决定多少个业务实例（Pod）需要被扩容出来（扩容数量 = 并发量 / 每实例目标并发数），并将此推荐给 Pod 自动伸缩器。

❑ Pod 自动伸缩器（PA）根据推荐的数据量修改目标 Deployment 中的副本数量来实现 Pod 实例的扩缩容。同时，PA 会计算当前系统中还剩余多少突发请求容量来决定请求是否需要走激活器。因为 PA 是在决策器查询到具体度量数据后才被激活的，所以这种处理扩缩容的方式也叫作基于 Metric 的被动方式的 PA。

❑ 激活器是一个共享服务，主要目的是缓存请求流量并向 PA 主动上报请求压力指标。激活器在 Pod 实例从 0 启动和 Pod 实例缩容到 0 的过程中起主要作用，它能根据请求量对请求压力进行负载均衡。当 Pod 实例数量缩容到 0 之后，请求流量先经过激活器，而不是直接落到 Pod 实例上。当请求到达时，激活器会缓存这些请求，同时携带请求压力指标（请求并发数）去触发 PA 扩容 Pod 实例，当 Pod 实例就绪后，激活器才会将已缓存的请求从缓存中取出来并转发到 Pod 实例上。同时，为了避免后端 Pod 实例过载，激活器还具有负载均衡器的作用，根据请求量决定将请求转发到哪个 Pod 实例。系统会根据不同的情况来决定是否让请求经过激活器。当一个应用系统中有足够多的 Pod 实例时，激活器将不再担任代理转发角色，请求会直接路由到 Pod 实例上来降低网络性能开销。激活器和基于 Metric 的被动方式的 PA 的不同点在于，它是主动将指标上报给 PA 的，也称为基于激活器的主动方式的 PA。

❑ 基于 Metric 的被动方式的 PA（serve 模式）以及基于激活器的主动方式的 PA（proxy 模式）结合起来，就可以实现前面所说的 3 个阶段的处理方式。

❑ 在 serve 模式下，公共服务（Public Service）的后端 endpoints（代表通信端点的抽象）与私有服务一样，所有流量都会直接指向 Deployment（Revision）对应的 Pod 实例。

❑ 在 proxy 模式下，公共服务的后端 endpoints（代表通信端点的抽象）指向的是系统中激活器对应的 Pod 实例，所有流量都会流经激活器。

❑ SKS 服务，也就是 Serverless 管理服务（以下简称 SKS），负责实现 serve 模式和 proxy 模式之间的切换。

（1）冷启动阶段

冷启动阶段的执行示意图如图 9-11 所示。

在图 9-11 中，在集群的初始状态，Pod 的实例数量为 0，此时 SKS 为 proxy 模式，流量会全部进入激活器。激活器会缓存请求，并基于缓存中实际使用的存储容量大小来计算需扩容的压力指标并上报给 PA，PA 此时会立即通过修改 Deployment 的副本数量值来启动扩容动作，并同时将 SKS 的状态改为 serve 模式，流量会直接落地到对应的 Pod 实例上。另外，激活器也在监测私有服务是否已经产生 endpoints，并对其进行健康检查，激活器会把之前缓存的请求转发到健康的 Pod 实例上。说白了，此阶段是基于主动探视的方式来激活扩容动作的，并且在集群产生 Pod 实例的同时启动被动方式来维护已经产生的实例。

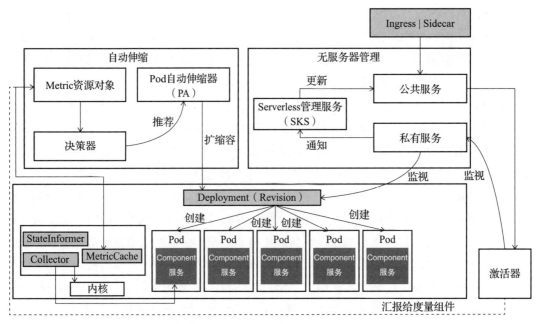

图 9-11　基于新度量方式的 Knative Serving 技术架构（冷启动阶段）

（2）稳定态的扩缩容阶段

稳定态的扩缩容阶段执行示意图如图 9-12 所示。

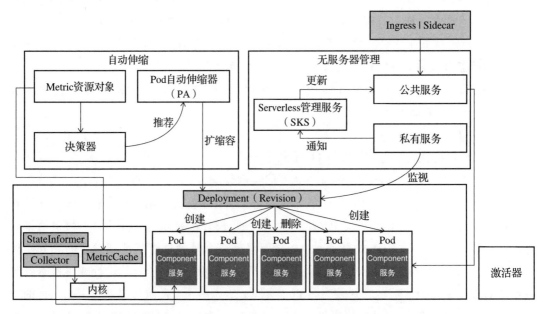

图 9-12　基于新度量方式的 Knative Serving 技术架构（稳定态的扩缩容阶段）

图 9-12 中，请求通过 Ingress 路由到公共服务，此时公共服务对应的 endpoints 是 Revision（可以认为是服务的版本号）所对应的 Pod 实例。PA 会定期从 Metric 中获取对应活跃实例的指标，并不断调整 Revision 实例数量。当请求到达时，PA 会根据当前请求的指标确定扩缩容的比例。此时，SKS 为 serve 模式，SKS 会监测私有服务的状态并保持公共服务的 endpoints 与私有服务的 endpoints 一致。说白了，此阶段是一种被动方式的实例调整策略。综合对冷启动阶段的分析，可以得到一个共性的特征：但凡集群中产生了 Pod 实例，就一定会启动 serve 模式来维护这些新 Pod 实例，所以被动方式的存在周期多处于有适当业务实例存在的时期。

（3）缩容到 0 阶段

缩容到 0 阶段的执行示意图如图 9-13 所示。

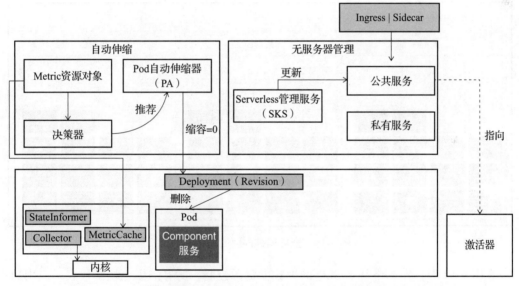

图 9-13 基于新度量方式的 Knative Serving 技术架构（缩容到 0 阶段）

如图 9-13 所示，在请求负载降低时，集群内还存在 Pod 实例，所以 serve 模式还存在。当 PA 发现 Metric 中对应 Pod 的状态数据提示 Pod 实例不再接收流量时，决策器就确定当前所需的 Pod 实例数量为 0，通过 PA 修改 Deployment 的实例副本数来削减实际的 Pod 实例数。在削减到最后一个 Pod 实例之前，会将激活器放置在数据请求路径上，请求会被引导到激活器，此时 SKS 被改为 proxy 模式。公共服务的 endpoints 会转变为激活器的 IP，所有的流量都会直接路由到激活器中。此时，如果一定时间内依然没有流量进来，那么最后一个 Pod 实例会被删除，集群的规模会被削减成 0。说白了，此阶段是一种先被动后主动的管理方式。

从 Serverless 模式实现来看，serve 和 proxy 的切换是自动化的，无须人工感知和参与，用户只需要在 AOT 中确定是否采用 Serverless 模式即可。

知晓了 AOT 动态副本管理策略的奥秘，下一节讨论有关全局编排调度的实现问题。

9.2.3　全局编排调度的实现

从多集群控制面角度来看，如果一个单元内（目前可以把单元理解成一个 AOT 应用，一个单元可能分布在多个集群中的资源利用率足够高，那么单元的资源成本就相对较低，关键在于如何让单元内资源的占用处于一种均匀状态。图 9-14 所示的是一种理想模型，这种理想模型是基于业务应用对等部署及单元负载均衡来作为基本条件的，理想模型是很极端的情况（完美到无法在实际中看到）。

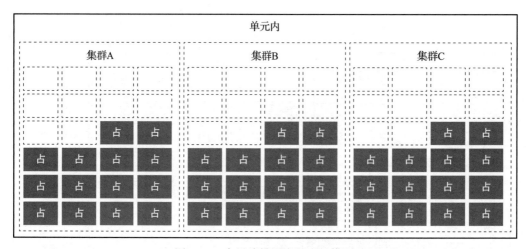

图 9-14　全局编排调度的理想模型

在图 9-14 中，先忽略基于 SLO 的细粒度资源控制，所有的黑色块都代表了应用独占整个 Node 资源，是一种完美的均衡的局面。但是实际情况是，无论用什么作为 HPA 度量侧的实现都是存在误差的，而且误差是随机的，所以绝对的均衡是不可能的。比如，基于 Istio 的流量计算来驱动调整的 HPA、基于 APM 来驱动调整的 HPA、基于标准 Kubernetes 度量服务器集群来驱动调整的 HPA 等都是有误差的。但基于理想情况来思考更多实际场景会更有解决问题的方向感。

下面看实际的场景，因为多集群中不可能完美地实现对等部署，单元内负载均衡的比重也不尽相同，而应用的 Component 在资源田字格内是按照资源优先级和资源特性需求的性质不同而分布的，比如，Component A 分别分布在集群 A、集群 B 和集群 C 的一个 Node 上，Component B 部署在集群 B 和集群 C 的一个 Node 上，所以产生了资源空洞，如图 9-15 所示。

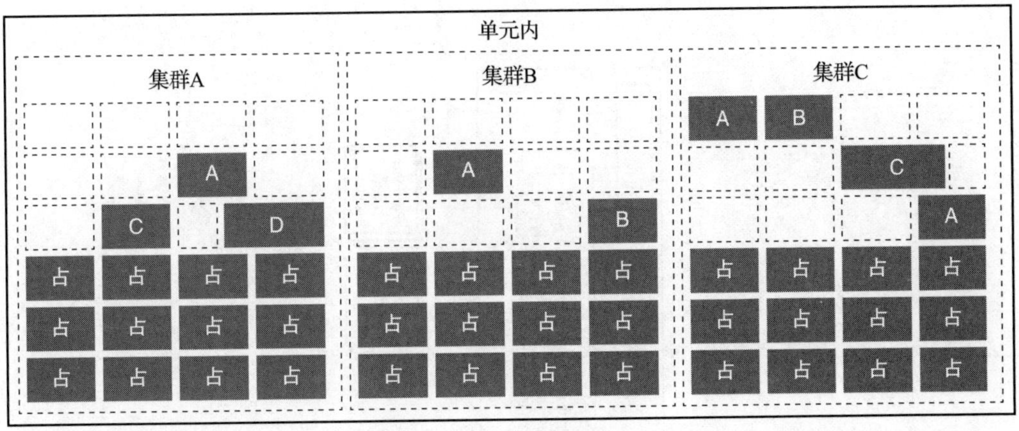

图 9-15　集群资源空洞

　　资源空洞导致集群之间的资源很不平衡：同一个 Component 在某些集群上部署得多，而在另一些集群上部署得少。多个不同的 Component 在多个集群上部署，从整体上看体现出了不均衡的特征。集群资源空洞其实需要自己的集群调度器进行整理，我们在全局层面可以不关心。单元控制器只关心集群空洞被调整后的"稳定"状态能维持多久，如果"稳定"状态能够维持足够久，那么单元控制器就会试图把一些承载压力比较大的 Node 上的 Component 迁移到承载压力小的 Node 上（往空的地方放），并力图使每个 Node 的承载量基本一致，实际上是向理想形态进行了努力。

9.2.4　多层调度的实现

　　多层调度主要关注的是二层调度，二层调度方案的出现是向业务妥协的结果。业务场景会对调度的实现方式提出自己的要求。比如，白天跑在线业务，晚上跑离线计算任务，这称为"弹性分时调度"。多层调度的影响范围很广：全局编排调度、集群调度、单机调度等。为了方便业务方接入自己的策略实现，就需要从两个层面去设计。

　　❑ 提供集群控制面可拓展调度器的开发框架。
　　❑ 提供计算节点数据面可拓展调度器的开发框架。
　　因为控制面和数据面的维度不同，框架结构一定不同，所以分开来介绍。

1. 集群控制面可拓展调度器开发框架

　　因为多集群控制面和单集群控制面的调度器框架都是通过原生 SchedulerExtender 拓展而来的，所以集群控制面可拓展调度器开发框架可以直接按照 Kubernetes 提供的 Scheduler-Extender 机制来实现。不过，我们还是需要实现一种远程模式的调度器拓展，拓展要以独立的 Deployment 进行部署，以实现升级与扩缩容，以最小的代价实现平台级部署和运维的能力。基于 SchedulerExtender 的远程拓展架构如图 9-16 所示。

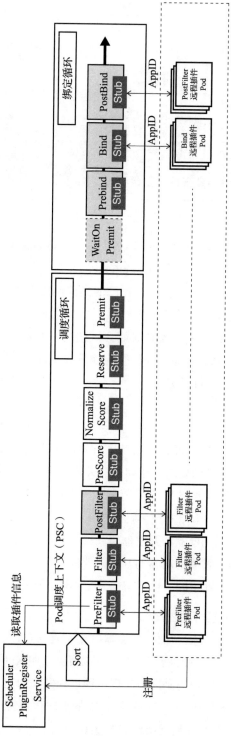

图 9-16 基于 SchedulerExtender 的远程拓展架构

2. 计算节点数据面可拓展调度器开发框架

计算节点数据面可拓展调度器开发框架主要是基于单机调度的框架来实现的，但需要增加两个拓展点：远程算法插件和远程 RuntimeHook 插件。

①远程算法插件用于补充新场景的 QoS 处理逻辑。

②远程 RuntimeHook 插件用于拓展调用容器引擎前的干预动作。

无论何种类型的插件都是以带有亲和性的 Deployment 部署的（都会部署到 ResourceManager、RuntimeHooks 相同的 Node 上），以保持独立性和高可用，并以最小的代价实现了平台级部署和运维能力。ResourceManager 与 RuntimeHooks 的拓展如图 9-17 所示。

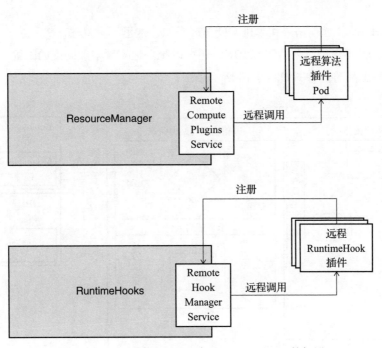

图 9-17 ResourceManager 与 RuntimeHooks 的拓展

3. 多层调度的实现

这里以"弹性分时调度"为例说明二层拓展的实现。

❑ 通过 SchedulerExtender 远程插件实现多集群层面以及单集群层面的调度逻辑。

❑ 多集群调度拓展根据业务上的规则，白天会根据历史信息查询昨晚部署的离线计算负载在哪几个集群上，并向这些集群下发带有"替换服务"标签的 Deployment 等。

❑ 单集群拓展调度算法会首先定位所有昨晚部署离线计算的 Node，然后将在线业务 Pod 调度到这些 Node 上，Kubelet 根据标签所指示的替换策略替换所有离线计算的 Pod。

❑ 晚上又会由控制器按照相反的规则激发这两个层次的调度，将 Pod 全部替换成离线
计算服务。

另外，对于单机调度远程拓展，比如，要实现一个叫作 BE 调制的逻辑，用于通过调节
BE 资源来间接调节 Product 等资源，那么就可以通过新的算法插件来实现。

❑ 从 RemoteComputePluginsService 的 MetricCache gRPC API 提取 BE 资源的占用量，
根据调用上下文提供的 SLO 指标阈值确定 BE 资源是不是太多了。

❑ 如果 BE 资源太多了，说明 Product 等资源会受到限制，那么就通过写入 CGroup 虚
拟文件系统的方式调整 BE、Product 等资源的核数，以让高级别应用获得更多计算
资源。

RuntimeHook 的远程拓展和单机调度拓展类似，这里不再赘述。

综上，AOT 不仅可以帮助实现 IBN，还可以统一地实现多层调度的配置。通过 AOT 整
合统一调度和 IBN 的示意图如图 9-18 所示。

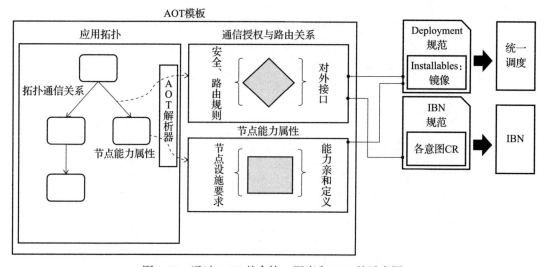

图 9-18　通过 AOT 整合统一调度和 IBN 的示意图

9.3　本章小结

实际上，通过 AOT 模板整合了 IBN 以及统一调度体系的能力，这使得用户的使用体验
更加贴近应用视角，而无须更多地关心基础设施的细节，这就使得云原生底座更加符合云原
生的终极状态。

对于实际落地方面，腾讯和阿里云都已经实现并在全集团范围内落地了统一调度的相
关产品。具体情况请读者自行调研，这里就不再赘述了。

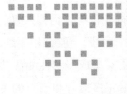

第 10 章 *Chapter 10*

单 元 化

无论是云厂商还是业务型企业，也许在落地云原生时会察觉到一些现象，但是在功能视角上未必能洞察原因。这里需要先介绍什么是单元化。

（1）什么是单元化以及单元化的价值

单元化架构是从并行计算领域或者服务化领域发展而来的。在分布式服务架构领域，单元（Unit）就是能够满足某个分区所有业务操作的自包含式部署。而一个分区则是整体数据集的一个子集。如果按照一定规则来划分用户群，那么符合相同规则的用户群就可以认为属于同一个分区。单元化就是将一个服务改造成符合单元特征的过程。

那么，云原生单元化给我们带来了什么价值呢？

- 用更少（约二分之一）的机器获得更高（接近百倍）的性能。性能提升的很大一部分原因在于服务的本地化，而服务的集成部署又进一步降低了跨边界调用的开销。
- 可将人们分散在服务上的关注点聚焦到单元上，在自动化能力的加持下使得管理和运维工作更加简单和高效。
- 可以实现一种基于逻辑集群的同城或者异地多活架构（在物理集群的规模和配置不变的情况下"变"出很多"集群"），不仅减少或者杜绝了跨地理位置通信所带来的时延问题，也使得系统的整体稳定性更加可靠（容灾）。在云原生技术的加持下，单元部署更加快捷，自动化程度更高。
- 有了云原生技术的帮助，在计算资源不足的情况下，能够实现自动化、快速的弹性扩容能力。

❑ 在云原生技术的加持下，业务应用不需要感知基础设施的变化，平台对业务应用或者服务框架没有任何侵入性，这比传统云计算的单元化方案更具落地优势。

在当下这个阶段，单元化确实是解决目前困境的一个相对较好的方案，也被证明是十分有效的，也更具备成本和性能优势。然而科技是时代的产物，随着数字化业务的推进，单元化架构还有着很多提升和创新的可能性。

（2）云原生单元化方案的产品化以及产品架构

从市场和产品角度来看，单元化是企业级市场传统的需求范畴，但落地较难，在云原生技术的加持下，迎来了曙光。一些云厂家把单元化能力包装成了独立的云产品进行售卖，其市场空间巨大（存量市场＋新兴市场）。

云原生单元化的产品架构在模型上与传统云计算的单元化产品架构十分相似，用户的使用习惯可以得到一定程度的延续，但是因为自动化程度的提升，使用方式也被大大地简化了。云原生单元化技术产品也是一种"底座支撑型"产品。云原生单元化技术产品的软件供应链，生态还是非常完整的。对于业务型企业，基于开源产品实现落地是比较合适的选择。云原生单元化技术产品的产品架构如图 10-1 所示。

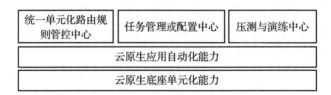

图 10-1　云原生单元化产品架构

从图 10-1 中可以看到：

❑ 云原生底座单元化与云原生应用自动化（实现了更加自动化的应用升级与运维等能力）为应用采用更紧密、更合适的升级策略提供了基础。

❑ 统一单元化路由规则管控中心为企业管理员或业务团队提供了管理单元化分片规则的入口。

❑ 任务管理或配置中心为企业管理员或业务团队提供了管理云原生分布式任务或配置的能力。

❑ 压测与演练中心为业务团队提供了单元化部署以及流量切换的保障体系。

云原生单元化技术产品的售卖可以分成私有化场景和公有云场景。如果是公有云，则可以通过服务市场的形式进行售卖，并且云原生单元化技术产品可以按照能力分成初级版、标准版和企业版。因为云原生单元化技术产品依赖云原生底座，所以费用由底座资源费用、产品分级许可证费用、经常性费用（比如维保）等构成。另外，也可以考虑解决方案咨询等服务方式作为营收模式。

10.1 云原生单元化的本质

要实现和落地单元化架构（不特殊说明的话，都是指云原生的单元化架构），就必须先说明多租户的问题。

（1）基于多租户的单元化架构的总体说明

多租户就是将一个共享的资源池"隔离"出来，看起来能够被某些用户或者企业部门独占的"虚拟资源池"（像一个独立的逻辑集群），平台可以利用租户维度进行计费。

多租户关注的是资源范围，单元化关心的是在一定资源范围内的应用部署，所以两者有某些相同的目标。要搭建和落地一个企业级的云原生平台，就必须实现基于多租户的单元化架构，只有这样，企业的各个部门才能在租户的视角下有条不紊地基于自己的业务需要推进数字化业务，这是企业组织的内在要求，也是数字化外在的要求。

所以，这里不把单元化架构单纯地看成一种技术方案，而是看成给企业组织赋能的一种基础设施。组织账号与租户之间的映射关系如图 10-2 所示。

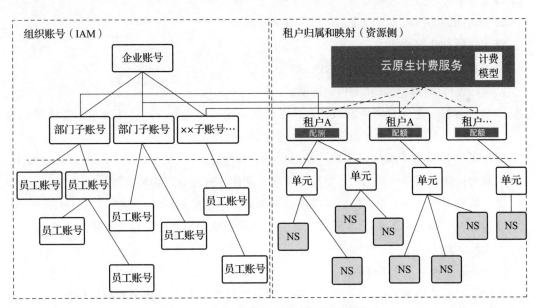

图 10-2 组织账号与租户之间的映射关系

图 10-2 中，从组织架构角度看，租户的物理形态是部门子账号的映射，这种映射可以理解为资源与账号之间的对应关系。企业每个部门的层次化权限所规定的员工账号可以按权限去管理当前部门账号所对应的租户下的资源，这些资源以单元的方式呈现，每个单元会自动管理多个 Kubernetes 的名字空间（NS）。此时就把组织与资源对应起来了，日常管理按权限分工进行，使得计算机系统与组织架构融合起来，这个融合需要两个关键组件。

1）IAM（云化的 IAM，叫作 iDaaS）。它负责管理企业相关所有账号以及权限。本书关注的重点在于云原生平台本身，读者可以自行查阅 IAM 相关资料。

2）租户资源对象（原生 Kubernetes 并未提供，需要通过自定义 CRD 来实现）。平台用租户资源对象来声明租户与单元之间的关系以及资源配额，每个租户控制器都会动态收集租户所属单元的计算资源使用情况，并通过资源配额（准入）控制器来实时监控计算资源的使用，一旦资源使用超出配额，资源配额（准入）控制器就不再允许安装新的单元。如果需要更多的计算资源，就必须通过人工审批。

从租户角度看，像是独占了"集群"资源，一个单元就像一个逻辑上的集群，多个单元就像逻辑上的多个集群。

（2）单元化技术架构设计的目标以及特征

一个单元需要具备云原生集群所有的能力，并且还要具备更多隐藏的自动化治理能力，那么单元化技术架构设计的目标如下。

❑ 实现业务并行处理能力。

❑ 实现同城多活或者异地多活等容灾能力。

❑ 实现弹性化部署能力。

❑ 实现中心一体化 DevOps 管理能力。

同时，也可以得到单元化架构的特征。

❑ 自包含性。业务自闭环的边界，可以独立完成一项业务，这意味着单元的数据也是独立的，只有自包含才能够实现业务并行处理。

❑ 松耦合性。为了减少对用户体验的影响，单元之间不允许直接访问各自的数据库，只允许进行服务间调用，尽量使用异步化调用方式将延迟影响降到最低。

❑ 故障独立性。一个单元的故障并不会影响另外一个单元。

❑ 容灾性。单元对等多副本部署，可以实现单个单元出现故障时而不影响业务服务连续性的能力。

（3）企业落地单元化的建议

从业务型企业的实施层面来看，实施需要一个过程。无论企业是否有历史包袱，因为涉及面广，云原生单元化都属于基础设施层面的改造，会影响全局。所以企业需要从整体出发并结合自己的实际情况来做取舍，可以分步地进行改造。建议：

❑ 识别和建立技术风险库，逐步扫清障碍。

❑ 贮备足够可以帮助完成目标的人才，尤其需要企业优化组织架构和管理方式。

❑ 做好软件供应链的工作，内能不足就外部补充。

❑ 凡事要从整体思考，不要单独思考场景问题。

❑ "合适就好的原则" 是要实现在满足当下需求的情况下还能支持演进的架构，这才是好架构。

❑ 先从最容易看到效果的领域或者业务开始改造，逐步推进到全业务、全组织。

❑ 建立长效的压测保障体系，使得单元化效果显化，增强人们对单元化方案的信心。

（4）单元化架构落地实施步骤

下面介绍一个最简单的单元化架构，并逐步推演出落地实施的步骤。

1）最基本的单元化架构如图 10-3 所示。

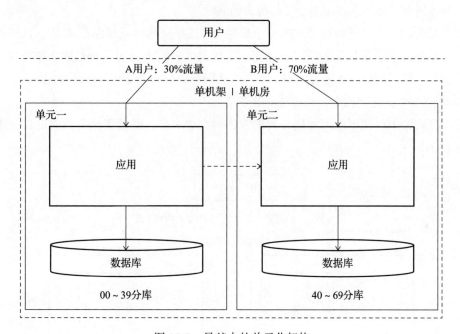

图 10-3　最基本的单元化架构

图 10-3 中，为了突出重点，把应用和数据库的细节省略了，图中的应用看似是一个单体程序。

❑ 在业务上独立，一次业务访问的处理在一个机架或者机房内完成。此时没有产生跨越边界的调用，业务性能得到很大的提升。

❑ 在业务上独立，就可以实现并行处理，分成两种情形：一是每个单元的业务应用对等部署，从入口处打散流量，能够实现针对同一个业务的均衡负载；二是单元的业务应用不对等部署，可以隔离干扰，各干各的，每个单元都能够保证自己业务应用性能的最大化。

❑ 在业务上独立，一个单元崩溃并不会影响其他单元的用户，业务处理能力受到的影响也很小。

❑ 流量的分割，也有两种情形：一是对等单元的入口或者东西方向的流量转发是按照用户分片或者其他规则进行分流的；二是不对等单元的入口或者东西方向的流量转发是按照业务归属并结合用户分片或者其他规则进行转发的。

❑ 数据按照用户维度或者其他规则进行分片，目的是让每个单元只负责一定数据子集的业务处理，保证各个单元的独立性。如果不进行分片，某些数据就会变成共享的，多个应用都会去访问它，那么就会给数据库造成巨大的压力，并产生诸如连接数限制等问题，使得系统拓展性受到很大的制约。

❑ 单元应用之间可能存在一定的跨边界调用（比如交易单元对库存单元），此时所有的单元都在同一个机架上或者都在同一个机房内，跨边界调用对整体业务的性能影响不大。但要尽量避免这种调用，如果无法避免就尽可能实现异步化调用。

2）从基本单元化架构中分离出全局共享单元。

当用户数据中存在不能按规则分片的数据时会怎么样？数据无法分片时的单元架构如图 10-4 所示。

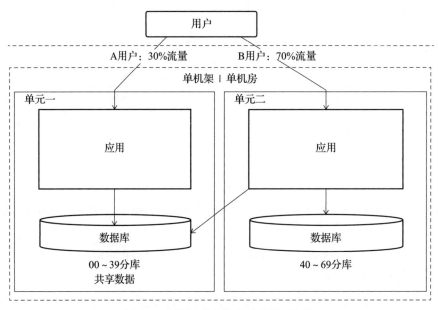

图 10-4　数据无法分片时的单元架构

数据共享意味着潜在的流量承担能力下降以及会产生更多的跨边界调用机会，这几乎破坏了单元化的原则，使得单元化失去意义，所以需要把共享的数据以及相对应的应用代码独立迁移出去，形成一个特殊的全局共享的单元。

图 10-5 所示为从基础单元架构中分离出全局共享单元后的架构。

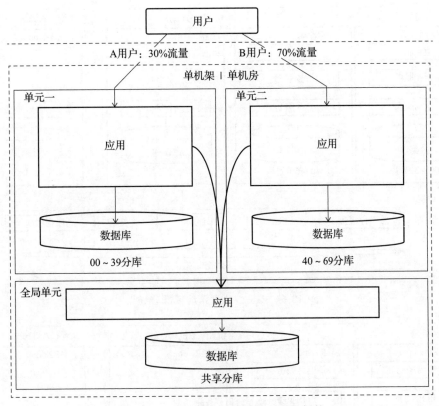

图 10-5 分离出全局共享单元后的架构

此时，可以给单元进行分类，全局共享的单元叫作 GZone，业务单元叫作 RZone。GZone 对单元化架构有着积极的意义。

❑ 保持 RZone 的独立性，使其满足单元化的原则。

❑ GZone 可以具备多个对等的单元实例，实现容灾能力。

❑ 在同一个机架上或者在同一个机房内的条件下，RZone 中的应用就近访问 GZone，应用性能体验是可以被接受的。

（5）本地共享单元的诞生

在多集群或者跨地域部署的情况下，单元化架构又会演变成什么样子呢？多集群或者跨地域部署场景如图 10-6 所示。

如图 10-6 所示，又出现了违反单元化原则的问题了。

GZone 单元实现了多实例单元的对等部署，目的是增大吞吐量。但 RZone 单元没有分布在 GZone 机房，或者分布在其他城市的机房，因为 GZone 是全局的，只有一个 GZone，那么 RZone 对 GZone 的远程调用的性能开销就可能会很大，远程调用的性能开销就不能被忽视了。需要对单元 Zone 再进行一次升级，才能解决单元间远程调用的性能开销问题，如图 10-7 所示。

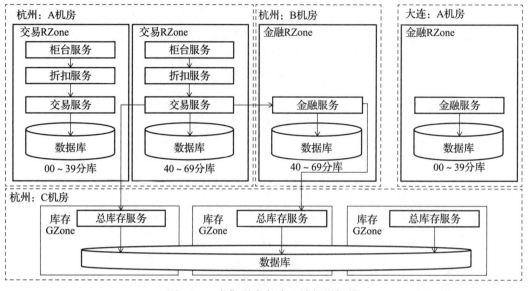

图 10-6 多集群或者跨地域部署场景

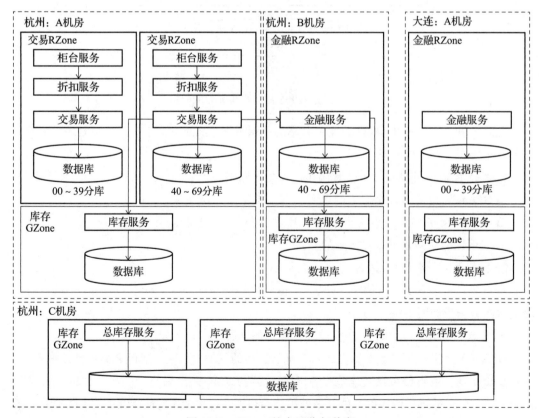

图 10-7 GZone 的本地化与共享

在图 10-7 中，为了优化远程调用的时延，最简单的解决方案就是将 GZone 本地化，即将 GZone 的数据拆分出来，并在本地机房或者本地城市设置一个特殊单元，叫作 CZone（本地共享单元），那么 RZone 对 CZone 的远程调用时延就相对可以接受了。

（6）单元类型的划分

综上，最终得到 3 种单元类型。

❑ RZone：是业务的主要承载区，也是单元化的主体。

❑ CZone：是部署在本地机房或者本地城市的单元，并作为不可分片数据的共享单元化单位。

❑ GZone：在一个业务平台中，全局只有一个，作为数据不可分片的共享单元化单位，GZone 可以作为 CZone 的兜底单元。因为业务对时延的敏感性，一般 RZone 并不直接访问 GZone，而会优先访问 CZone。

GZone 和 CZone 都是为了解决不可分片数据所产生的"共享访问同一数据库"问题而设计的单元，只是所处的层次不同罢了，两者的数据存储策略是这样的：CZone 的数据来自前台用户中无法分片的数据；对于 GZone，数据一般来自后端管理部门，比如库存，其数据也会同步给 CZone。那么就可以得到一个结论，CZone 自己不产生数据，来自前台用户和后台用户。当然，根据业务配置的实际情况，CZone 中来自前台不可分片的数据也是可以同步给 GZone 的。

从上面的分析来看，其实对于没有经过单元改造的集群来说，这个集群就天然地是一个 GZone，可以说 RZone 和 CZone 都是 GZone"变"出来的。

（7）单元化落地实施的步骤

任何技术方案的落地实施都不是一步到位的，需要一个过程，单元化改造也是如此。根据单元 Zone 演化的特点，单元化改造的落地实施顺序是从 GZone 开始，然后是 CZone，最后是 RZone。其实 CZone 和 RZone 也可以同时进行建设，只要能切分得清楚就可以了，如图 10-8 所示。

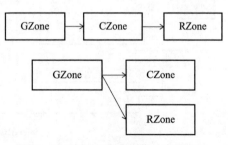

如图 10-8 所示，在改造过程中总会有中间软状态（也是最违反单元化理念的时刻。比如，从 GZone 过渡切出 CZone 或者 RZone 时，改

图 10-8 单元化改造的落地实施过程

造初期总会有一个"你中有我我中有你"的软状态。所以单元化改造不能太理想化，要允许不完美存在）。此时，为了可以相对完整地验证单元化技术架构的正确性，建议从一个小而完整的业务闭环开始，实施改造过程是一个从整体思考、从小处落地的过程，切忌脱离现实。

（8）单元与 AOT 关系的说明

从以上的分析来看，单元和 AOT 应用的边界是重合的，所以在更"物理"的层面上，认为 AOT 所代表的应用就是一个单元。在后面会以应用代指一个单元。

单元化改造体现了应用之间的一种新的编排方式。但是，一个应用不仅有 Component 服务的存在，还需要有中间件、大数据等业务技术组件的配合，甚至还会有更特殊形态的服务存在。无论怎样，这些非业务服务都是需要围绕业务服务一起被实现单元化能力的。

10.2 云原生单元化改造

在技术上是如何考虑单元化改造呢？

1. 云原生单元化技术架构

可以先从宏观上的视角来看，单元化基本技术架构如图 10-9 所示。

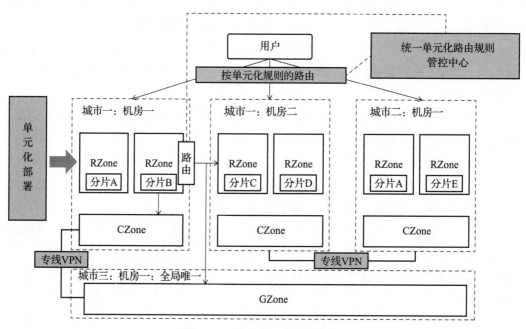

图 10-9 单元化基本技术架构

图 10-9 中隐蔽了很多技术细节，主要是为了突出单元边界处的关键技术要素。

1）如果应用要实现自包含性以及获得最优的性能，那么必须先考虑如何实现单元化部署的问题。例如，如何将在一组业务上联系紧密的服务实例部署在较近的物理位置上。为了实现以上目的，需要对底座的部署能力进行单元化改造。

2）Zone 之间存在跨机房和跨城市的分布式部署形态，并且 Zone 处于不同的网段，甚至存在某些 Zone 被部署在公有云之上的场景，那么各个 Zone 之间的网络就需要实现互通。

3）用户访问业务应用时，平台需要根据用户的 ID 或者其他数据属性并按照一定的单元化数据分片规则来计算路由，平台会根据计算所得到的路由规则将用户的访问转发到目标的 AOT 应用中去，这样才能结合单元化部署能力实现单元的自包含性。

4）应用之间可能存在极少数跨单元的调用，如 A 用户（在当前的单元）给 B 用户（在另外一个单元）转账的场景，此时也需要基于单元化数据分片规则来计算路由，并实现跨单元的东西方向调用。

5）无论是实现单元化部署、单元组网还是单元化的东西南北流量等，都需要基于单元化数据分片规则来计算路由，那么就需要实现一个统一的单元化路由规则管控中心（后面简称规则中心）来推送这些规则。为了提高性能，路由计算本身都需要在本地完成。

所以，**单元化改造所涉及的范围是部署能力改造、网络组建能力改造以及东西南北流量路由改造。**

2. 传统单元化改造方式的弊端与云原生单元化改造核心思路

如果按传统方式进行单元化改造，那么在技术上就需要进行以下的工作。

❑ 在接入层，需要基于规则中心所推送的规则来实现本地路由计算，一般通过脚本（比如 Lua）植入实现。这对业务运维来说复杂度较高，也不容易验证。

❑ 需要在源代码级别改造服务框架，使其能基于规则中心推送的规则来实现本地路由计算，服务框架的 Transport 组件（用于实现服务框架的通信能力的组件）可以根据路由规则计算得到的转发地址来进行业务流量转发。这种对服务框架的改造方式涉及存量业务应用的全量升级，对业务冲击大，实施上存在很多困难。

❑ 在网络层，需要手工配置 SDN 或者其他网络软硬组件来实现组网，这种手工组网的方式非常容易出现差错，而且效率不高。

鉴于传统单元化改造方式的弊端，**云原生单元化改造采用了更加自动化、透明化的实现方式，以克服侵入性改造的弊端以及手工配置等的弊端。**

3. 统一单元化路由规则管控中心

上面的分析已经让我们明确地看到（AOT）应用的边界和单元的边界是重合的，它们可以不用区分。无论是传统方式的单元化还是云原生方式的单元化，在单元化架构的模型上都是一致的，都需要"统一单元化路由规则管控中心"（简称为"规则中心"）来作为单元化组件进行路由计算的基础，如图 10-10 所示。

如图 10-10 所示，规则中心由架构师或者指定的管理人员进行管理，其实规则中心存储的就是［城市 – 机房 – 用户分片规则］的映射。分片的维度是 uid（用户 ID 后的两位，当然也可以设计为其他数据维度，比如地理位置 +uid 等），也就是说，单元的分布范围是由人工指定的。对单元调度器（实现整体应用的调度）而言，因为 AOT 根据 replica_policy 计算了副本数量，所以在规则中心中，单个分片范围可能会有几个应用来分担，比如杭州 IDC1 的 RZ01 可能会被一个以上的应用分担，App1 分担 00 ～ 10 数据分片，App2 分担 11 ～ 29 数据分片。也就是说，应用实例分片是以 AOT 控制器的 replica_policy 计算结果为准的。

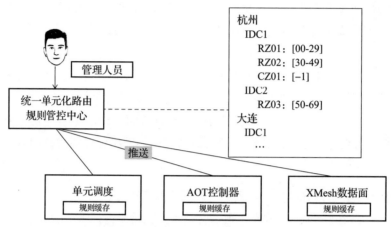

图 10-10 统一单元化路由规则管控中心作为单元化组件

10.2.1 统一多层调度的单元化改造

本小节按照单元化的理念来改造云原生底座的统一多层调度部分。

因为一个集群可能存在多个应用，所以需要在集群调度和单机调度之间新增加一个单元调度。单元调度能力并不会影响资源田字格的运作方式，也就是说，在资源密度和稳定性能够得到保证的前提下，只需让一个应用的组成部分（Component）更加"亲和"地就近部署即可，这会让应用性能进一步提升。

业务研发团队不再直接面对物理的集群概念，甚至可以说**直接面对的是应用，运维含义进一步让位于应用层**。

1. 单元调度的设计

单元调度的设计如图 10-11 所示。

单元调度的基本实现逻辑如下。

在集群调度所定位的物理集群内，根据 CMDB（配置管理数据库，是用于存储 IT 资产信息和管理 IT 资产的系统）中对 Node 的位置标识来实现区分 Node 是不是在同一个 Rack（机架）上的能力，或者实现区分 Node 是不是在同一个机房中的能力。默认情况下，尽可能将应用调度并部署到同一个 Rack 上，空间不足时再考虑将应用调度并部署到同一个机房中的不同 Rack 上。也可以根据容灾要求，在 AOT 上配置 ApplicationSpread 规则对应用实例实现"打散式"的分布式部署，比如，一个应用共有 3 个实例，其中的两个应用实例都被部署在城市一的 IDC1 数据中心的 Rack1 机架上，剩下的一个实例部署在城市二的 IDC2 数据中心的 Rack2 机架上，这就形成了一个称为"两地一中心"的容灾部署方案。

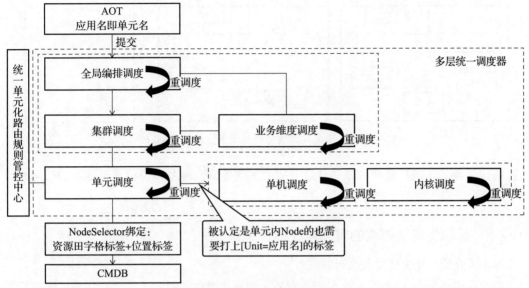

图 10-11 单元调度的设计

2. 集群调度对应用单元化部署的支持

集群调度使单元应用具备了**完全对等部署（应用在多个集群中被对等部署）、部分对等部署（应用在部分集群中被对等部署）、完全差异化部署（不同的应用分布在不同的集群上，或者在同一个集群中部署很多不同应用）**等灵活的分布部署模式。

所有属于同一个应用的 Node 都会被集群调度器打上以应用名为名称的标签（Unit= 应用名）。Node 上还有［Group=×× 集群］的标签。此时，平台就可以很方便地通过 Unit 标签和 Group 标签来识别应用的 Component 位置以及部署范围。应用标签还具备了以下优点。

❑ 可观察性增强，可以基于标签对流量实现可视化染色，增加区分度。

❑ 治理平台可以基于应用标签来实现应用整体的扩缩容、重启、暂停和停止等生命周期管理功能。

❑ 治理平台可以基于应用标签来实现全链路灰度、全链路服务治理等保障应用稳定性的能力。

❑ 在 AOT 和集群镜像打包技术的基础上，AOT 可以利用应用标签来实现应用迁移、ISV 业务下发等操作。

在单元化调度成功后，Kubelet 需要更新平台服务注册中心的信息，如图 10-12 所示。

从全局编排调度角度看，通过地理位置感知（Region+ 可用区）的路由，甚至可以实现同城多活或者异地多活的部署形态，会在后面进行详细讨论。

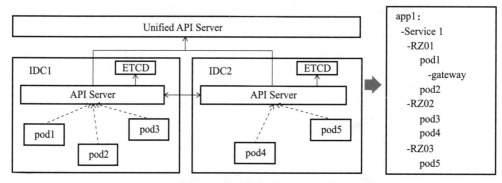

图 10-12 单元化调度后更新服务注册中心信息

应用管理、多租户权限、配额计费等能力实现了低管理复杂度以及低成本的效果，提高了组织在数字化方面的效率。

10.2.2 云原生网络架构的单元化改造

本小节介绍云原生网络要改造的内容。

单元是逻辑集群（LDC），存在于真正的物理集群之中。业务上需要应用单元实现网络上的隔离。或者从网络的角度看，网络上的单元就像一个独立的集群。根据网络的原理，人们只需要实现单元的独立网段管理即可，其他都不需要改变。因为以应用名区分单元，所以在统一 IPAM 服务中增加"单元子网"的层次就可以实现单元的独立网段能力了。单元化 IP 空间管理如图 10-13 所示。

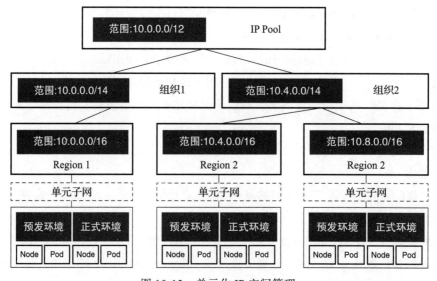

图 10-13 单元化 IP 空间管理

在图 10-13 中，IP 池中最特别的可能就是这个单元子网的层次了，单元子网层次不来自事先规划的 IP 范围内，而是由 AOT 的 subnet 信息所充当的。因为人们没有办法像物理机那样规划一个应用（单元）的虚拟地址段，所以只能在部署时确定，但这并不妨碍 IPAM 正常的 IP 分配工作。IBN 的能力在云原生单元化场景下也不受影响。只不过 IBN 因虚拟网段的划分，其运作范围从集群变为应用，即 IBN 也成为面向应用的基础设施了。

10.2.3　流量路由能力的单元化改造

本小节介绍东西南北路由的问题。

1. 云原生流量路由能力

实现业务应用无侵入的云原生流量路由的关键技术组件是服务网格的 Envoy 代理以及 Envoy 网关。这些组件的路由规则是由服务网格控制面实现的。原生的服务网格控制面，比如 Istio，是不准备改动的，这样可以保持很好的开放性和兼容性。那么路由能力的关键改造点在于 AOT。单元化东西南北路由示意图如图 10-14 所示。

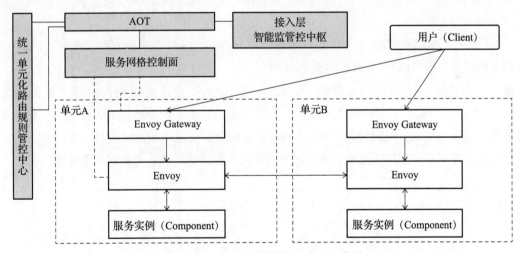

图 10-14　单元化东西南北路由示意图

在图 10-14 中，因为 AOT 在部署前就知道在自己单元内的 Ingress（Kubernetes 集群南北方向流量的入口和出口）是和哪一个 Component 进行通信的，所以南北方向流量的路由能力在 AOT 技术能力的加持下天然就是单元化的。

2. 实现就近访问单元的能力

接下来讨论单元的"就近访问"能力问题。因为一个集群中可能会部署多个应用，所以需要通过 AOT 控制器来协调接入层的"智能监管中枢"（一种位于流量接入层位置的流量管理软件）来实现"就近访问"的能力。

首先通过用户客户端（Client）的 IP 获得客户端所在的地理位置信息，AOT 在部署时就已经把本单元的 Region 信息以及单元信息（比如用户分片配置信息、Ingress Component 关联元数据以及单元调度所产生的元数据）写入智能监管中枢，那么接入层就能请求直接路由到最近的 Region 所在集群的目的应用入口处。"就近访问"能力的关键在于接入层可根据用户当地的 Region 查询其所有的集群信息，并将用户子域名中映射单元名称的部分进行匹配（比如 buyers.companyA.com 的 buyers），那么用户的客户端就知道了单元的入口地址。例如：

1）客户端 IP 定位为杭州，或者使用移动端 GPS 定位信息来识别所在的地区和城市，当然，依靠运营商或者云厂商的地理感知 DNS 也是靠谱的选择。

2）从访问的域名中解析出应用名为 App1。

3）根据 App1 解析出 Service 与 RZ（RZone）以及 RZ 与 Pod 之间的多个对应关系。

4）根据 Ingress 与 Component 之间的关系解析出对应的服务名为 Service1。

5）根据第 3）步和第 4）步，发现 Service1 下有多个 RZ。

6）根据规则中心的用户分片信息以及当前用户 ID 可以得知请求会落入杭州的 IDC1 数据中心的 RZ01 单元。

7）基于 RZ01 以及第 5）步得到的数据确定 Pod1 和 Pod2 是入口实例。此时，Pod1 打有网关的标志，所以向 Pod1 转发流量即可。

那么在最后一步确定了流量转发路径时，为什么不直接使用 Service 呢？这是因为 Service 的 endpoints 具有负载均衡的能力，所以流量转发不一定会经过 Envoy 网关（业务流量在集群内分发）。以上设计就将外部访问流量和内部业务流量的路由进行了区分，以后的拓展也会比较灵活。这样的流量转发层次有利于大规模落地实践，尤其对大企业而言。

> 注意 这种利用接入层实现就近访问路由的方式实施起来并不简单，所以云厂商一般都会提供基于地理位置感知的 SLB。云厂商的 SLB 可能不支持拓展，所以建议实现两层的结构：一层是云厂商的 SLB，只起到就近访问的作用；另一层是自己的二层全局接入层，在这一层实现自定义的路由解析逻辑还是比较合适的。

---

3. 单元数据分片规则的相关问题

为了突出重点，目前的例子都采用用户 ID（取后两位）作为数据分片定位应用单元的基准，但是实际情况是：一些企业使用 AD 或者自有的账号系统作为登录依据；另一些企业或者个人使用微信或者钉钉账号作为登录依据；一些业务场景甚至需要使用地理信息作为定位单元位置的依据。比如订餐服务，需要把同一地域的买家、商家、骑手圈定到同一个单元内，以便实现高质量的业务体验，还可以防止数据错乱。

从上面的分析来看，登录账号的问题是很复杂的，甚至具有业务维度。如果每个企业应用都这么个性化地处置账号以及相关的权限，就会导致管理低效、混乱局面，所以需要一种统一的账号转换方案。IAM（统一访问管理）是一个很好的选择，IAM 可以把差异化巨大的账号转换成同一种账号。

4. 服务跨单元访问能力的实现

有了东西方向流量单元化路由，AOT 在部署前就知道一个应用内是否存在对外的调用了，这是通过带有非本地应用名称属性的 Component 得知的。一般而言，这种"服务"是由 AOT 设计器或者手工添加的 Component 列表的性质决定的。这种 Component 列表分成两类：一类是自己当前的组件仓库的列表，另一类是服务目录列表（平台整体上有哪些服务）。当从服务目录列表向应用添加 Component 时，会自动在此 Component 加上非本地应用名称的属性。AOT 的 SMCT 在生成目标服务网格的 CR 时，能够为当前应用外的 Component 生成 ServiceEntry，同时设置通信授权，以及生成 VirtualService、DestinationRule 等路由规则。那么在运行态，平台就能够实现从应用 A 到应用 B 的跨单元访问了。

10.2.4 云原生中间件的单元化改造

本小节介绍中间件或者其他技术组件的云原生单元化改造如何实现。整体来说，将服务网格的数据面升级为多运行时模式，需要实现以下几个有价值的点。

1）实现 DB Mesh、MQ Mesh、Cache Mesh 等新型的 Mesh 架构，使得中间件也能够透明化地实现流量治理、流量路由以及单元化能力。另外，在多运行时模式下，不管哪种中间件，都可以自动拥有统一的云原生可观察性能力。

2）研发人员只关心如何撰写业务代码，对基础设施的关注会越来越少。

也可以说，这是比传统技术方案更先进的地方。

值得注意的是，多运行时并不是专门为了云原生单元化而出现的技术方案，只是为了讲解方便而直接将多运行时和单元化的内容合并讨论罢了，多运行时的 Mesh 架构确实需要支持单元化的能力。下面仅以 DB Mesh 以及 MQ Mesh 为例讲解。

1. 实现 DB Mesh 架构

DB Mesh 是单元化数据分片、数据库事务、中间件灰度升级保障等的关键，可使应用研发无须关心数据层基础设施的治理问题。DB Mesh 架构如图 10-15 所示。

如图 10-15 所示，DB Mesh 实际上把原先服务代码中调用的分布式数据中间件能力下沉到服务网格的数据面代理，使 DB Mesh 成为一种透明化的数据层基础设施。应用不需要修改任何代码就能够获得多种云原生数据层 Mesh 的治理能力。其中有：

❑ 鉴权模块：负责通信证书的管理。

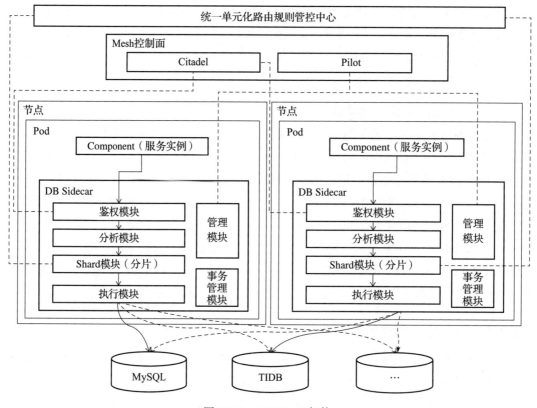

图 10-15   DB Mesh 架构

❑ 分析模块：慢 SQL 分析等。

❑ Shard 模块：通过规则中心下发的规则来实现自动化的数据路由和数据分片处理。

❑ 执行模块：向真实数据库服务提交 SQL 或者 DML。执行模块可兼容各类数据库。

❑ 事务管理模块：实现 Seata@AT 模式的分布式事务。

❑ 管理模块：用于实现各模块的参数管理、数据库数据同步管理以及相关运维能力等。

尤其是 Shard 模块，它使得人们在应用代码中无须关心单元化数据分片读写问题。单元化流量路由引导用户请求进入正确的应用和对应的 Pod，Shard 模块只需要根据规则构造分库，并将数据写入对应分库或者从对应的分库读取数据即可。

其至可以基于流量标签让数据落入不同分库，例如，在需要应用压测时，给数据流量打上影子标，让压测数据总是通过影子标存储到对应的影子分库，那么压测数据就不会污染正常的库。

服务网格的控制面可以实现流量灰度，可利用这一能力实现数据库的流量灰度部署能力，比如金丝雀、蓝绿部署等策略。这对透明化升级中间件具有非常重要的价值，即升级中间件等不会影响用户的业务体验。

最后，可以基于 Mesh 的统一观察性了解数据库的流量以及治理情况。

2. 实现 MQ Mesh 架构

相比 DB Mesh，MQ Mesh 在实现上就简单多了。和 DB Mesh 一样，MQ Mesh 能够实现消息分发的透明化，也可以实现单元化消息路由、消息中间件透明化灰度升级，以及对消息流量实现类似服务流量治理一样的管控能力等。消息中间件或者消息中心 Mesh 架构如图 10-16 所示。

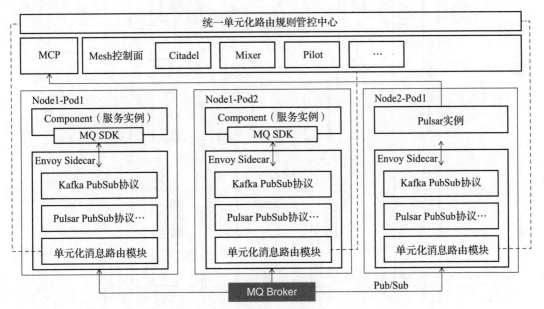

图 10-16　消息中间件或者消息中心 Mesh 架构

在 MQ Mesh 架构中，MQ 实例需要通过 MCP 将自己的服务模型元数据同步给 Mesh 控制面，这就会让 Mesh 控制面能够"认得"MQ 服务。在基于 Mesh 统一化的观察性上，也可以细粒度地展现 MQ 的服务流量或者服务治理的数据图表。

因为 Envoy 具备过滤器结构，所以只要基于过滤器实现兼容各种消息中间件的协议，就可以在不改变应用代码的情况下（如原先用 Kafka SDK 的业务代码）直接升级为采用云原生单元化消息分发机制。分发消息的路由计算关键在于单元化消息路由模块，其计算模式与普通 Component 服务或者 DB Mesh 相比更加特殊，这是由单元化消息分发的特殊场景所导致的。接下来介绍这些场景。

（1）本地投递和跨单元投递场景

单元化消息投递执行流程如图 10-17 所示。

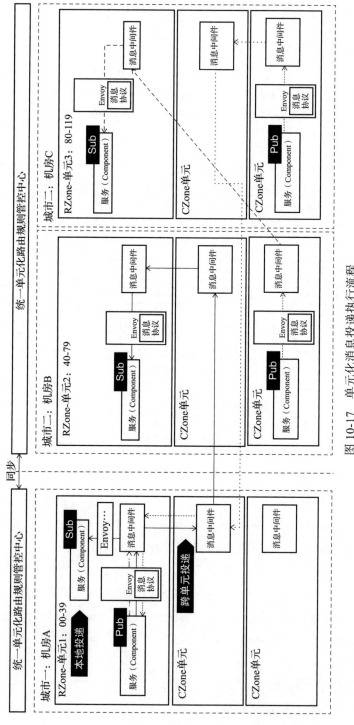

图10-17 单元化消息投递执行流程

在大范围分布式部署的情形下，如果需要在服务之间实现消息投递，那么就必然会有如下的考虑。这些考虑就是产生图 10-17 所示流程的原因。

1）同在一个应用的两个服务可以直接通过消息中间件发布或者接收消息。

2）在跨越城市的消息投递场景中，对本应用的消息中间件而言，如果出站的消息流量和本地投递一样直接发布到目标消息中间件，则会导致消费连接过多、网络抖动、丢消息等问题，影响业务稳定性，所以需要实现服务间的非直接消息投递机制。

3）如果本地消息投递通过业务代码的消息 SDK 直接投递到跨单元的消息中心，那么消息会绕过单元化路由策略，因此需要一种无须改造消息 SDK 就能实现单元化消息路由的机制。

 注意 在跨单元消息投递的场景下，不是每个单元都被部署了同种类的消息中间件。如果还是依赖消息 SDK 来实现跨单元消息投递，就必须对 SDK 进行更多的改造。比如：需要 SDK 针对不同类型的消息中间件集成不同的消息接口；需要 SDK 针对不同类型的消息中间件适配相对应的名字服务，以便获得 Broker 服务器的地址。这些改造无疑增加了很多复杂性和对业务的侵入性。很明显，通过改造 SDK 来实现跨单元的消息路由是一个不合适的、不靠谱的方案。

人们需要全量地在每个应用所在的单元内部署消息中间件，这是实现（非直接）跨单元消息投递的基础。部署的消息中间件最好是云原生消息中间件。

无论源单元（源单元是投递消息的单元，接收消息的单元可以称为目的单元）是何种性质的单元，消息都在本地投递。本地投递是"硬"架构原则，如果要实现单元化的消息投递能力，就必须遵从这个架构原则，由本地 MQ Mesh 数据面基于统一的规则来计算消息路由。在消息需要跨单元投递时，MQ Mesh 的数据面会在消息负荷中加入目标用户分片信息（比如通过消息封套加入附加信息），并将信息投递到"出站消息"Topic。此时，本地 CZone 的消息中间件会从本地消息中间件的"出站消息"Topic 中拉取信息，解封套，并根据目标用户分片信息计算路由，然后转发消息到目标业务单元对应的 CZone 中。最后，目标单元中的消息服务负责将消息转发给目标业务应用。这种方案对业务应用的影响最小，而且因为 CZone 的参与，业务单元消息中间件无须使用大存储系统来保证消息的可堆积、防消息丢失等能力，大大节省了成本。

因为消息中间件等都被镜像化了，所以可以利用 Kubernetes 的自定义准入控制器来实现全量消息中间件的部署。因为 AOT 部署时，其解析器会分解出用于部署的 Deployment 等 CR，在真正下发 Pod Spec 进行部署前，自定义准入控制器可以拦截下发动作并将消息中间件等的镜像信息写入 Deployment 模板的 Containers 部分中。Pod Spec 被 Kubelet 接收后，就能够实现消息中间件的全量部署能力。全量消息中间件的部署能力对用户是完全透明的，无须感知。

（2）任务调度路由以及配置同步场景

人们甚至无须借助其他技术组件，只利用单元化消息投递能力就能够实现分布式任务的调度及分布式应用配置的同步。平台依赖的组件越少就越稳定，管理成本也越低。基于单元化消息模型，将任务调度参数或者应用配置从统一的任务或者配置管理中心下发到多个目标单元的任务调度器或者配置组件即可。达成以上目标的前提条件是，在所有单元中都部署任务调度器、配置组件。因为全量部署与"单元化消息投递场景"极其相似，这里不再赘述。

至此，已经具备了最基本的云原生单元化架构了。同时可以发现，云原生单元化改造仅在技术架构上影响了技术平台，而与应用代码、中间件等没有直接关系。云原生单元化的本质是将数据分片的能力提升到流量路由的层次上，并且只需要改造部署能力及云原生网络 IP 配置和服务网格等组件。云原生方式的改造工作量相对于传统方式的改造工作量少了许多。

10.2.5 云原生单元化多活架构

为了将多集群单元化能力拓展到企业级级别，需要先实现基于云原生单元化的多活架构。

1. 多活架构的能力与原则

多活架构是一套软硬件结合的方案，这里仅关心软件方面。基本单元化多活技术架构如图 10-18 所示。

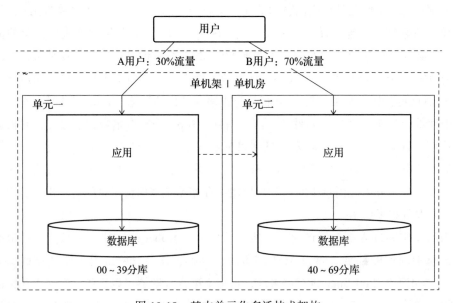

图 10-18　基本单元化多活技术架构

图 10-18 所示的架构乍看起来和多活的模型一样，其实一直没有介绍单元化入口的流量切分。实际上，在接入层和网关层就可以实现基于权重的路由能力，如果能够把这个路由能力提升到全局层面，则可实现同城或者异地多活的流量切分。然而仅有入口层的能力还是远远不够的，总体来说需要的是以下能力。

- ❑ 因为 AOT 模板文件可以通过网络传输到任何地方，所以可以基于 AOT 模板来实现应用跨城域部署能力。
- ❑ IBN 已经实现应用间同城或者跨城域网络互通能力。
- ❑ 需要实现全局的、可按比例分流或者基于故障感知的全量流量切换能力的应用接入层。
- ❑ 需要实现本地或者跨城域的近实时、准确的应用数据同步能力，以保证多活应用间的对等关系。

另外，需要考虑云原生单元化多活架构的一些总体架构设计原则。

- ❑ 业务主线多活原则：多活架构的实现意味着可能需要更多的集群资源，而且多活的倍数越多，其建设难度就越大（比如双活、三活、四活等，每一个"活"就是一个单元，即独立逻辑集群）。如果应用分布规划得不合理，那么集群资源的整体成本就会超出整体收益。因此没有办法使得所有业务应用都是多活的，实现主线多活就可以了，主线多活就能够保障大多数用户的服务了。
- ❑ 数据的不同分类具有不同的 CAP 原则：一个应用可能会用到很多种类的数据，数据本身对一致性、可用性、延迟的容忍度也是不一样的。比如，交易的数据要求强一致性，广告的数据要求最终一致性等。一般来说，如果数据的一致性要求很强，那么这个数据就需要选用同城高可用的数据库服务；如果数据的一致性要求不高、允许延迟，那么就可以选择异地高可用的数据库服务。
- ❑ 域名拆分原则：每个应用都强制使用独立域名，使得在接入层能够先定位功能归属再定位单元实例，减少了随机性的同时也提高了用户的体验，在跨域调用的情形下尤为重要。
- ❑ 统一计算和转换的原则：单元分片要基于统一的计算、转换机制。
- ❑ 基于租户的原则：单元化应用的部署要基于租户视角的后台账号来管理。

云原生多活与传统多活一样具有两个主场景：**同城多活**和**异地多活**。

实际上，基于业务规模及要求实现到"2 ~ 5 活"就不错了。整体单元化架构还是具备很好的拓展性的。从理论上说，只要集群资源足够就可以拓展出无限个"活"单元。同城多活可能是众多企业的首选，异地多活方案一般都是大厂的专利。

异地多活是同城多活的升级版本，需要利用异地专线将两个或者多个同城多活集群连接起来，并在流量接入以及软件上实现跨地域多活的一些特性。所以同城多活和异地多活有着大部分相同的技术能力，异地多活的极端形式是全球化部署。

2. AOT 模板跨机房部署 / 跨城域部署方案

我们都知道, AOT 模板本身作为一个文件是可以被任意在网络上传输的, 所以 AOT 模板能够实现跨机房部署能力乃至跨城域部署能力的关键在于以下几点。

❑ 每个集群都安装了 AOT 的 CRD、控制器等。另外, 应用所依赖的技术组件都由 AOT 基础设施实现自动化安装。

❑ 所有集群都加入统一的多集群控制面, 形成中心托管的多集群架构。

❑ 镜像仓库需要在所有的 CZone 进行部署并实现镜像的同步。

由此可见, 之前实现的 AOT 部署能力以及多集群构造能力都是满足以上多活场景要求的, 唯独镜像仓库需要进行架构升级。单元化镜像跨机房同步场景方案如图 10-19 所示。

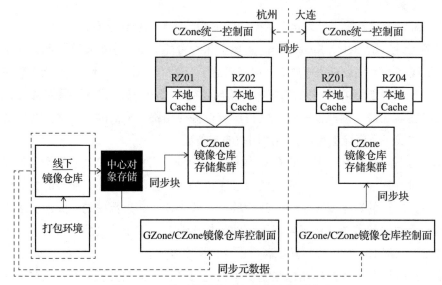

图 10-19 单元化镜像跨机房同步场景方案

在图 10-19 中, 实线为数据流, 虚线为控制面元数据流。

1) 为了使所有城市都有全量的、一致的镜像, 必须在 CZone 部署全量的镜像仓库存储集群, 并从同一个中心对象存储源进行镜像同步, 这样可以保证同源版本一致性。因为是非业务链路, 所以拉取镜像的时延是可以接受的。中心对象存储最好采用云存储, 云存储的好处是高可用、性能稳定、费用低等。以上这种方案最简单, 如果让 CZone 之间自行同步, 那么集群间的镜像文件非常容易产生不一致的情况, 而且需要采用镜像补全机制, 整体实现上相对复杂, 不可取。

2) 所有 RZone 都从 CZone 按需拉取镜像, 为了提高部署速度, 可以考虑预先把常用的镜像进行本地缓存 (镜像预热)。

3）单元镜像仓库控制面也是从中心镜像仓库控制面同步元数据的，被同步的元数据都是只读的。

4）为了实现多集群统一控制面高可用，可以考虑将多集群统一控制面全量部署到 CZone，但不建议部署在 GZone，控制面之间需要进行元数据的同步（被同步的数据都是只读的），以便让集群的服务可以互相感知及互访。

另外，在同城内，集群是通过企业专线或者运营商专线来实现多个机房间连接的；对于异地，集群则必须通过运营商的跨城专线来实现多个机房间的连接，一般还需要搭载类似 SD-WAN 这样的联网方案，这样才能够实现高性能通信。

还存在着一种特殊的架构：KoK（Kube on Kube）。KoK 就是在一个大的 Kubernetes 集群上部署一群容器化的小 Kubernetes 集群。这种方式的优势如下。

1）Kubernetes 本身的组件也被容器化和服务化，小的 Kubernetes 集群建立在大的集群网络上。因为大的集群网络是被容器化的、被部署在大集群之上的小 Kubernetes 集群所共享的，所以小 Kubernetes 集群的网络不需要实现组网能力及某些特殊的管理能力。

2）部署一个小集群的速度很快。如果采用 sealer（一种 Kubernetes 集群镜像打包工具）这样的技术方案把一个业务 Kubernetes 集群打包成一个集群镜像，把做好的集群镜像推入镜像仓库，就可以实现跨机房或者跨城域的部署能力。与 KoK 架构相比，普通云原生多活架构的成本较高，因为相当于多套了一层，所以整体物理集群的消耗要比只有一层的方式要多一些。

3. 全局单元流量入口方案

无论是企业还是个人，接入 Internet 都需要通过网络运营商，所以可以通过运营商在自己的域中实现全局的单元流量入口接入服务。有些云厂商会代理做这个事情，实现会简便很多。因为同线路共享的原因，所以费用会低很多。但无论什么情况，都需要运营商或者云厂商根据企业的单元化路由规则来实现全局的流量调度。对业务型企业而言，这种方案的把控力不强，并且还需要等待研发或者安装的排期。基于运营商的全局单元流量入口方案如图 10-20 所示。

还有一种解决方案是自建中心单元接入层。自建中心单元接入层的投入成本会很高，但对业务型企业而言，把控力也很高，研发排期也相对可控。一般而言，需要设置一个中心机房，然后绑定运营商提供的公共 IP 并暴露公共域名到网上。中心到各个机房需要通过企业专线或者运营商专线进行物理打通。一切用户流量都通过公用域名进入中心机房，中心机房的接入层再进行分流处理。这样的方案缺陷是无法为各个业务定制域名，并且中心机房需要实现更多高可用能力的建设以及高级网络能力的建设，成本不菲。自建中心单元接入层方案如图 10-21 所示。

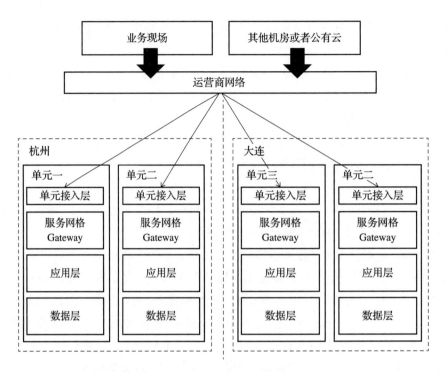

图 10-20 基于运营商的全局单元流量入口方案

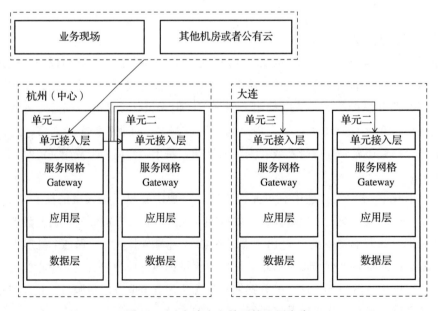

图 10-21 自建中心单元接入层方案

在图 10-21 中，虽然自建中心单元接入层可以使用 F5 的方案，但是因为 F5 是厂商所提供的软硬件一体化商业产品方案，可能自建中心单元接入层在自控性上不足，无法对接单元化多活的路由逻辑，所以给出一个软件方式的参考架构，即唯一中心单元接入层方案，如图 10-22 所示。

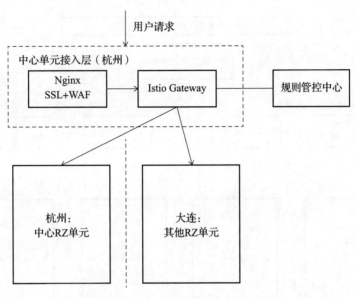

图 10-22 唯一中心单元接入层方案

在图 10-22 中，把 Nginx 和 Istio 网关放到了同一个 Pod 中，两者之间采用进程间通信。这种架构可实现整个接入层的同步扩容，对作为中心接入层是很有必要的。此架构方案的优势是可以定制化域名并映射到同一个固定公共 IP 上，部署上也比较简单，成本也相对较低。一般而言，此架构可以满足大多数中小企业的需求。此方案的劣势是有单点问题，对需要支撑大规模用户请求的系统不太合适，所以需要实现一种"地理亲和"的分区中心单元接入层架构，如图 10-23 所示。

在图 10-23 中，对于分区方式的接入，首先需要确定哪个单元集群离用户最近。一般来说，可以通过 IP 归属解析（HTTP DNS）、云厂商提供的智能地理感知 DNS 或者运营商的解决方案来实现。用户总是会访问最近的单元集群，然后由本地的单元接入层进行路由转发。因为多活单元实现了对等部署并保证了数据一致性，那么在用户移动到其他城市时，可以访问相同的服务，处理过程对用户透明。在某个中心单元接入层或者单元集群崩溃时，用户请求会被转发到其他城市的单元集群，实现了故障转移。

无论是同城多活接入架构还是异地多活接入架构，以上所有的方案都可以根据企业实际来进行选择。

4. 近实时、准确的数据同步方案

数据同步的实施范围包括数据库同步、缓存同步、Elasticsearch 同步等。

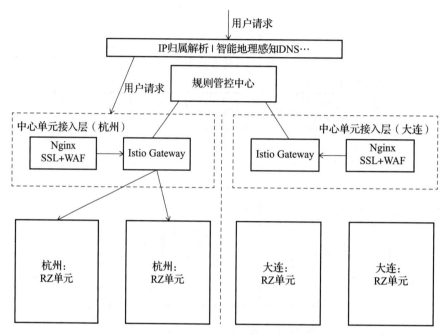

图 10-23 基于"地理亲和"能力的分区中心单元接入层架构

如果单元间数据同步不是近实时的，也就是在两个本来期望一致对等的应用之间存在差异的数据细节，那么此时多活集群的状态就是一种"伪多活"的集群状态。在"伪多活"状态的多活架构下，切换流量时或者用户移动到其他地理位置时就不能够为用户提供"一致体验"的业务服务。"丝毫不差"的同步状态在技术实现上是非常困难的，其中的原因很多，所以近实时的数据同步是一个折中的方案（其实就是尽可能实现时延更短的最终一致性），从而花费更少的成本来达成较好的效果。

准确性也是同一个应用的多实例对等部署条件下的一个指标，并且准确性指标的含义听起来与近实时指标的含义是一样的。虽然两个指标之间有相似性，但是准确性指标更加关注的是：无论是在切流、本地故障转移期间或者因为用户地理位置的变化所导致的单元切换情况下，数据都不会错乱。所以"准确性指标"和"近实时指标"看似含义接近，其实存在一些差异，即便数据同步是近实时的，数据错乱也是一种"伪多活"，会让用户的业务体验受损。

所以，只有先满足"近实时"指标，才能进一步实现"准确"指标。只有同时满足了这两个指标，才能实现最接近"真多活"的架构。

（1）近实时的数据不同方案

同城多活与异地多活的数据同步方案是一致的，数据同步方案的首要目标是实现近实时性。以 MySQL 为例来看数据同步方案，如图 10-24 所示。

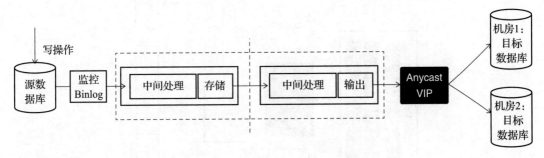

图 10-24　数据同步方案基本模型

在图 10-24 中，因为 RZone 对等多活单元会被部署多个，所以从源数据库实例到目标数据库实例是 "1∶N" 复制关系。为了减少目标数据库实例与图 10-24 中间的 "数据同步中间件"（会在后续详细说明）的连接数量，需要在多个目标数据库实例上使用 VIP（虚拟 IP），也就是在网络上让多个目标数据库实例看起来就像同一个 IP。

VIP 使用 Anycast 技术将数据路由到多个目标机房。为了提升数据同步的性能（近实时性），数据同步中间件从源数据库实例订阅了 Binlog（用于保存数据更新细节的日志）的变更消息。数据同步中间件收到 Binlog 变更通知，并不会把更新的数据直接写到目标数据库实例，而是通过数据同步中间件先将数据存储起来。在目标机房中部署中继日志处理服务，中继日志处理服务会从数据同步中间件拉取日志数据，然后通过输出处理器写入目标 VIP，最后目标数据库实例通过 VIP 接收到需要被同步的数据。

这样做好处是：源数据库实例的数据可以通过网络快速地传输出去，并可利用中继日志并行地去写目标库，数据同步处理过程非常快。这种架构是典型的 "马桶" 模型，各种源数据库实例都可以并发地发出数据，而单个源数据库实例是以流的方式推出数据，到了中间部分就 "囤着"，然后单个目标通过输出处理器以流的方式取（冲洗）数据。那么，宏观上的多个目标数据库实例还是并行地取数据，整体上的性能提升非常明显。

这种技术解决方案的重点在于 "数据同步中间件" 的设计，可以采用 Pulsar 作为同步中间件的基础来实现。具体而言，可参考图 10-25 所示的同城多活与异地多活的数据同步方案。

为了突出重点，图 10-25 对 Pulsar 相关细节进行了简化。Canal 订阅源 MySQL 数据库实例的 Binlog 变更，并将变更内容通过 Pulsar Producer 客户端 API 发送到一个特定 Topic，然后基于 Pulsar Function 机制实现一些数据处理逻辑（比如清洗数据实现降噪、加密等）之后把数据存储到 Pulsar 的存储层 Bookie 中。

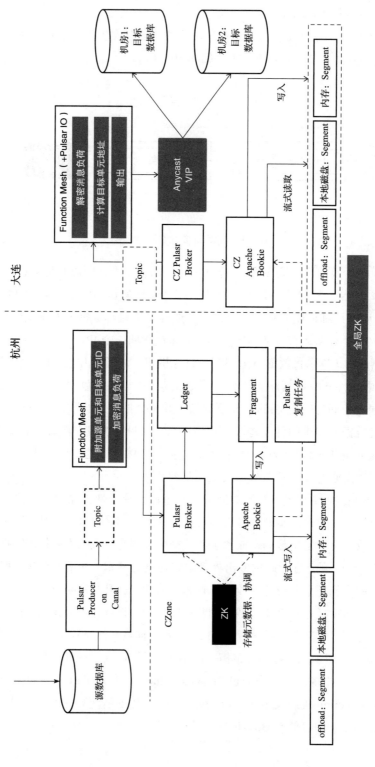

图 10-25 同城多活与异地多活的数据同步方案

Pulsar 是一种存算分离架构的云原生消息中间件，计算层和存储层可以独立自动拓展并实现独立的自愈能力。Pulsar 的 Bookie 可以按照流的方式保存数据，Bookie 可以在统一存储表征的情况下将数据"卸载"在云存储中（Tiered Storage），所以理论上消息堆积数量是无限的。在存储数据时会同时生成 Pulsar 复制任务，Pulsar 复制任务会将数据复制到目标城市的 Pulsar 存储层中；目标城市的同步中间件（基于 Pulsar Function 机制实现的数据处理逻辑）从特定 Topic 拉取、处理数据（比如解密等）后，输出组件就以流的形式取出数据并将数据转入目标 VIP 地址。

在性能和吞吐量指标上，Pulsar 具有传统消息中间件无法比拟的优势，"近实时"指标是可以得到满足的。另外，因为其存算分离架构和存储的能力，可以不丢失同步数据。Pulsar 生产者与消费者在时间上的无关性使得双方不需要关心对方的状态，那么双方在部署上就没有依赖性。

（2）数据同步准确性的解决方案

为了保证数据复制的准确性，需要实现"多活 Shard 切换"协议，以防止数据错乱。数据容易在多活流量切换时发生错乱的原因在于：不可能瞬间完成切换，中间存在软状态，比如，在杭州单元切换到大连单元的过程中，哪怕只有仅仅几毫秒的切换时间，在分布式并发业务环境下，一定会有一些用户的数据落盘到杭州机房，但是数据同步机制是近实时的，如果切换比同步快，那么这些用户的流量被切换到大连单元时，业务体验会受到一定损害。

在切换流量或者单元故障时，如果发现某些业务数据的状态在两个机房不一致，多活 Shard 切换协议会锁定该笔数据，阻止所有对此数据的更改，以保证数据的正确性。具体协议如下：

1）切换流量前，将杭州单元状态从 ACTIVE 修改为 BLOCK，将路由规则推送到单元接入层并同时下发服务网格路由策略。此时，无论是南北方向的流量还是东西方向的流量都全部被阻止，客户端会收到操作失败的识别码。

2）如果数据同步还在进行，那么单元状态要从 BLOCK 变成 RESYNC。

3）切换完成后，开始倒计时，或者由数据同步中间件通知同步完成，此时将单元状态改为 ACTIVE，单元接入层以及服务网格解除阻止路由逻辑。

本质上就是给源单元设置一个保护期，并在流量切换、数据同步完成后解除保护，这样就能最大程度地避免数据错乱的问题了。注意，这是一种牺牲了一定可用性为代价的方案，但这个保护期一般很短，还是可以接受的。

（3）对于其他类型数据源的数据同步方案

最后，因为缓存、Elasticsearch 等存储的数据都源于数据库，所以可以采取"以数据库为基线进行自我重建"的策略。缓存、Elasticsearch 等在单元间不进行数据同步，而是根据本地数据库的变化来增量更新自己的数据，如图 10-26 所示。

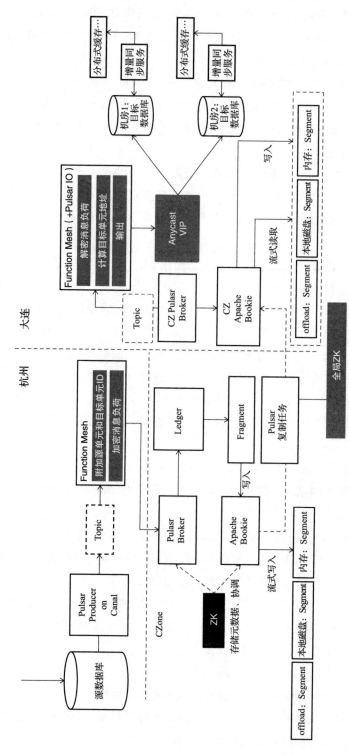

图 10-26　缓存等组件以数据库为基线进行自我重建

综合以上的讨论，基于近实时、准确的对等数据的多活单元，就可以保持一致的业务体验。

5. 云原生单元化全球化部署方案

如果企业在业务上需要跨国，比如跨国转账业务，就需要打通国内外的网络，但这种业务调用频率相对较小，所以没有必要全面实现所有业务的全球化，只需要对某些单元实现全球化部署即可。

另外，各个国家的业务数据其实并不需要被同步，只会同步必须共享的数据，所以数据同步的数量并不会太大，所以技术上的实现难度就降低了不少。全球化部署需要采用 AOT 以及把原先跨城域的镜像仓库复制能力提升成跨洲际镜像仓库的架构来实现。

（1）AOT 在全球部署场景下的技术升级方案

人们需要提升 AOT 的"按环境差异安装底层网络基础设施"的能力，因为两端的网络环境可能完全不同。比如，国内单元在 IDC 中使用 Cilium 作为底层网络管理层，而国外的业务单元部署在某公有云上，使用 Terway 作为底层网络管理层，并且要求使用 Linkerd 作为服务网格基础设施。所以，需要能够实现一种维持 AOT 高层语义不变的根据网络底层的不同自动构建网络基础设施的能力。

具体而言，只需要在平台侧为不同国家或者不同地区配置 AOT 关联的组件版本检查基线即可，每个国家或者每个地区的平台管理人员可以登录对应的控制台进行配置。一定要先进行版本兼容性测试，测试稳定后修改此配置。当 AOT 模板下发时，会自动检查和安装、部署相对应的底层网络组件。组件版本检查流程如图 10-27 所示。

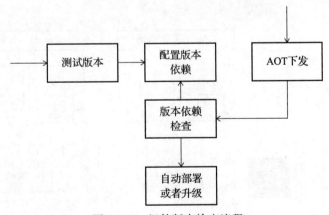

图 10-27　组件版本检查流程

（2）洲际网络加速

网络能够互通的关键除了软件部分外，还需要在"物理"上建立连接，所以需要实现 BGP Anycast 加速网络，如图 10-28 所示。

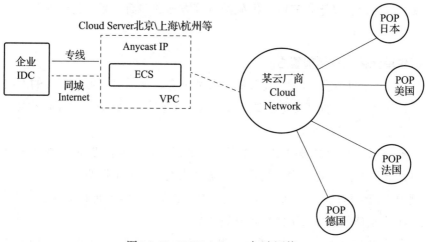

图 10-28　BGP Anycast 加速网络

在图 10-28 中，BGP Anycast 通过把 IP 路由信息发布到全球各地，让路径上的网络设备学习路由知识。当用户访问 Anycast IP 时，Anycast IP 可以实现用户就近接入的能力。通过云厂商遍布全球的 POP 点接入，并通过内网将数据传输到 VPC 中。如果客户的业务应用部署在 IDC 中，那么可以使用专线打通与云端的通信链路。这样，全球用户就能够通过 BGP Anycast IP 快速访问 IDC 中的业务应用了。

（3）跨洲际镜像仓库的架构实现

最后，需要把跨城域的镜像仓库复制能力提升成跨洲际镜像仓库的架构（或者称为全球镜像同步方案）。当 AOT 模板传输到某国并下发时，可以重建一个单元，如图 10-29 所示。

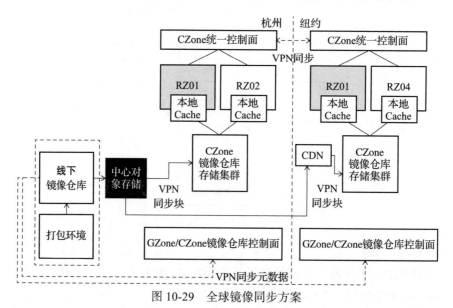

图 10-29　全球镜像同步方案

可以看到，仅通过 VPN 和遍布在全球的 CDN 就可以实现镜像仓库全球化部署，并且在此基础上可以实现镜像版本全球统一化管理的能力。

10.2.6 云原生单元化弹性架构

任何集群的资源容量都是有限的。

如果在突发流量的场景下购置常驻的计算资源，则会比较浪费，所以为了能够使得业务应用在这种突发流量情形下也能进行正常的业务处理，弹性架构是必不可少的，说白了就是自己资源不够用时临时向公有云借资源，用完就归还给公有云，所以整体成本较低。

弹性架构具有以下几个特征。

❑ 跨云：IDC 应用单元一般会向公有云借资源，这个过程也叫作弹出。

❑ 临时性：借出来的资源，用完就归还回去，归还过程也叫作弹回。

❑ 局部性：每个单元只弹出部分 AOT Component 服务和部分数据即可，弹出的部分通常是高水位流量链路所涉及的 AOT Component 服务。虽然只是一部分，但是也可以看成一个独立的特殊单元，也是五脏俱全的。

弹性架构的技术基础与 10.3 节要介绍的"云原生多活压测、演练体系"是一致的，都是通过流量标识执行特殊路由规则来实现的，但在解决方案层面是不同的。

把弹出的部分叫作弹性单元。为了标识这个特殊单元，会为这个单元生成一个全球唯一的弹性 ID。弹出分成以下两种方式。

第一种，完全弹出，将原先的本地单元全部弹出到公有云。

第二种，部分弹出，将原先的本地单元中的一部分 Component 服务弹出到公有云。

无论哪一种弹出方式，都会有两种流量切分方式，介绍如下。

第一种，当本地资源池预留存量以及超卖配额低于最低阈值时，弹性单元将承接 100% 的流量。

第二种，当本地资源池预留存量以及超卖配额高于最低阈值 20% 左右时，弹性单元将承接一定比例的流量。

目前，这些所有的配置全是人工进行的，即需要依靠人的经验来估计，因此在配置上会存在很大的误差。

1. 实现弹性单元的弹出

这里先聚焦于弹性单元技术架构设计本身。

（1）弹性单元的南北方向流量路由方案

云原生弹性单元如图 10-30 所示。

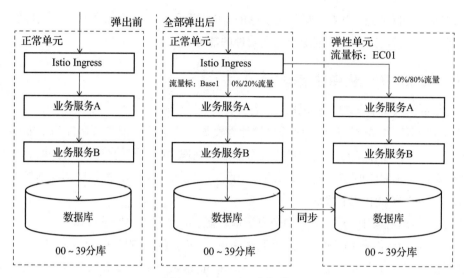

图 10-30 云原生弹性单元

对比图 10-30 与之前的单元化架构，可以看到如下变化。

1）弹出前：将 Istio Ingress 作为网关导入接入层（比如 F5、Nginx）流量，流量可正常进入单元内。

2）弹出后：因为某种原因进行弹出，通过流量标识（俗称"打标"）以及配合 Istio 的 Gateway、VirtualService、DestinationRule 等 CR 所配置的 Istio 路由规则将用户流量分流。原先单元（在本地）和弹性单元（在公有云）的数据库都是 00 ～ 39 分片，同时需要进行近实时、准确的数据同步。也就是说，原先单元和弹性单元两边没有任何服务代码差异，或者基本不存在数据上的差异，而弹性单元的流量比例可以是全量或者部分承担。

Istio 的 VirtualService CR 是可以通过 HTTP 头（流量标识打的位置）来匹配某种路由规则的，用不同的流量标识来区分不同的路由方向和流量比重来实现弹性流量切换机制。

弹性单元的部署只需要利用正常单元对应的 AOT 版本进行跨云部署即可。为了让这个过程自动化，可以在平台侧运用类似 Ansible 的脚本来实现。

但是问题来了，为什么本地正常分库的分片编号和公有云上弹性单元的分库的分片编号必须是一致的呢？

答案是，在业务上通过流量标识进行用户流量的切分，都是在同一个用户数据内进行分片的，仅是流量方向不同而已。另外，在弹回时，需要直接切换路由来实现秒级流量切换，不需要进行数据合并处理（合并处理的速度很慢），流量切换完成后直接将弹性单元释放即可，这样会使弹出和弹回非常快。

（2）弹性单元的东西方向流量路由方案

下面介绍部分弹出的场景，如图 10-31 所示。

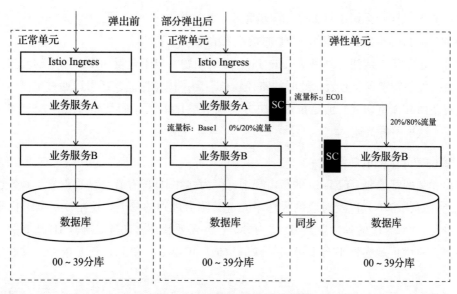

图 10-31 云原生部分弹出场景

图 10-31 中的黑框 SC 代表 Istio 的数据面 Envoy Sidecar。相比全部弹出的路由规则作用于 Gateway，部分弹出流量切分的实现方式是将路由规则下发给 Envoy Sidecar，即仅作用于服务间的东西方向流量。

（3）弹性单元弹出能力的总结

无论何种弹出，其弹出的实例数如何被确定都是棘手的问题。如果由人工来决定，则可能会消减弹性单元的效果，或者增加很多不应该有的费用，因此需要一种合理的自动化弹性单元实例数估算和扩缩容方案。前面已经讨论的 AOT 的动态副本管理策略，无论是在正常集群中、在正常单元中还是在弹性单元中，默认会起作用，所以具体需要弹出多少实例也依靠 AOT 这种"动态副本管理策略"能力，这里不再赘述。

以上所有的弹性单元方案都是基于云原生单元化 AOT 模式的部署能力、云原生网络 IBN 自动化能力、云原生数据同步方案、动态副本管理策略实例数估算方案等为基础的，并结合打流量标识来实现，所以可以看成一种高层次技术应用场景。

2. 实现弹性单元的弹回

当弹性单元在一定时间窗口内没有超出一定阈值的请求流量时，则在超时的情况下自动执行弹回操作；如果在一定时间窗口内超出一定阈值，则维持弹出状态不变。所以弹出状态或者弹回状态都是动态决定的，可以实现资源的物尽其用，在能够支撑业务规模的情况下减少了很多成本。

无论是何种弹性单元，其弹回操作的实现方案都是一样的。

❑ 修改流量标识，重新分配流量，将用户流量全部回流到本地单元。

    ❑ 检查数据同步标识位是否已经同步完成。

    ❑ 通过向目标集群下发删除 AOT 的指令来消除弹性单元。

另外，也很容易地注意到有关 Istio Ingress 的问题，对于全量弹出，用户的流量先进入本地再被网关层转发到公有云。此时的路径较长。为了优化性能，还可以通过更高一层的接入层进行路由和流量切分，但是技术解决方案就不是 Istio 了，而是如何配置 F5 或者 Nginx 的问题了，这里不再赘述。

3. 弹性单元架构的总结

弹出和弹回都需要修改 Istio 的路由规则，因为弹性 ID 的存在，使得配置一致性检查被跳过，允许对正常单元以及对应的弹性单元进行路由规则的变更。这个变更需要向平台传入正常单元 ID 和对应的弹性单元 ID 作为参数，并需要验证合法性。弹性 ID 还有另外一个用处：在云原生可观察性平台上可以非常清楚地标识出哪些单元是正常单元，哪些是弹性单元。

最后重申云原生单元化弹性架构相对传统方案的优势：自动化，实现简单，最关键的是对业务代码以及中间件没有任何侵入。

10.3　云原生多活压测与演练体系

在实际云原生单元化机制建设过程中，如何知道自己的方案是否正确呢？哪些地方需要调整？这么大规模的业务影响范围，能不能将业务集群切换到单元化多活方式？这些都需要设计事前的多活压测与演练机制。另外，在运行态也要实现一种预防机制，以进一步保证整体稳定性。这些都是保证云原生单元化以及多活架构落地的重要环节，所以一定要重视起来。

首先思考一个问题，压测和演练在什么环境下进行最好？

在日常或者预发环境下，即使实现压测或者演练也无法体现真实的生产运行状态。此时，或许能发现一些问题，但总会让人不放心自己的压测或者演练是否全面，所以需要在正式环境下进行压测和演练。然而，在线上进行这些活动会不会影响用户的正常业务活动？会不会导致数据错乱？这些问题的本质是“如何控制爆炸半径”的问题（如何控制好破坏或者影响的范围）。以上的问题，传统技术方案也会面对，但是在云原生技术条件下会做得更好。

此时应先做好压测的能力，然后基于压测的能力介绍演练以及预防问题会比较好。不能静态地看待压测，单元中的 Component 服务是不断演进的，它会影响 AOT 部署版本的变更，所以压测其实是对某个版本的单元进行的。换句话说，压测的结果仅针对当前 AOT 版本。因此，如何快速、安全地验证新的软件版本就是要解决的问题了。

10.3.1 线上环境的泳道隔离技术

服务网格的出现把云原生压测的解决方案提高到了一个新高度。

因为生产环境具备全量的、完整的基础设施、业务应用和相关数据，所以可以实现一种基于"泳道"模型，在生产环境中能够同时验证几种类型代码（开发中的代码、待部署的代码等）的稳定性及性能的压测能力。从过去那种通过管道模型进行验证的方式转变为并行验证以及快速可回退的方式，大大提高了压测的效率与版本质量。

值得重点说明的是，压测需要以下两个维度的测试。

一是性能测试，有很多指标需要进行测试。

二是故障测试，即模拟一些故障验证系统能不能保持业务连续性，并且验证系统在故障下是否能够快速自愈，达到性能指标。

离开故障模拟而只进行性能测试是没有意义的，比如性能测试是通过的，但是系统总出故障，那么性能也是很难保证的。服务网格不仅可以控制流量进行性能测试，也可以进行故障测试，比如利用 Istio 来实现。从基本面来看，Istio 具备最常用的能力，按需拓展 Istio 也并非什么难事儿。

1. 流量泳道技术的基本说明

基于 Istio 的流量泳道如图 10-32 所示。

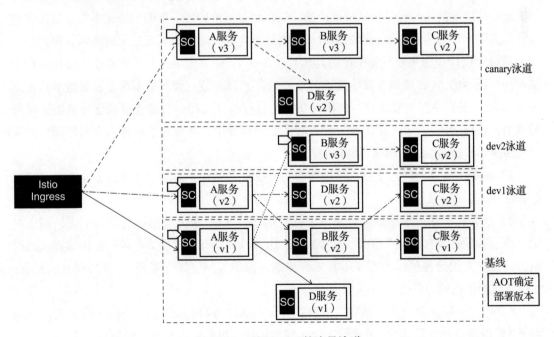

图 10-32　基于 Istio 的流量泳道

图 10-32 中，所有泳道的性质是一样的，不同的命名只是为了区分场景或用户。另外，图 10-32 中的 SC 是代表 Istio 的 Sidecar，其核心是 Envoy 代理。图 10-32 中的白色箭头代表入口 Component 服务，指流量进入泳道时所触达的第一个 Component 服务。

1）基线（Baseline）：指业务应用的所有 Component 服务都部署到了这一环境中。基线来自真实的生产环境，也就是说其 AOT 具有确认的部署版本，其他泳道都是 Dev AOT，或者叫作非生产泳道。

2）流量泳道（Traffic Lane）：代表了一个与基线泳道相隔离的软环境（流量隔离），通过给 Pod 打标签的方法，将 Pod 加入该泳道中。显然，加入泳道的 Pod 在网络层面与基线中的 Pod 是互通的，在物理部署层面则可能是隔离的。泳道本质是逻辑关系，或者说路由转发关系导致的分叉。

3）流量回退（Traffic Fallback）：泳道中所部署的 Component 服务的实例数量不一定与基线泳道中的实例数量完全一致。当泳道中并不存在调用链中所依赖的其他 Component 服务时，流量需要回退至基线泳道。比如，图 10-32 中的 dev1 泳道中并不存在 A 服务所依赖的 B 服务，因此需要让流量回退到基线中的 B 服务，紧接着基线中的 B 服务需要将流量打回 dev1 泳道中的 C 服务。这种机制使得测试一部分新版本 Component 服务时不需要全量部署所依赖的其他 Component 服务，可使测试活动更加简单、轻便。

4）流量标识透传（Traffic Label Passthrough）：所有服务边上的 Sidecar 都需要有能力将请求中所携带的流量标签自动放到由这一请求所分叉出的每一个调出请求中去，以便实现全链路流量标识透传和按流量标识路由，否则泳道与基线间的流量无法实现来回穿梭。

从以上设计规则来看，每个泳道其实对应着一个 AOT 应用，但只有基线泳道拥有线上确定部署版本的 AOT 应用，其他泳道都是只包含了 Dev 分支代码的不确定部署版本状态的 AOT 应用。很容易就能够发现，如果对新特性进行验证，那么会**省去搭建全链路测试环境的麻烦，任何版本的 AOT 应用都被部署在了生产环境中，并且每个泳道都会自然而然地实现控制爆炸半径的能力**。那么就能做到：

1）在每个泳道上进行压测、演练等活动，以便更加真实地测试各种线上或者待发线上的特性。

2）因为每个泳道都通过流量路由进行了隔离，所以 AOT 应用不会受到干扰，不会对用户产生不好的影响，研发验证、日常测试、压测以及演练的"爆炸半径"会得到有效的控制。而传统方式的测试活动需要不断减少测试路径来控制"爆炸半径"，其实现方式复杂，实际管理操作也较为复杂。

3）甚至可以复制一个与基线"一模一样"的 AOT 应用并产生一个特殊的泳道，使用影子（镜像流量）来重现或者验证线上版本的稳定性，以进一步减少对线上的干扰。

4）过去，日常环境、预发环境、正式环境在网络上完全是隔离的，并且是不同的物理集群，人们无法在统一视角（三环境监控合一）下对比和观察 3 个环境的活动情况。现在，利用泳道可以轻松实现三环境监控合一的机制，比如在一个控制台上自动对比发布的 API 之间的版本差异以及 Live 状态，这有利于业务研发团队高效安排自己的测试计划，避免或者降低不同版本 API 之间的差异所导致的生产集成失败风险。

除了压测、演练的场景外，泳道技术还可以运用于如下场景。

1）全链路灰度：一个泳道通过了全链路验收后，可以发布到基线。

2）关键业务重保：某些服务链路并不希望其他链路故障引发的连带故障，此时可以通过泳道对业务流量进行隔离实现重保。

那么，这么好的机制，在技术上应该如何实现呢？不难发现，整体机制都体现在路由控制上。Istio 的路由规则配置主要集中在两个位置：Istio Ingress 和服务路由。

2. 流量打标方案

在运用泳道技术时，根据流量打标的位置不同而存在两种不同的方案。注意，虽然方案有所不同，但服务网格的技术实现是完全一致的。

第一种，通过 Istio Ingress 实现流量打标，如图 10-33 所示。

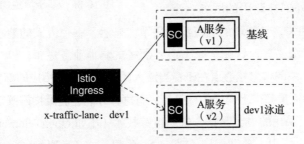

图 10-33　流量打标方案：Istio Ingress

图 10-33 中，客户端的流量直接被路由到服务网格的 Ingress 网关上。Istio 原生的 Virtual-Service 规则与流量特征进行匹配识别之后，在转发请求前加上名为 x-traffic-lane 的 HTTP 头，随后将流量路由到相应的泳道。

第二种，通过入口 Component 服务实现流量打标，如图 10-34 所示。

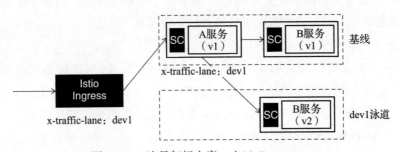

图 10-34　流量打标方案：入口 Component

本质上，该方案与第一种方案是完全一样的，同样通过 Istio 原生的 VirtualService 匹配规则识别出相应的流量，然后加上名为 x-traffic-lane 的 HTTP 头。唯一的不同在于，第一种方案中的 Envoy 的角色是 Ingress，而第二种方案中的 Envoy 的角色是 Sidecar，底层都是基于 Envoy 的实现。

流量一旦完成打标，就由服务网格中的每一个 Envoy 实例基于流量标识和控制面下发的配置实现全链路的流量标识透传和按流量标识路由的能力。

3. 流量标识透传

图 10-35 所示为基于泳道的 Envoy 流量劫持。

从 Envoy 的视角来看，图 10-35 中包含对流入和流出两种流量的转发。I1 是流入的流量，收到后将转发给本地的 A 服务；O1 是流出的流量，Envoy 接收 O1 后会将此流量转发给外部被调用的服务。流

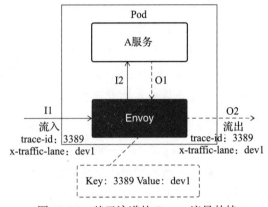

图 10-35　基于泳道的 Envoy 流量劫持

入与流出只与请求相关，与请求的响应没有关系。显然，一个流入的请求可能有多个流出的请求发生（即"流量分叉"），这完全取决于 A 服务的具体业务逻辑。

泳道技术所要解决的技术核心点在于：当流入的流量打上了相应的标签后，如何让它所分叉出的每一个流出的流量都带上同样的标签。只有这样才能让流量按照既定的路径实现转发。

针对以上问题，采用的方案是结合链路追踪技术（比如 OpenTelemetry）。链路追踪技术是通过 traceId 来唯一标识一条调用链（树）的。为根请求（最原始的请求流量）分配全网唯一的 traceId 后，由此流量所分叉出的所有新调用都得带上完全一样的 HTTP 头。换句话说，Envoy 的自定义插件要确保所有对应分叉流量带上相同的 HTTP 头。

回到图 10-35 所示的方案，A 服务收到 I2 请求并在业务处理时发起 O1 调用，此时 I2 中的 traceId 头会被传播到 O1 请求中。一旦服务网格中所有服务的请求都带上了 traceId，那么通过 Envoy 实现全链路的流量标识透传就是非常简单的事了。最终，带有相同 HTTP 头的流量能够被 Envoy 按一致的规则进行流量转发并形成"泳道"。

在实现上，大体分可以分成以下几个步骤。

1）Envoy 自定义插件内部构建一张映射表，记录 traceId 与流量标识的映射。比如，图 10-35 所示的流量标识是放在 x-traffic-lane 这一 HTTP 头中的。x-traffic-lane: dev1 代表的流量标识是 dev1 泳道，x-traffic-lane:canary 代表的流量标识是 canary 泳道。

2）当请求 I1 进到 Envoy 时，Envoy 自定义插件基于请求中所带的 traceId 和流量标在映射表中增加一条映射记录。

3）Envoy 自定义插件对于收到的每一个 O1 请求，基于请求中的 traceId 从映射表中找到对应的流量标识，将之增加到 O2 请求中并将流量转发出去。

通过服务网格基于 traceId 打标的技术方案的好处在于，服务网格可以将流量打标的动作和流量标识传递完全与服务解耦，将流量打标的能力以及流量标识传递的能力下沉到本来就擅长流量治理的服务网格中，从而让流量调度的灵动性得以进一步解锁。另外，需要说明的是，Envoy 自定义插件应该由平台侧团队提供。

4. 流量标识与 traceId 的定义

在 Istio 的已有 CR 的基础上，新增 TrafficLabel 这个全新的 CR。进行新增而非直接对 VirtualService CR 做扩展的原因是，VirtualService CR 的设计是基于应用维度视角的，当一个业务复杂到全链路有很多应用都需要放到泳道中时，就得对每个应用的 VirtualService CR 进行变更。在实操层面，会存在一定的困难。

另一种思路是，让 VirtualService CR 具备配置全局规则的能力，而这需要用到规则的合并机制，这一点从实操层面也存在一定困难。Istio 社区已经多次讨论过将多个 VirtualService 进行合并的需求。目前只在网关上支持合并，Sidecar 则不提供这一功能，原因在于担心合并的顺序不同而导致故障。所以选择实现一个独立的 CR 来实现目标是合情合理的。

```
------------------
apiVersion: istio.ext.com/v1beta1
kind: TrafficLabel
metadata:
  name: global-traffic-label
spec:
  rules:
  - labels:
    - name: x-traffic-lane
      protocols: "http"
      traceIdHeader: x-request-id
    hosts:    - "*"
------------------
```

以上示例说明了如何使用 TrafficLabel 这一 CR 在 istio-system 根命名空间中定义全局有效的流量打标方法。示例定义了名为 x-traffic-lane 的标签，作为 HTTP 请求头来存放流量标识（比如 dev1、dev2、canary 等）。也定义了基于 x-request-id 获得 traceId 的规则，用户可以根据自己所选型的链路追踪系统的具体实现加以设置，该示例设置为从 x-request-id 头中获得，是因为 Envoy 实现了以 x-request-id 作为全网链路唯一性标识的功能，否则就需要开发自定义 Envoy 插件来实现其他更复杂的机制。

5. 按流量标识路由

为了支持按流量标识路由，需要对 Istio 的 VirtualService CR 做扩展，让 destination 字

段支持用 $x-traffic-lane 这样的变量来指定流量的目的地。包含 x-traffic-lane:dev2 头的流量会打到 dev2 这个泳道中，这个设计其实是使用 DestinationRule CR 定义了名为 dev2 的 subset（Istio 的 subset 产生的目的是可以通过路由、请求头 Header、权重等方式实现路由或流量控制），如下面代码所示。

```
------------------
apiVersion: networking.istio.io/v1alpha3
kind: VirtualService
metadata:
  name: reviews
spec:
  hosts:
    -B
  http:
  - match:
    - headers:
        end-user:
          exact: dev2
    route:
    - destination:
        host: B
        subset: dev2
      fallback:
        case: noinstances|notavailable
        target:
          host: B
          subset: baseline
      headers:
        request:
          set:
            x-traffic-lane: dev2
  - route:
    - destination:
        host: B
        subset: $x-traffic-lane
      fallback:
        case: noinstances|notavailable
        target:
          host: B
          subset: baseline
  - route:
    - destination:
        host: B
        subset: baseline
------------------
```

应注意，VirtualService 代码中的 $x-traffic-lane 这一名称与 TrafficLabel 内所定义的名称要保持一致。

```
------------------
apiVersion: networking.istio.io/v1alpha3
kind: DestinationRule
metadata:
  name: reviews
spec:
  host: reviews
  subsets:
  - labels:
      version: v2
    name: baseline
  - labels:
      version: v3
    name: dev2
------------------
```

从 DestinationRule CR 的定义不难看出，除了 baseline 外，只定义了 dev2 这个泳道。dev2 泳道的定义与 VirtualService CR 的定义所对应的使用场景正是图 10-32 中的基线和 dev2 泳道。

10.3.2 构建云原生压测与演练平台

基于泳道实现的压测能力，仅是基于研发人员自己的假设用例进行测试的。此时因为人们自身视角的缘故，可能会使得压测带有很多主观色彩而无法真正实现测试结果的可信，所以需要实现一种模拟客观环境随机性的压测和故障演练机制。

1. 构建云原生压测与演练平台的 3 个阶段

近几年出现的混沌工程是实现这一目标的最佳实践。混沌工程就是在某个随机的系统位置或者时间点进行故障注入等操作来实现故障演练的（或者叫作基于时空随机性的混沌测试）。可以认为混沌工程是目前认定的故障演练的终极解决方案。根据企业实际，构建压测和演练平台的过程可以分成 3 个阶段。

（1）手工测试演练阶段

虽然人们可以借助很多软件工具来进行测试演练活动，但是软件是从属的工具。一般企业定义的流程规范十分烦琐，手工操作容易出错，并会出现重复性劳动现象等，这些都使其实施活动的成本高、效率低。在很多小型或者初创型企业当中，比较适合手工的测试演练方式，这种方式对人员的技能要求不高。但是随着业务复杂度和业务规模的增长，这种人工的测试演练方式只能作为过渡性措施，会越来越不利于人员能力的成长。

（2）自动化脚本阶段

此阶段甚至已经演化出将自动化脚本和工作流程进行融合的思路了，也就是把测试规范落入组织的流程里。泳道技术在这个阶段也可以进行落地，在平台上针对每个泳道运行相应的自动化脚本，大大提高了自动化程度，并降低了对人工的依赖，能够在减少错误的情况下支撑更大规模的业务。但是因为脚本化是相对固化的、确定的，并且是从研发人员、测试人员的自身角度来实现的脚本，其场景覆盖率的真实客观性受到了限制，可信度达到 60% 就不错了。

（3）混沌工程实践阶段

此阶段，企业的业务规模一般很大了，如果还是采用自动化脚本来实现压测和故障演练机制，自动化脚本基于人对缺陷的假设进行的设计不能覆盖所有真实的情况，那么业务应用就会较大概率地出现低稳定性、低性能等隐患。为了尽可能地消除由于使用自动化脚本所导致的压测覆盖率不足和故障演练覆盖率不足的问题，企业有必要考虑采用混沌工程的方式来实现压测和故障演练机制。混沌工程可以模拟真实环境下的故障，非常适合用于大规模业务体量的企业。

在实际落地过程中，因为各个部门发展不平衡、业务规模不对等因素，在一个企业乃至更大规模的集团中，这 3 种测试演练的模式可能会同时存在。对云原生平台而言，需要同时存在和兼容以上 3 种模式，为其提供相应的工具。为了简化问题，重点只关心混沌工程这种模式。

2. 混沌工程的基本原则

混沌工程最早来自 Netflix 的工程实践。随后国内的各类企业，尤其是云、云原生各个厂商，都开始尝试实践混沌工程了，并积累了非常丰富的实践经验。标准的混沌工程定义并没有包括性能压力测试，这里将性能压力测试融合进来。在本书范围内，统一地对混沌工程进行了如下定义。

混沌工程旨在将性能缺陷、故障扼杀在萌芽阶段。通过主动随机地执行性能压测和制造故障，测试系统在各种压力下的行为并识别相关问题，为问题修复提供线索，避免造成更加严重的后果。

目前，业界普遍认同的混沌工程基本原则如下。

（1）建立一个围绕"稳定状态行为"的假设

要关注系统的可测量输出，而不是系统的属性。在短时间内使这些输出的度量数据构成系统稳定状态的表征。整个系统的吞吐量、错误率、延迟百分点等都可能是表征"稳态行为"的指标。通过关注实验中的系统性行为模式，混沌工程验证了系统是否正常工作，而不是试图验证系统是如何工作的。

（2）模拟多样化真实世界的事件

混沌变量反映了现实世界中的事件。人们可以通过潜在影响或估计的频率来排定这些事件的优先级。考虑与硬件故障类似的事件，如服务器宕机、软件故障（比如错误响应）和非故障事件（如流量激增或伸缩事件），任何能够破坏稳态的事件都是混沌测试中的一个潜在变量，这些变量代表了混沌工程的场景范围。

（3）需要在生产环境中运行测试

系统的行为会依据环境和流量模式的不同而会有所不同。因为资源使用率随时都可能发生变化，因此采集实际流量是捕获请求路径唯一可靠的方法。为了保证系统执行方式的真实性以及保证测试与当前部署的系统之间的相关性，混沌工程强烈推荐直接采用生产环境流量进行测试。

（4）需要持续运行自动化测试

手动运行测试是劳动密集型的，最终是不可持续的，所以要实现测试自动化并保持持续地运行，混沌工程要在系统中构建自动化的编排和分析等能力。

（5）保持最小化爆炸半径

在生产中进行测试可能会造成不必要的客户投诉，需要考虑在执行混沌测试时可以控制的"爆炸半径"。

（6）支持性能压测是必要的

在现实环境中，客户更希望无论底层发生何种故障，性能都被要求能够说得过去。在混沌实验中，在性能指标的变化能够符合正常系统的定义时，所测试的系统才会被认为是好的系统，否则就需要进行修正。

破坏稳态的难度越大，人们对系统行为的信心就越强。如果发现了弱点，那么就有了改进目标，避免在系统规模化之后被放大。

3. 混沌工程的场景范围与案例

以阿里的名为 ChaosBlade 的混沌测试工具为例，可以清晰地看到 ChaosBlade 所测试的范围可以覆盖系统的所有层次。所有的 ChaosBlade 实验执行器（用以执行具体测试的工作体）都遵从相同的规范，并且可以根据新增的场景进行自由拓展。混沌工程的场景范围与 ChaosBlade 逻辑结构如图 10-36 所示。

4. 有关 ChaosBlade 的说明

ChaosBlade 是如何实现混沌测试的呢？

（1）ChaosBlade 核心概念的说明

在使用 ChaosBlade 进行混沌测试之前，应先搞清楚以下几个概念或者问题。

❑ Target：对什么目标组件进行混沌测试（也可以叫作混沌实验）？是 CPU，还是磁盘？

❑ Scope：混沌实验实施的范围是什么？是集群，是节点，还是 Pod？

❑ Matchers：实验生效的匹配条件是什么？比如 HSF、Dubbo 等，是根据服务提供者提供的服务，还是服务消费者调用的服务？

❑ Action：具体实施什么样的实验？是模拟 CPU 满负载，还是模拟网络通信故障？

回答了以上所有的问题，其实就是设计了一次"测试"或者"实验"。ChaosBlade 将以上这些抽象成一种模型结构。

（2）ChaosBlade 命令参数说明

为了说明数据模型的结构，可以先看一个例子，然后深入分析其背后的实现。ChaosBlade 是一个命令行工具。如果要模拟 CPU 满负载的效果，假设测试机的 CPU 核数为 3，那么就需要在本地终端执行如下命令。

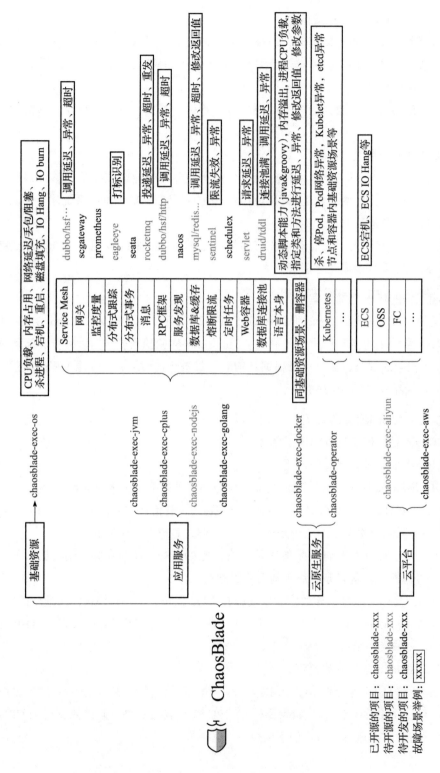

图 10-36 混沌工程的场景范围与 ChaosBlade 逻辑结构

$blade create cpu load --cpu-list 0,2

其中：

❑ blade：指 ChaosBlade 的命令行程序。

❑ create：代表要创建一个实验。

❑ cpu：模型中的 Target，也就是针对 CPU 满负载进行实验。

❑ load：模型中的 Action，执行负载模拟演练的场景。

❑ --cpu-list：模型中的 Matchers，是实验规则的匹配条件，这里指编号为 0 ～ 2 的
CPU 核都需要满负载（3 个核满负载）。

因为是在本地机器或者容器中进行的实验，所以 Scope 是本机。运行这个命令之后，
可以通过 sar 命令（Linux 命令）来查看各个核的负载情况，此时就会发现有 3 个核的 %user
指标为 100%，%idle 指标为 0。

（3）ChaosBlade 的数据模型以及基本原理

下面介绍 ChaosBlade 的实现逻辑，如图 10-37 所示。

1）blade（ChaosBlade 的二进制程序名）是一个命令行程序，采用 Cobra 框架实现。
blade 利用 Cobra 框架声明并拓展子命令以及参数是很灵活的，比如此例中的 create、cpu、
load 都是 Cobra 的三层子命令，--cpu-list 是参数。

第一层子命令，具体包含以下参数。

❑ create：创建一个实验。

❑ destroy：摧毁一个实验。

❑ prepare：预备一个实验环境。

❑ revoke：撤销一个实验环境。

❑ query：查询实验的系统参数。

❑ version：打印 blade 版本信息。

❑ server：启动 server 模式，利用此模式可以直接通过 URL 下发实验命令。

第二层子命令，代表的是 Target。目前能够被指定的 Target 有 CPU、mem、disk、Network、
JVM、OS、Kubernetes 等。

前两层子命令所对应的实现都是在 ChaosBlade 框架层所实现的，是通用、固定的。

第三层子命令，代表是 Action。每一个 Target 下都可能存在很多 Action，代表着实验的场
景。而实验场景是千变万化的，都是根据具体应用或者平台场景来设计的，所以 ChaosBlade 采
用了集成基于标准化的 Executor 框架来实现各种实验场景的策略。也就是说，Action 在某
种 Target 下可以任意进行拓展，这也是图 10-37 能够覆盖如此多层次场景的秘密所在。

2）执行 blade 命令行后，ChaosBlade 框架通过 createCommand 对象将命令行中的内容进行
解析，并构建了实验模型（内存数据结构），最后保存到本地的 SQLite（一种轻量级的数据库）。

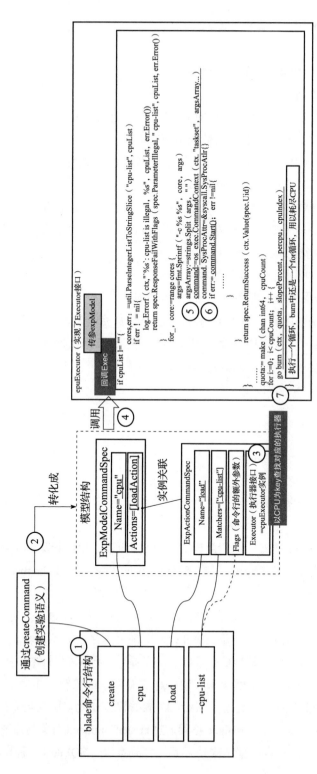

图 10-37 ChaosBlade 的实现逻辑

3）以 CPU 这个 Target 作为查询键，查询早已注册在框架中的、基于 Executor 实现的、被集成加载的外部 cpuExecutor 实现。

4）转换实验模型数据为 expModel 并带入调用上下文，调用 cpuExecutor 的通用 Exec 接口。

5）在 cpuExecutor 的 Exec 实现中，通过"cpu-list"参数获得了需要绑定的 CPU 编号，然后使用 Linux 命令 Taskset 来实现绑核。

6）根据满负载的核数，对每一个核运行什么都不干的死循环，目的是耗尽这些 CPU，使得 CPU 核满负载。

（4）ChaosBlade 的拓展能力以及针对 Kubernetes 的拓展

下面分析 ChaosBlade 的拓展能力，重点讨论 ChaosBlade 针对 Kubernetes 所做的拓展。

1）ChaosBlade 是一个命令行，只能在本地执行；ChaosBlade 只是一个通用框架，具体 Action 的实现都是通过外部集成加载进来的。仔细分析外部实现的源码可以发现，外部实现其实也是命令行程序，ChaosBlade 只是作为主程序进程调用它们而已（外部程序作为子进程程序）。ChaosBlade 进程关系如图 10-38 所示。

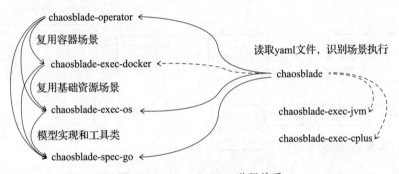

图 10-38　ChaosBlade 进程关系

2）ChaosBlade 的实验模型数据结构是连接 ChaosBlade 主程序和外部具体 Action 程序的桥梁，因此 ChaosBlade 可以实现任意的拓展，从而能够实现覆盖更多场景的能力。

ChaosBlade 主程序和外部 Action 程序的关系如图 10-39 所示。

在图 10-39 中，比较特殊的是 Kubernetes 执行器，它将命令行的实验模型转换成 ChaosBlade CR 来描述要在 Kubernetes 环境下执行的实验：

```
--------------------
apiVersion: chaosblade.io/v1alpha1
kind: ChaosBlade
metadata:
    name: cpu-load
spec:
    experiments:
    - scope: node
      target: cpu
```

```
action: load
desc: "increase node cpu load by names"
matchers:
- name: names
  value:
  - "cn-hangzhou.192.168.0.205"
- name: cpu-list
  value:
  - "0,2"
-----------------
```

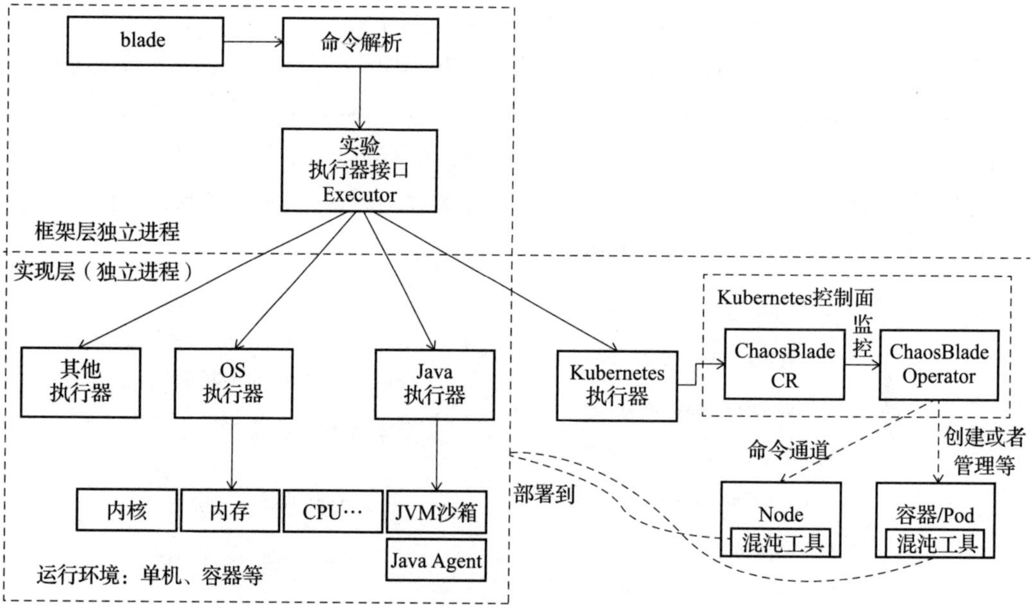

图 10-39 ChaosBlade 主程序与外部 Action 程序的关系

通过 Kubernetes 执行器下发到 Kubernetes 的 CR 会被 ChaosBlade Operator 控制器解释，并转换成目标节点或者目标 Pod 内的已经事前部署好的 ChaosBlade 工具的 blade 命令，此时就可以在 Kubernetes 集群中实现实验了。

5. 有关 ChaosBlade 缺陷的思考

ChaosBlade 只是一个命令行，存在以下问题。

1）ChaosBlade 不采用平台化方式，无法在大规模集群中使用，因为人们无法手工在每台机器上执行这些命令。即使采用 Kubernetes 执行器方式，人们也需要面对手工构建实验 CR 的问题，相当于面对着无数的节点和 Pod。

2）在 ChaosBlade 中没有看到体现随机性的地方。这种随机性不仅体现在单个节点或者 Pod 中，在整个集群或者更多集群范围内也要体现。

3）ChaosBlade 没有实现对实验活动生命周期的管理能力，也就是没有办法规范人员的活动。ChaosBlade 变成了一个纯粹的工具。

4）ChaosBlade 没有对跨越几个目标（比如多个 Node、多个 Pod 或者多个应用等）的实验实现一种编排能力（实验任务工作流）。

5）ChaosBlade 的实验结果没有平台化的可观察性工具来展示和比较，很难量化实验的效果。

所以，如果要在云原生平台上使用 ChaosBlade，就必须实现平台化。所幸的是，官方已经提供了一个名称为 ChaosBlade-Box 的控制台来试图实现平台化的诉求，ChaosBlade-Box 只基于通用场景进行抽象，所以对于中小型企业来说还是够用的。ChaosBlade-Box 整体工程还不是很健全和成熟，不能满足大型企业的需要。另外，ChaosBlade（Box）体系并不能完全满足混沌工程的全部原则。

6. 基于 ChaosBlade 的企业级云原生混沌演练平台

这里将基于 ChaosBlade 呈现另一种平台设计方式：企业级的、结合泳道的、可观察和可分析的统一化云原生混沌演练平台，它的底层将基于 ChaosBlade 进行拓展。

（1）传统混沌演练平台的缺陷

现在需要思考如下几个关键性问题。

1）企业的各个部门或者团队面向的应用场景、部署方式、测试方法和测试流程等都有所不同。原因是多方面的，比如面向的业务场景不同、业务发展阶段不同、人员能力不同等。那么，混沌平台和云原生平台面临的问题是一样的：如何用一套东西来满足差异化的需求。

2）数字化业务在外部显化成统一的、一体的系统，内部各个部门的系统或者团队的系统之间是隔离又集成的关系。那么对于混沌平台而言，和云原生平台一样同样面临着跨应用测试的问题。如果不能支撑跨应用测试能力，则非常有可能在后期引起修改变更，比如，因为设计不合理，集成时发现接口不对。这会进一步引发很多不稳定因素，需要通过 DevOps 平台重新验证才可以进行集成。各个应用之间，流量水平存在差异，稳定性也存在差异，那么集成后会不会出现很多隐含的、难以在研发阶段发现的问题？该问题很难在多种视角下得到答案。

以上问题有没有可能用一套解决方案来解决呢？人们之所以首先关心组织上的问题，因为它是解决如何设计混沌平台的基础性问题。从部门或者团队角度来看，传统混沌测试的流程如图 10-40 所示。

以上流程体现了一种"演化"的思路，形成了一个实验循环闭环，在循环间能够逐步收敛系统的故障，但还是要深入分析采用传统方式的部门级或者团队级流程。

1）设计演练计划中的"确定演练目标和范围"并没有体现混沌实验的随机性，人工方式其实已经违反了混沌实验的原则。

2）准备环境环节很复杂，缺乏快速构建环境的能力，这使得演练成本较高。另外，没有自动化手段保证，可能会出现一些操作或者环境设置不正确的情况。最后可能不会在生产环境进行实验，这同样违反了混沌实验的原则。

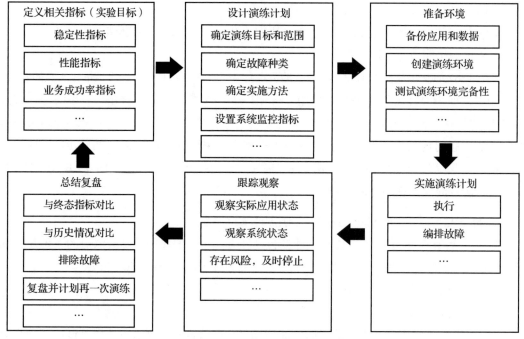

图 10-40　传统混沌测试的流程

3）在跟踪观察环节，风险的识别需要依靠人的经验，然而人员不可能时时刻刻盯着系统，所以很难做到及时止损。

4）在总结复盘环节，同样的故障表现，可能原因不同，因为系统链路可能非常长，这给排除故障的工作带来了一些麻烦，调查的时间可能会很长，所以还是需要某种手段来尽量快速地定位根因。注意，虽然故障是我们注入的，但是系统本身的问题是被注入的故障所引发的，所以这里说的根因是指系统本身的原因。这就像一个汽车在高速公路上行驶，突然前面出现了红灯警告停车（交警例行检查或者交通事故等），此时却发现刹车失灵了。外因要通过内因起作用，所以我们关心的是这辆车内部刹车为什么失灵，而不是红灯发生的原因。

（2）新型的自动化演练流程

以上所分析出来的缺陷，本质都是缺乏自动化，而云原生的核心问题就是如何尽可能地提高自动化程度，所以基于组织和平台之间关系的所有问题提出了一个新的平台化流程方案，然后基于这个流程方案继续讨论技术架构的方案。自动化演练流程如图 10-41 所示。

从图 10-41 可以清晰地看到如下变化。

1）新增加了组织管理融合环节，将前面所讲的组织与租户、应用之间的映射管理关系也融合到混沌平台当中来，力图形成一个有机整体。

2）设计演练计划环节是通过泳道来自动确定实验的目标和范围的，但是需要人工确定实施方法以及编排跨应用的实验。

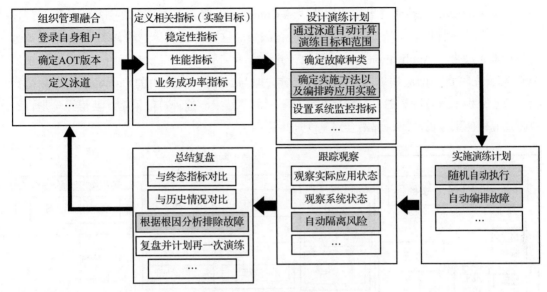

图 10-41 自动化演练流程

3）在实施演练计划环节，执行和故障编排都是随机的，人员可以指定规则参数，但是整个演练过程无须人工操作。

4）在跟踪观察环节，因为泳道技术的加持，自然实现了故障的隔离，天然地实现了爆炸半径的控制。

5）在总结复盘环节，实现了基于根因分析的故障修复能力。

在准备环境环节，因为泳道技术的加持，所以对快速构建实验环境要求是天然可满足的。准备环境环节可以直接省略。这是在图 10-41 中没有画出准备环境环节的原因。

此时，虽然增加了一个环节，但这个新的环节并没有增加太多工作量，甚至还为后续环境减少了人们的工作量。

（3）企业级云原生混沌演练平台的技术方案

接下来介绍云原生混沌演练平台的具体技术方案，如图 10-42 所示。

图 10-42 中：

1）IAM 确定已登录员工的租户并确定租户下有多个 AOT 应用，从大范围边界来说，混沌实施目标就是一个 AOT 应用或者多个同租户 / 跨租户的 AOT 应用。

2）在云原生混沌平台中，泳道设计器会默认展现要进行混沌实验的 AOT 应用的基线泳道，它是不可以编辑的，是只读的，因为它已经是确定的版本了。那么如果只选择这个基线进行实验，则风险较大，所以平台默认是锁定的，不允许进行选择，除非管理员配置成允许。

3）在泳道设计器中，为了避免风险，利用泳道的隔离性可以创建一个新的非基线版本的泳道。这个泳道对应着一个 AOT 模板，可以打开对应的 AOT 设计器对其进行编辑，并且允许 Component 入站或者出站调用基线的 Component 服务。也可以复制基线泳道，创建出一个和基线一样的非基线泳道，并对其进行编辑。这些非基线泳道的 AOT 模板都会被泳道设计器自动带上 ApplicationSpread 属性，并设定为"反相亲性"。在运行态，各个泳道的AOT 都会先将自己的应用部署到相近的位置，但与其他 AOT 应用的 Component 服务是在物理节点级别上进行隔离的，会部署在完全不同的节点上。这种打散策略，使得无论是自有故障还是混沌引发的故障，都不会对基线产生影响。

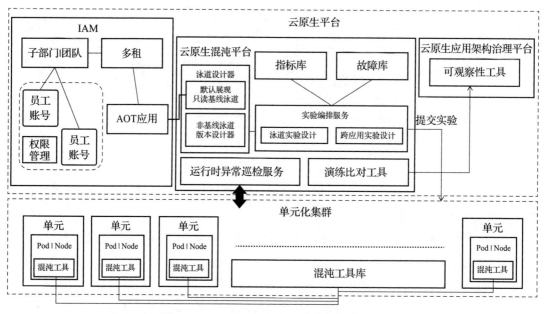

图 10-42　云原生混沌演练平台的技术方案

4）在云原生混沌平台中，实验编排服务可以实现实验的设计，它利用指标库选择要测试的指标，比如时延指标。同时，可以通过故障库选定要进行实验的故障类型，比如 I/O 延迟、磁盘满、CPU 满负载、Dubbo 服务异常、ServiceMesh 故障注入等。对于指标库和故障库，主要由架构师或者有相应权限的人负责维护，可分成租户私有、部门私有、公司私有、公用、共享等，使得管理效率大大地得到了提高。经过实验设计之后，还要设定随机性参数，比如时间随机间隔长度等。

5）实验编排服务还可以实现跨应用的实验编排，只要将 AOT 应用对应版本的泳道关联关系设定好（工作流），系统就能够根据这个依赖关系实现故障注入。

6）提交实验运行，实际是通过实验编排服务所生成的一系列 ChaosBlade CR 并通过多集群控制面下发到目标 Kubernetes 集群中来实现的。每个 Pod 中都通过混沌代理自动安装了相应的混沌工具（比如 ChaosBlade 的 Action 程序）。在控制面的 ChaosBlade Operator 帮助下可以实现本地的混沌命令的执行，并收集实验结果到控制面中。

7）同时，研发人员等可以通过治理平台的开放式可观察性工具来查看对应泳道的实验状态，甚至可以设定告警策略，在关键事件发生时给予通知。因为基本是非基线泳道的实验，所以研发人员收到警告时不需要大惊小怪，可以直接复制这个泳道并回放录制流量来实现故障重现。

8）在实验进行期间，运行时异常巡检服务会进行实时的监控，会根据一定模式来确定故障的根因并记录下来，并形成报告。

9）实验后，所有的实验相关数据都会被记录下来，可以通过实验演练工具来实现对比分析等活动。

（4）有关企业级云原生混沌演练平台的几个核心组件的说明

以上整体混沌平台架构的设计很好地覆盖了前面所讨论的新混沌管理流程，但是为了把问题讲得更清晰一些，下面重点讨论几个核心组件的问题和设计。

1）混沌工具库、故障库以及指标库。

混沌工具库是基于镜像仓库包装而来的一个管理层（所有混沌工具都以镜像进行注册，并从工具中抽取名称、配置作为镜像元数据）。它管理着所有混沌工具，比如 ChaosBlade 的所有外部实现包、第三方包等。

故障库是基于混沌工具库的元数据所实现的一个 API 层，用来查询所有混沌工具中的故障名称和相关配置。

指标库其实是利用 APM 读取的指标所实现的一个 API 层，用以衡量模拟故障发生时系统的表现是否符合系统所定义的指标。

2）实验目标自动确定机制的实现。

在具备打散标签的 AOT 提交后，AOT 控制器根据上下文中的信息判断是否是混沌实验的场景。如果是混沌实验场景，那么就会给所有调度完成后的 Node 和 Pod 打上类似 ChaosLane=Dev1 以及 AOT=Dev1 的标签，以此来表明这些资源的归属关系。这就为后期真正下发实验指令提供了目标范围。实现上非常简单，这里不再赘述了。

3）实验随机性机制的实现，如图 10-43 所示。

在图 10-43 中，实验编排服务在提交实验之前，会要求设定"时间随机间隔长度"参数。提交之后，系统会按两种分类方法来创建混沌任务。

第一种分类方法：因为每个 Component 都有其组件属性，比如 MySQL，那么从故障库选择的故障类型中，针对 MySQL 的故障就会通过数学随机发生在这一类 Component 所代表的某个 Pod 上。这类故障可能不止一个，所以每一个故障类型都会在整个时间随机间隔长度中按照数学随机选取一个时间长度，并加到当前时间上等待调度执行，每次时间随机发生后其故障发生位置也会随机改变，这就实现了时空混沌测试的效果。

第二类分类方法：如果 Node 和 Pod 没有任何关联属性，那么就是通用的。比如 Node 级别的故障，也是事前从故障库选择出来的，选择出来的故障对所有的 Node 一视同仁，通过数学随机寻找 Node，并随机选择一种通用故障以及通过随机间隔长度得到的随机时间进行提交执行。

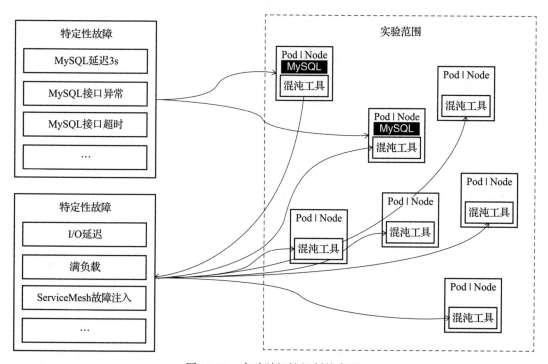

图 10-43　实验随机性机制的实现

此时就会发现，MySQL 这样的 Pod 软件栈其实很厚，从底层的 IaaS 层到 PaaS 层再到 MySQL 层，最后还有接入层等，通过两种混沌随机性处置方式，可以叠加地实现全栈层次的混沌测试。

（5）其他需要被注意的技术设计

最后介绍其他需要被注意的技术设计。

1）生产数据库的保护。

因为所有泳道都在生产环境中，所以演练时的数据保护策略是：当 Database Mesh 发现请求中的演练标识和泳道流量标识时，就以本应用的数据库为模板生成一个泳道分库，在实验执行期间，所有读写都发生在泳道分库上。这样就可以实现对生产数据的保护，所有演练都不会污染线上数据库。

2）运行时异常巡检服务的设计。

运行时异常巡检服务并不是专门为混沌实验所设计的技术组件，而是混沌实验复用了它。运行时异常巡检服务是云原生应用架构治理平台可观察性能力的拓展，本书会在后续的云原生应用架构治理平台的相关内容中介绍其能力。

10.4　云原生应用自动化

在云原生底座基本成型的基础上可考虑如下几个问题。

❑ 容器化无状态技术组件工作负载如何实现升级管理?

❑ 容器化有状态技术组件工作负载如何实现升级管理?

❑ Sidecar 方式技术组件工作负载如何实现升级管理?

❑ 如何提高技术组件的高可用性、可扩缩容能力?

❑ 如何防止技术组件工作负载级联删除?

事实上,这些问题不仅是技术平台所涉及的问题,业务应用也需要面对这些问题。解决以上问题的技术解决方案,我们称之为云原生应用自动化。无论是平台技术组件还是业务应用,都可以复用这些应用自动化能力。

幸运的是,业界在云原生应用自动化领域存在着成熟的开源解决方案——OpenKruise,这里就以 OpenKruise 为基础来讨论针对上述问题的解决方案。

1. 云原生应用自动化能力的本质

先梳理云原生分布式操作系统所涉及的技术组件,技术组件的工作负载对应用自动化的诉求如表 10-1 所示。

表 10-1　技术组件的工作负载对应用自动化的诉求

分类	技术组件归属	技术组件	对应的问题
服务编排、单元化	单机调度	度量:StateInformer	DaemonSet 工作负载:升级时不希望重调度
		度量:Collector	DaemonSet 工作负载:升级时不希望重调度
		度量:MetricCache	DaemonSet 工作负载:升级时不希望重调度
		计算:ResourceManager	DaemonSet 工作负载:升级时不希望重调度
		计算:RuntimeCRIServer	DaemonSet 工作负载:升级时不希望重调度
		计算:RuntimeHooks	DaemonSet 工作负载:升级时不希望重调度
	多层调度	拓展:过滤器 Pod	无状态工作负载:升级时最好不要重调度
	KNative-Serving	决策器组件	无状态工作负载:更关心扩缩容
		激活器组件	有状态工作负载:更关心扩缩容
		PA 组件	无状态工作负载:更关心扩缩容
		SKS 组件	有状态工作负载:更关心扩缩容
应用支撑	数据同步	Canal	无状态工作负载:更关心扩缩容
		Pulsar Broker	无状态工作负载:更关心扩缩容
		Pulsar Ledger	无状态工作负载:更关心扩缩容
		Apache Bookie	有状态工作负载:升级时不希望重调度,关心扩缩容
		ZooKeeper	有状态工作负载:升级时不希望重调度,关心扩缩容
	数据库	MySQL 等	有状态工作负载:升级时不希望重调度,关心扩缩容

（续）

分类	技术组件归属	技术组件	对应的问题
运行时	KubeVirt	Virt-Handler	DaemonSet 无状态工作负载：升级时不希望重调度
		Virt-Launcher	Pod 内独立 Docker：升级时不希望重调度
		Libvirtd	Pod 内独立 Docker：升级时不希望重调度
	KataContainer	shim	DaemonSet 工作负载：升级时不希望重调度
		Runtime	DaemonSet 工作负载：升级时不希望重调度
		Proxy	Daemon 工作负载：升级时不希望重调度
		Agent	DaemonSet 工作负载：升级时不希望重调度
	VirtualKubelet	—	DaemonSet 工作负载：升级时不希望重调度
	蜻蜓镜像仓库	SuperNode	无状态工作负载：更关心扩缩容
		df	DaemonSet 工作负载：升级时不希望重调度
云原生网络（IBN）	Tunnel Connector		DaemonSet 工作负载：升级时不希望重调度
	Calico	Bird	DaemonSet 工作负载：升级时不希望重调度
		Confd	DaemonSet 工作负载：升级时不希望重调度
		Felix	DaemonSet 工作负载：升级时不希望重调度
	Cilium	Agent	DaemonSet 工作负载：升级时不希望重调度
		Hubble	无状态工作负载：更关心扩缩容
	Kube-ipam	独立 CNI 模块	DaemonSet 工作负载：升级时不希望重调度
	Multus	MetaPlugin	DaemonSet 工作负载：升级时不希望重调度
	NetworkServiceMesh	NSMgr	Daemon 工作负载：升级时不希望重调度
		vpng	无状态工作负载：更关心扩缩容
		NSM initContainer	Pod 内独立 Docker：升级时不希望重调度
	Istio	Pilot-Agent	Pod 内独立 Docker：升级时不希望重调度
		Sidecar：Envoy	Pod 中 Sidecar 容器：升级时不希望重调度
	Nginx	—	无状态工作负载：关心扩缩容
其他	IAM	可以看成普通应用	无/有状态工作负载：关心扩缩容
	Kubecost	Agent	DaemonSet 工作负载：升级时不希望重调度
	—	Cost-model 服务	有状态工作负载：更关心扩缩容
	分区日志收集	LogCollector	DaemonSet 工作负载：升级时不希望重调度

　　表 10-1 中，最多的诉求是"升级时不希望重调度"，其内在原因是在 Kubernetes 环境下，如果技术组件本身没有实现计算与存储分离的能力，或者数据只被驻留在容器的可写层上，那么 Pod 重调度会导致数据丢失，对业务影响极大。另外，某些场景还要求组件版本升级后 Pod ID、Pod IP 或者 Docker ID、Docker IP 不能被改变。甚至为了加快升级的速度或者保证对业务应用支撑的连续性，也要求禁止 Pod 的重调度。所以，"升级时不希望重调度"场景其实是**原地升级**的诉求。

　　在"原地升级"的诉求下，同时还要实现节点内或者分布式扩缩容和高可用能力，以保证基础设施的稳定性。另外，技术组件之间存在关联性并在运行态为同一目标而协同运作，很多计算组件都以工作负载形式存在，并被更高层的 CR 管理。一旦高层次 CR 被删除，就有可能导致底层所有关联的资源也被删除，从而引发基础设施的稳定性问题，毕竟很多组件都是被共享的，所以还需要实现防止级联删除的能力。

原生的 Kubernetes API 是无法完全满足"原地升级"及"防止级联删除"等诉求的。

根据详细的分析，最终发现无论 Pod 或者 Docker 内的技术组件，对应用自动化能力的诉求都是通用的。既然是通用的，就一定可以实现独立且不影响原生 Kubernetes API 的、标准的应用自动化套件，阿里云的 OpenKruise 就是这样被设计出来的。

比如，IBN 涉及的组件、单机或者多层调度涉及的组件等，人们会基于 OpenKruise 拓展出一个叫作"基于平台的隐藏模板"机制，用来实现对基础设施技术组件的自动化管理。另外，需要业务 AOT 应用基于 OpenKruise 拓展出更高级的自动化管理策略。

所以，OpenKruise 会影响平台的两个方面：技术基础设施和业务应用。

这里先考虑基础设施技术组件自动化管理方面的内容，业务应用自动化管理方面的内容会在后续的云原生应用架构治理平台内容中详细讨论。

2. 有关云原生应用自动化能力的开源实现：OpenKruise

这里先简单了解 OpenKruise，仅关注与要解决问题相关的特性。

（1）OpenKruise 特性

OpenKruise 核心对象如图 10-44 所示。

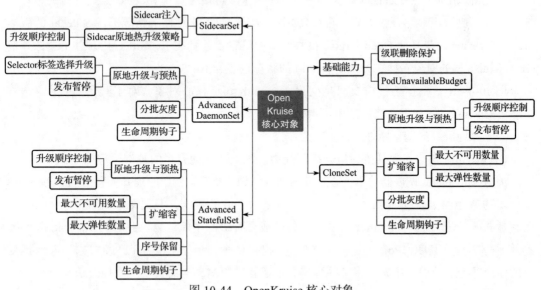

图 10-44　OpenKruise 核心对象

图 10-44 体现了以下能力。

1）基础能力。

❑ 级联删除保护：可以用来实现诸如 IBN 中关系紧密的技术组件的完整性保护。

❑ PodUnavailableBudget：用来防止 Pod 被干预时的服务中断。比如，中间件团队利用 SidecarSet 正在原地升级集群中的 Sidecar 版本（如 ServiceMesh Envoy），此时用户绝对不会遇到服务中断的现象。

2）CloneSet：CloneSet 是和 Kubernetes 原生的 Deployment 类似的 CR，作用一样，用于实现无状态工作负载。但是 CloneSet 却有很多 Deployment 没有的能力，如图 10-44 所示，比如，CloneSet 有原地升级的能力、镜像预热的能力、分批灰度的能力以及扩缩容等能力。

3）Advanced StatefulSet：Advanced StatefulSet 是和 Kubernetes 原生的 StatefulSet 类似的 CR，作用一样，用于实现有状态工作负载。但是 Advanced StatefulSet 却有很多 StatefulSet 没有的能力，如图 10-44 所示，比如，Advanced StatefulSet 有原地升级的能力、镜像预热的能力、序号保留的能力以及扩缩容等能力。另外，Advanced StatefulSet 和 CloneSet 之间，除了一些 Kruise 特性不同外，其最大不同在于，Advanced StatefulSet 可以保证负载与存储之间的关联关系。

4）Advanced DaemonSet：Advanced DaemonSet 是和 Kubernetes 原生的 DaemonSet 类似的 CR，作用一样，用于实现常驻程序风格的工作负载。但是 Advanced DaemonSet 却有很多 DaemonSet 没有的能力，如图 10-44 所示，比如，Advanced DaemonSet 有原地升级的能力、镜像预热的能力以及分批灰度等能力。

5）SidecarSet：SidecarSet 是 Kruise 独有的 CR，可用于实现 Sidecar 方式容器的版本原地热升级。这种原地热升级方式，可以实现在不影响业务连续性的情况下的 Sidecar 的版本升级。SidecarSet 与其他 Open Kruise 核心对象的最重要差别在于，SidecarSet 并不会像其他 Open Kruise 核心对象一样在升级时将 Pod 的状态设置为 No-Ready。

图 10-44 中，根据场景需要只是列出了 OpenKruise 核心对象，对于其余 CR 对象，可以参考 OpenKruise 官方文档，这里不再赘述。

（2）原地升级的基本原理

OpenKruise 核心对象具备原地升级的能力。那么，原地升级的基本原理如下：

因为 Kubernetes 调度器并不关心 Pod 内部的结构和状态，所以原地升级利用了 Kubernetes 调度器的这个特点。OpenKruise 控制器并不删除 Pod 的数据，只是更新其中的一些属性，尤其是 Pod Spec 中的 Container 版本会被替换成要升级的镜像信息。此时，Kubernetes 调度器并不会执行重调度，Pod 还是绑定在原先的 Node 上，但是 Kubelet 已经根据 Pod 数据变更的部分进行了处理，比如，将某些容器替换成新的版本，从而实现了原地升级。

对于原地升级，因为某些 Pod 的属性，比如 env 的修改必须重建 Pod 才能生效，所以 OpenKruise 控制器的 InPlaceIfPossible 模式会判断这种情况。如果发现只有重建 Pod 才能使生效变更，那么就会执行重建策略。此时，CloneSet 的行为和 Deployment 升级是一样的，Pod ID、Pod IP 等都会有所变化。在实际情况下，大部分的属性修改或者镜像版本的修改都不会出现将原地升级改为原生升级的方式。

（3）SidecarSet 的基本原理

SidecarSet 与其他 OpenKruise 核心对象原地升级的方式不太相同。Sidecar 是一种旁路（By-Pass）架构方式，比如，Envoy Sidecar 会拦截业务流量。如果按照和其他 OpenKruise 核心对象一致的方式进行原地升级，就会使得业务流量拦截机制中断。对用户而言，就是服务不可用了。因此，SidecarSet 采用了两种容器交换（flip）的方式来实现原地升级：

在同一个 Pod 中，除了包含了业务容器外，还包含 Sidecar 容器及 empty 容器。升级 Sidecar 容器时，先将 empty 容器替换为新目标版本的 Sidecar 容器，执行 flip（反转）动作将流量切换到新的 Sidecar 容器上（被替换的 empty 容器），随后将老的 Sidecar 容器替换为 empty 容器，以方便下次升级时使用。这种热升级的方式可以保证业务服务的连续性。

（4）生命周期钩子的基本原理

除了原地升级特性外，OpenKruise 还提供了生命周期钩子。人们可以利用这些钩子来干预或者卡住升级流程，比如在执行业务服务升级前，可以利用钩子（Hook）注册一个函数将一个服务从第三方注册中心中删除，业务服务升级后再进行注册，这使得传统微服务也能够无损运行在云原生平台上。另外，生命周期钩子还可以被用来实现自定义的检查机制，比如某 AOT 的发布单没有被审核通过，那么就可以将流程卡住，不进行升级操作等。OpenKruise 的生命周期钩子的实现，其实就是在其控制器中埋入很多 Hook 触发点，通过回调激发外部注册的钩子函数罢了。

（5）OpenKruise 的技术架构

下面介绍 OpenKruise 的技术架构，如图 10-45 所示。

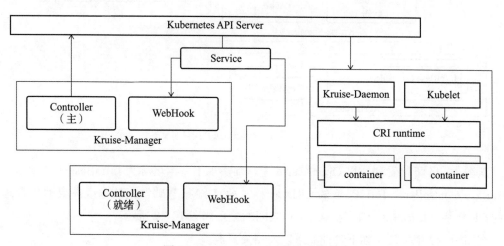

图 10-45　OpenKruise 的技术架构

从图 10-45 可以得到以下几个关键信息。

1）OpenKruise 核心为 Kruise 自定义的控制器，并且以 Kruise-Manager 作为控制器实例的管理机构。Kruise-Manager 是 Kubernetes API Server 的一个聚合层。

2）控制器采用多实例实现高可用，使用选举的方式来保证只有一个控制器实例作为主控制器实例并投入实际生产中，其他实例都作为"就绪"状态的实例。

3）控制器会利用现有的子资源对象来实现自己的目的，所以控制器也会通过 Client-go 客户端提交请求到 API Server。

4）有些能力，比如容器重启、镜像预热等，都是原生 Kubelet 没有的能力。为了保证 Kubelet 的开放性和独立性，OpenKruise 设计了 Kruise-Daemon 来实现这些能力（旁路方式）。

3. 基于 OpenKruise 的版本升级管理

基于 OpenKruise 云原生单元化技术基础设施的版本升级管理解决方案是怎样的呢？基于 OpenKruise 的解决方案如图 10-46 所示。

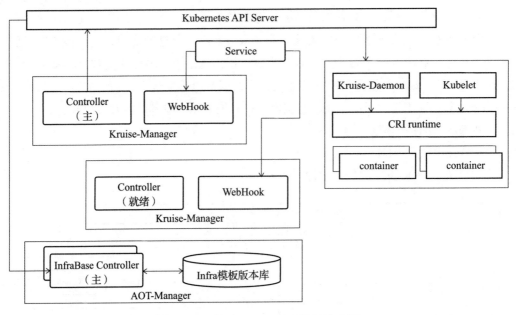

图 10-46 基于 OpenKruise 的解决方案

从图 10-46 可以看到，以 OpenKruise 为基础实现了一组名称为 InfraBase 的控制器（即 InfraBase Controller），InfraBase 的 CRD 是表达 AOT 隐藏基础设施技术组件自动化管理能力的 CR 模板，InfraBase CR 与 AOT CR 之间的关系如图 10-47 所示。

在图 10-47 中发现了如下管理关系以及相关要素。

1）平台管理人员会事先配置好用于表达技术组件版本、升级策略的 InfraBase Config 数据（以 KV 模式构造的数据），Config 数据会带有 archVersion 版本号并直接存储在 Infra 版本库中。

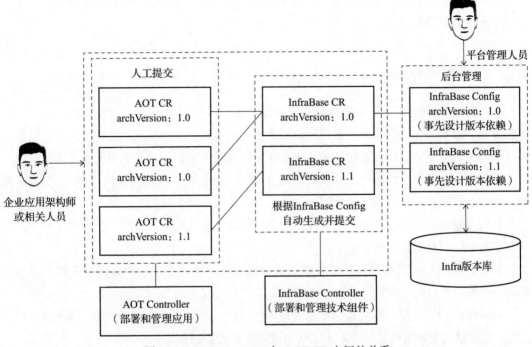

图 10-47　InfraBase CR 与 AOT CR 之间的关系

2）当企业业务架构师设计 AOT 模板时会指定 archVersion 版本号，这个版本号是与其他 CR 或者配置数据关联的键（Key）。

3）当企业业务架构师等提交 AOT 模板时，AOT 控制器会通过 archVersion 版本号从 InfraBase 版本库中找到对应版本的 InfraBase Config 数据，之后 AOT 控制器会基于 Config 生成 InfraBase CR，并提交给 API Server。

4）InfraBase 控制器会根据 InfraBase CR 生成一系列的 OpenKruise 风格的 CR 来实现技术组件的安装部署、版本升级等操作。

5）技术组件的版本由平台侧管理，和业务应用管理人员无关。业务应用 AOT 模板只关心基础设施的 archVersion 版本。这样设计的好处是，将平台和业务应用解耦，提高了管理效率并降低了稳定性风险；多个 AOT 模板可以共享同一个 archVersion，也可以为某一个或者几个 AOT 模板指定更新的 archVersion。

6）InfraBase Config 只是一组键 – 值数据，不是 CR，平台的后台管理人员可以在任何时候来配置和修改它。只有 AOT 模板被提交时才会利用 InfraBase Config 数据生成 InfraBase CR。之后由 InfraBase 控制器根据 InfraBase CR 来生成对应的 OpenKruise 风格的 CR 去实现技术组件的部署、原地升级等的高级应用自动化能力。

7）生成的 OpenKruise CR 会带有最高资源优先级的注解，此时，统一调度器会根据此注解将所有技术组件调度到最高优先级资源空间所对应的 Node 中，从而保证技术组件可以得到最充足的资源供给。

10.5　本章小结

单元化为企业落地云原生底座铺平了道路，在成本、性能和稳定性上提供了很好的平衡性方案。其产品化，也使得云平台厂商基于多年的实践积累所沉淀的最佳实践分享给整个市场和企业。接下来以网商银行的单元化落地实践为例子来说明业界实施的真实情况。

互联网金融有别于传统金融系统，但需要具备金融高可用、高标准、低风险的技术基础，同时必须兼具互联网规模化的服务能力。为了让所有能够使用互联网的客户都有机会使用普惠的金融服务，系统需要具有高性能、弹性伸缩以及低成本等特点。以上就形成了新一代互联网金融的技术架构需求。

同时，金融行业面临的容量扩缩容难题和城市级容灾难题，一直是困扰金融服务高可用的一道难以跨越的鸿沟。

容量弹性伸缩方面，经常遇到单台服务器计算能力受限、IDC 资源受限（如电力、机架位等）等问题，导致金融系统常常无法快速应对业务的高峰请求。

城市级的容灾方面，在发生机房或数据中心级别故障时同城冗余备份或跨城远程备份都无法快速支撑金融服务。

所以，网商银行从 2019 年开始落地云原生单元化架构来解决上述问题。

网商银行经过一系列的单元化、分布式改造，再加上中间件服务、分布式数据库的支持，以及运维平台和研发效率平台的配合，实现了按照业务需求、以单元为粒度的动态弹性。在应对 2020 年双 11 大促的交易流量峰值时，平台能够动态弹性扩容到金融行业云环境，云计算为网商银行提供了弹性伸缩的能力，应对了应用的"脉冲模式"流量，让网商银行经受住了双 11 的考验。此外，其云单元技术架构体系还获得了中国人民银行科技司的"科技进步二等奖"。

第四部分 *Part 4*

云原生应用
平台的落地

云原生应用架构治理平台

云原生应用架构治理平台不是一个专有名词（后面简称为治理平台），目前业界习惯称它为 PaaS（平台即服务），但是也有不少企业认为云原生底座就是 PaaS。本书为了避免陷入争论的泥潭，特意约定了名称来区别它们：云原生底座提供的是"应用"的运行环境，就如同单机操作系统可以运行任何进程一样；治理平台解决的是"应用"交付和稳定性问题，就如同单机操作系统之上用户态 App 的管理程序，比如 Windows 的视窗管理程序、防病毒软件等。

治理平台的**核心价值在于实现应用的交付和运行稳定性**。这里的应用具体指 AOT 的抽象逻辑应用，治理平台需要具备的能力列举如下。

1）应用运行时增强。

2）应用管理：承载更多应用类型及应用生命周期管理。

3）应用可观察性与服务治理：

❑ 指标、日志分析，分布式跟踪。

❑ 异常巡检服务。

❑ 人工服务治理。

❑ 服务治理自驾驶方式的自动化。

从市场和产品角度来看，治理平台特别适合对平台技能要求较低的业务应用研发团队来使用。如果只是基于云原生底座，就需要企业去了解容器、镜像化、资源对象等相关的内容，这会给业务应用研发团队带来一定的认知和管理负担。因为云原生底座更多地关心容器层面的资源治理，而不关心应用本身的分布式治理诉求，从而导致业务应用团队或者企业不得不考虑在其上构建自己的应用支撑平台。这样的做法虽然比较灵活，但是技术水平上的要求以及私有化平台的维护成本都是非常高的。所以，有足够的理由来要求治理平台作为一个独立产品"被集成"到云原生底座上。这是一种"技术赋能型"产品。从软件供应链来看，其生态比较完整，业务型企业基于开源产品的落地是比较合适的选择。

治理平台产品的售卖场所也可以分成私有化场景和公有云场景。如果是公有云，则可以通过服务市场形式进行售卖。另外，可以按照能力分成初级版、标准版和企业版。

11.1　应用运行时增强

这里说的应用运行时增强指的是什么呢？

云原生底座与云原生治理平台的"业务范围"其实是泾渭分明的，因为治理平台建立在底座基础之上，所以在治理平台范围内对应用运行时的增强一定是针对应用支撑的增强。从场景上看，应用运行还缺失了"业务对接接入"以及"中间件能力接入"两个部分。

为了简化业务接入，比如视频上传处理，最直接、简单的方式就是直接将视频上传到对象存储 OSS 中。过去，为了实现业务处理逻辑，需要在服务端实现两个接口：一个接口实现视频上传，另一个接口实现上传后的视频处理逻辑，接口都需要带上业务化的参数。也就是说，使用这些接口的前提是需要用户提前了解相关的业务背景。现在反过来了，将视频上传到对象存储并直接存储即可。函数编排场景——视频转码如图 11-1 所示。

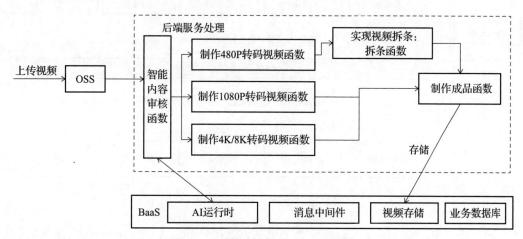

图 11-1　函数编排场景——视频转码

在图 11-1 中，一个原始视频被存储到 OSS 后会被自动执行内容审核（由"智能内容审核函数"完成）。审核完成之后，自动同步同期制作的各种转码要求的视频（并行地通过"转码视频函数"产生 480P、1080P、4K 以及 8K 的视频）。480P 的视频还可以进一步进行拆条处理，以实现预告视频的制作（由"拆条函数"完成）。最后，所有转码的视频都通过制作成品的处理过程（由"制作成品函数"完成）存储回 OSS，或者直接发布到渠道系统。这种方案大大减少了业务接入和处理的复杂度，简化了业务研发的难度。最重要的是，因为具有函数自动扩缩容和编排的能力，使得业务处理可以瞬间调拨更多业务处理实例并实现业务的并行处理能力。原先需要几个星期的处理工作，现在只需要十几分钟或更短的时间即可完成，在业务效果和成本之间实现了很好的平衡。实际上，这就是通过治理平台的技术手段对应用进行赋能，那么如何实现呢？

随着业界在云原生 Serverless 领域的探索，最终实现了一种基于事件源触发的机制，也可以称为触发器机制，配合分布式工作流编排工具一起解决了类似"业务对接接入场景"的相关问题。之前讨论过在云原生底座上实现服务实例自动扩缩容的 Serverless 模式，它基于 Knative 的 Serving 改造而来。Knative 同样也实现了触发器模式——Knative Eventing，以满足业务对接和处理的需要。Knative Eventing 架构如图 11-2 所示。

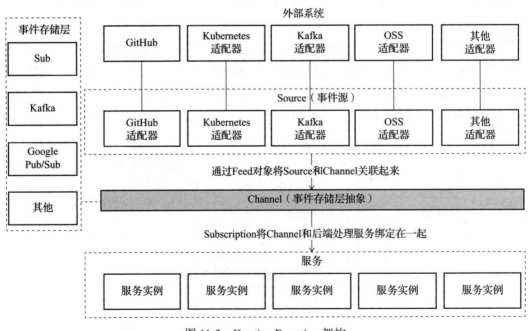

图 11-2　Knative Eventing 架构

在图 11-2 中，Knative Eventing 的配置其实就是把外部系统（如 OSS）与内部函数服务实例关联或者绑定起来。

❑ Channel 代表了平台内部的一套事件存储层抽象，Channel 是外部事件和内部函数处理实例之间的纽带。

❑ Source 是一种适配器，比如 OSS 适配器。Source 从具体的外部系统接收事件，通过

Feed 对象将 Source 和 Channel 关联起来，此时外部来的事件消息就可以进入内部的事件存储层。

❑ 通过 Subscription 对象将 Channel 和服务绑定到一起，此时存储层的消息会被服务所消费和处理。

以上就是 Knative Eventing 的实现原理，细心的读者也许会发现下面的几个问题。

❑ 视频的并行转码处理是为了提供足够的算力，这就要求瞬间实现函数实例的扩容动作，那么这样的能力是如何实现的呢？

❑ 视频的内容审核需要实现视频切片分析的能力，这就需要 AI 引擎的帮助，那么这样的事件处理函数是如何调用 AI 引擎的？

❑ 视频有串行或者并行的处理，这种函数编排能力是如何实现的呢？

❑ 函数编程和微服务模型与 Serverless 的技术架构有相关性吗？即只有函数编程模型才能在 Serverless 平台上使用？还是说无论函数或者微服务都可以？或者能否做到 Serverless 平台上应用的编程模型无关性？

以上问题可以归纳为算力与智能化处理问题。

1）**对于算力问题**，其实早就有所解答了，就是利用云原生底座部分讨论的 Serverless 模式背后的技术能力（Serving）来实现的，不过只是重用了其自动扩缩容的技术组件，与 AOT 框架并没有绑定关系。

2）**对于智能化处理问题**，其实这是一个业务环境支撑问题。比如，要实现视频内容的智能审核就需要 AI 算法，那么算法需要在某种 AI 引擎上运行。如果不假思索地把算法和 AI 引擎打包在一起部署，那么 AI 引擎的升级和运维如何实现？这是一个相当麻烦的事情。而且 AI 审核处理的函数如果基于 Serving 架构进行扩容，则会存在很复杂并难以解决的问题，比如启动太慢、占用内存太多、状态不同步等的问题。所以，从架构角度看，无论如何都不可以将 AI 算法和 AI 引擎打包在一起来进行部署。那么，就没有办法解决了吗？

业界经过摸索实践，提出了一种名称为 BaaS（后端即服务）的云架构方式。BaaS 可以很好地解决业务环境支撑的问题。它的本质是将业务所依赖的基础服务按 Serverless 架构风格封装起来，并以 API 产品的形式交付给业务使用，业务只需要调用 REST 风格的 API，而不需要关心其资源治理和运维等问题。图 11-3 是基于云原生平台技术组件的典型 BaaS 架构。

回顾在 BaaS 参与下的视频多道处理服务架构。FaaS+BaaS 的转码场景如图 11-1 所示。

有了 BaaS 的加持，业务函数变得更加无状态化，可以实现任意规模的扩缩容，并且可以基于 BaaS 实现更加复杂的业务场景了。BaaS 其实就已经解决了前面所提到的"中间件能力接入"的问题。

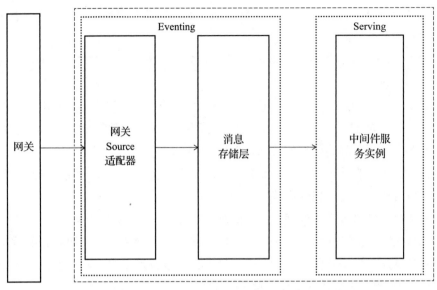

图 11-3 基于云原生平台技术组件的典型 BaaS 架构

3）**对于函数编排问题**，函数编排的实现方式有很多种，Knative 则利用了 Istio 的复杂路由能力来实现编排。比如 A 函数调用 B 函数，其实是通过一种路由策略来实现的；A 函数同时调用 B 函数和 C 函数，也不过是通过 Istio 路由策略实现比重相同的出站路由规则罢了。Knative 没有重新设计"轮子"，而是依靠 Istio 来实现编排能力，所以从逻辑架构视角看，Knative 建立在 Istio 基础上。

4）**对于编程模型相关性问题**，其实函数只是一个粒度概念，可以把基于一个单纯的函数式编程框架所开发的业务逻辑称为一个函数，并且函数的实现和底层通信框架可以打包成一个容器镜像。也可以把基于微服务编程框架所开发的微服务中的每一个接口叫作函数，并且接口的实现和底层服务框架可以打包成一个容器镜像。如果这个微服务的代码只实现了一个接口，那么岂不是和函数的方式一致了？

这只是从编程的视角来看，如果从消费使用的角度来看，则会更加清晰。无论后端是基于 Function 编程框架所开发的函数还是基于微服务框架所实现的接口，最终都以 API 的形式暴露出去了，人们在外部只看到一个形式：API。对于部署形态，无论何种编程框架，都是通过容器方式实现部署的，对于 Serving 和 Eventing 没有差别，所以编程模型与 Serverless 架构无关。如果非要说有关系，就是微服务部署的形式可能会导致启动缓慢、占用内存大等问题，但是可以通过冷预置或者预测扩容方式提高启动速度，所以并不是什么大问题。那么，为什么很多人会认为函数编程模型是 Serverless 的标配呢？那是因为最早期的 Serverless 平台选择使用函数式框架作为业务的载体，所以给人的感觉就是 Serverless 只是一种分布式函数而已。

那么，这里就毫不费力地实现了一个兼容函数、微服务或者其他服务模型的、统一的 Serverless 平台。

11.2　应用管理

并不是所有的应用都是为云原生平台量身定制的，数字化业务的最佳实践要求"所有的应用都能运行在云原生平台上"。那么，如何让治理平台能够同时承载多种类型的应用？

11.2.1　治理平台的应用管理问题盘点

应用管理所涉及的问题分析如下。

1）企业、部门的历史包袱和发展阶段不可能一致，会存在大量的单体应用，比如 ERP，这些都是信息化时代的产物。当然，企业内、部门内也存在着部分云原生应用的情况，这是新旧技术交替的产物，或者说是发展阶段参差不齐的产物。但是企业并不希望重复性投资，它们希望能够实现老的技术体系和新的技术体系可以互通。最难的是，历史包袱会伴随着人的认知矛盾阻碍基于云原生的数字化技术改革的进程。

2）不同微服务框架对业务基础设施的依赖可能是不同的，比如 Spring Cloud Alibaba 依赖 Nacos、Sentinel 等，Spring Cloud 依赖 ZooKeeper 等。如果把这些都部署在 Kubernetes 中，那么平台化几乎不可能。因为不同的微服务技术体系有着不同的可观察性、运维工具等，无法标准化，就无法平台化。即使平台化，也会成为一种封闭体系，可能只适合某种企业的需要。

3）基础设施中也存在着组织协同问题，比如传统大数据体系已经十分成熟，而且已经形成领域团队特点。此时，如果需要传统大数据引擎上云原生平台，就必然会要求原有的团队去深入了解和运用云原生平台。

4）边缘计算已经成为一种新的业务赋能技术体系，能帮助企业下沉算力到业务现场，实现诸如智慧交通、智慧城市、智慧工业等场景的业务能力。那么，治理平台对接新的技术体系从而成为一个整体，在技术上也是一个挑战。

那么，如何解决这些问题呢？面对如此碎片化的问题，为了更加清晰地说明，这里直接给出答案。承载类型分类以及实施阶段如图 11-4 所示。

实际上，应用类型比图 11-4 所示的多。为了把思路讲清楚，本书仅关注经典的几个类型，读者可以自行关注其他类型，这里不再赘述。

11.2.2　单体应用的云原生改造

诸如 ERP 这类单体应用，在设计时可能没有考虑过如何云原生化的问题。那么有两个改造决策。

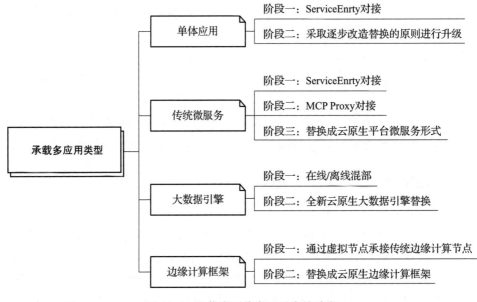

图 11-4　承载类型分类以及实施阶段

1. 改造决策

决策 1：企业希望在 IT 上尽可能少地重复投资，希望完整保留企业的 ERP 应用，也可以认为这是未来要改革成新架构模式的第一个阶段。

决策 2：因为现实业务发展关系，企业此时希望更加激进的技术建设策略，希望将 ERP 等系统微服务化和云原生化，可以认为这是企业改造原有系统的第二个阶段。

根据市场调查，前一种决策的意愿占比大概在 60%，后一种意愿约占 40%。哪一种决策最有利，读者可根据自身企业的特点来选择。

2. 决策的实施

实施第一种决策时，可以在云原生化应用与传统应用之间构建 VPN，形成虚拟 LAN 网络，那么利用 Istio 的 ServiceEntry 就可以实现双方在 L7 层次上的互通了。运维人员形成了两个团队：一组负责 ERP 的运维，另一组负责云原生应用的运维，团队协作成本较高。运维团队架构如图 11-5 所示。

实施第二种决策，就是按照云原生平台的约定，将 ERP 逐步替换到平台约定的云原生微服务架构上，改造后就如 AOT 应用一样。但这是一个漫长的新老交替改造的过程，直到彻底消灭单体应用为止。这个过程涉及各种改造细节，不同的单体应用有所不同，很难形成规律。但是能给出过渡阶段的总体落地实操原则。

1）规划好拆分逻辑，不要从单纯的技术或者业务上来做规划，要按组织架构来拆分出各个服务，这是落地的关键所在。

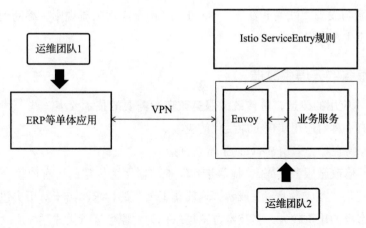

图 11-5　运维团队架构

2）先从简单的外围业务模块开始迁移。所有被改造的部分都以平台约定的微服务架构进行改造，逐步验证，逐步推进。

当然，会有人提出更加激进的方案——直接把单体应用全部搬到云原生平台上。这里没有把这个激进方案作为第三种决策的原因在于，某些单体应用对底层硬件和资源的要求相对较高。如果成本可以接受，那么也可以把这种激进的方案作为中间过渡方案。

为了让接下来要讲的内容更清晰一些，有必要对"平台约定的云原生微服务架构"进行一些解释，如图 11-6 所示。

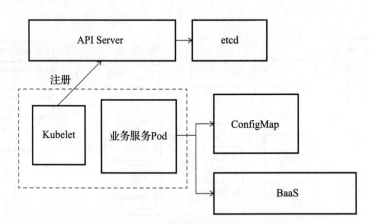

图 11-6　平台约定的云原生微服务架构

图 11-6 所示的这种架构完全取决于云原生平台，比如：服务注册使用平台的 API Server，并将数据落入 etcd；配置使用平台的 ConfigMap；业务基础服务调用 BaaS 平台等。这就是"平台约定的云原生微服务架构"，这是一种新的基于云赋能的微服务架构。每种传统微服务架构都有自己一组特有的周边依赖，比如 Spring Cloud Alibaba 依赖于 Nacos（用

于实现服务注册与发现、配置下发等)、Sentinel（用于实现限流规则、熔断规则等）等，而这些都不是云原生平台提供的。

11.2.3 微服务的云原生改造

比起对单体应用的改造，对**传统微服务改造**所需要的技术要多一些，其决策是完全由成本决定的，有 3 种对应用实现云原生化的决策。

策略 1：保持现状，采用 ServiceEntry 互通。

策略 2：不修改微服务代码，"拖家带口"地将微服务框架的所有依赖一起搬上云原生平台，其实这就是"零成本上云"或者"透明化上云"的诉求。出于对历史包袱和成本的考虑，此诉求在市场的比重较大，其技术方案可以称为"原生运行模式"。

策略 3：如果企业资金充足，包袱较少，为了体验新平台带来的快感和收益，可逐步把所有传统微服务改造成平台约定的微服务架构，这类技术方案也称为"PaaS 运行模式"。

这些决策对应着不同的实施阶段，这些实施阶段之间存在着过渡期。决策 1 和决策 3 与单体应用的处理方式基本一致，不再赘述。这里的焦点是决策 2，为了解决决策 2 所面临的问题，需要先考虑"服务模型兼容性灾难"的相关问题。

1. 服务模型兼容性灾难

这里先介绍无服务网格架构下的无 MCP 方案，如图 11-7 所示。

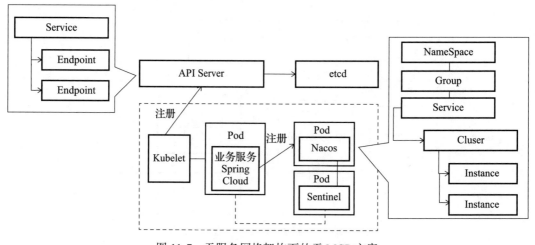

图 11-7　无服务网格架构下的无 MCP 方案

每一种传统微服务框架都会约定自己的"服务模型"，说白了，服务模型就是如何抽象服务实例进程的模型。比如，Spring Cloud Alibaba 用 Namespace-Group-Service-Cluster-Instance 的服务模型进行服务注册，那么消费服务的客户端只需要使用"/ 服务名"，通过参数指定

NameSpace 等信息就可以从注册中心 Nacos 获得真实 Instance 列表。Instance 列表包含服务进程的 IP、Port 等信息，然后使用负载均衡算法选择 Instance 发起调用就可以了。这一过程对用户是完全透明的，只需要记住服务名和相关参数就可以了，所以服务是一个抽象逻辑概念，并不是一个实例概念。服务背后是"提供业务服务"的实体，服务与实体之间存在转换关系，这就是注册中心和服务客户端要解决的问题。但是因为开源社区或者厂商的理念呈现碎片化，因此这一模型并不统一。另外，Kubernetes 也有自己的服务模型，其"服务"的概念与传统微服务的"服务"概念在含义上完全不同，其 Service 本质就是一种 Pod 寻址负载均衡策略。而传统微服务的"服务"是指一组服务实例的集合抽象，负载均衡由服务客户端来实现，所以负载均衡策略并不在服务模型本身。

有人认为，只需要将传统微服务的底座（服务框架）和业务代码打包到一起并打包成容器镜像，就可以实现云原生化了。这是一个认知误区。

原因在于，平台和微服务的服务模型不兼容，在 API Server 上只能管理负载均衡策略以及 Ingress 配置，API Server 对业务服务本身没有任何能力可以管理。以 Spring Cloud Alibaba 为例，假设它现在被部署在云原生底座上，外部流量进入内部 Pod 是通过 Ingress 实现的（实际是通过 Ingress 管理的接入层组件来实现的，比如 Nginx），它以 Kubernetes 服务模型为基准进行 Pod 寻址（Endpoint），最终可以正常访问 Pod。此时，在外部就不能使用 Spring 的微服务客户端来访问微服务。因为它使用 Nacos 中的服务模型，所以要求 Nacos 暴露可访问 IP，并要求 Pod 按 NodePort 暴露服务。然而 Ingress 需要依赖以负载均衡方式暴露的服务，那么微服务客户端调用就会失效，如果非要使用，那么只能关闭 Ingress。这种"怪异"的行为是由于平台和传统微服务之间的模型不兼容导致的，在很多业务场景下是无法容忍的。

服务间通信也存在以上情况，虽然可以用微服务客户端实现服务到服务的调用，但必须是在没有配置 Kubernetes Service 的情况下才行。如果配置了 Kubernetes Service，那么从调用方一侧到被调用方一侧会同时存在两种负载均衡算法，到底执行哪一个？所以只能配置一个。如果必须用微服务客户端，就必须要求所有的 Pod 以 NodePort 形式寻址，那么就有可能导致业务场景受限的问题。如果使用 Kubernetes Service，则需要修改微服务客户端的代码，因为存量服务规模很大，所以替换升级很麻烦。这种为了兼容而牺牲灵活性的做法，是一种过渡性方案，为了以后的整体方案不给业务留下后患，还需要不停地折腾。所以这种过渡性方案并不适合作为生产环境的方案。

另外，IBN 和服务治理等场景会采用 Istio ServiceMesh，虽然 Istio 有统一抽象模型的转换过程，但是它转换的对象是 Kubernetes 的服务模型，而传统微服务的服务模型存储在自己体系中的注册中心里。传统微服务和 Kubernetes 服务中心之间没有打通，因此会存在各种不兼容的情况，比如在 Istio 层面配置熔断规则，业务团队因为不知道平台的情况，可能会在微服务框架体系中的服务治理中心配置另一套熔断规则，那么用哪一套更合适？

所以，问题的本质就是，平台团队和业务技术团队需要在这种服务模型不兼容的情况下不断地沟通来保证业务的联通性，从而导致沟通成本、运维成本较高。

2. 同构并基于 MCP 的 Service Mesh 统一化平台方案

因为目前的云原生平台喜欢采用 Service Mesh 作为 PaaS 的一种黏合层，所以本书直接给出带 Service Mesh 的治理平台的服务模型融合方案。不带 Service Mesh 的治理平台的服务模型融合方案与此非常相似，所以留给读者自行推演，不再赘述。基于服务网格架构的MCP 方案如图 11-8 所示。

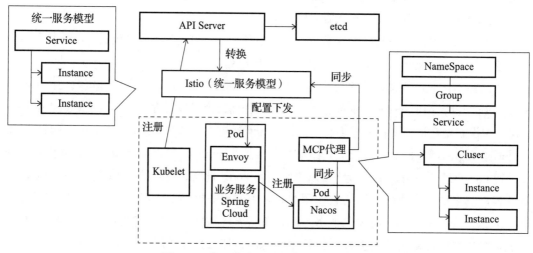

图 11-8　基于服务网格架构的 MCP 方案

图 11-8 中，微服务还是以原先的方式部署，但并不需要部署服务治理服务了。而平台侧架构发生了巨大变化，平台利用 MCP 从类似 Nacos 的这种注册中心同步服务模型数据到 Istio。Istio 会将其转换成统一服务模型，另外，Kubelet 也会按 Kubernetes 的约定注册信息，此时，Istio 会从 API Server 得到 Kubernetes 服务模型，并将其转换到 Istio 统一服务模型。那么不同来源的服务模型会被聚合成单一的一组数据，此时就完成了服务模型的融合统一化工作，这一转换过程对用户是完全透明的。

在通信和管理方面带来的变化如下。

1）微服务客户端不需要改造，因为 Envoy 智能代理会拦截所有流量，无论微服务客户端采用什么负载均衡策略，最终还是取决于 Envoy。

2）在 Istio 统一控制面上，无论是 Pod 的 Kubernetes Service 还是微服务的 Service，都以统一的 Istio Service 视角进行管理，可以统一下发通信路由、服务治理等规则。那么，统一管理视角，就不会出现过多沟通和不兼容的情况了。

3）无论微服务框架使用的是何种语言、具有何种差异化的注册中心或者服务治理服务，都能够在统一的平台下实现治理。因为可观察性、运维工具不再依赖于具体的微服务框架，而是依赖于 Service Mesh 控制面，所以无论怎样的微服务框架，可观察性、运维工具都不会有差异，这就做到了平台的标准化。

只有平台标准化，才能将云原生平台运用到各个具有不同技术栈的企业当中。如果作为云产品，则其销售范围才能扩大。

3. 异构并基于 Service Mesh 的统一化平台方案

基于 Istio 的 Service Mesh 来实现统一融合服务模型隐含着一个运行时问题。这是因为 Istio 目前还完全依赖 Kubernetes，这就导致一些非 Kubernetes 环境的平台或者系统无法做到利用 Istio 控制面实现统一管理的目的。

例如，公司内部的一个业务应用因历史遗留问题不能进行完全容器化改造，还存在着容器环境和非容器环境（比如非 Kubernetes 环境），企业希望通过统一控制面减少管理上的复杂性并降低 IT 运营成本。这势必会要求 Istio 能够运行在各类环境中，比如 Istio 可以同时运行在容器环境中和非容器环境中。如果 Istio 脱离 Kubernetes 环境，就会出现如下问题。

1）服务的动态配置管理不可用（因为 Istio 依靠 Kubernetes 风格的 CRD 来实现）。

2）服务节点健康检查不可用（因为 Istio 依赖于 Kubernetes 的健康探针来实现）。

3）服务自动注册与反注册能力不可用（因为 Istio 依赖于 Kubernetes 的服务注册和反注册来实现，其域名解析能力也依赖于 Kubernetes 的 Kube-DNS 组件）。

4）流量劫持不可用（因为 Istio 实现流量劫持的 initContainer 容器的注入是依赖 Kubernetes 的注入控制器来实现的，本质是依赖于 Pod 模型的）。

统一控制面的解决方案就在以上各个"不可用"的问题中。

可以换一个视角。老视角是用 Kubernetes 作为底座、用 Istio 作为中间层的统一微服务的服务模型。新视角是实现异构服务运行环境的统一服务模型。异构环境服务网格架构如图 11-9 所示。

图 11-9 所示的架构看起来非常复杂，其实并非如此。

1）保留 Kubernetes 架构不变，以便跟随社区升级。另外，与 Istio 控制面集成关系保持不变。

2）Pod 的"PaaS 运行模式"依然采用 Kubelet 自动注册的方式。"原生运行模式"还是利用 MCP 同步服务模型到 Istio 控制面。也就是说，原先的两种运行模式都不受影响，它们都将 Kubernetes 作为基础环境。

3）关键在于非容器环境的改造。

❑ 各种微服务框架还是使用原先自己体系中的注册中心来实现注册或者反注册，其业务代码不需要改变，甚至 Java 服务框架的 POM 都不需要改变。

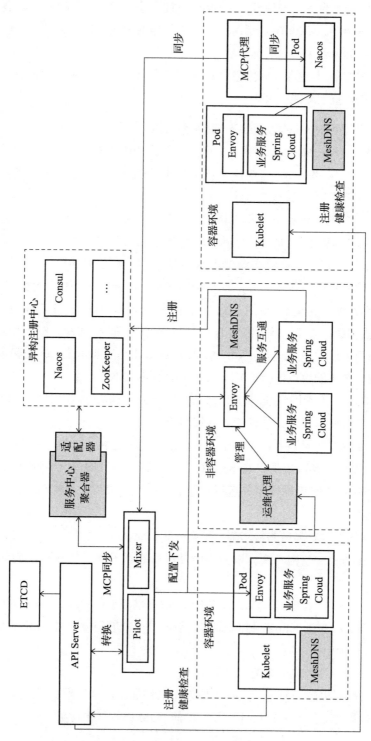

图 11-9 异构环境服务网格架构

- 各个注册中心通过基于 MCP 的"服务中心聚合器"和 Istio 控制面同步元数据，并由 Istio 控制面归一化为统一的服务模型。
- 从中心化的 Kube-DNS 改为分布式 DNS，分布式 DNS 下沉运行在数据面节点上，无单点故障，无须考虑其集群容灾等问题。只要有机制帮助其重新拉起即可，需选择一款不依赖 Kubernetes 的 DNS 产品，比如腾讯的 Mesh-DNS。
- 使用运维代理，比如 COAP，实现 iptables 规则注入、不同操作系统兼容版本的 Envoy 注入、分布式 DNS 部署等。那么，Service Mesh 就可以成功与 Kubernetes 平台解耦，组网变得更加简洁。使用 GRPC 和 REST API 就可以对数据面进行全方位的控制，可从容适配任何的底层部署环境，也可以为私有云客户提供更好的体验。
- 健康检查由运维代理来实现。

以上的解决方案也可以使用 Istio 的 CRD 来管理所有环境的服务路由、服务治理等，Pod 容器环境的服务依然可以使用 AOT 模板转换的 Deployment 或者 CloneSet 等来进行服务部署。非 Pod 容器环境的服务需要自定义 CRD，并通过融合层来打通运维代理，由运维代理来部署服务实例和相关依赖。进一步来说，无论何种环境，只需按照标准语义来构造 AOT 模板就可以实现部署。以上异构架构方案对原生环境破坏最小。

11.2.4　大数据引擎的云原生改造

如果业务型企业有条件，也没有什么历史包袱，那么可以直接部署云原生的大数据引擎，此处不再赘述。

本小节的焦点在于如何将传统大数据引擎部署到云原生平台上来。制约传统大数据引擎迁移到与云原生平台的因素如下。

1）传统大数据引擎的某些组件根本没有被容器化的可能性，只能推翻重新设计，这样做的成本很高。比如，Yarn 作为大数据底层调度的标准化引擎，虽然 Yarn 本身有一个容器的抽象，但是这个"容器"只是分配线程或者进程资源的一种抽象，和 Docker 等容器的性质不同，所以 Yarn 的行为更像是分布式 Task 调度。要进行云原生化的改造，就必须大改 Yarn，并修改大数据计算节点的组件。因为其组件很多，改造工作量巨大，所以成本和收益之间并不平衡。

2）大数据引擎的运维团队和云原生平台的运维团队分属不同领域，团队人员掌握的知识几乎不重叠。如果合并到一起，则必然要求组织架构也要进行调整，如何调整才算是合理的呢？企业首先想到的就是把两个团队合并，这个动作很大，不可控因素较多，成本很高。

那么，就没有更好的解决方案了吗？

当然有。最好的解决方案就是"在线 / 离线混部"架构，因为传统大数据引擎云原生化的主要矛盾还是在弹性算力诉求上。传统大数据引擎组件很多，为了用图说清楚解决方案，这里对传统大数据引擎的技术组件进行了简化。云原生大数据"在线 / 离线混部"架构如图 11-10 所示。

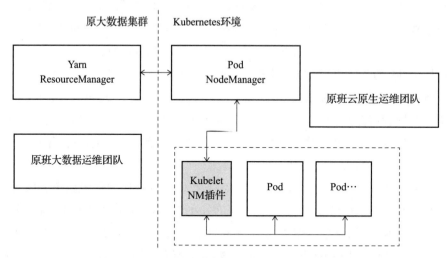

图 11-10 云原生大数据"在线 / 离线混部"架构

在图 11-10 中,可以清楚地看到传统大数据引擎的云原生改造思路。

1)两班运维团队人员不变动,组织架构保持原样。

2)打通原大数据集群的 Yarn ResourceManager 与被部署成 Pod 的 NodeManager 之间的通信。

3)Kubelet 上实现 NM 插件,用以接收来自 NodeManager 的任务资源分配指令。

4)NodeManager 充当了 Kubelet 的控制面角色,当需要调度容器资源来装载 Yarn Task 时,NodeManager 会下发指令给 Kubelet NM 插件,NM 插件会通过镜像仓库和容器运行时 CRI 接口部署和启动具体的 Yarn Task。

此时,就实现了在不改变组织架构的前提下大数据平台能够利用云原生平台的弹性算力的能力。该方案的本质是令 Yarn 的 ResourceManager 变成一种间接的控制面。

11.2.5　基于容器技术的边缘计算

本小节讨论边缘计算对接中心云的相关架构。这里是站在平台立场来介绍边缘计算的融合架构的,但是必须先搞清楚为什么业务上需要边缘计算或者说边缘计算有怎样的价值。

1. 边缘计算的价值

随着数字化的推进,更多的企业希望算力能够下沉到业务现场,比如,汽车的自动驾驶场景就要求自动驾驶计算任务必须在车上完成,而不是在云端完成,否则时延就无法满足要求。再比如智慧交通场景，交警部门希望将算力下沉到十字路口的边缘计算盒子中，从而可以实现现场事故、异常探测等计算能力。还有很多现实的场景可以列举，其核心诉求都是强算力、下沉业务现场等。

边缘计算给现场业务带来价值的同时，也在重塑云计算的形态。边缘计算离不开中心云，因为边缘云被中心云托管后可以有效减少运维难度和成本。另外，体现全局性的、趋势性的数据计算任务都在中心云完成（比如城市交通拥堵预测计算等）。因为中心云的算力几乎是无限的，而现场的、短计算周期的计算任务则需要边缘云所承载的边缘计算技术来执行，中心云与边缘云互相配合，形成了一种新型的"分支云"交付形态。以上就是云原生平台为什么需要对接边缘计算平台。

换个角度看，边缘云是云的一种延伸，有人形象地比喻它是"八爪鱼"计算模型。甚至有人为了突出边缘计算在业务上的赋能价值，说"边缘会吃掉云"。其实谁也吃掉不了谁，中心云与边缘云实际上是一种配合的关系。

边缘云所承载的边缘计算能力主要由边缘计算框架实现。

目前，边缘计算框架分成两种形态：一种是非容器化的，另一种是容器化的（也叫作边缘容器）。非容器化的传统边缘计算对接方案可以采用类似 VirtualKubelet 的技术来实现，因为本书的焦点是基于边缘容器的边缘计算框架，所以对于非容器化的边缘计算框架的具体架构，读者可自行阅读相关材料，这里不再赘述。

为什么基于边缘容器的边缘计算会成为本书焦点？并不是说本书介绍的是云原生就必须选择边缘容器，而是因为在业务上，边缘容器会给企业带来更多价值。

1）边缘盒子部署的位置十分分散，传统运维模式无法应对这种挑战。组织难度和成本都很高，而容器的部署方式恰好可以解决这个问题。

2）现场业务要比传统云端方式的业务形态更加"敏态"，场景变化很多。而传统烧录的程序很难满足现场业务所要求的快速部署或者快速升级等诉求（传统方式是先把程序烧录到芯片中，然后把芯片安装到业务现场的设备中）。那么，容器的部署方式恰好可以解决因业务而变的敏态部署的问题。

3）边缘计算是强算力或者大算力场景，所以边缘计算的核心技术在于计算或者说是AI。在当下的市场中，不同的场景需要不同的算法，所以任何一家公司都没有办法独自研发出所有的算法。那么，这就需要利用供应链来完成不同算法的供应，供应链上的供应商会提供不同规格、不同语言甚至不同技术衍生的算法包，这对系统集成提出了很高的要求。因为很难保证多个算法包可以集成到一起或者集成后顺畅运行，那么传统系统集成的方式就不合适了。因为边缘容器的封装性和环境一致性，可以利用 Pipeline（算法管线，一种按照一定顺序执行各类算法的结构）来组装不同来源的并已经封装成容器的算法。另外，采用中间的抽象算法编译层（也称为 DL 编译器）将算法模型转换成可被底层不同硬件解释执行的通用模型。中间层这种方式直接解耦了业务对算法供应链的依赖，一来可以灵活地选择任何算法，二来可以不被约束地选择各种算力硬件，比如 Intel 的 GPU 或者比特大陆的硬件。

边缘容器可以利用灵活的远程部署能力以及环境封装能力来很好地解决这些问题。

总之，边缘容器方式的边缘计算相比传统边缘计算，在技术上拥有给业务赋能的价值，这也使得边缘容器成为市场的主要关注点。

接下来以阿里的 OpenYurt 为例来说明基于边缘容器的边缘计算的技术特征。云原生边缘计算技术架构如图 11-11 所示。

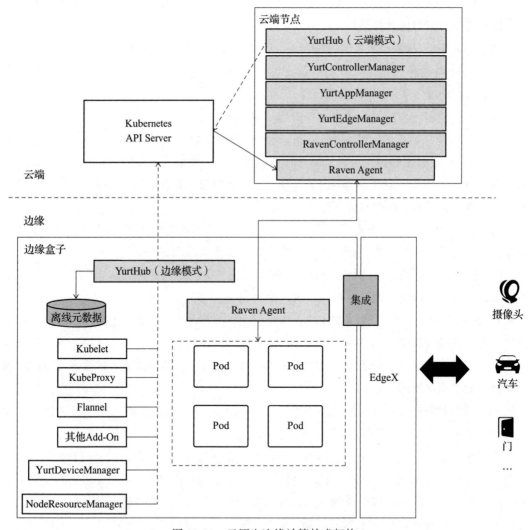

图 11-11　云原生边缘计算技术架构

如图 11-11 所示，OpenYurt 整体架构明显被分成两个部分：云端部分和边缘部分。

先来看边缘盒子（节点）的架构。

1）边缘计算框架具有两个方向的通信：一是边到云；二是云到边。那么这两个通道习惯上被称为"云边通信"或"云边协同"。

2）边到云主要通过 YurtHub 来实现，云端一侧的 YurtHub 暴露公网地址以便建立边缘与云端的通信连接。

3）YurtHub 最关键的作用是成了边缘云的"小副脑"。从中心云视角来看 OpenYurt 的边缘节点，和普通的 Kubernetes Node 几乎是一样的。所以 Kubernetes 的原生组件没有变化，边缘节点中依然会保留原生的 Kubelet、KubeProxy 等组件。只要 YurtHub 能够伪装成 API Server 并与本节点的 Kubelet 等对接，那么 YurtHub 就成了一个实现离线自治的关键组件。

4）离线自治是所有边缘框架必须实现的通用能力。根据边缘节点的部署特点，其网络一定没有云端稳定，那么一旦和云端断开网络连接，如果没有自治能力，则 Pod 可能会被误删除。Pod 会被误删除的原因在于 Kubelet 无法和 API Server 通信，Kubelet 得不到 Pod 的元数据，就以为 Pod 已经被删除了，所以 Kubelet 就会删除本地的容器实例。所以，利用 YurtHub 将 API Server 元数据缓存在本地存储中就可以实现让 Kubelet 依然相信自己还处于正常集群的"感觉"。在断网时，Kubelet 并不会认为有任何异样发生，它依然会保证 Pod 的存活，Pod 依然会正常工作。以上方案具有两个优点：一是原生的 Kubelet、KubeProxy 等组件并不需要为边缘场景进行改造，这就兼容了社区的版本，对以后的升级和拓展奠定了很好的基础；二是在云端 API Server 看来，边缘节点（边缘 Pod）与云端节点（云端 Pod）没有什么区别，原生的一切 CRD 都可以被再利用，而且很多基于 Kubernetes 的开源云原生产品也被用在边缘云，也可以按照 Kubernetes 提供的拓展灵活性对 OpenYurt 实现能力上的拓展。

5）在边缘云，OpenYurt 通过接口集成一个名为 EdgeX 的第三方 IoT 管理层产品来管理智能设备。这个办法相当高明，这是因为新的 IoT 设备层出不穷，如果让 OpenYurt 自身来对接 IoT 设备，就会增加 OpenYurt 的复杂度。那么 OpenYurt 通过 EdgeX 来实现 IoT 设备的对接，OpenYurt 就能够专注于边缘计算的场景了。

6）对于云到边，通过 Raven Agent 来实现。Raven Agent 可以实现 VPN 通信加密双向通道，这个信道代表着业务通信线路。

细心的读者也许会感觉到 OpenYurt 还缺少什么。从普遍的业务场景来看，OpenYurt 还缺少如下技术能力。

❑ 边缘存储的支持。

❑ AI 推理计算的支持。

❑ 边边协同的支持。

2. 边缘存储

在智慧路口场景，很多视频是不需要被上传到云端的，只有一小部分具有某种业务特征的视频才会被上传（如有大事故的视频）。原始视频和没有必要上传的视频都要存储在本地边缘节点或者地理距离较近的 CDN 中。需要保证业务处理连续性，同时要实现视频材料随时可查阅。因为边缘盒子分散在各个业务现场之中，有的甚至暴露在野外，因此非常容易受到物理损坏，其数据非常容易丢失、被篡改或被窃取。这些问题都是常见问题。所以无论是从业务还是从安全方面考虑，都需要一个与云端上不太相同的边缘存储系统。

本书聚焦在边缘存储上，CDN 并不是本书重点，所以不再赘述。

这里采用 IPFS（InterPlanetary File System，星际文件系统）来构建边缘存储。IPFS 旨在创建持久化分布式存储和共享文件的网络传输协议。IPFS 也是内容可寻址的点对点超媒体分发协议。IPFS 在边缘存储的场景下会有什么明显优势呢？

1）高安全性：IPFS 首先将整个文件进行拆散，然后储存在不同节点上。在需要查询数据时，通过文件的索引从原来存储的位置找回来。IPFS 的分布式化和加密能力可以实现数据的隐私保护。IPFS 中的每个文件及其中的所有块都被赋予了一个称为加密散列的唯一指纹，可以用于校验文件完整性，可实现传输过程中或者存储时的防篡改能力。

2）去中心化：IPFS 的去中心化架构使得数据上传、下载的速度更快，也能够实现数据的持久化存储。

在经典 IPFS 网络中，文件是拆分后存储在不同节点上的，每个节点存储的内容并不相同。当使用 IPFS 私有边缘网络（比如业务现场的 2 ～ 3 个边缘盒子）作为文件系统时就会存在存储可用性的问题，如单个边缘节点的故障导致存储的文件不可用。

IPFS-Cluster 很好地解决了 IPFS 网络数据可用性问题。IPFS-Cluster 通过给 IPFS 网络添加一层分布式共识协议，保证了 IPFS 集群各节点存储内容的一致性，此时，单节点故障将不影响文件的读取。IPFS-Cluster 实际上也同时实现了数据防丢失的能力，只要集群中还有一个节点留存，数据就不会丢。

IPFS-Cluster 也是分布式系统，附加在 IPFS 节点之上，通过维护全局一致的 Pinset 与 IPFS 交互来构建一致性存储。IPFS-Cluster 结合底层存储实现了相对完整的边缘存储架构，可以复用到云端存储中。而边缘盒子本身的物理磁盘（一般是 SSD）容量相比云端节点是较小的，那么如何保证边缘存储可以保存几乎无限的文件呢？可以采用 Offload 机制来解决这个问题，也就是把本地无法再继续存储的数据上传到云端，并在文件元数据上构建关联来保证文件连续的表征。无论文件被存储在何处，在系统级别上看都没有差别，就好像所有文件被"存储"在同一个文件系统上。

综上，构建了一个基于 IPFS 和 IPFS-Cluster 的边缘存储解决方案，其整体架构如图 11-12 所示。

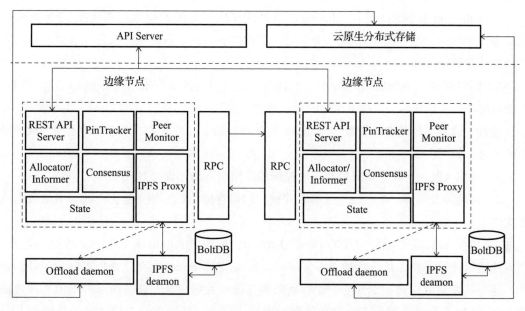

图 11-12　云原生边缘存储整体架构

图 11-12 中，虚线框中的内容就是 IPFS-Cluster 部分。IPFS-Cluster 基于组件化设计，同节点的各组件之间通过内部 RPC 进行通信。此方案使得各组件很容易被部署到不同的机器，这是一种极其容易扩展的架构设计。

IPFS-Cluster 由以下 8 个组件组成。

1）Consensus（共识）组件：负责在集群节点之间实现数据一致性，使所有节点的 Pinset 保持一致，并且管理节点的加入及退出。

2）PinTracker 组件：PinTracker 处于共识组件层和 IPFS 中间层，接收并维护 Consensus 组件发送的 Pin 操作，通过 RPC 组件将 Pin 操作发送到 IPFS。

3）PeerMonitor 组件：负责维护集群节点的状态，PeerMonitor 周期性地检查节点存活状态。

4）State 组件：存储 Pin 操作的数据库，便于对 Pin 操作进行增、删、查等操作。State 组件实际上是一个数据操作"过程"存储数据库，目的是记录对数据的操作过程。

5）REST API Server 组件：是一个基于 HTTP 实现的具有 Cluster Peer 功能的访问服务器，提供给管理员使用的接口。云原生平台通过 API Server 中的控制器与 REST API Server 组件通信，以实现对 IPFS-Cluster 的自动化管理工作。

6）IPFS Proxy 组件：是一个代理 endpoint，可以用来调用 IPFS-Cluster 连接的 IPFS。Pin/Unpin 等会被拦截并触发对 IPFS-Cluster 集群的操作，从而实现操作在集群所有节点上执行。未被拦截的请求会被直接转发到 Cluster 所连接的 IPFS Deamon。

7）Allocator/Informer 组件：Informer 组件用于监控系统的硬盘使用情况、Pin 操作的数量等。Allocator 组件用来关联（Pin）文件到具体的节点，系统可以根据硬盘使用情况来选择文件存储到的节点。

8）RPC 组件：系统使用内部 RPC 在同节点的各组件间实现通信，外部 RPC 在不同节点的各组件间实现通信，提高了系统的可扩展性。

至此，读者已经基本清楚 IPFS-Cluster 的处理过程了。此方案在原生架构上增加或者被修改的组件如下。

1）云端 API Server 中需要实现一个控制器，用以自动化管理 IPFS 集群。

2）云端需要部署一个云原生分布式存储，用以存储边缘云侧无法再继续承载的数据或者文件。

3）边缘云侧需要增加一个 Offload Deamon，可改进 Allocator/Informer 的检查逻辑，当本地边缘计算集群无法再承纳更多文件时，使得 IPFS Proxy 将存储操作重定向到外部云端。这一改变需要构建一个 Segment 链表来表达统一数据表征，并在内部将本地文件数据和 Offload 远端数据链接起来，这在外部看来是连续的，从而保证上层 API 的稳定以及开源组件的升级版本兼容性。这样，几乎可以实现无限的存储空间。远端存储的通信时延会间接增加边缘云侧存储操作的时延，经过通信优化以及数据压缩，其性能表现是可以被接受的。

3. AI 推理计算

AI 引擎是实现现场业务处理算法的运行环境。因为业务现场的核心诉求在于 AI 计算，所以有理由认为"无 AI 就无边缘计算"。整合了 AI 推理计算能力的边缘计算技术产品也被称为"边缘计算一体机"。业界存在着非常多的 AI 边缘计算引擎和不同特性的计算芯片（硬件）。由于边缘计算的场景特点，必须考虑通用性，否则边缘计算一体机会不断地适配各类不同算法和各类硬件。如果不能实现通用性，那么边缘计算应用就不能作为云原生应用中的一种类型。因为无论云厂商还是一般业务型企业都无法承受太多的定制与集成的成本，所以需要在技术上实现算法与硬件的解耦合。

随着 AI 模型结构的快速演化，底层计算硬件的层出不穷等，单纯基于手工优化来解决 AI 模型的效率问题和性能问题越来越容易出现瓶颈，因此需要通过一种名称为 DL 的编译器来解决框架的灵活性和性能之间的矛盾。基于 DL 编译器的计算模型统一编译平台如图 11-13 所示。

DL 编译器主要包括两部分：编译器前端和编译器后端。生成的中间代码（IR）分布在前端和后端。通常，IR 是程序的抽象，用于程序优化。具体而言，AI 模型在 DL 编译器中会被转换为多级 IR，其中高级 IR 位于前端，低级 IR 位于后端。基于高级 IR，编译器前端负责与硬件无关的转换和优化。基于低级 IR，编译器后端负责与特定硬件相关的优化、代码生成和编译。

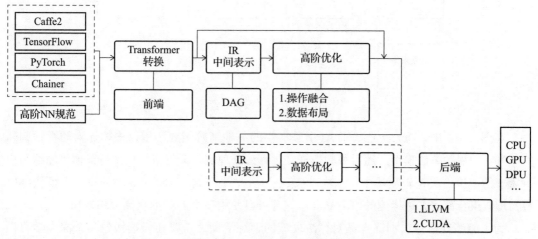

图 11-13　基于 DL 编译器的计算模型统一编译平台

前端将算法应用进行了图级优化，因为图提供了计算的全局概述，所以更容易在图级发现和执行优化。这些优化仅适用于计算图，而不适用于后端的实现。因此，这些优化与硬件无关，这意味着可以将计算图优化应用于各种后端目标。

在 DL 编译器的后端，针对硬件的优化（也称为依赖于目标的优化）可针对特定硬件体系结构获取高性能代码。应用后端优化的一种方法是将低级 IR 转换为 LLVM IR，以便利用 LLVM 基础结构生成优化的 CPU/GPU 代码。另一种方法是使用 DL 域知识设计定制的优化，这可以更有效地利用目标硬件。

这样，利用 DL 编译器将算法和硬件进行了解耦合，使得边缘计算一体机变成了通用计算平台（可以承接各种算法来实现各类场景需要）。

企业是无法自主研发这么多算法的，所以一定会通过供应链来解决，此时可以提供一个平台化的算法市场来构建交易机制以获得更多算法。

AI 算法计算完毕后需要业务代码去处理一些功能性逻辑，比如智慧路口的场景，一段 AI 程序处理视频后会输出一些特征值，此时业务逻辑获取到这些特征值后发现需要"关闭道路闸口"，以防止某些交通事故导致更大范围的拥堵。这其实就是 AI 输出后要求业务模块执行相关"业务动作"的逻辑，即 AI 的解决方案层。如果没有这一层，AI 的输出就成了没有"手脚"的"概念标识"，就没什么用处了，所以这一层还是非常重要的。需要提供一种 Pipeline 能力将数据采集、AI 计算以及 AI 解决方案给"串"起来，使得这些处理按照一定顺序被"驱动起来"。算法（编排）管线如图 11-14 所示。

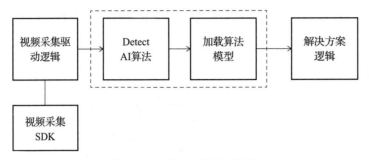

图 11-14　算法（编排）管线

在图 11-14 中，Detect 是基于 AI 引擎提供的一种高阶函数，用以根据输入的视频判断加载哪一种视频算法模型，随后视频数据经过算法处理后，会将目标以及特征值传输给用户自定义的解决方案逻辑模块中，这样就实现了 AI 解决方案。图 11-15 中的每一个模块都以容器形式组合部署在边缘侧的单个 Pod 中，并可以使用多个 Pod 形成高可用架构。

为了能够支撑算法训练人员对算法模型的训练活动，需要在云端构建一个深度学习训练平台，因为这里聚焦于边缘计算技术架构本身，所以模型训练相关内容请读者阅读其他相关书籍或者材料，这里就不再赘述了。

从单纯可以部署业务逻辑的边缘容器到可以运行 AI 任务的边缘计算，这是一个质的飞跃，将算力从云端下沉到业务现场以实现赋能业务的能力。不久后，云端的计算平台将专门负责大规模的、面向趋势的计算；而边缘云侧将专注于业务现场的实时业务处理。这种云边配合的架构，必然会涌现出更多有价值的应用场景。同时，也会对计算引擎的发展起到很大的助推作用。

4. 边边协同

比如智慧路口场景，一旦因为某些交通事故而在视频中出现大量目标事物时，视频的码流规模是恒定的，但是因为需要识别视频中大量的目标，因此需要更多的算力。单个盒子的算力是不足的，此时就需要多个盒子并行地处理，这就是边边协同的典型场景。当然还有其他一些场景，比如主盒子节点崩溃时需要另外一个盒子接管业务的场景、主盒子疑似离线并利用旁路盒子巡检链路是否联通的场景等。这里以华为云 KubeEdge 的 EdgeMesh 方案为例来说明基于边缘网格的边边协同架构，如图 11-15 所示。

图 11-15 中，EdgeMesh 和云端 Service Mesh 在技术架构上很相似，都是采用 Sidecar 架构来实现的。EdgeMesh 的关键组件有：

1）EdgeMesh-Agent：是一个 Sidecar 架构方式的组件，它是实现边缘网格通信的核心组件。

❑ Proxier：负责配置内核的 iptables 规则，将请求拦截到 EdgeMesh 进程内。

❑ DNS 解析器：内置的 DNS 解析器，将节点内的域名请求解析成一个服务的集群 IP。

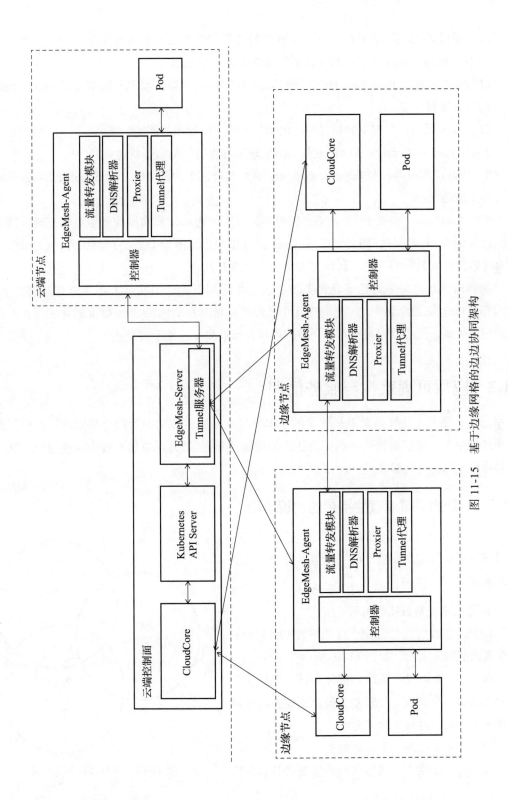

图 11-15　基于边缘网格的边边协同架构

❑ 流量转发模块：基于 Go-Chassis 框架的流量转发模块，负责转发应用间的流量。其中的 Go-Chassis 是华为的一款低底噪微服务底座框架。

❑ 控制器：通过 KubeEdge 的边缘侧 Local APIServer 能够获取 Services、endpoints、Pods 等元数据。

❑ Tunnel 代理：利用中继和打洞技术来提供跨子网通信的能力。

2）EdgeMesh-Server：是 Mesh 架构下实现边缘连接云端服务的桥梁。

3）Tunnel 服务器：与 EdgeMesh-Agent 建立连接，协助打洞以及为 EdgeMesh-Agent 提供通信中继能力。

4）CloudCore：是类似 OpenYurt 的组件，可实现边缘计算网格控制策略等逻辑，属于边缘计算的控制面组件。同时，CloudCore 也可作为边缘本地节点的控制组件。CloudCore 具有可以保存元数据的存储，从而实现离线自治的能力。

到目前为止，集中讨论了几种典型的云原生应用类型，但实际上还会有更多的类型，它们都来自业务上的需要，讨论的这几个已经可以帮助我们解决 80% 以上的问题了。对于新的应用类型，读者可以根据本书介绍的思路自行推演，这里不再赘述。

11.3　应用可观察性与服务治理

能发、能测、能管是对卫星管理的基本要求。云原生应用的管理也是如此：把应用部署到环境中去，就需要提供一组工具让人们能够"看到"，并可以轻松管理这些应用，这些工具可以统称为可观察性平台。

11.3.1　云原生可观察性平台的建设阶段

云原生可观察性平台的建设不是一步到位的，建设过程需要考虑企业当下的实际情况并分成几个阶段来进行。

1. 可观察性系统初级阶段

经典的、入门级的云原生应用可观察性可由 3 个维度的能力来实现，如图 11-16 所示。

从图 11-16 来看，跟踪、指标和日志分析 3 个能力之间似乎存在着某种联系，是什么呢？这种联系取决于"排查问题"的过程。

（1）应用缺陷的一般排查过程

开始时，运维人员利用指标系统或者日志分析

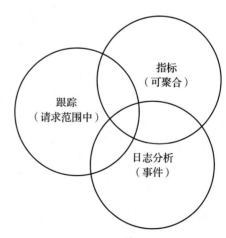

图 11-16　可观察性的 3 个维度

系统，通过各种预设报警配置发现异常。发现异常后，运维人员打开监控大盘查找异常的曲线，并利用系统指标通过各种查询／统计找到异常的模块，然后利用日志分析系统对这个模块以及关联的日志进行查询／统计分析，找到核心的报错信息，最后利用跟踪系统的详细调用链数据定位到引起问题的代码。当然，不同的场景有不同的结合方案，例如，简单的系统可以直接通过日志的错误信息去告警并直接定位问题，也可以根据调用链提取的基础指标（Latency、ErrorCode）触发告警。总体而言，一个具有良好可观察性的系统必须具备上述 3 种维度的数据。

从上述排查问题的过程中得到以下两个信息。

一是指标系统、日志分析系统以及跟踪系统的作用。

二是人们分析问题是从粗到细的一个过程，所以需要多个系统相互配合，甚至需要在不同的系统之间来回观察验证来实现。

这意味着，"排查问题"的过程以及此过程所体现出来的信息和特征为后面如何组织可观察性产品的形式提供了依据。同时发现，目前，3 个维度所构建的可观察性系统焦点还是在"看到"问题，问题的根因还需要人的经验来进行判断，人工的方式准确率不高并且排查时间较长。可以认为目前的可观察性系统还处于初级入门阶段。

（2）可观察性系统的两种实现方式

在图 11-17 中，初级阶段的可观察性系统有两种实现方式。

第一种方式，利用服务框架和业务代码对接外部指标系统、日志分析系统和分布式跟踪系统。但是这种方式过度依赖特定的服务框架和业务代码，甚至有些服务框架只能对接某种特定的外部可观察性系统。人们需要为每种服务框架定制平台部分的东西以及想方设法提高观测覆盖面，这会导致这种方式根本没有大规模运用的可能性。另外，观测数据的采集依赖 StatsD 插桩、Tracing SDK 插桩、Logging SDK 插桩等，这种采集方式一般以业务开发团队为核心驱动构建，因为业务部门只会构建服务于自身的观测设施，因此导致了在不同业务部门之间重复地构建自己私有的可观察性系统。最后，开箱即用的方案往往存在着扩展性问题，难以成长为面向所有业务场景的基础服务。

第二种方式，利用如 Istio 这样的 Service Mesh 实现的中间层来隔离服务框架的差异，平台部分可以实现统一的、一致的指标系统、日志分析系统以及分布式跟踪系统，实现了标准化的平台能力，非常有利于大规模落地。注意，之后如果不特别指出的话，可观察性系统的实现方式就是指第二种。

在初级阶段，虽然观察性系统依靠现有的开源产品可以很容易得到，但是存在着数字孤岛的问题。当团队遇到一个业务故障时，可能需要频繁跳转于指标系统、跟踪系统、日志分析系统之间。这些系统上的数据并没有很好地打通，整个问题排查流程高度依赖于人工，有些时候可能还需要协调不同系统的人员参与问题的排查工作，效率低下，综合成本很高。

2. 统一可观察性系统阶段

当观测数据的打通和观察性系统的优化在日常运维工作中越来越频繁时，就意味着需要准备提升可观察性能力到下一个阶段了。这个阶段的可观察性以服务为核心，由基础设施团队和业务开发团队协作。需要打造出一个面向所有业务的统一可观察性系统，提供给指标、跟踪、日志数据的采集、存储、检索基础设施，并支持将不同类型的数据进行关联以消除数字孤岛的能力。

首先面临的问题是采集数据时如何实现关联不同类型的数据。OpenTelemetry 通过标准化数据的采集和传输规范来解决此问题。遵循 OpenTelemetry 规范，指标数据可通过 Exemplars 关联至跟踪数据，跟踪数据通过 TraceID、SpanID 关联至日志，日志通过 Instance Name、Service Name 关联至指标数据。

其次面临着不同类型数据的存储问题，遗憾的是对于这方面，OpenTelemetry 并未涉及。指标数据、跟踪数据和日志数据之间有着较大的区别，通常采用 TSDB（如 InfluxDB）存储指标数据，采用 Search Engine（如 Elasticsearch）存储跟踪数据或者日志数据。为了实现统一的可观察性系统，系统需要具备水平扩展能力，但 TSDB 通常难以用于精细存储每个微服务、每个 API 的指标数据的场景。而 Search Engine 因为全文索引问题，通常会带来高昂的资源开销，所以也不是十分合适。为了解决这两个问题，一般考虑选择基于稀疏索引的实时数据仓库，如 ClickHouse 等，并通过对象存储机制实现冷热数据的分离。

在解决了数据的采集和存储问题后，基础设施团队可将可观察性系统作为一个统一服务向业务开发团队开放。

3. 统一可观察性系统智能化阶段

在数据打通的基础上，随着业务规模的增长，还会面临以下几个重要的问题。

1）从应用出发的可观察性往往仅考虑业务和应用层面的问题，网络、基础设施成为盲点。

2）目前的跟踪系统都聚焦在动态调用的链路上，而业务应用系统中可能还存在着很多隐藏的"静态"链路。"静态"链路是业务应用系统迭代过程中及人员交替过程中留下的一些可能永远不会被调用（也可能会被某个时刻调用，但是调用机会不多）的代码，或者就是没有用的代码。这些"无用"链路可能会引发很多潜在的问题。

3）为了帮助业务研发人员更好地发现问题根因，需要基于可观察性系统的全面打通来构建一种异常巡检的服务，用于及时发现异常，并通过模式识别快速给出根因。异常巡检服务可以实现提高排查效率和快速恢复的能力，这也使得混沌工程能够更好地落地。

如果可以解决这个问题，那么实际上已经将统一可观察性系统逐步提升到 AIOps 的层级了。AIOps 属于智能化层级。从当下对云原生可观察性成熟度以及落地情况来看，这个阶段是目前的一个满级阶段。

综合以上分析，要实现统一的可观察性系统，就必须实现**基于 OpenTelemetry 的数据打通、全链路数据补全以及智能化异常巡检服务**。

11.3.2　为应用构建统一的可观察性平台

打造统一的可观察性平台的关键在于如何实现全业务链路监控数据的打通以及如何实现全链路数据的补全。

1. 基于 OpenTelemetry 的数据打通

基于 OpenTelemetry 的数据打通方案如图 11-17 所示。

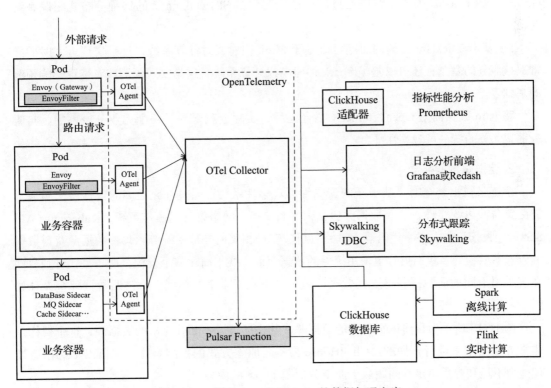

图 11-17　基于 OpenTelemetry 的数据打通方案

图 11-17 涉及的技术设计如下。

1）将 Istio 数据面和 OpenTelemetry 进行了整合，OpenTelemetry 并不是开箱即用地和 Envoy 进行整合，需要进行 OpenCensus Receiver 配置，同时令 Istio 以 OpenCensus 协议将数据投递到 OpenTelemetry 的 OTel Agent，并由 OTel Agent 聚合投递到 OTel Collector 组件中。

2）对于数据收集端的 OTel Agent，OTel Agent 可以以 3 种 Sidecar 来实现。一是，在作为 Gateway 的 Envoy 旁的 Sidecar；二是，在作为东西向流量转发的 Envoy 旁的 Sidecar；三是，Database sidecar、MQ Sidecar 等旁的 Sidecar。这样几乎可以收集到所有业务组件形式的监控数据。

3）OTel Collector 负责从 OTel Agent 收集监控数据，并通过 Pulsar 函数进行处理，将收集到的数据进行格式化并进行分类计算后存储到 ClickHouse 中。此时，ClickHouse 就成为统一的存储后端了。

4）基于 ClickHouse，可以对接外部的指标性能分析系统，如 Prometheus。因为 ClickHouse 本身就具有日志数据的查询接口，所以直接搭建 ClickHouse 的日志查询前端即可，比如 Grafana 或 Redash。另外，可以通过协议适配与诸如 Skywalking 等的这种分布式跟踪系统对接。

5）基于 ClickHouse 的同时还可以基于 Flink 构建实时计算系统，这是实现近实时的异常巡检服务的基础；还可以基于 Spark 构建离线计算系统，这是实现预测或者变更影响预测的基础。

将 Istio 数据面与 OpenTelemetry 整合之后，实际上就得到了一个无业务侵入的、与服务框架无关的统一可观察性平台。

2. 全链路数据补全

全链路数据补全需要基于新的云原生可观察性系统，通过补充更多的数据源来实现全链路覆盖的可观察性，这些数据源包括云平台 API、网络设备、操作系统、Kubernetes API Server、服务注册中心、代码静态链路分析、安全相关内外部系统等。每种数据源获得数据的方式不尽相同，我们更希望采用统一的数据获取方式来简化整个架构，而不是让可观察性系统采用不同的适配器获得这些数据，否则就不利于未来的拓展。全链路数据补全设计如图 11-18 所示。

图 11-18 所示为目前识别出来的数据源，其实还可以不断补充新的数据源，这个架构是非常方便在未来进行拓展的。ClickHouse 具备云原生方式的扩缩容能力，所以不必担心处理能力不足和容量不足等问题。下面来分析图 11-18 的内容。

1）数据收集的总体思路是将控制和状态合一。尽可能地把各种数据源的数据汇总成相应 CR 对象的属性或者 Status 数据：一来可以直接在 API Server 进行查询；二来可以根据查询结果来实现修改 CR 的判断；三来有利于其他服务利用 SharedInformer 获取数据变更并进行进一步的处理。比如这里使用 MetaDataCollectorService 将相关 CR 对象的数据进行预处理后存储到 ClickHouse。当然，也有些数据，比如在 OpenTelemetry 中抽取可观察性数据的 OTelCollector 服务通过预处理后将数据存储到 ClickHouse 中。

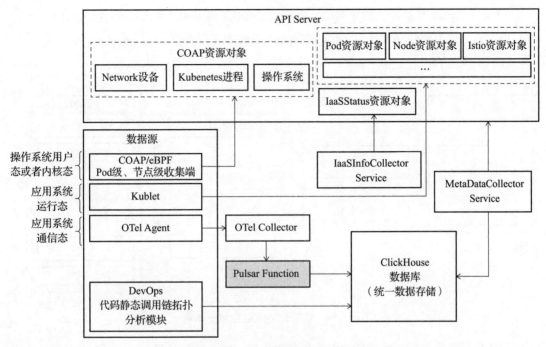

图 11-18 全链路数据补全设计

2）云原生平台极有可能运行在一个云提供商的 IaaS 上，那么 IaaSInfoCollectorService 通过云 API 适配器获取 IaaS 相关信息，这些信息会被汇聚成 IaaSStatus 资源对象，然后 MetaDataCollectorService 会把 IaaS 相关数据同步到 ClickHouse 中。

至此，就完成了"全链路数据补全"的操作。接下来要基于这个 ClickHouse 统一数据存储做很多"后端处理"的事情，如智能化异常巡检服务、服务治理自驾驶、动静链路分析服务等。事实上，这些"后端处理"的服务组合起来就形成了一种**云原生 IT 综合运营能力**，这种能力被称为智能化治理解决方案。

11.3.3　构建智能化治理解决方案

本小节将逐一展开对智能化治理解决方案的讨论。

1. 智能化异常巡检服务

智能化异常巡检服务使得平台、业务异常排查等更加快捷、高效。智能化异常巡检服务是统一可观察性系统的延伸，这使得治理平台从"能看到"的能力逐步演变成"可主动发现和反馈"的能力。智能化异常巡检服务由以下两个部分组成。

1）基于 Flink 实时计算的异常特征驱动的通知或反馈模块，用于实现当下异常的根因排查与自动化解决能力。

2）基于 Spark 批量计算的异常特征驱动的通知或反馈模块，用于趋势性预防场景。

以上两个能力的整合就是智能化异常巡检服务的技术架构，如图 11-19 所示。

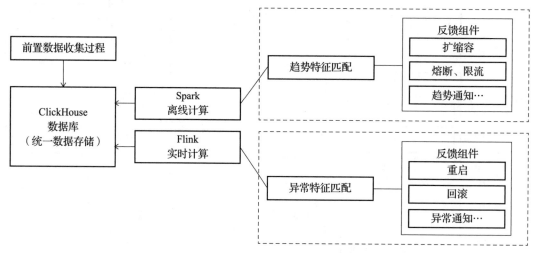

图 11-19 智能化异常巡检服务架构

智能化异常巡检服务实现的关键在于基于大数据的"特征计算"。一方面，提取特征需要根据一定规则设计算法。另一方面，需要设计一套特征反馈库，算法输出的特征可以命中某种特征，然后激发相应的反馈组件进行后期处置，但凡没有命中的，都转换成通知发送给相关人员，以便实现人工介入。

无论是算法还是特征反馈库，都是"人机合一"的体现，或者称为"人脑换机脑"的过程。每个企业都有自己面临的场景和具体问题，这就需要业务研发团队和运维团队不断地根据自己的最佳实践"沉淀"这些算法、特征以及反馈组件。其中，反馈组件可以设计成 Action 函数，以 Serverless 形式运行或者以 Job 工作负载方式运行。Action 函数能够自动解决一些问题。

任何一个平台都无法做到 100% 全场景处理，因为场景太多了，所以智能化异常巡检服务在确定自己无法解决某个问题时就通过通知的机制来通知人们进行及时的干预。

基于 Flink 实时计算的异常特征驱动的通知或反馈模块，比如大数据算法只基于时序数据计算出某容器 OOM 异常的特征，但是并没有应用自身的异常、节点资源不足等的特征，那么异常特征就会命中"重启"这个反馈模块。根据统计，大部分这种异常特征只需要重启就可以暂时解决了，所以人们在向智能化异常巡检服务"沉淀"最佳实践时，就把这种异常特征与重启反馈组件进行了关联。此时，重启反馈模块会从计算模块得到某容器的所在节点以及容器 ID 等信息，并下发给 OpenKruise 重启容器的 CR。OpenKruise 重启容器的 CR 会实现目标容器的重启。目标容器重启后，重启反馈模块会通过通知模块向相关人员发送已自动重启处理的信件或者短信，同时包含了上下文信息。如果同时命中了 OOM 特征，并且还有应用异常等特征，那么最佳的反馈执行策略是"回滚"而不是"重启"。

2. 服务治理自驾驶

再以一个例子来说明基于 Spark 批量计算的异常特征驱动的通知或反馈模块的实现原理，同时介绍**服务治理自驾驶**的原理。

传统方式的服务治理所产生的根源在于"面向失败进行设计，所以需要服务治理来保证服务的稳定性"，且传统方式的服务治理本身的规则需要人工配置。比如，熔断是在一定的时间窗口内，当一定数量的调用失败特征出现时就开启隔舱（时间窗口以及调用失败次数阈值都需要人工设定），隔舱实现了保护下游链路的能力。限流是在一定时间窗口内链路压力过大的条件下，在一定时间窗口内没有统计出调用失败的情况下，只要压力和无调用失败的特征匹配（时间窗口、压力阈值等都需要人工设定），那么就通过滴漏法或者令牌法对流量进行限制，从而实现了保护后端服务的目的。

上面论述了传统方式的服务治理的基本原理，下面介绍服务治理为什么要实现自动化。

人们经常会认为"只要是在分布式架构、微服务架构中，服务治理就是理所当然的能力"，实际上这是一种认知偏差。如果平台能够保证业务应用外在的表现稳定，那么还需要人工方式的服务治理吗？比如，前面所讨论过的 Serverless 架构，Serverless 架构可以根据动态负载进行扩缩容，其最主要的特点是作业执行时间短，如果出现异常，就及时退出进程，不试图修复，新的实例马上就会替换。此时并不需要服务治理能力。但是对于需要长时间运行的、非 Serverless 架构下运行的服务来说，确实需要服务治理能力，所以不是所有的场景都需要服务治理能力的。下文所提到的服务治理，是针对非 Serverless 场景而言的。

针对熔断、限流等，无论是服务框架自身的实现还是服务网格的实现，都是基于服务视角的，并由人来配置相关参数来实现服务治理的，那么，这里就隐含着一个大问题：这些参数，业务研发人员是否能配置正确。这些参数不能在研发阶段轻易被正确确定，因为这些参数还和具体环境的配置有关，比如生产环境的基础设施要比研发环境的基础设施更加完整、容量更加充足等，那么服务治理的参数就与研发环境多少有一些不同。这就要求研发团队要与运维或者运营团队密切配合，这样才能进行合理的配置，这无疑增加了成本。我们往往不是从全应用链路视角来看服务治理的配置的，而服务治理的底层技术往往都是以服务为视角来实现的。在这个局部视角下，能不能设置最合理的参数，肯定是未知的。所以，我们有个大胆的结论：即便有服务治理能力，也无法做到合理的稳定性保证。或者更大胆的说法是**"在这种无法确定参数是否正确的情况下，在一定集群规模下，服务治理工具根本没有用处"**。

所以需要实现服务治理自驾驶能力。

服务治理自驾驶能力是基于 Spark 批量计算的异常特征驱动的通知或反馈模块所能够实现的能力。Spark 批量计算是以全局视角的统一数据存储作为基础的，所以这种计算方式可以得到全局层面的流量特征。人们只需要在整个应用范围内声明对整个应用稳定性的期望即可，比如期望吞吐量是多少、平均拒绝服务时间间隔等。应用运行期间，服务治理自驾驶服务会根据 Spark 所计算出的流量特征与整体应用的期望值进行比对，当差值较大时，会通过反馈模块激发某种服务治理参数调整策略，并实时监控流量情况，以此实现服务治理自驾驶能力。以上这种实现方式与传统方式的服务治理相比，最大的不同在于，从局部视角变为全局视角、从命令方式配置变为声明性配置、从每个服务都需要人工管理变为每个服务的服务治理都会被自动化地管理，除了反馈模块在没有特征匹配的情况下会通知相关人员介入外，其他情形下无须人员过多干预。

3.动静链路分析服务

对于**动静链路分析服务**，ClickHouse 统一存储着两个方向的链路数据。

一是从 OTel Agent 得来的动态可观察性数据。

二是从 DevOps 代码静态调用链拓扑分析模块得来的静态链路数据。

这两种数据的结合是实现动静链路分析能力的基础。

将分布式动态跟踪链和分布式静态跟踪链进行对比，基于历史和当下数据的分析可以获知哪些分支链路很久没有被调用过了，哪些分支链路有可能会成为潜在的异常或者故障的"定时炸弹"，有了依据，就可以适当清除这些没有用的分支了。为了实现可视化对比，需要根据大数据算法计算的结果对链路数据进行打标，并在诸如 Skywalking 的分布式跟踪系统上进行展现。更先进的做法是，设定无用链路检测阈值，系统在运行时不断检测哪些分支没有被调用，并且这些分支的存在周期已经超出了这个阈值，那么就可以自动给出报告来提示研发人员进行清理（不自动清理分支代码的原因在于防止误清理，毕竟无用链路所涉及的代码逻辑可能会较为复杂，通过人工确认清理可以规避平台的责任）。

11.4　本章小结

本章讨论了以应用拓扑为基础的云原生应用架构治理平台。这里以好雨公司的 Rainbond 为例来说明业界在治理平台落地方面的成果。

按官方的说法，Rainbond 是一个云原生应用管理平台，本质上和本书所介绍的治理平台是同一种技术平台产品。

Rainbond 的竞争力如下。

1）使用简单：Rainbond 遵循云原生以应用为中心的设计理念，统一封装容器、Kubernetes

和底层基础设施相关技术。Rainbond 在抽象级别上提供应用拓扑抽象能力（这一点与本书的 AOT 极其类似），让使用者专注于业务本身，避免在业务以外的技术上花费大量的精力。同时，Rainbond 深度整合应用开发、微服务架构、应用交付、应用运维和资源管理能力，整体上实现了高度自动化。

2）一步将传统应用变成云原生应用：Rainbond 通过"无侵入"技术让传统应用不需要改动或少量改动就能快速变成云原生应用。相对于传统应用上云，Rainbond 具有很有价值的平台产品差异化价值点。

3）实现数字化能力积累和复用：Rainbond 能将企业内部的各种数字化能力一键发布成组件，并具备组件安装使用、组件编排、组件版本管理、组件升级和持续迭代等完整的管理流程，将企业内部可复用的能力积累到组件库，既避免重复建设，也能将这些组件变成数字资产，为企业创新提供支撑。

4）解决 2B 行业的交付问题，实现各种交付流程自动化：Rainbond 提供企业应用的业务集成、多云交付、私有交付、SaaS 交付、离线交付、个性化交付、应用市场等能力，将交付过程最大限度自动化，提高企业应用交付效率，降低交付成本。

云原生 DevOps 研发中台

无论是应用需求设计人员、应用架构设计人员还是应用研发人员，都需要一个独立的、统一的工作台，或者说是实现研发态到运行态交付的工作台，也可以说是他们交互协同的工作平台，这样的工作台就是 DevOps 平台产品。

DevOps 平台产品是一种"应用开发型"技术产品。明确地说，DevOps 平台是整个 DevOps 理念的一部分。这点非常重要，因为很多人认为 DevOps 平台实现了 DevOps 理念本身，这是一种错误的认知。事实上，从云原生底座、云原生治理平台到 DevOps 平台，以及所有可能的云原生技术平台，处处都体现着 DevOps 的精神：**基于自动化消除 Dev 到 Ops 之间的墙。**

DevOps 平台是一个具象化的、基于人效视角的、从需求到交付的流程化生产平台，它不是 DevOps 自身，而是 DevOps 实施阶段的手段。

1. 云原生 DevOps 平台的价值

DevOps 平台是研发团队唯一的工作台，所以在有些企业的内部也叫作"云原生 DevOps 研发中台"。DevOps 平台的价值或者说内在要求有 3 点。

第一点，实现如流水般丝滑地、高质量地持续交付有效价值的应用或者产品。这使得业务想法到交付之间的时长被尽可能缩短，提高了迭代的频率，从而有效地支撑带有显著数字化特征的市场活动。DevOps 平台是企业数字化生产活动最佳实践的沉淀和升级。

第二点，实现应用或者产品运行态的同时兼顾极致弹性和韧性。这使得人们基于"每次都敢于预测"的态度所进行的交付更加符合当下以及未来市场环境的需要。

第三点，将研发规范融合到研发流程中，比如安全规范、业务活动卡点等。DevOps 平台使得规范可以得到实施，比如，要在大促期间部署新版本的应用，过去是靠人工来做检查的，不仅效率低下，而且很难杜绝"搭车"行为，如果采用"将研发规范融合到研发流程中"的方式，则这种"搭车部署"的行为就会被 DevOps 平台自动地阻止。

前两点同时体现了"上云和云上纳管"的两个必然阶段。第二点实际上就是之前讨论过的云原生底座以及治理平台努力要做到的事情，换句话说，DevOps 平台通过它们实现应用的极致弹性、韧性的运行能力。对于第一点，从人的角度来看，实际是实现了一个基于最佳实践沉淀的"应用工厂"。前两点还内含了一个关键词，那就是"自动化"，也就是努力实现"消除 Dev 到 Ops 之间的墙"的 DevOps 精神。

事实上，DevOps 平台与云原生底座以及治理平台是一个整体，并且一体化是手段，最终的成果体现为顺畅的业务交付和持续稳定的业务应用运行。这一切都必须以业务为源头，打通从业务到开发再到运维的整个流程，实现业务、产品和运维的有机融合，形成高效的业务交付、运行和反馈闭环。第三点是基于 DevOps 平台的延展。

2. 云原生 DevOps 平台的实施目标

DevOps 平台的实施目标是什么呢？

1）业务驱动的组织协作方式。通过业务需求拉通端到端的交付协作流程，包括业务需求、产品、开发、测试、运维等工作。也就是说，按层次将此过程中涉及的这些人依托于 DevOps 平台来加强协同并最终实现整个数字化的生产过程。

2）应用或者产品导向的交付。关注长期价值，而不是项目制的短期价值，交付团队作为利润中心而不是成本中心，始终面向业务价值，持续迭代和提升认知，并积累软件资产、工程和技术资产，实现持续不断地提升自己的响应和交付能力。

3）以特性变更为核心的持续交付。对于同一个应用，其在架构上的微服务化，使得各个需求可以独立研发和部署发布，并行不悖，最终将所有可以被发布的特性集成在一个应用之中。解耦了需求之间的依赖，使得部署发布活动同时兼顾了高质量和高效的指标要求。

4）以应用为中心的、谁定义谁负责的运维。基于自动化赋能的云原生平台，可以实现一种之前想都不敢想的运维方式——将应用运维交给研发应用的人，这大大提高了运维质量和效率，并大幅降低了成本。

3. 云原生 DevOps 平台的最佳实践

我们说 DevOps 平台是企业最佳实践的沉淀，各个企业都面对着不同的业务场景，有着不同的历史包袱，也具有不同能力水平的团队。虽然在微观层面企业的诉求各有不同，但是从更高维度去看，还是具备了以下最佳实践的形式。

1）一站式：满足从业务需求分析到应用发布以及应用运维的所有要求。

2）松管控、强卡点：将权限下放给第一线，同时提供全局层面的、基于发布单的卡点能力，从而保证发布质量的要求以及发布时机的管理要求。

3）可定制、可复用、可拓展：将工具和平台进行解耦合，可以适应所有企业的诉求。

4. 云原生 DevOps 平台的整体产品架构

下面基于上面的讨论来介绍 DevOps 平台的整体产品架构，如图 12-1 所示。

图 12-1 显示了 DevOps 平台的产品架构层级，DevOps 平台大致分成 3 个部分（层级）。

（1）研发效能驾驶舱（企业级）

产品经理、架构师根据业务需要进行产品需求规划，并根据产品需求规划进行产品需求的设计，最终将通过评审的版本作为要实施的基线，也就是会有一个需求版本号，但是并不等于之后不能更改，每次更改则需要进行记录和评审。这些活动都需要通过类似项目管理的系统来完成，其规划和设计是以文档的形式保留的。架构师根据这些文档事前定义 AOT 的拓扑。对于待开发的 Component，PM 需要将研发人员关联到任务，将任务关联到产品需求，将产品需求关联到业务需求，形成一个 RTM 链条（需求跟踪矩阵），这个关联活动称为任务定义或者任务分配。最后需要由 PM 定义迭代版本。这些活动都是将具体实施策略下发到工程领域实施的纽带。该纽带与研发组织绑定，也就是通过 IAM 提供的组织架构来进行绑定，从而实现了研发团队与租户资源配额之间的绑定以及研发团队与应用之间的绑定。另外，还可以实现变更、过程管控、规范下发、流程审批、产品运营以及效能分析统计等能力。其中的效能分析统计，利用工程实施层的数据以及 IAM 所传递的组织架构信息，形成一个基于组织视角的效能分析、统计视图，这对发现管理问题、提高研发效能有着积极意义。说白了，这一层是至高至上的，是把控全局的，使得微观实施能够按照"一张图一颗心"进行，这也是 DevOps 平台能够成为企业研发中台的基础。

（2）研发效能驾驶舱（部门级、产品级、团队级、个人级）

该层级属于工程实施的部分，主要是由研发人员从分配的工作项开始，通过研发流水线将待发布源代码合并成的发布分支所形成的制品（比如 Docker 镜像）推送到日常环境，并在预发环境进行功能验证和测试，最终通过高层审批发布单将 AOT 发布到正式环境。制品被正式发布后，平台会自动将可发布的集成分支合并到主干，作为唯一的可信代码源（比如，日后出现业务应用镜像损坏或者集群迁移等，都可以从可信主干这个源头进行重建）。研发人员可以基于可观察性的 IT 运营平台以及应用运维工具对应用进行日常的维护和升级。之所以让研发人员自己进行运营和运维，是因为"谁定义的代码谁最清楚相关的逻辑和背景"以及"云原生是自动化的，可以消除 Dev 到 Ops 之间的墙"。如果按照传统方式把应用运维工作交给专门的运维团队，那么运维团队就不得不和业务研发人员进行深入的沟通以了解业务背景、应用架构等信息，还需要把运维的工作做到位，在实际运维活动中的效率很低，综合成本会比较高。

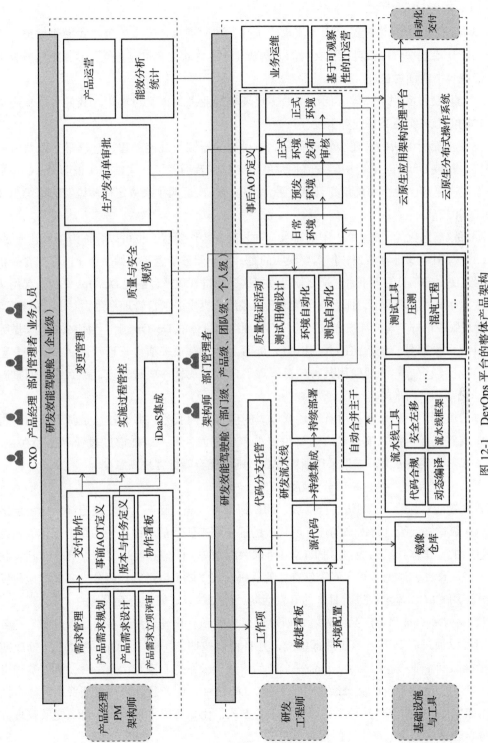

图 12-1　DevOps 平台的整体产品架构

（3）基础设施与工具

基础设施与工具由镜像仓库、流水线工具、测试工具、云原生分布式操作系统、云原生应用架构治理平台以及自动化交付能力构成（除了自动化交付能力外，其他工具或者平台都已经在本书前面讨论过了）。

自动化交付实现了高效、低成本的客户环境的业务集群交付能力。我们可以利用自动化交付的能力来实现 ISV 业务下发。

除了上面所分析的，还会发现所有之前讨论的压测与混沌工程、治理平台以及云原生底座等，都被 DevOps 平台从研发流程角度给集成或者纳管了，这再一次说明 DevOps 平台是一个具有更高、更全面视角的云原生平台，也再一次证明了康威定律所说明的组织与技术架构之间的关系。

研发效能驾驶舱（企业级）中的需求管理与交互协作模块，也可以合称为项目管理服务。图 12-1 中，其含义非常清楚，但需要说明的是，对于业务型企业，如果企业内存在着被相关人员普遍使用的项目管理平台，那么就可以把这个项目管理平台搭配 DevOps 平台一起用。如果企业没有项目管理平台，那么就再考虑云服务厂商提供的项目管理平台。对于云服务厂商，项目管理服务最好实现成"被集成"的，不要捆绑到具体的 DevOps 上。为什么要这样做呢？

❑ 项目管理是一个沉淀已久的能力，市面上早就有很多项目管理软件。如果业务型企业已经十分熟练地使用某种项目管理平台来实现软件项目管理，那么让它们重新投资是非常困难的。

❑ 云服务厂商如果要提供有市场竞争力的项目管理服务，那么往往是基于长期交付的实践经验沉淀来实现的，这要付出更多的努力，不一定能够胜过业界已经存在的、成熟的解决方案。如果采用捆绑方式，则可能会降低客户满意度。

所以，"被集成"是这一部分最好的策略。

研发效能驾驶舱（部门级、产品级、团队级、个人级）属于工程实施层级。这一层级是依靠企业级这一层级分解出来的任务所代表的任务项来驱动的。团队中的每个工作人员都会看到自己的"工作项"，并且通过 RTM（需求跟踪矩阵）的信息实现工作人员获知相关联的需求、产品设计、讨论、知识库等信息。随后研发人员就可以进入代码分支实施本地研发活动，并使用 CI/CD 流水线进行日常的开发活动，CI/CD 就好像是研发人员的"机床"。

最后，DevOps 平台产品的售卖场所也可以分成私有化场景和公有云场景。如果是公有云，则可以通过服务市场形式进行售卖，并且可以按照能力将 DevOps 平台产品分成初级版、标准版和企业版。因为 DevOps 平台产品依赖于云原生底座与治理平台，所以费用由底座资源费用、治理平台产品分级许可证费用、DevOps 平台产品分级许可证费用、经常性费用（比如维保）等构成。另外也可以考虑服务方式，比如解决方案咨询、组织能效管理方法咨询等，也许这会是未来主要的营收模式。

12.1　代码分支托管

DevOps 平台如果想管理研发人员的研发活动，就必须先解决"如何实现代码分支托管"的问题。对于**代码分支托管**问题，很多人会认为就是 Git 或者 SVN 托管代码的管理，其实并没有这么简单。实际上，代码分支托管从根本上决定了整个研发流程是否高效。代码分支托管定义了研发人员在研发过程中"能够做哪些事情，不能够做哪些事情"，尤其是那些不能够做的事情，决定了整个研发活动的正确性和高效性。

研发人员能够做的事情：

❑ 创建变更（代码分支）。

❑ 本地研发和远程调试。

❑ 在日常环境、预发环境提交变更。

研发人员不能够做的事情：

❑ 不可以手工从版本控制工具里创建代码分支。

❑ 不可以手工创建发布分支。

❑ 不可以手工合并发布分支到主干。

以上的所有手工操作都会被平台强制阻止。

其思想的精华在这些"不可以"当中。

1. 标准化代码流管理模型

为了介绍清楚，这里把标准情况下的代码流管理（用"代码流"比喻代码经过各个环境的研发以及验证过程）的模型展现出来，研发流程要经过日常环境、预发环境以及正式环境。标准化研发流水线如图 12-2 所示。

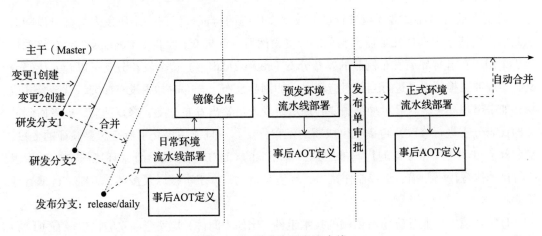

图 12-2　标准化研发流水线

图 12-2 所示的只是一个标准化的、最简单的代码流管理模型，之后还会有变种流程。之所以需要区分出几个独立的环境，主要是因为要形成一个针对应用代码缺陷的验证漏斗区，以通过漏斗筛掉大部分的 BUG。最终在正式环境部署（真正投入生产的环境）时，部署人员就能够"敢于"实施部署活动，这种风险左移的方式大大提高了正式上线的成功率，也是实现高效、高质量的应用部署的方法之一。

开发人员看到自己的"任务项"后，通过平台提供的变更管理服务在对应任务项下创建具名的变更。对于一个变更，平台会**自动**从代码主干"拉取"对应的代码分支，一个任务项可以由多个变更组成，也就是间接地和多个代码分支对应。每个代码分支的地址都会显示在平台上，之后由开发人员通过 Git Clone 命令和 Git Checkout 命令将分支代码下载到本地，这样就可以进行研发活动了。此时，日常环境和办公网络在同一个网络中，所以可以在本地研发时通过本地配置文件直接联通到日常环境。例如，本地研发工作站上正在研发过程中的应用程序，在调试时就可以让此应用通过本地配置文件直接连接到日常环境的数据库、其他中间件等，方便调试。

在这个模型中，是有多人并行地在一个应用下拉取多个代码分支的，那么所有的本地研发所提交的代码只会影响自己对应的代码分支，这就是"研发隔离"机制。这也没有什么特殊的，目前所有的版本控制工具都具备这个能力，关键差别在于这个代码分支是由 DevOps 平台自动拉取的，并不需要手工干预，以便让应用、产品信息、任务信息等都能够和代码分支关联起来。这就为实现项目管理以及能效分析统计提供了必要的基础。当然，开发人员如果要签出分支代码，就必须先在平台注册 SSH-Key。对于手工创建新代码分支，会利用源代码版本控制工具的 Webhook 或者其他机制接入控制点来实现平台对"私自"创建分支的禁止能力。数据上的关联使得可以从平台层一侧实现"看到"所有自己和其他研发人员代码分支的能力。

研发人员需要在日常环境进行已完成研发代码的验证。任何一个研发人员都可以随时从当前变更清单中选择几个需要验证的分支，然后一起提交，此时，DevOps 平台会**自动**构建一个用于在日常环境发布制品的发布分支（release/daily）。这个发布分支可以合并代码分支、实现冲突检测以及进行当前对应环境下的制品发布。合并时如果没有冲突，就会合并成功；如果出现冲突，就显示冲突摘要并提示研发人员签出发布分支、修复冲突，或者回到冲突的代码分支进行修改，再提交生成新的发布分支。一旦成功提交了所有想要验证的变更，平台就会自动将发布分支的代码推送到日常环境的 CI/CD 流水线。日常环境的 CI/CD 流水线将自动执行代码扫描、编译制作镜像、环境初始化、人工审核以及按部署策略进行部署等活动。

日常环境中，业务应用所依赖的技术组件（比如中间件）是完全独立的，也极有可能和正式环境的应用所依赖的技术组件存在一定的差异。也就是说，日常环境与其他环境是完全隔离的，日常环境其实就是提供给研发人员测试用的。那么，日常环境中只能尽可能验证业务代码是不是存在一些重大问题。据统计，即使业务代码没有大问题，在正式线上环境部署时所出现的故障或者部署失败的大部分原因也都在环境中，比如中间件的版本、环境变量、网络环境等，所以研发人员将"不敢"确定业务应用是不是可以直接在正式环境（正式线上环境）实施正式的部署。

综上，一般还会设置一个预发环境进行进一步的验证。预发环境与正式环境相比，容量可能不太一致。但是在技术组件的配置上要保持一致。预发环境的作用就是在应用正式发布之前按生产环境的方式进行预验证。此时如果发现问题，就可以退出当前环境，让流程退回日常环境，修复问题后再进行验证。先进一点的预发环境，还能够镜像复制线上真实流量进行预验证。

在预发验证之后，就能够将代码部署到正式环境了。正式环境就是正常的生产环境，在正式环境的 CI/CD 流水线部署成功后，会自动将发布分支的代码合并到主干，并设置一个版本 Tag 作为基线代码版本。

从日常环境、预发环境到生产环境，DevOps 平台都能够通过环境变量注入的方式切换应用的配置值。比如在不同环境下，应用的 MySQL 连接配置是不一样的，那么在环境切换时，因为 DevOps 平台能够帮助应用使用注入的环境变量来"合成"当下环境的连接配置，所以应用依然可以在不重新编译的情况下连接到当下环境的 MySQL 实例。可以利用这种能力来保证制品在研发过程中的一致性。

这些环境都拥有自己的 CI/CD 流水线，与日常环境的 CI/CD 流水线有所不同的是，在标准代码流管理方式下，预发环境和正式环境的 CI/CD 流水线只拉取日常环境 CI/CD 流水线已经制作好的镜像（而不是程序代码），进行一些处理后执行在当下环境中的部署。环境这个实体，其实就是独立的集群，它们之间是网络隔离的，但是也不排除有些企业会将预发环境和正式环境的网络打通，而日常环境与其他环境在网络上一定是被隔离的。

以上那些"不可以"的活动，都被平台自动化了。

此时实现了分支代码与任务的自动关联，并根据关联自动统计能效数据，同时隐藏了发布分支，防止人们超越规则进行发布。比如把代码分支直接合并到主干代码进行发布，就非常容易发生污染主干的情况，一旦污染，主干就不可信了，就无法再作为重建应用的基础了。另外，发布分支也为回归测试或者日常测试提供了回溯点。最后，还实现了正式环境部署成功后的自动化合并主干能力，如果部署不成功，就不会自动合并主干，这最大限度地保护了主干不被人为污染。

2. 改进的代码流管理模型

上面介绍的是最简单的标准化代码流管理方式，但是它的效率是存疑的。接下来介绍标准化代码流管理的改进方案。

在日常环境验证阶段可以通过可视化层选择一组待验证的变更，之后这一组"选择"就不会变了。那么在其他环境中发现代码存在问题时，就要退回日常环境重新选择变更分支或者重新编译打包进行验证。这种方式对小型应用来说影响不大，但会给大型需求的发布带来很多效率上的问题。所以这里介绍一种基于标准化方式的变种，这种变种充分考虑了分布式开发环境的"并发性"，可以让所有环境都依赖自身对应的、自动生成的发布分支来进行发布，即每个环境都有对应版本的应用发布镜像。基于这种方式，我们可以灵活处理正式环境以外的环境上的验证活动。比如，在预发环境中验证失败时，就不需要退回日常环境，可以直接修改自己的代码分支，直接提交并验证。并行研发流水线如图 12-3 所示。

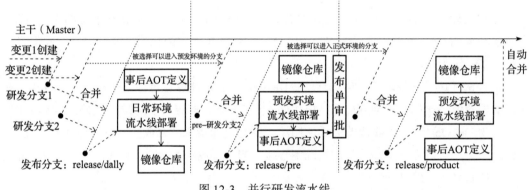

图 12-3　并行研发流水线

以上所有的代码流管理方式以及环境的划分方法在很多大厂都已经落地实践了，比如阿里的 AONE。作为唯一的研发中台，AONE 以类似本书介绍的代码流管理方式对源代码进行管理，环境也划分为日常环境、预发环境以及正式环境。

无论是标准方式还是变种方式的代码流管理，AOT 模板都会随着流程的推进和代码一起进行验证。最后，在 CI/CD 流水线上使用 AOT 进行部署时，就能够保证其拓扑和配置的正确性。最终，应用能被 DevOps 平台部署到的环境就是治理平台，底层真正承载应用的环境就是云原生底座。

12.2　因需而变的广义 CI/CD 流水线

CI/CD 流水线在所有环境中都是独立存在的，在不同环境中可能具备不同的流程。CI/CD 流水线是一个关键点，它负责产出最终的镜像制品并将其部署到对应的环境中。另外，人们还希望 CI/CD 框架只提供机制，其中所有"干活"的技术组件（插件）全部采用 OAM 方式组装，把开源社区当成自己的软件库，不用等待排期，使得 DevOps 平台适用于任何企业的研发场景。

1. Tekton 架构说明

这里以开源的 Tekton 为基础设计一个 CI/CD 流水线的实例。此流水线的配置权限应归于架构师等，研发流水线实例如图 12-4 所示。

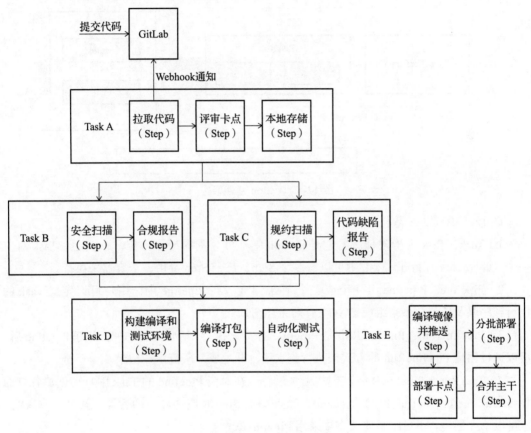

图 12-4　研发流水线实例

Tekton 定义了 Task、Step、TaskRun、Pipeline、PipelineRun、PipelineResource 这 5 类核心 CR 对象。通过对 Task、Step 和 Pipeline 的抽象，我们可以定义出流水线模板来完成各种各样的 CI/CD 任务，再通过 TaskRun、PipelineRun 和 PipelineResource 将这些模板套用到各个实际的项目中。最关键的是，Task 本身是 Pod，而 Step 是容器，多个 Step 通过多个 Task 的编排可以组成一个 CI/CD 流水线，Step 可承载任何一种 CI/CD 工具。

Tekton 基础架构如图 12-5 所示，其中的所有 Step 都是以开源工具或者自定义工具来实现的。Task 包含 Step，Task 之间可以实现串行或者并行方式的流水线结构。Tekton 为实现"因业务高度可变"的流水线提供了一种技术基础。

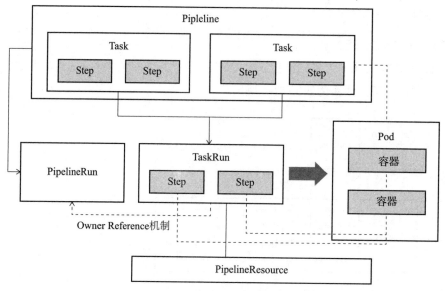

图 12-5　Tekton 基础架构

图 12-5 中有以下要素。

1）Task：Task 为构建任务，它是 Tekton 中不可分割的最小单位，事实上，Task 对应一个 Kubernetes 的 Pod。Task 中可以有多个 Step，每个 Step 都由一个容器来执行。

2）Pipeline：Pipeline 由一个或多个 Task 组成。在 Pipeline 中，用户可以定义 Task 的执行顺序以及依赖关系来组成 DAG（有向无环图）。

3）PipelineRun：PipelineRun 是 Pipeline 的实际执行产物，当用户定义好 Pipeline 后，可以通过创建 PipelineRun 的方式来执行流水线，并生成一条流水线记录。

4）TaskRun：PipelineRun 被创建出来后，会在对应 Pipeline 的 Task 中自动创建各自的TaskRun。一个 TaskRun 控制一个 Pod，Task 中的 Step 对应 Pod 中的容器。当然，TaskRun也可以单独创建。不过本书建议直接采用 PipelineRun。

5）PipelineResource：PipelineResource 代表着一系列的资源，主要承担作为 Task 的输入或者输出的作用。PipelineResource 有以下几种类型。

❏ git：代表一个 Git 仓库，包含了需要被构建的源代码。将 git 资源作为 Task 的输入，会自动复制此 Git 仓库。

❏ pullRequest：表示来自配置的 URL（通常是一个 Git 仓库）的 pull request 事件。将pull request 资源作为 Task 的输入，会自动下载 pull request 相关元数据的文件，如base/head commit、comments 以及 labels。

❏ image：代表镜像仓库中的镜像，通常作为 Task 的输出，用于生成镜像制品。

❏ cluster：表示将要执行部署应用的 Kubernetes 集群。可以使用 cluster 资源在不同的集群上部署应用。

❑ storage：表示块存储，它包含一个对象或目录。将 storage 资源作为 Task 的输入会自动下载存储内容，并允许 Task 执行操作。

❑ cloud event：在 TaskRun 执行完成后会发送事件信息到指定的 URI 地址。在与第三方系统通信时，cloud event 十分有用。

综上可知，Pipeline 由多个 Task 组成，每次执行都会对应生成一条 PipelineRun，其控制的 TaskRun 将创建实际运行的 Pod。高度抽象的结构化设计使得 Tekton 具有非常灵活的特性，那么 Tekton 是如何实现流水线流转的呢？

1）Tekton 利用 Kubernetes 的 List-Watch 机制，在启动时初始化了两个控制器：PipelineRun Controller 和 TaskRunController。

2）PipelineRunController 监听 PipelineRun 对象的变化。在 PipelineRunController 的 reconcile 逻辑中，将 Pipeline 中所有的 Task 构建为一个 DAG 来表达 Task 之间的依赖顺序，通过遍历 DAG 找到当前可被调度的 Task 节点来创建对应的 TaskRun 对象。

3）TaskRunController 监听 TaskRun 对象的变化。在 TaskRunController 的 reconcile 逻辑中将 TaskRun 和对应的 Task 转换为可执行的 Pod，并由 Kubernetes 调度执行。利用 Kubernetes 的 OwnerReference 机制，PipelineRun 拥有 TaskRun 的引用，TaskRun 拥有 Pod 的引用。当 Pod 状态变更时触发 TaskRun 的 reconcile 逻辑，TaskRun 状态变更时触发 PipelineRun 的 reconcile 逻辑。这就像一个个的多米诺骨牌，一个接着一个地进行触发，从而完成 Task 编排执行。

那么，Tekton Task 中的 Step 是如何实现顺序执行的呢？

当 TaskRun 的 Pod 变成运行状态后，TaskRun 就会通知第一个 Step 容器启动并执行里面的流水线工具（通过一个名为 entrypoint 的二进制文件来完成）。当然这个 entrypoint 二进制文件也是有运行条件的，当且仅当 Pipeline 的状态注解通过 Kubernetes Download API 以文件的方式注入 Step 容器后才会启动提供的命令。这句话是不是有点绕？官方的说法是：Tekton Pipeline 通过 Kubernetes annotation 机制来跟踪 Pipeline 的状态，而且这些注解会通过 Kubernetes Download API 以文件的方式注入 Step 容器中，Step 容器中的 entrypoint 会监听这些文件，当特定的注解以文件的形式注入进来后，entrypoint 才会执行命令。比如，一个 Task 中有两个 Step，第二个 Step 中的 entrypoint 会等待，直到注解以文件的形式告诉第二个 Step "第一个 Step 已完成"，此时第二个 Step 中的命令才会被执行。

下面以一个 Java 应用编译打包到制作镜像的例子来说明实际操作过程。读者参考这个例子并对照图 12-5 所示的 CI/CD 流水线，就知道这个 CI/CD 流水线实例是如何构建的了。定义一个 Task，具体如下：

```
--------------
apiVersion: tekton.dev/v1beta1
```

```
kind: Task
metadata:
  name: maven-build
spec:
  resources:
    inputs:
    - name: repo
      type: git
  Steps:
  - name: build
    image: maven:3.3-jdk-8
    command:
    - mvn clean package
    workingDir: /workspace/repo
--------------
```

再定义一个构建 Docker 镜像并推送到镜像仓库的 Task：

```
--------------
apiVersion: tekton.dev/v1beta1
kind: Task
metadata:
  name: build-and-push-image
spec:
  params:
  - name: pathToDockerfile
    type: string
    default: /workspace/repo/Dockerfile
    description: define Dockerfile path
  - name: pathToContext
    type: string
    default: /workspace/repo
    description:  Docker deamon build context
  - name: imageRepo
    type: string
    default: registry.cn-hangzhou.aliyuncs.com
    description: docker image repo
  resources:
    inputs:
    - name: repo
      type: git
    outputs:
    - name: builtImage
      type: image
  steps:
  - name: build-image
    image: docker:stable
    scripts: |
      #!/usr/bin/env sh
      docker login $(params.imageRepo)
```

```
docker build -t $(resources.outputs.builtImage.url) -f $(params.
    pathToDockerfile) $(params.pathToContext)
docker push $(resources.outputs.builtImage.url)
volumeMounts:
- name: dockersock
  mountPath: /var/run/docker.sock
volumes:
- name: dockersock
  hostPath:
    path: /var/run/docker.sock
--------------
```

上述代码直接使用了 Shell 脚本来执行 Docker build，这里展示了定义 Step 时的灵活性，实际是可以定义非常复杂的逻辑的。Task 以及 Step 定义完成后，就像只定义了一组函数一样，并没有真正执行。因为篇幅所限，这里只简单说明后续流程。

首先需要继续定义 Pipeline CR，将 maven-build Task 和 build-and-push-image Task 串起来（编排），然后定义 PipelineRun CR 并关联刚刚创建的 Pipeline CR，最后提交给 Kubernetes，此时整个流水线就被驱动起来了。

另外，这个例子中的 Dockerfile 采用了 pathToDockerfile 变量来引用。在实际中，可以将 Dockerfile 模板化，即把关键的一些参数使用特定占位符来表示，并在运行态根据参数进行实际替换，这种定义流水线的方式更加灵活和通用。

2. 基于 Tekton 的广义 CI/CD 流水线

基于开源的 Tekton 可以实现任意复杂的流水线模型，但 Tekton 暴露了以下两个关键性问题。

1）流水线供应链问题：Step 定义中的 Image 代表流水线中的工具，工具在不同的企业、组织或者团队中是不同的，如何解决流水线供应链的问题？

2）部署环境差异化问题：这些工具都部署在 Task 所代表的 Pod 中，因此肯定会有一些特殊的运维要求，甚至在不同的企业中，因为环境的不同，其运维要求也不尽相同，那么如何保证运维要求的实现？

如果以上这些问题得不到很好的解决，那么就很难实现在企业中落地。

这里需要对 Tekton 这种可定制化流水线再进行一次升级改进，让 Tekton 成为"因业务高度可变"的广义流水线。可以利用 OAM（Open Application Model）来辅助解决以上这些问题。OAM 的原理会在后续的自动化交付场景中详细讨论，目前我们仅需要知道 OAM 能干什么。

OAM 是一个专注于描述应用的标准规范。在实际生产环境中，无论是 Ingress、CNI 插件，还是 Service Mesh，这些表面看起来一致的运维概念，在不同的 Kubernetes 集群中的实际实现可谓千差万别。将应用定义与集群的运维能力分离，就可以让应用开发者更专注于应用本身的价值点，而不是"应用部署在哪里"这样的运维细节。利用 OAM 可以在高层次交付定义中只声明一个运维特性，而无须关心底层是由 Nginx 还是 F5 来实现的，那么 OAM 应用就具备了部署一致性。

不难看出，OAM 有两个很重要的可以用来解决广义流水线问题的能力。

1）技术组件不需要关注差异化运维能力，因此可以将开源社区作为一个软件仓库，任何一种开源工具都可以集成进来变成 DevOps 广义研发流水线的一部分，并且不需要等待研发排期，这样就可以很好地解决供应链的问题了。

2）在任何一个运行环境下，都可以采用一致的部署定义，这样就可以很好地解决环境差异化的问题了。

在 OAM 加持下，软件仓库的问题很好解决（Component 组件市场、Traits 组件市场等），所以下面会着重讨论环境差异化的问题。我们有必要将 OAM 的概念和细节从流水线上隐藏，让相关人员只关心流水线的定义，而无须关心 OAM 细节，这就需要对 Tekton 进行一番改造和升级，让 Tekton 变成一种广义流水线架构，如图 12-6 所示。

这里需要基于 OAM 对 Tekton 的 Task CRD 的定义、PipelineRun CRD 对应的控制器以及 TaskRun CR 对应的控制器进行改造。

1）Task CRD 中的 Step 定义需要增加 WLType（工作负载类型）、traits（运维属性，比如 Autoscaler、Backup 等）等注解，用来表明希望 Step 代表的流水线工具以怎样的工作负载以及怎样的运维能力来运行。

2）PipelineRun CRD 对应的控制器会读取 Task CR 中的 WLType、traits 以及其他相关信息，并构建 OAM 的 Component CR（代表纯粹的组件，无运维特性）以及 AppConfig CR（用于将具体运维特性与具体 Component 进行黏合），并提交给 OAM 解释器。此时，无论底层运维技术实现如何，OAM 都可以保证在一致的 AppConfig CR 表达下在任何运行环境运行同样的 Component，也就是流水线工具。

3）在 TaskRun CRD 对应的控制器中，去除生成 Pod 的逻辑，由 OAM 自己去实例化相关的 Pod，但是 TaskRun 仍然保留着对 Step 执行顺序的控制逻辑。

经过改造，实现了一个因业务而变得高度灵活的广义流水线。广义流水线可以满足各种企业和组织的实际需要。

查看图 12-1 所示的 DevOps 平台的整体产品架构，剩下的主题有自动化支付、业务运维、基于可观察性的 IT 运营等。对于自动化测试工具，需要镜像化后放入软件库，由广义流水线引擎加载，这一点和其他工具的加载方式没有什么不同。应用运维和基于可观察性的 IT 运营之前讨论过了，这里不再赘述。

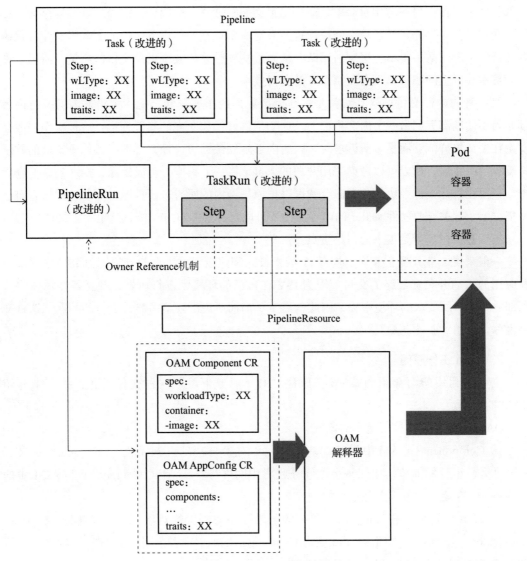

图 12-6　广义流水线架构

12.3　云原生自动化交付

有统计数据表明，在云计算环境下，交付是一个成本很高的活动。交付占用了 20% 以上的成本。为什么会这样呢？

1. 有关交付环境的讨论

交付环境分成两种：一种是内部集群的扩容复制；另一种是跨企业跨云的异构环境交

付部署。第一种交付环境相对简单。而第二种会面临这样一个问题：交付环境差异巨大，交付时交付团队必须先熟悉环境，修改配置，甚至需要重新调整运维组件的实现以及业务代码的实现。上游团队不得不支援交付团队，从而影响了整体的效率以及交付的质量。所以，如果能够解决以上问题，那么会大幅度降低交付成本。

第一种的内部交付场景其实就是本地生产集群的拓展复制，把一个集群内的所有内容都原封不动地部署到另一个内部集群上。这个集群好像和原先的集群一样，这种操作一般会发生在要让集群能够满足多活诉求时。因为内部软硬件资源可控，可以保证每个集群的软硬件配置的一致性，所以可以考虑采用开源的 sealer 将一个集群打包成镜像，推送到镜像仓库中，只要在目标集群中执行一个命令就可以把原集群内的所有东西都原封不动地部署到自己的集群上。有关开源软件 sealer 的内容，读者可以自行查阅官方文档，这里不再赘述。

第二种交付场景是本书的讨论重点。

一般来说，业务型企业为了规避 IT 成本投入和建设风险，会找到第三方 ISV 来落实研发应用的活动并负责最终的交付。因为 ISV 在自己的环境中进行研发，并且最终需要将应用部署到客户所要求的环境中去，因此就产生了前面所说的环境差异性交付的问题。这种交付也称为"ISV 业务下发"。

2. OAM 工作原理

也可以利用前面介绍的 OAM 来解决"ISV 业务下发"这种交付问题，接下来介绍 OAM 的原理。

OAM 模型中包含以下基本对象。

1）Component：OAM 中最基础的对象，该对象与基础设施无关。Component 定义了一个可运行组件的抽象，比如一个微服务或者中间件等。OAM 的 Component 与 AOT 中的 Component 在定义及范围上是一致的。

2）Trait：用于表述 Component 所需的运维策略与配置的对象，如环境变量、Ingress、AutoScaler、Volume 等。因为 Trait 使得 Component 与具体运维策略或者配置解耦合了，所以 Trait 也可以独立形成一个运维特性市场。

3）Scope：多个 Component 的共同边界。可以根据 Component 的特性或者作用域来划分 Scope，一个 Component 可能同时属于多个 Scope。

4）ApplicationConfiguration：将 Component（必须配置）、Trait（必须配置）、Scope（非必须配置）等组合到一起，形成一个完整的应用配置。定义 Component 的人员、定义 Trait 的人员以及定义 ApplicationConfiguration 的人员在角色上是分离的，各司其职，这样在交付应用时就避免了像 Kubernetes 原生对象 Deployment 那样还需要业务研发人员确定工作负载运维能力的事情。

OAM 关注点分离示意图如图 12-7 所示。

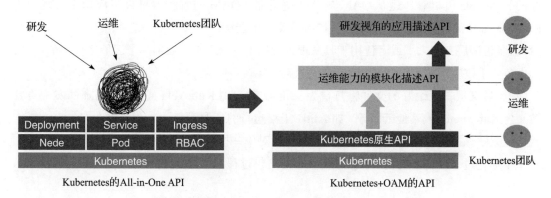

图 12-7　OAM 关注点分离示意图

在图 12-7 中，技术组件关注点分离的同时也实现了人员角色的分离。比如，云平台提供的一个标准的、已经容器化的 MySQL 组件。MySQL 组件不带有任何云原生运维能力，此时，目标环境所在企业的研发团队研发了对应的运维能力或者采用了开源供应链所提供的运维能力。在部署时，需要通过 ApplicationConfiguration 进行组合，并通过 OAM 解释器来实现这个 MySQL 组件在某具体平台上运行，这实际上是隔离了不同运行环境的差异。OAM 的运行原理如图 12-8 所示。

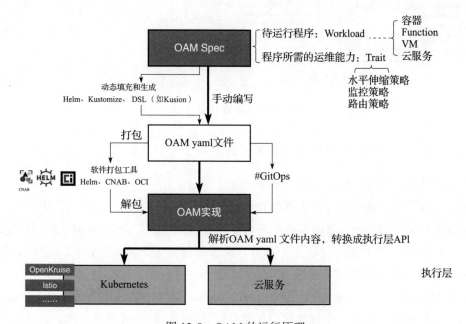

图 12-8　OAM 的运行原理

图 12-8 中，OAM Spec 定义了云原生应用的规范（使用 CRD 来定义）。目前，阿里开源的 KubeVela 可以看作遵从 OAM 规范的解析器，OAM 的解析器可以将应用定义翻译为 Kubernetes 中的资源对象。可以将图 12-8 分为 3 个层次。

1）汇编层：即人工或者使用工具来根据 OAM 规范定义汇编出一个云原生应用的定义，其中包含了该应用的工作负载和运维能力配置。

2）转义层：汇编好的文件将打包为 yaml 文件，由 KubeVela 或其他 OAM 的实现将其转义为 Kubernetes 或其他云服务（如 Istio）上可运行的资源对象。

3）执行层：执行转义好的云平台上的资源对象并执行资源配置。

下面通过一个官方的例子来说明 OAM 的交付过程，如图 12-9 所示。

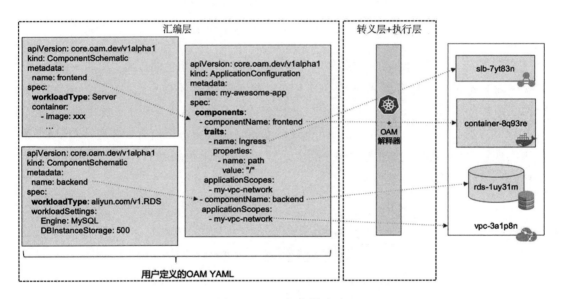

图 12-9　OAM 交付过程

至此，OAM 的架构和基本原理就介绍完了。

3. 云原生自动化交付方案的技术架构

接下来给出 ISV 业务下发场景下的自动化交付技术架构方案。交付时，用户不希望引入与应用本身无关的概念。所以站在用户角度，我们还是希望隐藏 OAM。前面反复说过，我们已经基于 AOT 模板进行了研发和部署，这里的自动化交付依然基于 AOT 模板及相关控制器的改造（父资源利用子资源实现复杂控制逻辑）来实现，如图 12-10 所示。

在图 12-10 中，在原 AOT 中，会将 AOT Component 定义部分转换成 Deployment 或者 OpenKruise 的 CloneSet 等来实现部署，这里只需要把这个转换过程进行改进，就能够实现以 OAM 进行自动化交付。

1）在 AOT 模板中增加 mode 属性，其值如果是 normal，那么 AOT 控制器的逻辑还是按照将 AOT Component 定义转换成 Deployment 等的过程。如果其值是 delivery，那么就按照将 AOT Component 定义转换成 OAM 定义的过程。

2）AOT Component 的含义与 OAM Component 的含义相同，所以只需要在 AOT Component 下增加一个 traits 属性即可。在 AOT 控制器转换过程中，可结合 Component 与 traits 的定义生成对应的 OAM Component 定义和 OAM AppConfig 定义。

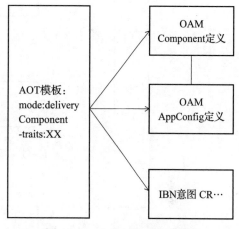

图 12-10　AOT 的 OAM 交付

3）基于 AOT 模板生成 IBN 意图 CR 的逻辑没有任何改变。

4）用于构建业务应用运行环境组件的平台侧 AOT 模板，也和业务应用 AOT 模板一样，只需要按一样的逻辑修改成 OAM 支持的版本即可。

至此就实现了一个基于 OAM 的自动化交付能力，AOT 模板文件可以被传输到任何一个目标环境进行部署。但是因为是交付场景下的部署，而不是单元化部署的场景，所以默认情况下数据并不会同步。如果需要同步数据架构以及数据，就需要在 DevOps 流水线中配置一个参数来开启数据架构以及数据同步。在部署后，就会自动进行数据架构以及数据的同步，否则就需要在目标环境下执行手工操作来完成数据结构和数据的初始化工作。

4. 流水线末端：部署策略的设计

无论是正常部署场景还是自动化交付场景，对于流水线末端的"分批部署"环节，部署操作还具备了按控制面下发部署策略的执行能力。这些部署策略包括灰度部署、无损部署（如蓝绿部署）等。

灰度部署实际是 Kubernetes 所支持的滚动部署方式，只不过在新的平台下实现了按照一定比例、按批滚动的模式而已，如图 12-11 所示。

采用灰度部署方式时，终端用户会感觉流量的抖动。比如用户正在访问交易系统，在后台升级的过程中，就会出现交易系统有时无法访问的情况。这是因为每个新的服务启动都是需要时间的，这就导致了滚动升级间隙中某些服务不可用的问题，系统整体的 TPS 下降了。所以为了保证在升级的过程中不会出现这种问题，我们还可以按无损模式进行部署，这种部署模式其实就是蓝绿部署，升级前将版本 2 的服务全部部署完毕，如图 12-12 所示。

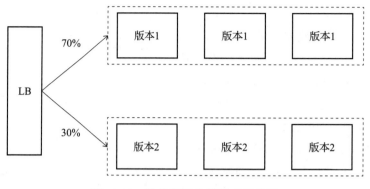

图 12-11　按比例滚动部署或者升级

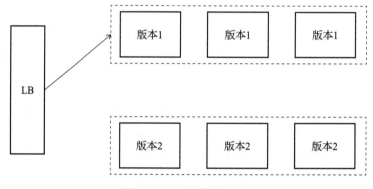

图 12-12　蓝绿部署（1）

在图 12-12 中，在执行升级时，流量完全切换到版本 2，这个切换是非常快速的，用户几乎感觉不到。蓝绿部署如图 12-13 所示。

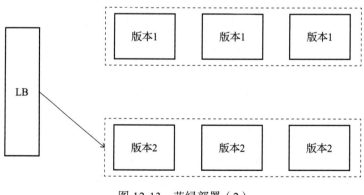

图 12-13　蓝绿部署（2）

无损模式的蓝绿部署是一个空间换时间的策略，它的资源消耗是双倍的，但资源占用是临时的，所以还是可以被接受的。

无论是灰度部署还是无损部署，都可以利用 AOT 的部署能力以及服务网格的流量切换或者泳道架构来实现。当然，也可以根据需要实现更多的部署策略。比如，可以实现一种小流量验证部署模式，按比例将滚动部署方案和蓝绿部署方案结合起来：利用原有集群，不进行资源拓展，在部署或者升级时，只需要切出 10% 左右的集群资源部署新版本即可，流量也被切出 10% 路由到新版本，而剩余的 90% 保持在老版本上。当新版本验证成功后，可以按批次滚动部署新版本到其他 90% 的资源上。这种小流量验证策略可以在更少的资源消耗和尽量小地影响用户业务体验的前提下实现灰度升级。小流量验证部署模式可以在效果和成本之间找到一个很好的平衡。

12.4　本章小结

综合本章所有的讨论，DevOps 平台在自动化能力的加持之下，可以使得部署人员"总是敢于预测部署的结果"。基于可准确预测的结果，持续集成、持续交付成为一种高频率的活动，实现了业务研发或者技术组件研发的加速。

最重要的是，我们通过配置以及"因业务而变"的广义流水线等将最佳实践沉淀到 DevOps 平台中，并将 DevOps 平台放置在人的流程中，可以在全局通过卡点策略进行卡点控制，保证研发活动的有序进行。DevOps 平台的开放性可以满足组织、部门或者个人的需要，并且 DevOps 平台处于人的流程之中，并高度整合了治理平台、云原生底座等底层运行时平台。也就是说，DevOps 平台纳管了组织的所有计算资源，此时的 DevOps 平台就可以成为企业唯一的 DevOps 研发中台。DevOps 平台为业务研发屏蔽掉所有的底层基础设施细节，使得企业研发团队专注于业务研发的工作，从而大大提高了数字化资产的管理水平以及生产速度和质量。

云原生应用赋能

云原生由概念创立、技术发端，经过漫长的迭代发展，已经进入大规模行业实践的阶段，并正在逐渐地应用到各行各业。云原生的落地实践，是云原生技术的落地实践，更是思维模式的重大转变和革新。本章主要聚焦探讨云原生的应用赋能，并重点讨论云原生在传统中间件领域的赋能探索。云原生在中间件领域的应用包括基于容器化的中间件产品和各种云原生的应用系统。

13.1 云原生中间件的技术解决方案

云原生中间件的技术解决方案通常会有以下几个方面的共同核心特征。

（1）构建容器化应用

容器化技术是云原生应用的重要基础，可以实现快速部署和自动化管理等特性。因此，云原生中间件的技术解决方案通常会涉及容器化应用的构建和管理，包括使用 Docker 或其他容器化技术将应用程序打包为容器镜像，使用 Kubernetes 或其他容器编排技术进行容器的部署和管理。

（2）分布式计算和存储

云原生中间件通常需要支持分布式计算和存储，并采用存储和计算分离的模式，以实现高可用性、可扩展性和高性能的特性。该架构可以随着工作负载的变化而快速扩展，当查询负载变大时可以扩展计算资源，当数据量快速增长时可以快速扩展存储资源。存储和计算的分离确保这些操作可以快速完成，而无须等待数据的移动 / 复制。

（3）分布式消息传递

分布式消息传递是云原生中间件的重要功能之一，可以实现应用程序之间的异步通信和解耦。因此，云原生中间件的技术解决方案通常会涉及分布式消息传递技术，如 Apache Kafka、RabbitMQ 等。

（4）分布式事务处理

分布式事务处理是云原生中间件的另一个重要功能，可以确保分布式系统中数据的一致性和完整性。因此，云原生中间件的技术解决方案通常会涉及分布式事务处理技术，如 Atomikos、Bitronix 等。

（5）可观察性和故障恢复

云原生中间件需要支持监测和故障自动排除恢复功能，以保证应用程序的稳定性和可靠性。因此，云原生中间件的技术解决方案通常会涉及监测和故障排除技术，如 Prometheus、Grafana、Zipkin 等。

总的来说，云原生中间件的技术解决方案需要综合运用多种技术和工具，以实现高效、稳定和可靠的云原生应用系统。接下来会根据云原生中间件的几个重要的应用场景来分析常见中间件的技术解决方案。

13.1.1　云原生消息中间件解决方案

云原生消息中间件是一种分布式消息传递系统，旨在实现可靠、高效、可扩展的异步通信。其技术解决方案主要包括以下几个方面。

1. 流量削峰填谷方案

所谓"削峰填谷"，就是根据不同用户的用电规律，电力系统用来调整用电负荷的一种措施。该措施有计划地安排和组织各类用户的用电时间，以降低负荷高峰、填补负荷低谷，减小电网负荷峰谷差，从而实现发电和用电的平衡。可以想象这样一个业务场景，某业务处理系统每秒只能处理 1000 次的用户业务请求，然后在某个特殊的时段，比如业务促销活动期间，每秒收到了 1500 次的用户业务请求，而过了这个业务高峰期后，可能每秒只有几个用户请求，甚至一个都没有。

在这种情况下，如果为了避免业务系统遭受冲击而把突然新增的 500 次的用户请求直接拒绝，那么极有可能在促销期结束后业务系统的处理操作马上闲置起来。此时可以选择另外一种业务处理方案，即在满足用户业务体验的前期下，把高峰时期的业务请求均摊到业务低谷时期，让业务系统的实际处理负载保持在可正常处理的范围（每秒 1000 次请求）内，这样既保证了高峰期的用户业务请求可以被正常处理，也能保持业务系统的正常运行。也就是说，为保证业务系统持续可用，剔除部分峰值流量，在服务能力有盈余的情况下，能够提供补偿操作，这就是人们经常说的"削峰填谷"。下面分别就"削峰"和"填谷"的具体方案来展开说明。

消减峰值请求流量，可让请求流量趋于平稳均衡，以保证服务持续的稳定运行，这就是"削峰"的基本思路。一般情况下，基于传统的 CS 架构，可以从两个角度来进行"削峰"，即客户端削峰和服务端削峰。因为这里讨论的是消息中间件，所以主要介绍基于服务端削峰填谷的技术方案。

在消息队列中间件的架构中，有推（Push）和拉（Pull）两种消息同步的方式。我们通过下游业务系统主动拉的方式来保证下游业务系统的稳定运行。业务请求负载变化曲线如图 13-1 所示。

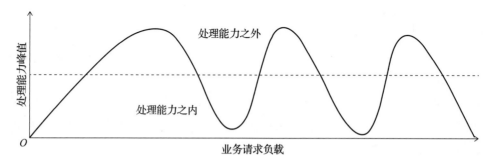

图 13-1   业务请求负载变化曲线

从图 13-1 可以看出，业务请求负载超出业务处理负载的情况是无法预料的，但是又必须面对这种场景，因为在实际应用场景下，这种可能性是经常发生的。比如，电商系统的促销秒杀活动、12306 在线售票系统遇到春节返乡潮、微信 / 支付宝支付系统遇到春晚抢红包等。这时就需要引入消息中间件了，通过消息中间件来对冲突发流量，从而保障业务处理系统的正常运转，如图 13-2 所示。

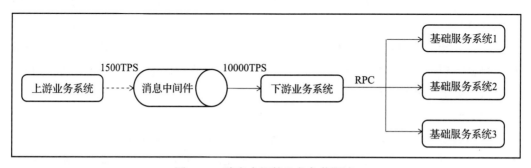

图 13-2   消息中间件业务负载限流

这里有些人可能会有疑问，是不是只能用基于上述 MQ 的架构方式去做限流呢？答案是否定的。如本小节开头所提到的，如果业务处理系统正常情况下的 TPS 为 1000，而业务活动高峰期的用户实际请求量达 1500TPS，甚至更高，如 10000TPS，这时已经远超业务处理系统的正常负载了。此时如果活动时间持续比较长，则又会面临消息堆积过多的难题，后果是对消息中间件形成巨大压力。另外，消息堆积时间过长，数据的有效性和用户体验感也无法保障，所以需要借助诸如 Sentinel 这样的熔断限流中间件来配合做限流。调整后的方案如图 13-3 所示。

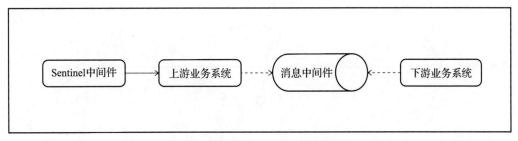

图 13-3　业务负载结合 Sentinel 熔断限流的方案

从上述对削峰策略方案的描述可知，不管是基于客户端的限流策略还是基于服务端的限流策略，大部分的削峰都是有损业务的。而基于消息中间件来实现削峰的场景方案，实际上是通过将业务系统负载之外的请求流量缓存的方式来减缓峰值请求流量对业务系统的冲击的，然后下游业务系统以"量力而行"的处理策略来逐步消化缓存的用户请求，以保障自身平稳均衡运行，进而达到削峰的效果。这时其实是对之前的峰值流量请求进行了补偿操作处理，从而保证了整个业务系统的处理流量趋于平稳均衡。当然，这个补偿处理操作的延迟必须在用户接受的范围之内，否则方案就没有实际意义了。对于等待状态的请求流量，可以从客户端做一些体验优化，比如客户端可以主动查询业务处理结果并及时反馈给用户，优化后的方案如图 13-4 所示。

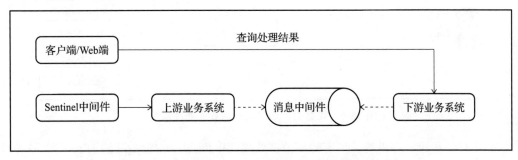

图 13-4　业务负载结合客户端逻辑熔断限流的方案

另外，服务端做有损限流时还可以按照 HTTP 的标准返回 429 状态码。除了返回错误之外，还可以在请求被限流时通过响应头反馈给客户端下次重试的建议时间间隔，如通过 X-Ratelimit-Retry-After 属性来设置。当没有被限流时，可以通过 X-Ratelimit-Remaing 属性为客户端反馈剩余调用额度。这些反馈信息可以很好地帮助客户端来进行下一步的决策，从而大幅提升限流时业务前端的用户体验感。通过上述多个维度的削峰填谷的技术策略，我们最终将业务处理系统的负载保持在正常的业务处理峰值范围之内，从而保证了核心业务系统的平稳运行，业务处理负载优化后的峰值曲线如图 13-5 所示。

图 13-5　业务处理负载优化后的峰值曲线

2. 业务异步解耦方案

对于业务处理的异步化以及应用解耦，大家都比较熟悉，这是很多业务系统开发中所采取的常规策略。这里以电商系统中的用户下单作为案例来说明。一般情况下，用户下单的操作在电商系统的后台会触发一系列的流程操作，比如涉及库存子系统扣减库存、供应链系统的仓储子系统生成物流单号以及用户中心的积分子系统新增积分等操作。没有引入消息队列的业务处理系统如图 13-6 所示。

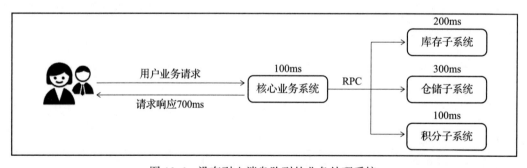

图 13-6　没有引入消息队列的业务处理系统

如图 13-6 所示，如果等待所有的环节都处理完毕再返回处理结果给用户，那么这个体验是非常糟糕的，尤其是在促销活动期间，对整个系统来说几乎是灾难性的。事实上，典型的电商系统对下单流程处理的业务逻辑链路远比上述复杂，但也不可能让用户等待所有的逻辑链路做完后再反馈给用户下单结果，这个处理业务的模式就是人们通常所说的同步处理。为了减少用户的等待时间，需要引入异步处理模式，也就是说，很多订单逻辑链路不需要处理完毕后马上给用户反馈处理结果，只需反馈订单提交成功的结果，后续的一系列更复杂的业务处理逻辑由后台异步去处理即可。引入消息队列后的业务处理系统如图 13-7 所示。同步处理模式下，用户需要等待的时间是 105ms+100ms+200ms+300ms+100ms=805ms，而采用基于消息队列的异步处理模式后，用户实际的等待时间只有 105ms。

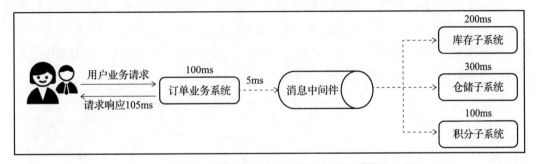

图 13-7　引入消息队列后的业务处理系统

图 13-7 的架构调整同时也达到了业务之间解耦的目的，这是消息中间件的一个与生俱来的优势特征。消息中间件可将一切业务请求或者业务处理抽象为消息，业务请求者只需将业务请求包装为消息并发布到消息队列即可，也就是生产消息；业务处理者只需从消息队列中获取自己感兴趣的消息（业务请求消息）来解析消息并进行业务处理即可，也就是消费消息。为了描述清楚消息中间件解耦的特征，这里对上述业务架构图进行抽象的拆解调整，以便于人们更加直观地理解应用解耦的思路，业务处理系统通过消息队列解耦视图如图 13-8 所示。

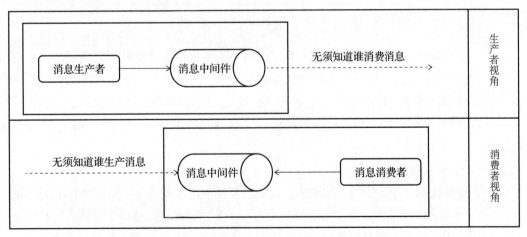

图 13-8　业务处理系统通过消息队列解耦视图

3. 流批一体大数据方案

流批一体就是采用同一个开发团队、同一套数据接口、同一套开发设计范式来实现大数据的流式计算和批量计算，进而既保证低成本、低数据冗余，又保证数据处理过程与结果的高度一致性。那么，云原生消息中间件在流批一体的大数据技术方案中扮演什么角色呢？这里需要从大数据技术解决方案的演进历史说起。

（1）Lambda 架构

Lambda 架构是一种影响力深远的经典大数据架构，其最核心的理念是将不可变的数据以追加的方式写入批处理和流处理系统，以实现并行写入。随后，相同的计算逻辑分别在流和批处理系统中实现，并在查询阶段合并，以供用户查询和展示。这里用下面的架构图来描述，经典 Lambda 大数据架构图如图 13-9 所示。

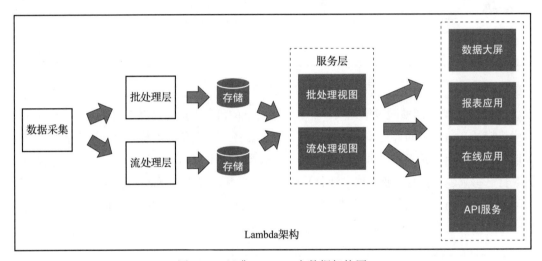

图 13-9　经典 Lambda 大数据架构图

从图 13-9 的架构可以看出，所有的数据都要分别写入批处理层和流处理层。批处理层存储和管理主数据集，并批量计算好批处理数据视图。流处理层提供低延迟的实时计算能力，处理好数据后将数据推送到分析型数据库，或者供服务层对外提供检索服务。服务层会合并批处理层和流处理层的数据并进行存储，可对外提供查询服务，比如提供报表查询、在线应用系统检索服务等。

（2）Kappa 架构

Lambda 架构有一些与生俱来的硬伤，比如，批处理层和流处理层使用两套不同的计算引擎，两套不同的计算引擎处理的数据结果会有不一致的情况，两套计算引擎采用不同的技术栈和系统架构，进而增加运维难度和成本等。于是便有了 Lambda 架构的改进版——Kappa 架构。Kappa 架构是由 LinkedIn 的前首席工程师 Jay Kreps 提出的（他同时也是著名消息中间件 Kafka 的开创者）。Kappa 架构对 Lambda 架构的流处理层做了重大改进，使它既能够处理实时数据，又能在业务逻辑变更的场景下重新处理以前的历史数据。与 Lambda 架构不同的是，Kappa 架构去掉了批处理层，只保留了流处理层。批处理只发生在需要改变业务处理逻辑、代码变更时。对于历史数据的批处理业务要求，Kappa 架构借助重放历史数据的方式有效代替离线处理系统，重新计算和生成历史数据视图。Kappa 架构如图 13-10 所示。

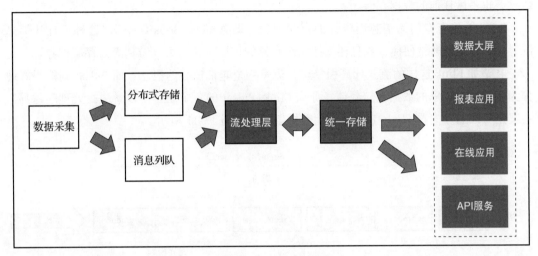

图 13-10　Kappa 架构

不同于 Lambda 架构同时计算流处理和批处理并合并两者的数据视图，Kappa 架构只会通过流处理的数据链路计算并生成数据视图。Kappa 架构同样采用了重新处理事件的设计思路。对于历史数据分析的业务需求，Kappa 架构要求数据的长期存储能够以有序日志流的方式重新流入流处理引擎，并重新生成历史数据的视图。

Kappa 架构实现批处理的巧妙之处在于成功地借助 Kafka 的历史消息以及日志的保存和回溯功能。但如果批处理的数据量非常大，其历史数据的保存和回溯则并非 Kafka 之所擅长。Kappa 架构虽然设计理念先进，但在实际应用场景落地的并不多，其原因主要是虽然其优势在于实时计算，但对历史数据的批处理能力距离企业的真实应用场景还很远。Kafka 开源社区已意识到了这个问题，正在规划增加对云原生、层次化存储、冷热存储等特性的支持。如果 Kafka 解决了这些问题，那么 Kafka 的实践落地场景将会大大地增加。

Kappa 架构的真实应用场景并没有我们想的那么有价值。所幸的是，一款真正为云原生而生的消息中间件 Pulsar 来了。

（3）Pulsar 消息与数据处理架构

Pulsar 早在 2012 年就由 Yahoo 开发了，直到 2016 年才开源，并且在正式向公众发布之前已经在雅虎的生产环境运行了很长时间。这也是它为什么一开源就得到了广大开发者关注的原因，毕竟它是一个经过大型互联网公司长期线上验证的中间件。在理解为什么 Pulsar

可以很好地解决大数据流批一体的致命缺陷之前，这里先介绍 Pulsar 的特性和架构。Pulsar 最根本的特性主要有以下两点。

1）Pulsar 采用存算分离的云原生架构理念，在计算层 Pulsar Broker 中不保存任何状态数据，也不做任何的数据存储。

2）Pulsar 有专门为消息而设计的存储引擎，即 Apache BookKeeper。这种设计让消息的存储扩容变得非常便捷，并且还支持二级存储的扩展，几乎可以做到无限存储扩容。

在诸如 Flink 这样的流式计算引擎里，流是一个非常核心的概念，而 Pulsar 则能很好地作为流式计算引擎的数据存储载体，那么 Flink+Pulsar 的黄金组合可以解决批处理问题吗？答案是可以的。先看 Flink+Pulsar 的大数据架构，如图 13-11 所示。

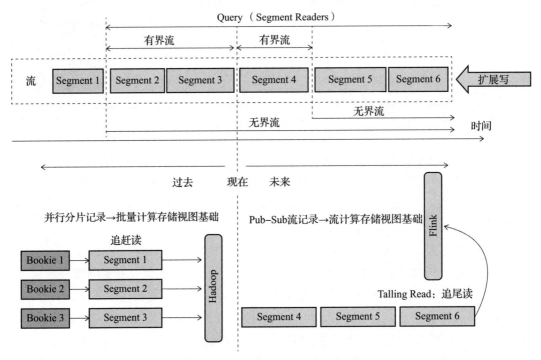

图 13-11　Flink+Pulsar 的大数据架构

从图 13-11 可以看到，批处理的计算场景可以认为是一个有界流。对 Pulsar 来说，其实就是一个 Topic 有界范围内的分片。Pulsar Topic 可以有很多的分片（Segment）。如果确定了分片的时间范围，用户就可以根据这个时间范围来确定要读取的分片范围定位，对实时数据而言，对应的则是一个连续的数据读取。具体到 Pulsar 的应用场景来说，就是不停地去消费 Topic 的尾部数据。如此，Pulsar 的 Topic 的数据模型就可以和 Flink 流的数据概念完美契合了，因此 Pulsar 作为 Flink 流处理计算的载体就顺理成章地成为流批一体融合架构的最佳拍档了。

再来具体分析 Pulsar 存算分离的分层架构模型，如图 13-12 所示。

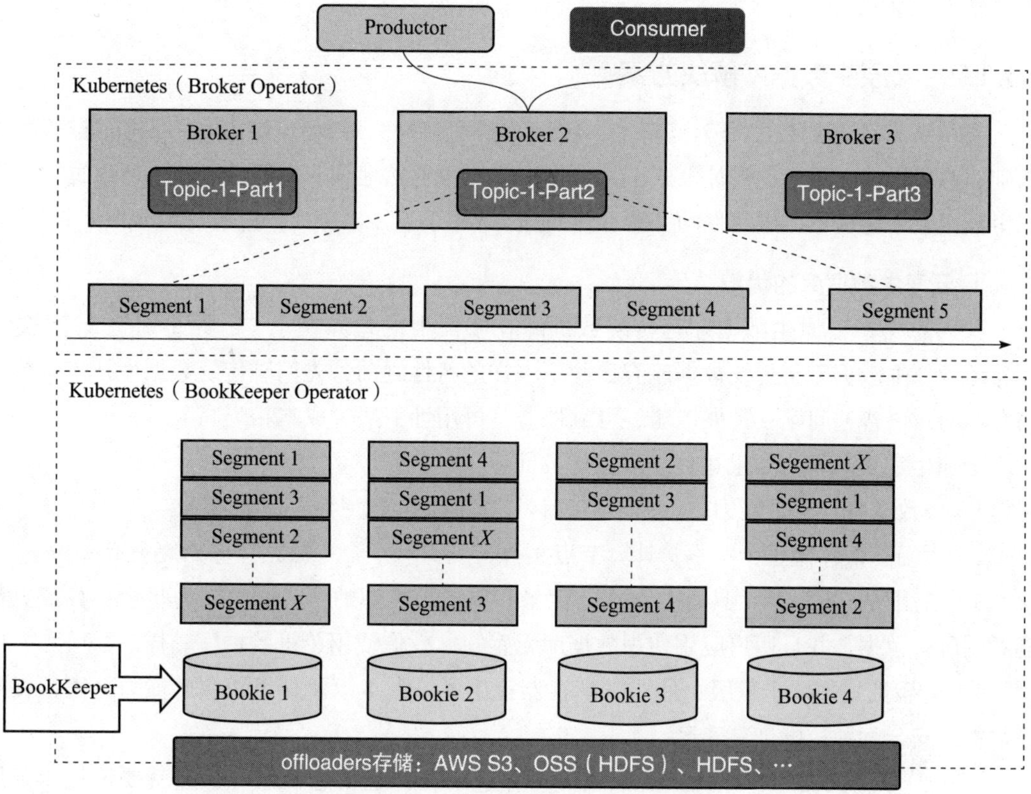

图 13-12　Pulsar 存算分离的架构模型

这种架构的最大优点是非常方便系统根据业务量的变化来弹性扩缩容，计算层面如果要支持更多的消息生产者和消费者，则只需要单独扩展 Pulsar Broker 层节点。如果要扩展消息存储，则只需要单独扩展 Pulsar BookKeeper 层节点。关键是不管是 Broker 层还是 BookKeeper 层，这些节点都是对等的，所以节点的扩缩容和管理都是非常方便、轻松的。

Pulsar 这种存算完全分离的架构为实施流批一体的架构模式奠定了非常好的基础。它可以根据用户的业务应用场景以及批处理和流处理的不同访问模式来提供两套不同的接口。如果需要访问实时数据，则可以通过 Pulsar Broker 层提供的 Consumer 接口；如果需要访问历史数据，则可以绕过 Broker 层，用 BookKeeper 层的 Reader 接口直接访问下层的存储层数据。

Pulsar 还支持二级存储的扩展，即根据 Topic 的消费热度情况把非热点消息数据自动地迁移到第三方云存储系统，比如阿里云 OSS（HDFS 扩展）、AWS S3 等，当然也可以是用户自建的分布式存储系统，比如自建 HDFS 集群。这样就可以几乎无限流地存储扩展了。不过即使看起来这么完美的搭档组合也是有局限性的。

关于消息中间件的大数据技术解决方案就先介绍到这里，大数据中间件在 13.1.3 小节中会进一步讲解。

13.1.2 云原生数据库解决方案

在传统云计算的技术框架范畴里，传统数据库被列为和操作系统、中间件一样级别的基础软件，但在云原生的设计范式下，数据库可以很自然地列入中间件范畴，所以这里把云原生数据库作为云原生中间件的一个分析对象。

1. 云原生数据库的优势

顾名思义，云原生数据库与传统数据库在字面上的差异在于"云原生"这 3 个字上。在介绍云原生数据库与传统数据库有哪些不一样的特性之前，先回顾传统数据库技术架构目前存在的几个普遍问题：扩展性弱、可靠性差、可用性一般、成本相当高。

云原生完美地解决了上述传统数据库的问题。

1）极致的弹性扩展能力：存储节点和计算节点能够分别独立扩缩容。

2）大幅降低存储成本：不管计算节点集群扩展到多少个，数据存储始终只有一份。

3）易用性显著增强：具有分布式的优势和单机数据库的体验感，因为每个计算节点都能看到所有数据，并且用户应用使用数据库无感知，就像使用单机数据库一样。

4）可靠性提高一个量级：底层共享存储提供了三副本以及秒级快照的能力，大幅提升了数据的安全性和故障恢复速度。

那么云原生数据库要达到上述强大能力在技术架构上要怎么做呢？这就要依托于云原生设计范式的应用赋能了。

（1）云原生数据库的存算分离架构

计算资源层和存储资源层的解耦分离，即通常说的存算分离，是云原生数据库架构的最核心特征。在这种架构下，资源分成了计算节点和存储节点两种类型的节点。数据存储在由存储节点构成的存储资源池里，各个计算节点通过高速网络读取存储池中的数据，所有节点共享一份存储，增加计算节点无须调整存储资源或复制数据文件，云原生数据库充分发挥了所有资源的弹性能力，不管是算力还是存储容量，都能实现用户无感弹性伸缩，用户体验感很好。这个架构思路与云原生消息中间件架构的设计思路是一样的，都充分利用了云原生存算分离的设计范式的赋能。存算分离的云原生数据库架构如图 13-13 所示。

（2）云原生数据库的 HTAP 架构

云原生数据库采用了 HTAP（Hybrid Transaction and Analytical Process）的架构，即同时支持 OLTP 事务与 OLAP 分析复合处理能力的混合事务 / 分析处理架构。HTAP 架构是一体化的存储方案，也就是说，TP 子系统和 AP 子系统同时共享一份存储数据。相比分别使用 TP 和 AP 两套系统，HTAP 架构大幅减少了数据的存储成本，同时提供了毫秒级的数据实时性，即在 TP 系统里新增一条数据，在 AP 系统里可以以毫秒级的响应速度查询到记录。而且，TP 和 AP 是物理上隔离、互相不影响的性能，即由一部分计算节点执行单机的引擎来处理高并发的 TP 查询，而由另外一部分节点执行分布式的查询引擎来处理复杂的 AP 查询。另外，HTAP 架构还具备极强的弹性扩缩能力，当需要处理复杂的 SQL 而算力不够时，可以随时快速增加计算节点。图 13-14 是云原生数据库 HTAP 架构。

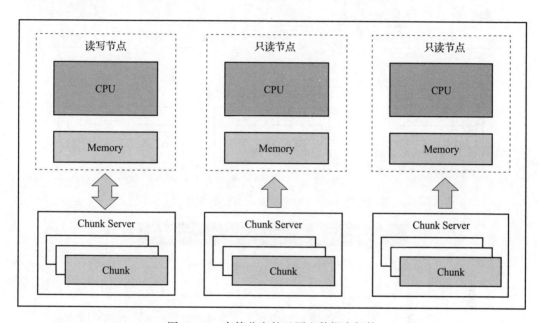

图 13-13　存算分离的云原生数据库架构

（3）云原生数据库对企业级场景的支撑

云原生数据库还有一个重要特征，就是对于两地三中心、三地六中心部署能力的支持。全球化部署现在已经成为很多中大型企业必须考虑和面对的问题，尤其是出海企业。支持全球化部署能力的云原生数据库采用了跨区域多集群的部署方案，但对外看起来就是一个集群，而且所有集群中只有一个集群可以写，其他集群都是只读的。一般情况下可支持有限集个集群，集群间的数据同步延迟非常小（秒级）。每个集群在形式上均支持读写，只不过非主集群会把写请求转发给主集群来执行写操作，因此集群上的写请求会跨区域，延迟会略高。

2. 云原生数据库的案例

目前市面上云原生数据库的技术落地产品很多，比较有代表性的就是阿里云的 PolarDB 以及华为云的 GaussDB，但不管哪种云原生数据库，基本上都践行了上述 3 个核心的技术架构思路。当然，也都有各自的一些特色。如图 13-15 和图 13-16 所示是阿里云的 PolarDB 和华为云的 GaussDB 的官网架构图，供读者参考。

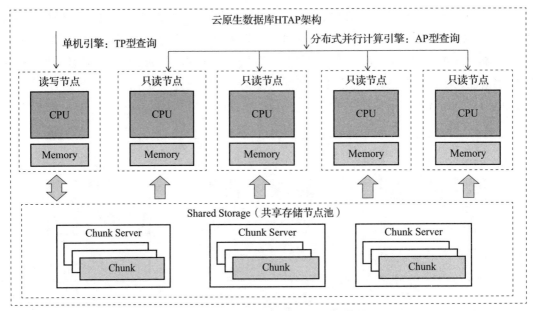

图 13-14 云原生数据库 HTAP 架构图

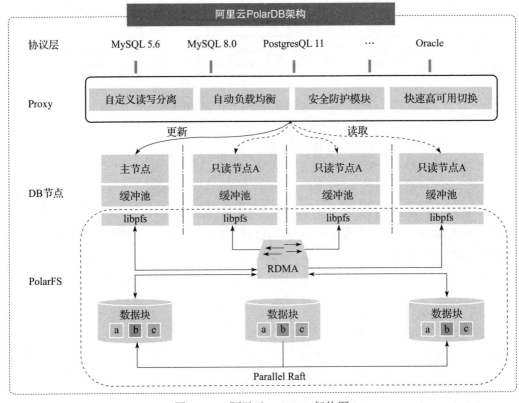

图 13-15 阿里云 PolarDB 架构图

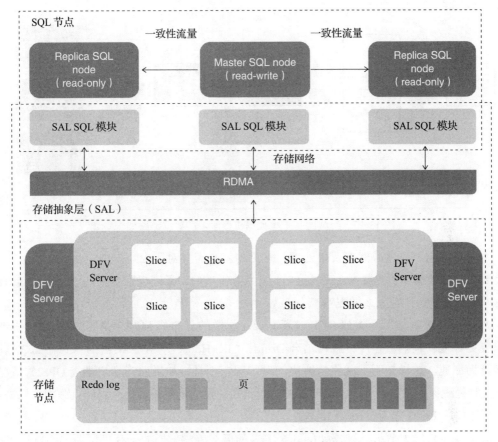

图 13-16 华为云 GaussDB 架构图

13.1.3 云原生大数据及 AI 解决方案

鉴于机器学习及 AI 向各行各业的应用场景渗透，本小节将重点分析云原生大数据及 AI 架构的技术解决方案。先看下面这个经典的基于大数据机器学习的数据链路架构，如图 13-17 所示。

图 13-17 是一个经典的实时业务应用场景，采用的是典型的流式计算框架，常规的处理方式是将采集数据同步到消息队列中间件，这里采用的消息中间件是 Pulsar，然后通过 Flink 来实现实时的在线训练。训练过程中可能需要关联维表或者是特征，还可能需要全量地加载到计算节点中去，并发量大时还需要通过 HBase 来做点查。这个过程中会有实时产生的样本数据写入 HBase。经过一系列的交互，最后将实时样本数据更新到 ES，以及将训练好的模型更新推送到算法模型存储单元。当然，实际的应用场景会远远比上面描述的复杂，比如随着实时处理时间的推移，会逐步产生大量的历史数据，而对历史数据的分析和处理也是非常常见的业务应用场景。

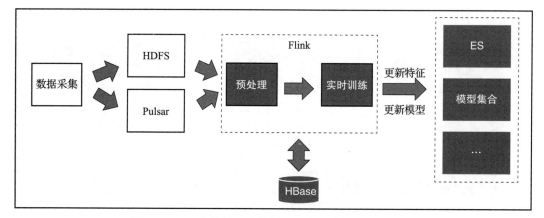

图 13-17　经典的基于大数据机器学习的数据链路架构

对历史数据分析就必然涉及批处理，常见的就是需要对历史数据做全量的分析，分析后需要对实时数据和历史数据（离线数据）及其分析后的结果进行联合查询。如果要同时满足这些业务需求，则应怎么做呢？

常规的做法就是采用类似 Drill 或者 Presto 这样的分布式 MPP 查询层来做联合查询。如果要更好地查询响应速度，就再结合 Druid、ClickHouse 等 MPP 架构的列式存储数据库来做查询加速。这样是不是就完全解决问题了呢？不是，如果遇到客户端高 QPS 的情况，那么这种处理架构选型是不能满足要求的。遇到高并发的场景最容易想到的就是加一层高速缓存，比如用 Redis 作为缓存。

为了规避传统大数据处理框架的几个主要的已知弊端，即数据存储冗余、系统高维护成本、研发高学习成本，不管是批处理还是流处理，都需要统一存储、统一处理架构和技术栈选型，同时充分利用云原生的优势，将存储和计算分离，方便计算节点和存储节点分别独立扩容。这就需要正式引入一种全新的架构思路：HSAP 架构。在讨论 HSAP（混合服务 / 分析处理）架构之前，先介绍 HTAP 架构。

众所周知，根据业务应用场景的不同，传统数据库主要有以事务（Transaction）为中心的 OLTP 系统和以分析为中心的 OLAP 系统。在分析 OLTP 系统中的数据时，一般的标准做法是定期将 OLTP 系统中的数据同步到 OLAP 系统，这种架构确保了分析查询不会影响在线事务处理。不过，定期同步会导致分析结果并不基于最新数据，并且这种数据延迟可能无法满足高实时性要求的业务场景。于是，HTAP 架构应运而生。HTAP 架构使企业能够直接分析 OLTP 数据库中的数据，进而较好地保证了数据的及时性。HTAP 系统的优势就是支持细粒度的分布式事务，并且事务性数据通常以大量分布式细粒度事务的形式写入 HTAP 系统。但来自日志等的数据并没有细粒度分布式事务的语义环境，如果要将这些非事务性数据写入 HTAP 系统中，就必然会带来一些额外的资源开销。原因是 HTAP 系统一般采用行式存储，而基于行式存储的分析查询效率是大大低于列式存储的。为了提供更高效的分析能力，HTAP系统不得不将大量非事务数据复制到列式存储单元中，进而造成大量额外存储成本的增加。

　　现在探讨 HSAP 架构。与 HTAP 架构恰好相反，HSAP 系统关注的重心不在于高频分布式的事务，而在于它提供高并发数据查询服务的同时，还需要能够处理非常复杂的分析查询。另外，HSAP 系统对实时数据的要求也很高，因此 HSAP 系统还需要支持海量数据的实时写入。也就是说，HSAP 解决的主要是大数据处理过程中高实时性的统一存储和高并发的统一在线数据服务，基于这个架构思路（为了简化分析过程和环节以及便于大家理解，这里暂时把 AI 机器学习相关的细节屏蔽），对整个大数据处理架构进行调整，HSAP 流式实时计算架构如图 13-18 所示。

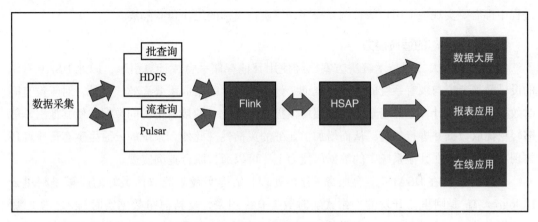

图 13-18　HSAP 流式实时计算架构

　　接下来探讨 HSAP（混合服务 / 分析处理）系统的设计问题。为了应对 HSAP 架构设计中的上述挑战，结合云原生的设计范式，从以下几个方面来思考 HSAP 系统的设计问题。

1. 存储和计算的分离

　　存算分离是云原生赋能中间件的典型特征之一。这种架构下，所有数据存储在分布式文件系统中，通过切分来扩展系统。存储管理器负责管理这些碎片，而资源管理器则负责对系统的计算资源进行管理，从而保证系统可以处理高吞吐量的数据写入和查询请求。该架构可以根据工作负载的变化快速扩展，当查询负载增加时可以扩展计算资源，而当数据量迅速增加时可以快速扩展存储资源。存储和计算的分离保证了这些操作可以快速完成，而不需要等待数据的移动或复制。

　　另外，为了支持各种查询模式，统一的实时存储层是必不可少的。查询可以分为点查询和复杂分析查询两种类型，这两种查询类型对数据存储提出了不同的要求。基于行的存储可以更好地支持点查询，而列存储在支持大量扫描的查询中具有明显优势。为了在两种情况下都能获得最佳性能，系统需要同时支持行存储和列存储，并且用户可以根据业务场景需求选择每个表的存储方式。对于同时具有两种需求的表，用户可以通过索引抽象同时选择两种存储方式，而系统则通过索引维护机制保证两种存储方式之间数据的一致性。

2. 工作负载的隔离

面向服务的点查询通常比较简单，需要的资源也较少。因此，采用公平的调度机制，可以确保即使存在复杂的分析查询，也能够保证面向服务的查询的等待时间。在分布式系统中，调度可以分为分布式调度和过程调度。调度协调器将查询分解为多个任务，并将这些任务分配给不同的进程。为确保公平性，调度协调器需要采取一些策略。此外，企业还需要允许不同的任务在流程中公平地共享资源。由于操作系统不了解任务之间的关系，因此在每个进程中都需要实现一个用户状态调度程序，以实现灵活的工作负载隔离。

3. 云原生生态的适应能力

很多企业的大数据技术解决方案已经使用其他存储平台或计算引擎，因此 HSAP 系统的设计必须考虑与现有系统的集成。查询、计算和存储的集成需要高效。但是，对于没有高时效要求的离线计算业务场景，存储层可以提供一个统一的接口来访问数据，使其他引擎能够轻松提取数据并进行处理，从而增加了业务的灵活性。此外，系统的云原生生态适应性还体现在处理存储在其他系统中的数据的能力上，可以通过联合查询实现。

目前为止，在 HSAP（混合服务 / 分析处理）架构实践落地方面最好的应该是阿里云 Hologres，它是阿里云开发的一站式实时数据仓库引擎，支持海量数据实时写入、实时更新、实时分析，支持标准 SQL（兼容 PostgreSQL 协议），提供 PB 级数据多维分析（OLAP）与即席分析及高并发、低延迟的在线数据服务（Serving），可与阿里云 Flink、MaxCompute、DataWorks 等深度融合，为企业提供离在线一体化全栈数据仓库解决方案。不过，遗憾的是 Hologres 还没有开源的，目前只能通过阿里云平台线上服务的方式来使用，对于一个开放的技术方案而言，容易过度地依赖某一个云平台厂商，用户可以根据自己的业务和技术沉淀的现状进行决策，此处仅给大家提供一个可能的选择作为参考。

13.1.4　云原生分布式缓存解决方案

正常情况下，采用单机版的缓存系统就可以满足业务要求，但是在高并发、高吞吐量、高响应速度的业务场景下，单机版的缓存系统就很难满足要求了，于是出现了分布式缓存系统架构。目前，大家耳熟能详的缓存中间件（比如 Redis、Tair）都是可以很好地支持分布式缓存架构的，本小节要介绍的是云原生分布式缓存解决方案。

一般情况下，缓存的集群技术方案有主从（Master/Slave）模式、哨兵模式以及本小节将要重点介绍的分布式集群模式（数据分片）。

　　主从模式是最常用的缓存方案，它主要通过一主多从（一个主节点，多个从节点）来实现数据的读写分离。主节点主要负责写数据，从节点则只负责读数据，从而大幅地提升并发读缓存的能力。主从模式有一个明显的弱点，那就是如果主节点（Master Node）出现了故障，就无法对外提供写操作了，这时需要手工将其中的一个从节点设置为主节点。要解决这个难题，就需要采用哨兵模式了。哨兵模式会自动监控主节点，当主节点发生故障时，哨兵模式会自动将某一个从节点升级为主节点。下面着重介绍云原生分布式缓存方案。

　　主从模式和哨兵模式主要解决了缓存系统的高可用和高并发读的问题，但是在海量数据以及同时需要支持高并发读写的复杂业务场景下就无法满足要求了。这时就需要分布式缓存方案了，也就是数据分片的集群缓存模式。这里以阿里云 Redis 的分布式缓存集群服务架构（代理模式）为案例进行分析说明，如图 13-19 所示。

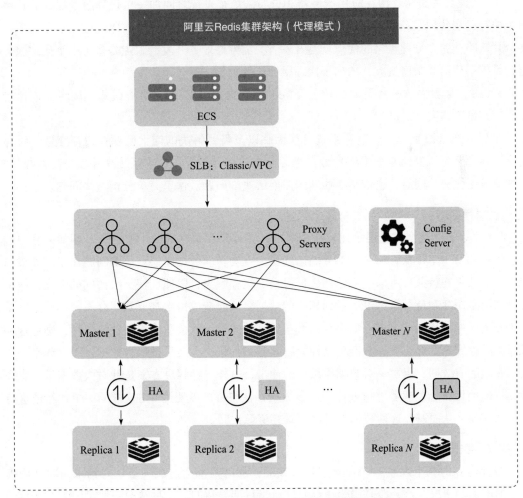

图 13-19　基于 Redis 的分布式缓存集群服务架构

可以看出，分布式缓存集群方案主要有以下特征。

1）多主节点（Master 节点）。分布式集群中会有多个主节点，数据会根据一定的调度规则分别存储在不同的主节点中。

2）每个主节点都可以拥有多个自己的从节点，即 Slave 节点。

3）主节点之间相互监督各自的节点健康度（通过心跳机制）。

4）Client 端可以访问集群中的任意节点，访问请求会被路由转发到正确的目标节点上。

那么分布式缓存系统中的数据分片要怎么做呢？一般来说有 3 种方式的分片策略。

1）**客户端分片策略**，即通过应用层来直接实现数据分片的逻辑，数据分片策略需要在同应用的多个节点之间保存，每个应用层都需要实现一个操作切片的逻辑。客户端分片策略的最大优点就是实现逻辑简单，而且性能也是非常好的。

2）**代理分片策略**，即在应用服务器和分布式缓存系统之间加一个代理服务层，分片路由策略存储在代理服务层，应用服务层只和代理服务层通过接口交互，因此应用层不需要关注分片策略。这个分片策略的优点就是开发者只需专注业务开发，缺点是多了一个代理服务层，系统架构的复杂度变大，增加了代理服务层的运维成本。

3）**缓存集群内置分片策略**，比如，Redis 3.0 提供了 Cluster 集群模式，读者应该比较熟悉，这里不再赘述。

最后介绍云原生分布式缓存系统可能面临以及需要解决的四大问题：缓存穿透、缓存击穿、缓存雪崩以及缓存数据一致性保障。分布式缓存系统在带来系统高并发、高吞吐量、高响应速度优势的同时，也带来一些新的需要解决的问题。这里简单分析这些问题。

1. 缓存穿透

"缓存穿透"这个问题还是比较好理解的，主要是和缓存的命中率有关，即如果客户端请求缓存的命中率很低，那么大部分的访问压力就会转向数据库层。关键问题在于，如果当前请求的数据在持久层可以找到，那么可以马上缓存起来，以便加快下次访问的速度，但是实际情况是缓存和持久层都没有找到相关的数据，从而造成每次都要到缓存系统和数据库系统去查询一遍这种访问请求。如果存在大量的这种请求，就会造成服务性能故障，则称这种现象为缓存穿透。那么要怎么避免这种问题呢？一种解决方案是把这种数据也缓存起来，并设置一定的有效期，以避免对数据库系统的冲击；另外一种解决方案是针对大数据量、有规律的键值使用布隆过滤器进行处理，一条数据存在与否可以使用 0/1 这样的一个比特值进行表示和存储，从而避免这种数据大量占用缓存资源空间。

2. 缓存击穿

缓存击穿的一个现象跟缓存穿透是一致的，那就是都会造成大量用户请求短时间内落在数据库上的情况，这一般是因为缓存时间批量过期导致的。这种情况一般是因为对缓存的数据设置了一个过期时间，如果在某个极短的时间段内从数据库获取了大量数据，并设置了同样的过期时间，则会在同一时刻失效，从而造成缓存击穿的现象。要解决这个问题，可以设置热点数据不过期，或者在访问的同时更新它的过期时间，对批量入库的缓存数据，也应尽可能地分配一个比较均衡的过期时间，以避免缓存数据在同一时间失效。

3. 缓存雪崩

"缓存雪崩"是指因为缓存系统的各种故障造成大量请求冲击数据库系统从而造成数据库系统崩塌的现象。造成缓存雪崩的因素很多，缓存穿透和缓存击穿都有可能触发缓存雪崩。缓存的高可用建设是非常重要的，比如 Redis 提供的主从和 Cluster 模式都是可以大幅提高缓存系统的可用性的。另外，如果缓存系统负担不了，则可以采用熔断限流的中间件将流向数据库的请求进行阻挡。

4. 缓存数据一致性保障

数据的一致性问题是各大应用引入缓存中间件后都会面临的一个老大难的问题。跟数据库操作一样，缓存数据也一样面临数据的增删查改，因为缓存系统和数据库系统在数据上是相互隔离的，不管是新增、更新还是删除，都可能面临只有一个成功的情况，这种情况会造成数据的不一致性。解决方法就是采用懒加载的策略，即只有在用到这个缓存时才把它加载到缓存系统中。不需要每次修改都创建、更新资源，避免缓存系统中产生过多的冷数据，即边缘缓存模式（Cache-Aside Pattern），它按需将数据从数据存储加载到缓存中，在大幅提高性能的同时减少了不必要的查询。当然，这种方案是不能完全解决问题的，比如缓存的更新和数据库的更新不可能在同一个事务，这种情况会造成数据的不一致性。此时可以用分布式锁来解决这个问题，也就是将数据库操作、缓存操作与其他的缓存读操作使用锁进行资源隔离。

13.1.5　云原生存储引擎解决方案

广义的分布式存储包含的类型是非常多的，包含分布式文件系统、分布式块存储以及分布式对象存储，甚至包括分布式数据库以及分布式缓存系统。有关云原生数据库以及云原生分布式缓存的内容分别在 13.1.2 小节和 13.1.4 小节中进行了相对细致的分析，本小节不再赘述。

1. 分布式存储系统的架构模式分类

不管哪种类型的分布式存储系统，其架构模式不外乎以下 3 种。

1）中间控制节点型架构模型，以 HDFS 为代表的架构是典型的代表。

2）完全无中心型架构的计算模型，以 Ceph 为代表的架构是其典型的代表。

3）完全无中心型架构的一致性哈希模型，以 Swift 为代表的架构是其典型的代表。

下面先分别对这三种架构模型分析一下。

（1）中间控制节点型架构模型

在中心控制节点型架构模型中，一部分节点扮演 NameNode 的角色，负责管理数据的元数据；另一部分节点扮演 DataNode 的角色，存储具体的业务数据。这种架构就像公司的层级组织架构，NameNode 就像总经理，负责管理下属的经理（DataNodes），而下属的经理则负责管理各自节点上的数据。HDFS 架构如图 13-20 所示。

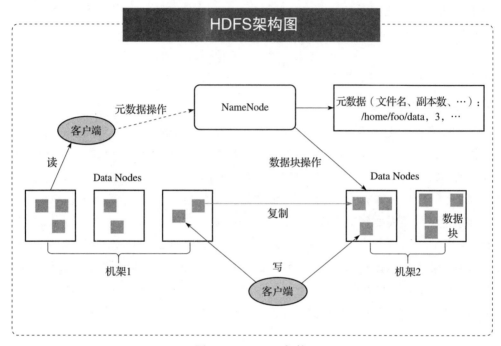

图 13-20　HDFS 架构

在图 13-20 中，当客户端需要从文件中读取数据时，它首先从 NameNode 获取该文件在哪个 DataNode 上，然后直接向该 DataNode 请求具体的数据。在这种架构中，NameNode 通常是主备部署，而 DataNode 是由大量节点组成的集群。因为元数据的访问频率和访问量相对于数据而言要小得多，所以 NameNode 通常不会成为性能瓶颈，而 DataNode 集群中的数据可以有多个副本，这既可以保证高可用性，也可以分散客户端的请求。因此，这种分布式存储架构可以通过横向扩展 DataNode 节点的数量来增加存储容量和承载能力，实现动态横向扩展的能力。这种架构的代表是 HDFS。

（2）计算模型架构

与 HDFS 架构不同的是，完全无中心型架构中的计算模型架构没有中心节点。客户端直接通过设备映射关系计算出写入数据的位置，从而直接与存储节点通信，避免中心节点的性能瓶颈。在 Ceph 存储系统的架构中，核心组件包括 Monitor、Manager、OSD 和 Metadata Server 等服务。Ceph 架构如图 13-21 所示。

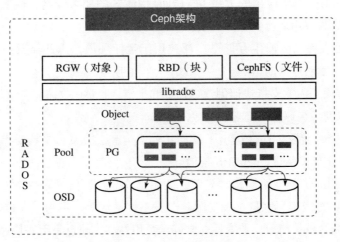

图 13-21　Ceph 架构图

在图 13-21 所示的架构中，客户端维护 Object ID 列表和 Object 存储的 Pool 信息，客户端访问数据的流程如下：客户端启动后需要通过 RGW 进入，然后从 Monitor（简称 MON，处于最底层的 RADOS）进程中获取当前整个集群的布局信息（也就是 Cluster Map）。将客户端提供的 Object 名称、Pool 名称以及布局信息传递给 librados，librados 计算 Object 所在的 PG 位置，其中包括具体的物理服务器信息和磁盘信息。接着，再根据 Crush 算法找到主 OSD，客户端最后与对应位置的 OSD 进行通信，直接读取或写入数据。这种架构以 Ceph 为代表，具有高度的可伸缩性和可靠性。

（3）一致性哈希模型架构

与 Ceph 架构不同的是，完全无中心型架构中的一致性哈希模型架构使用一致性哈希的方式来确定数据的位置。一致性哈希的方式是将设备构成一个哈希环，然后通过数据名称的哈希值将数据映射到哈希环的某个位置，从而定位数据。这种映射方式有两种关联关系：通过哈希算法（如 MD5）找到对应的虚拟节点（一对一映射关系），然后通过映射关系（Ring 文件中的二维数组）找到对应的设备（多对多映射关系），从而实现将文件映射到设备上的存储。这种架构模型以 Swift 为典型代表。

2. 云原生存储所面临的挑战

上面只是从分布式存储架构的角度分析了主流的几种架构模型，那么云原生存储中间件又解决了哪些问题呢？根据 CNCF 对于"在使用 / 部署容器过程中遇到的挑战"的调查报告，云原生存储遇到的挑战主要有以下几个方面。

　　1）易用性方面：存储服务的部署和运维较为复杂，云原生化程度不高，缺乏与主流编排平台的整合，使得使用难度增加。

　　2）高性能方面：由于应用的大量 I/O 访问对 IOPS 的要求较高，需要低时延的存储服务，以避免性能成为应用运行效率的瓶颈。

　　3）高可用性方面：云原生存储已广泛应用于生产环境，因此需要高可靠性和高可用性，以避免单点故障对业务的影响。

　　4）敏捷性方面：需要支持快速创建、销毁和平滑地扩展 / 收缩 PV，以及随 Pod 迁移而快速迁移 PV，以满足快速应用部署和变更的需求。

　　针对以上问题，云原生存储提出了以下几种架构解决方案：本地磁盘架构、集中式存储 NFS 架构以及分布式存储 OpenEBS 架构。

　　本地磁盘架构的优点是结构相对简单，性能比较好，数据可靠性也高，但缺点也是明显的，比如数据恢复困难、容量扩展受限、部署不够灵活等。集中式存储 NFS 架构中的单业务系统部署快捷、维护简单，兼容性非常好，可用性高，缺点是无法快速灵活地满足高并发业务场景的增长诉求，也无法在短时间内满足业务系统的敏捷性要求。

　　下面介绍 OpenEBS 架构。

　　OpenEBS 是一个基于 Kubernetes 构建的开源版本的 EBS，它是一个软件定义 PV 解决方案，能够将各种介质（包括本地磁盘、云存储等）统一池化和管理，并使用 iSCSI 作为存储协议。它没有绑定某一个厂商的存储，因此可以灵活地接入各种存储。从一定意义上说，OpenEBS 虽然更加灵活和轻量，但是它强烈依赖容器网络并增加了抽象层 OpenEBS Layer，每个卷 PV（Persistent Volume）都有独立的 Controller，这增加了额外的开销。虽然它可以更灵活，但与 Portworx、Ceph 相比，在性能方面存在较大的劣势。目前，已经有许多企业将其存储能力引入 Kubernetes 中。OpenEBS 架构如图 13-22 所示。

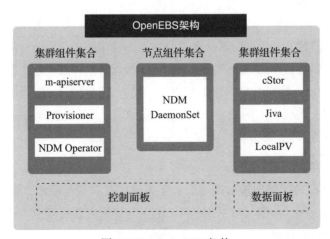

图 13-22　OpenEBS 架构

可以看出，云原生中间件与传统中间件在业务功能定位上几乎没有什么区别，它们最大的不同之处就是充分地利用了云原生设计范式以及技术生态的特征，如容器及容器编排、存算分离、可观察性以及自动化运维等，从而让各种传统中间件在易用性、性能指标、高可用以及运维的敏捷性上都得到了极大提升。这就是本章重点探讨的云原生对中间件的应用赋能。

13.2　云原生中间件的落地思想指南

在云原生技术变革的加持下，云原生成为企业数字化及数字化创新的最短路径，同时也是最佳路径。在企业 IT 体系建设中，技术作为生产力可以创造更大的价值并引领业务发展。云原生技术作为先进的生产力代表，在企业业务上云的过程中，可以为企业带来快速迭代的云上业务，并大大增强企业的竞争力。鉴于之前内容的分析，我们可以很清晰地看到，云原生中间件本质上是云原生技术在传统中间件技术领域的应用赋能，因此在企业中落地云原生中间件的过程，其实就是企业落地云原生技术应用场景的过程，总的来说可以用以下两个大的思想原则来指导实施。

第一，基础设施云化、核心技术平台及中间件的云原生化。互联网最大的优势是小步快跑，通过快速迭代实现快速发展。相比传统 IT 架构，互联网架构的项目迭代周期要快十倍。传统软件研发周期以年为单位，而互联网软件研发周期以周或天为单位，通过小规模迭代，实现敏捷业务快速验证市场的响应和反馈，以此来抢占市场先机。

第二，业务数据化、决策智能化。将系统应用进行数据化治理，通过大数据和人工智能技术进行数据化计算，最终根据数据趋势来做出决策。这样，数据可以充分释放技术生产力，让企业依靠技术取得业务突破，从而带来巨大的数字化创新转型机会。在具体的实践过程中，应该选择一个简单、低门槛、高集成、场景化的开发运维一体化平台来落地云原生及云原生中间件，以满足各种典型场景下企业对于线下高集成平台的需求，让企业数字化转型不再受技术的约束，而只专注于业务本身，从而加速企业数字化创新进程。

在上述两大指导思想下，在技术层面是怎么"落地"的？何为"落地"？"落地"通常指的是将某项理论、技术或产品应用到实际的生产、服务、教育等场景中，形成可行的、可复制的、产生实际效果的成果。云原生并非指某个具体的技术产品，而是一个包含 DevOps、持续交付、微服务、容器、容器编排、敏捷基础设施等多个方面的技术设计范式、体系和方法论。云原生中间件的落地必须以云原生底座技术为基础，脱离了云原生底座技术的支撑，云原生中间件的落地就无从谈起。

1. 组织能力建设的落地

推进云原生在企业的落地，思想认识要高度统一，必须学会妥协和平衡。所以要先在思想上解决企业组织架构建设的落地，并且在整个推进进程中，最重要的是理解云原生的思想范式、具备云原生的思维方式。第 4 章已经探讨过，企业组织架构的升级是企业云原生落地实施的必要条件，而企业云原生中间件落地实施的必要条件又是云原生在企业数字化战略落地的实施。

2. 云原生底座技术的落地

解决了企业组织架构建设落地这个大前提后，才可以考虑技术实施的落地，这好比"种子"和"土壤"的关系，而组织建设的落地就是这里的"土壤"，云原生就是这里的"种子"。第 6 ～ 10 章从云原生运行环境、多集群架构、异构网络到统一调度及单元化等不同层面做了详尽的阐述。

3. 云原生应用架构治理的落地

完成了企业组织架构的重构建设和云原生底座技术的落地实施，就可以着手规划部署应用服务了，包括中间件这样的基础服务以及各种业务服务。这个时候有一点是比较容易被忽视的，那就是应用服务的治理。应用服务的治理表面看起来可有可无，尤其是很多企业在基于云原生的数字化业务改造的初期，后续因为业务量暴增而出现各种问题时，问题的解决就会变得越来越棘手，甚至是束手无策。这时，应用服务治理的强大作用就显现出来了。

应用服务的治理架构主要包括应用服务的运行时增强管理、应用管理、应用可观察性等。

4. 云原生中间件的落地

有了适合云原生应用生长的"土壤"，也就是组织架构及云原生底座技术的落地，再到云原生应用及服务架构治理的落地，整个基于云原生的服务及应用的大环境就形成了，这时应用服务的健康生长才成为可能。云原生中间件作为各种业务场景服务的重要基础设施，如常规的云原生数据库、云原生缓存中间件、云原生消息中间件、微服务中间件以及分布式事务中间件等，只有这些基础设施落地实施，业务层面的研发才会得以顺利进行。

13.3　本章小结

本章主要聚焦云原生的应用赋能，并且以云原生中间件为具体的应用案例进行分析。同时，从不同的角度分析和总结了云原生的通用技术架构特征，如容器化、存算分离、可观察性及自动化运维等重要特性。然后进一步具体分析了云原生中间件的多个常见应用场景和案例，比如云原生消息中间件解决方案、云原生数据库解决方案、云原生大数据及 AI 解决方案、云原生分布式缓存解决方案以及云原生分布式存储解决方案。最后结合本书的核心章节的内容，站在云原生应用赋能的角度，总结了云原生中间件的落地指导思想，也为本书的核心内容做了最后的总结。